# 건설업 BCP 수립 가이드라인

재난에도 지속가능한 건설회사 만들기

은민균 지음

BookFunding

# 저자 소개

## 은민균

공학박사 · 건축사 · 기업재난관리자
현 우석대학교 건축학과 교수

고려대학교에서 건축공학 석사 및 박사 학위를 취득한 뒤, 민 건축사사무소와 한국기술개발공사에서 실무를 경험하였으며, 1999년부터 우석대학교에서 건축학을 가르치고 있다. 건축사이자 기업재난관리자로서, 건축 및 도시계획 분야의 연구와 더불어 재난관리 및 비즈니스 연속성 계획(BCP)에 대한 학문적 탐구와 실무 적용을 병행해 왔다.

도시계획, 공공건축, 재난관리 분야의 다양한 자문과 평가 활동을 수행하며, 충청북도 재난관리평가 평가위원장, 공공건축가, 도시계획위원 등으로 활동했다. 또한 「자연재해에 대비한 건축물의 건축 계획적 요소에 대한 연구」, 「유행병 발병 시 조직의 비즈니스 연속성 관리체계 구축에 관한 연구」 등 다수의 논문을 발표하여 건축과 재난관리의 융합적 연구를 선도하였다.

저자는 건축과 도시를 단순한 공간 창조를 넘어, 위기와 재난 속에서도 지속가능하고 회복력 있는 환경으로 만드는 것을 자신의 학문적 소명으로 삼고 있다. 이번 저서 『건설업 BCP 수립 가이드라인』은 그간의 연구와 실무 경험을 토대로, 건설업계 종사자와 연구자들이 실질적으로 활용할 수 있는 지침을 제시하기 위해 집필되었다.

# 서문

저는 건축가이자 도시계획가로서 오랜 시간 건축과 도시의 공간을 설계하며, 동시에 대학에서 학생들을 가르치고 연구를 이어왔습니다. 건축은 단순히 물리적 공간을 만드는 기술이 아니라, 사람들의 생활과 문화를 담아내고 공동체를 지탱하는 토대임을 늘 실감해 왔습니다. 그러나 제 연구와 실무의 여정 속에서 한 가지 질문이 끊임없이 제 마음을 사로잡았습니다.

“우리가 만들어 온 건축과 도시는 과연 위기 속에서도 안전할 수 있는가?”

지진, 홍수, 화재와 같은 자연재해뿐 아니라, 공사 중단, 자재 공급 차질, 전염병, 조직 운영의 불안정성 같은 비의료적 재난들은 건설업에 치명적인 영향을 미칩니다. 이러한 문제의식은 저로 하여금 재난관리와 비즈니스 연속성 계획(BCP: Business Continuity Planning)에 깊은 관심을 갖게 했습니다. 처음에는 다소 낯설었던 개념이었지만, 대학원 교육과 현장 연구, 지자체 평가와 기업 자문 경험을 통해, BCP의 본질이 결국 단순한 질문에 대한 답이라는 사실을 확인할 수 있었습니다.

“예기치 못한 상황에서도 조직이 어떻게 기능을 유지하고, 사람을 보호하며, 신속하게 회복할 수 있는가?”

건설업은 재난의 최전선에 서 있습니다. 한 번의 사고나 공정 중단은 기업의 존립뿐 아니라 현장 근로자의 안전, 더 나아가 지역사회의 안정까지 위협할 수 있습니다. 그럼에도 불구하고 많은 기업들이 여전히 BCP를 생소한 제도나 복잡한 절차로 오해하곤 합니다. 그러나 BCP는 일부 대기업만을 위한 특별한 제도가 아닙니다. 규모와 상관없이 모든 조직이 갖추어야 할 기본적인 안전망이며, 위기 속에서 지속가능성을 담보하는 핵심 전략입니다.

이 책은 이러한 문제의식을 바탕으로 집필되었습니다. 저는 건설업계의 경영진과 실무자들에게 실질적으로 도움이 되는 지침서를 제공하고

자 했습니다. 복잡한 이론에 머무르지 않고, 왜 준비해야 하는지, 어떻게 실행할 수 있는지를 단계별로 알기 쉽게 설명하였습니다. 더불어 학생과 연구자들에게는 학문과 현장을 연결하는 다리로서, 새로운 연구와 실천을 자극하는 기초 자료가 되기를 기대합니다.

특히 이 책은 국제표준 ISO 22301과 국내 기업재난관리표준, 일본 건설업 BCP 지침, 그리고 해외 학술 연구들을 참고하면서도, 한국 건설업의 특성과 중소·중견기업의 현실을 반영하려 노력했습니다. 따라서 독자는 다음과 같은 구체적 내용을 알게 될 것입니다

- 경영진에게는 위기 속에서도 기업을 지키는 전략적 의사결정의 기준
- 현장 관리자에게는 즉시 활용 가능한 체크리스트와 실행 절차
- 발주기관과 공공기관 담당자에게는 평가와 지원의 기준 자료

물론 이 책이 모든 해답을 담고 있지는 않습니다. 그러나 각 기업과 조직이 스스로의 상황을 돌아보고 필요한 준비를 시작할 수 있는 계기를 마련해 줄 수 있기를 바랍니다. 작은 준비와 실천이 모이면 기업은 위기에 강한 조직으로 성장할 수 있고, 나아가 우리 사회 전체의 회복력과 안전을 높이는 토대가 될 것입니다.

저와 함께 연구하고 배움을 나눈 학생들, 현장에서 귀중한 경험을 공유해 주신 전문가들, 그리고 늘 성원과 조언을 보내주신 동료와 가족들에게 깊은 감사를 전합니다. 이 책은 혼자만의 결과물이 아니라, 함께 고민하고 노력해 온 수많은 이들의 지혜가 모여 완성된 결실입니다.

이 책이 독자 여러분께 작은 길잡이가 되고, 또 새로운 도전과 실천을 시작할 수 있는 용기를 주기를 바랍니다. 우리의 건축과 도시가 단순히 기능적 공간을 넘어, 어떠한 위기 속에서도 지속될 수 있는 회복력 있는 환경으로 거듭나기를 진심으로 소망합니다.

— 저자 **은민균**

우석대학교 건축학과 교수
공학박사 · 건축사 · 기업재난관리자

# 건설업 BCP 수립 가이드라인

- 재난에도 지속가능한 건설회사 만들기 -

## 1부

개요와 기본 개념:
**건설업 BCP의 필요성과 이해**

# 2부

실무 가이드:
**건설업 BCP 수립 실천 매뉴얼**

# 건설업 BCP 수립 가이드라인

- 재난에도 지속가능한 건설회사 만들기 -

# 2부

실무 가이드:
**건설업 BCP 수립 실천 매뉴얼**

# 1부

개요와 기본 개념:
**건설업 BCP의 필요성과 이해**

## 1장. 개요: BCP란 무엇인가?

1. 비즈니스 연속성 개념의 기초
2. BCP와 ERP의 차이점
3. '위기'와 '중단'의 정의
4. 조직 회복력(Resilience)이라는 새로운 패러다임

## 2장. 건설업의 BCP필요성

1. 건설업 특성 및 내재된 리스크
2. 반복되는 공정 중단 사례와 위기 상황
3. 법적·제도적 요구의 상승과 발주처의 변화
4. 건설업에 특화된 BCP 수립의 필요성과 과제

## 3장. BCP 수립의 전반적 프로세스

1. BCP란 하나의 문서가 아닌 프로세스다
2. BCP 수립 단계
3. 단계별 산출물과 실무 도구
4. 건설업 BCP 수립 시 유의사항
5. 공정계획, 안전계획과의 연계

# 1부

개요와 기본 개념:
**건설업 BCP의 필요성과 이해**

# 제1장 개요 :

# "BCP란 무엇인가?"

**"평소에 준비하지 않으면, 위기 속에 준비할 여유는 없다"**

지금 이 순간에도 전국의 건설현장에서는 태풍, 집중호우, 자재 납품 지연, 협력업체 파업, 안전사고 등 다양한 '업무 중단 상황'이 실제로 벌어지고 있습니다. 그러나 이러한 사건들을 단지 "운이 없었다", "예측 불가했다"는 말로 넘겨버린다면, 조직은 똑같은 실수를 반복할 수밖에 없습니다.

그렇다면 위기 속에서 조직은 어떻게 살아남아야 할까요? 바로 그 해답이 ** 비즈니스 연속성 계획(Business Continuity Plan, BCP)**입니다. BCP는 단순한 위기 대응 매뉴얼이 아니라, "핵심 기능을 지키기 위한 전략"이며, "회복을 넘어선 생존과 경쟁력 확보의 도구"입니다. 특히 공정 연계성과 외주 의존도가 높은 건설업에서는, BCP의 수립 여부가 재난 대응의 속도와 효율을 좌우합니다.

그동안 BCP는 주로 금융, 정보통신, 제조업 등 대기업 중심으로 논의되어 왔고, 건설업계—특히 중소형 업체—에서는 "우리가 할 수 있는 일이 아니다"라는 인식이 팽배했습니다. 하지만 현실은 정반대입니다. 건설현장이야말로 BCP가 가장 절실한 산업 현장입니다. 그리고 이제는 누구나, 어느 규모의 조직이든, 실행 가능한 '건설업 맞춤형 BCP'를 수립할 수 있는 도구와 방법이 존재합니다.

본 장은 이러한 인식 전환의 출발점입니다. 독자에게 BCP란 무엇인지, 왜 지금 시점에서 건설업이 BCP를 필요로 하는지, 그리고 앞으로의 장들을 통해 무엇을 배우고 실천할 수 있을지를 알기 쉽게 소개합니다. 이 장을 통해, 여러분의 조직이 재난에 흔들리지 않는 '회복탄력성 있는 기업'으로 거듭나는 첫걸음을 내딛기를 바랍니다.

# 1 비즈니스 연속성 개념의 기초

## 1.1 비즈니스 연속성이란 무엇인가?

비즈니스 연속성(Business Continuity)이란 조직이 직면할 수 있는 각종 위기와 중단 상황 속에서도 핵심 기능을 중단 없이 유지하거나 가능한 한 신속히 복구할 수 있도록 설계된 전략적 체계를 의미한다. 이는 단순한 사고 대응이나 재난 복구를 넘어, 위기 발생 전부터 핵심 업무의 보호와 회복을 계획하고, 필요한 자원을 준비하며, 조직 내외부와의 협력을 통해 회복탄력성을 갖춘 시스템을 구축하는 것을 목표로 한다.

건설업의 경우, 이 연속성 개념은 더욱 중요하다. 공사 일정은 특정 시점의 기후, 자재 수급, 인력 배치, 발주처 승인 일정 등 다양한 외부 요인과 복잡하게 얽혀 있어, 단 한 번의 예기치 못한 사고나 중단이 전체 프로젝트의 일정, 비용, 품질에 심각한 영향을 미칠 수 있다. 예를 들어 콘크리트 타설일에 태풍이 접근하면 단순한 일정 변경만으로 끝나는 것이 아니라, 타설 지연 → 후속 공정 지연 → 감리 일정 충돌 → 계약 위반 등의 연쇄 반응이 이어질 수 있다. 이러한 복잡성은 건설업의 BCP가 단순한 재난 대응을 넘어서, 사전 준비와 시뮬레이션을 포함하는 전략적 계획이어야 함을 의미한다.

비즈니스 연속성 개념은 오늘날 기업 경영의 한 축으로 자리잡았으며, 연속성 확보를 위한 체계적 기준으로 국제표준 ISO 22301이 널리 사용되고 있다. 이는 위기 상황에서의 생존을 넘어, 평상시의 경쟁력으로 연결될 수 있다는 점에서 건설기업이 반드시 이해하고 도입해야 할 현대적 경영 기법이다.

## 1.2 ISO 22301과 연속성 관리 체계

ISO 22301은 비즈니스 연속성 관리 시스템(BCMS, Business Continuity Management System)에 관한 국제표준으로, 조직이 재난이나 업무중단 상황에 대응하여 핵심 기능을 유지할 수 있도록 지원하는 전반적인 구조와 요구사항을 제시한다. 이 표준은 단순한 대응 매뉴얼이 아닌, 전사적이고 반복 가능한 관리 시스템으로 연속성 계획을 수립하도록 요구하며, PDCA(Plan-Do-Check-Act) 사이클을 기반으로 한다. 건설업에 ISO 22301을 도입할 경우, 다음과 같은 흐름으로 전개된다:

- Plan : 조직의 핵심 기능을 정의하고, 업무영향분석(BIA)과 위험평가를 통해 보호 대상

과 우선순위를 정한다.

- Do : 연속성 전략을 수립하고 실행 체계를 마련한다. 예를 들어 타워크레인 고장 시 대체 장비 투입 계획, 콘크리트 납품 지연 시 공급업체 이중화 전략 등이 이에 포함된다.
- Check : 수립한 계획이 현실에서 작동 가능한지 모의훈련, 내부점검 등을 통해 검토하고 개선점을 도출한다.
- Act : 평가 결과를 바탕으로 BCP를 주기적으로 갱신하고, 외부 환경 변화에 대응할 수 있도록 체계를 진화시킨다.

이러한 표준 기반 접근은 기존의 단편적인 위기 대응을 넘어, 조직 전체의 위기 대응력을 체계화하고 표준화함으로써 실질적인 실행력을 높여준다. 특히 다수의 외주업체, 협력사와 긴밀히 협업하는 건설현장에서는 각 조직 간의 BCP 연계성이 중요하며, ISO 22301은 그러한 상호 연동성을 고려한 설계 틀을 제공한다.

## 1.3 기존 시스템과 BCP의 차이점

많은 건설사들이 이미 ERP, 품질경영시스템(QMS), 안전보건경영시스템(OHSMS) 등 다양한 관리 체계를 운영하고 있다. 그러나 이들 시스템은 대부분 '평상시'의 업무 효율성과 품질 보장을 위한 것인 반면, BCP는 '비상시'를 전제로 한 운영 전략이라는 점에서 근본적으로 다르다.

예를 들어 ERP는 자재 주문, 공정 계획, 인력 배치 등을 자동화하고 최적화하는 데 초점을 둔다. 하지만 지진으로 본사 서버가 중단되었을 경우, ERP 시스템은 더 이상 기능하지 않으며, 현장에서는 복구 기준이 없으면 대혼란에 빠지게 된다. 반면 BCP는 "서버 중단 시 어떤 기능을 어떤 방식으로, 언제까지 복구해야 하는가"를 사전에 정리하고, 대체 자원, 업무이관 절차, 커뮤니케이션 체계를 미리 설계해둔다.

BCP는 다음과 같은 특징을 가진다:

- 비상상황 전제 : 정상 운영이 어려운 상황을 가정하여 대응 전략을 수립
- 핵심 기능 중심 : 전체 업무가 아닌, 반드시 유지되어야 할 핵심 기능에 집중
- 복구 시간 기준 명시 : RTO, MTPD 등 시간 축 개념 도입
- 전사적 대응 : 조직 전 부문과 외부 협력사까지 포함한 통합 대응 체계

결국, BCP는 ERP나 QMS를 대체하는 것이 아니라, 위기 상황에서 이들이 제대로 작동하도록 "보장"하는 기능을 수행한다. 따라서 두 시스템은 상호 보완적이며, BCP는 기존 시스템 위에 구축되는 고차원의 위기 대응 체계로 이해해야 한다.

## 1.4 연속성 개념이 중요한 이유

현대 건설업은 고도로 연결된 공정, 다수의 외주업체, 엄격한 납기 조건, 계절과 기후에 따른 공정 제약 등 다양한 변수 속에 운영된다. 이러한 특성은 중단에 매우 취약한 구조를 만든다. 더욱이 중소 건설사의 경우, 대체 자원이나 예비 조직이 부족하여 하나의 사건이 전체 사업에 치명적 영향을 미칠 수 있다.

예를 들어 다음과 같은 상황에서 BCP가 없으면 문제는 더욱 증폭된다:

- 태풍에 의한 자재 운송 불가 : 대체 공급처 확보 여부에 따라 공정 지연 여부가 갈림
- 협력업체 파업 : 대체 인력 또는 공정 재조정 계획 없이는 전면 중단
- 감리단 승인 지연 : 대체 일정 시나리오나 조정 프로세스 없이는 계약상 책임 문제 야기

또한 최근에는 공공기관이나 발주처가 BCP 보유 여부를 입찰 평가에 반영하거나, 감리단이 위기 시 대응 계획 유무를 문서로 요구하는 등, 외부 요구도 강화되고 있다. BCP는 이제 선택이 아닌 생존 전략이자 시장 경쟁력을 높이는 수단으로 자리잡고 있다.

## 1.5 BCP가 주는 전략적 가치

BCP는 단순히 재난에 대응하는 수단이 아니라, 조직의 전략적 사고와 위기대응 문화를 내재화하는 도구이다. 다음은 BCP가 조직에 가져다주는 주요 가치들이다:

- 조직 회복탄력성 강화 : 단일 사건으로 전체 프로젝트가 붕괴되지 않도록 설계
- 입찰 경쟁력 확보 : 공공기관, 대형 발주처가 선 호하는 '위기 대응력 있는 기업'으로 인식
- 조직 내 커뮤니케이션 향상 : 위기 시 보고 체계, 책임 분장 명확화
- 협력사 관계 안정화 : 외주사도 포함된 복구 체계 는 공동 책임 의식을 높임
- 지속가능한 경영 기반 확보 : ESG, 지속가능성 요구에 부합하는 경영 인프라로 활용 가능

결론적으로 BCP는 일회성 계획이 아니라, 경영 철학과 리스크 관리 전략을 아우르는 종합적 체계이다. 건설업의 특성을 고려할 때, BCP는 이제 선택이 아닌 필수이며, 이를 도입하고 실천하는 기업만이 위기를 기회로 바꾸는 능력을 갖추게 될 것이다.

# 2 BCP와 ERP의 차이점

**"ERP는 평상시의 도구, BCP는 비상시의 생존 전략"**

많은 건설기업들이 이미 ERP(Enterprise Resource Planning), QMS(품질경영시스템), OHSMS(안전보건경영시스템) 등 다양한 경영관리 시스템을 도입하여 운영하고 있다. 그리고 일부 관리자들은 "이런 시스템들이 잘 돌아가고 있으니, 우리 회사는 위기에도 잘 대응할 수 있을 것이다"라고 믿는다. 그러나 이것은 위기 대응 체계와 경영 지원 시스템을 혼동한 전형적인 오해이다.

ERP는 평상시의 운영을 최적화하는 데 탁월한 도구이다. 자재 관리, 공정 계획, 인력 배치, 재무 흐름 등을 디지털 기반으로 통합하여 관리할 수 있도록 돕는다. 하지만 문제는 위기 상황이다. 태풍, 감리 일정 변경, 협력사 파업, ICT 시스템 다운 등으로 업무가 중단되는 순간, ERP는 '더 이상 작동하지 않는 시스템'이 되며, 그 위기 상황을 어떻게 돌파할 것인지는 전혀 답해주지 않는다.

이와 달리 BCP는 바로 그 상황에 대비하기 위한 전략적 체계다. 시스템이 무너졌을 때 어떤 공정부터 우선 복구할지, 핵심 기능은 어떻게 유지할지, 대체 자원은 어디에서 확보할지, 협력사는 어떻게 지휘할지를 사전에 설계하고 실행할 수 있게 해주는 '비상 대응 시스템'이다.

이 절에서는 ERP와 BCP의 개념적 차이, 운영 목적, 조직 구조 상의 기능 차이, 대응 시간축의 차이 등을 비교하면서, 왜 두 시스템은 서로 보완되어야 하며, 하나만으로는 조직의 생존을 보장할 수 없는지를 사례와 표를 통해 명확히 설명할 것이다. 이를 통해 독자들은 "ERP가 있다고 해서 BCP가 불필요한 것이 아님"을 인식하고, 두 체계가 조화를 이룰 수 있도록 사고의 전환을 경험하게 될 것이다.

## 2.1 ERP와 BCP의 역할과 적용 조건 비교

건설업에서 ERP(Enterprise Resource Planning) 시스템은 필수 불가결한 경영 도구로 자리 잡았다. 자재 수급, 인력 배치, 공정 관리, 회계 및 재무 통제까지 다양한 업무가 ERP를 통해 통합 관리된다. 이러한 시스템은 '정상 운영'을 전제로 하여 설계되어 있으며, 효율성과 자동화, 오류 최소화를 목표로 한다. 그러나 이와 같은 체계가 완벽하게 작동하기 위해서는 한 가지 중요한 조건이 필요하다. 바로 전제 조건이 유지되는 것, 즉 인프라와 공급망, 인력, 장비, 협력사가 모두 정상 작동하는 상황이다.

반면, BCP(Business Continuity Plan)는 이러한 정상 조건이 무너졌을 때 조직이 핵심 기능을 유지하거나 신속히 복구할 수 있도록 하기 위한 전략 체계이다. ERP가 '항해를 위한 지도'라면, BCP는 '폭풍 속에서의 나침반과 구조 로프'다. 태풍, 지진, 전산 마비, 협력사 파업, 감리 일정 충돌, 자재 공급 지연 등 다양한 요인으로 인해 시스템이 마비되었을 때, BCP는 그 상황을 '이미 가정한 상태'로 간주하고 즉각적인 대응을 가능하게 만든다.

이러한 차이는 운영 목적에서도 명확히 드러난다. ERP는 주로 사전 계획 → 실행 → 분석의 루틴을 반복한다. 모든 정보는 정상 상태에서 흐르고, 의사결정은 중앙에서 내려온다. 이에 비해 BCP는 재난이나 사고 발생 시점부터 시작한다. 업무가 언제까지 복구되어야 하는지(RTO), 어떤 자원을 먼저 확보해야 하는지, 어떤 인력과 부서가 우선 투입되어야 하는지를 정의한다. BCP의 핵심은 '중단 후 복구'가 아니라 '중단되지 않도록 준비'하는 것이다.

ERP는 또한 정보 중심이다. 서버, 데이터베이스, 온라인 플랫폼이 ERP의 주요 기반인 반면, BCP는 사람 중심이다. 위기 상황에서 의사결정은 전산 시스템이 아니라 현장 실무자의 판단력과 행동력에 따라 좌우된다. 따라서 BCP는 수작업 기반의 복구 시나리오, 비상연락망, 문서 기반 지시 체계 등 아날로그 방식까지 포함하는 유연한 구조로 구성된다.

표 1-1 ERP와 BCP 비교표

| 구분 | ERP | BCP |
|---|---|---|
| 전제조건 | 정상 상황 | 위기 상황 |
| 중심 구조 | 중앙집중형, 자동화 | 현장 분산형, 수동과 자동 혼합 |
| 작동 시점 | 일상 루틴 중 | 위기 발생 직후 |
| 목표 | 효율성, 정밀성 | 생존, 회복, 지속성 |
| 인프라 의존도 | 높음 (서버, 네트워크) | 낮음 (수기 문서, 전화 체계까지 포함) |

이 절에서는 ERP와 BCP가 서로 경쟁하는 시스템이 아니라, 각기 다른 전제를 가진 보완적 체계임을 명확히 인식하는 것이 중요하다. 건설업의 특성상, 두 시스템 모두가 필요하며, 각자의 역할을 분명히 구분하고 설계해야 지속가능한 경영이 가능하다.

## 2.2 건설업 환경에서 두 시스템의 상호 보완적 기능

건설업은 고정 설비 중심의 산업이 아니다. 프로젝트는 유동적인 현장에서, 일시적 조직 구조에 의해 수행된다. 공정은 다단계이고, 다수의 외주 인력과 협력업체에 의존한다. 기후, 계절, 자재 수급 상황, 감리단 승인, 계약 관계, 민원 등 다양한 외부 변수가 동시에 작동한다. 이와 같은 환경에서는 ERP만으로는 위기 대응이 어렵다. ERP는 고정된 흐름 속에서 정량화 가능한 데이터를 다루는 데 강점을 가지지만, 예측 불가능한 비정형 사건에는 취약할 수밖에 없다.

예를 들어, ERP 시스템은 자재 발주 및 납기 일정을 기준으로 공정 계획을 수립한다. 그러나 태풍으로 항구 물류가 마비되어 자재 납품이 불가능해지면, ERP 시스템은 '에러'를 출력할 뿐 대안을 제시하지 못한다. 이때 BCP는 '대체 자재 목록', '예비 계약 협력사 정보', '자재팀 대응 시나리오', '보고 및 승인 프로세스'를 기반으로 즉시 행동을 유도할 수 있다. 실제로 일부 건설사는 공정별로 "장비 대체 시나리오", "협력업체 교체 프로세스"를 문서화하여 반복 훈련함으로써 납기 지연을 사전에 차단한 사례도 있다.

또한, ERP는 상향식(top-down) 지시 체계에 따라 작동하는 반면, BCP는 하향식(bottom-up) 대응을 포함한다. 위기 상황에서는 본사의 지시가 도착하기 전에 현장 소장이 독자적으로 판단하고 행동해야 한다. 따라서 BCP는 각 계층별 역할과 책임을 사전에 분장하고, 비상시 연락체계, 의사결정 권한 위임, 보고 흐름 등을 명확히 설정해야 한다.

BCP의 도입은 단순히 위기 대응력 향상에 그치지 않고, 다음과 같은 전략적 효과를 갖는다 :

- **협력업체와의 관계 안정** : 복구 매뉴얼에 협력사 역할이 명확히 포함되면 책임 의식이 강화된다.
- **발주처 대응력 제고** : BCP 기반 대응 결과는 감리단 및 발주처에 '신뢰자산'으로 작용한다.
- **커뮤니케이션 구조 개선** : ERP의 정형 보고 외에, BCP는 상황 중심 보고 흐름을 정립한다.
- **업무 연속성과 ESG 대응** : 지속 가능성과 위기 대비는 기업 이미지 향상에 기여한다.

이처럼 건설업의 유동성과 복잡성을 고려할 때, BCP는 ERP의 부족한 점을 보완하고, ERP는 BCP의 운영 기반을 제공하는 상호 보완적 역할을 수행한다. 특히 최근 발주처가 BCP 보유 여부를 입찰 평가 요소로 고려하는 추세가 증가하고 있어, BCP 도입은 더 이상 선택이 아니라 생존을 위한 필수 전략으로 전환되고 있다.

## 2.3 사례 분석: ERP 위에 BCP를 더하라

중견 건설사 A는 자체 ERP 시스템을 통해 현장 인력 배치, 자재 수급, 일정 계획을 일원화 관리하고 있었다. 그러나 2023년 여름, 연속된 폭우로 인한 해상 운송 마비로 레미콘 공급이 5일 이상 지연되었다. ERP 시스템 상에서는 해당 일정에 오류 메시지가 표시되었고, 본사는 즉시 조정을 시도했으나 대체 공급처 확보, 감리단 일정 변경, 공정 순서 재조정 등의 대응 전략이 부재했다. 결국 현장은 납기 지연으로 인해 발주처로부터 감액 패널티를 받았고, 협력업체 간 계약 분쟁도 발생하였다. 당시 이 회사는 BCP가 존재하지 않았고, 복구 우선순위나 대체 자원 정보가 ERP에 내장되어 있지 않았다.

반면, 소형 전문건설업체 B사는 ERP 시스템 없이도 간단한 복구 시나리오, 연락망, 문서 기반의 비상 대응 절차를 훈련해두고 있었다. 같은 시기에 유사한 자재 공급 지연 상황이 발생했지만, B사는 사전에 정의한 대체 자재 목록을 활용하고 협력사 간 커뮤니케이션을 통해 감리단 승인을 미리 조정하였다. 결과적으로 납기 내 공정을 완료했고, 발주처는 이 회사의 위기 대응 능력을 높게 평가하여 추가 공사를 발주했다.

이 두 사례는 ERP의 유무가 아니라, BCP의 유무가 위기 대응의 실질적 성패를 가른다는 점을 분명히 보여준다. BCP는 단순한 기술 매뉴얼이 아니라, 조직 전체의 대응 철학, 복구 전략, 실행 프로세스를 아우르는 종합 시스템이다.

결론적으로 ERP와 BCP는 상호 대체가 아닌 통합 대상이다. ERP는 평상시의 최적화를, BCP는 비상시의 복원력을 제공한다. 다음과 같은 점에서 이 둘의 통합은 필수적이다:

- ERP에 BCP 우선순위를 반영한 복구 로직 추가
- ERP 외부 시스템에 연동되는 위기 시나리오 기반 보고 체계 구축
- ERP 사용자 교육과 병행한 BCP 훈련 수행
- ERP 다운 시에도 작동 가능한 수기 기반 백업 체계 확보

따라서 건설업의 모든 규모의 조직은 ERP 위에 BCP를 더하는 것, 그것이 지속 가능한 경쟁력 확보의 기본이다. 시스템의 완성도만큼 중요한 것은, 그 시스템이 멈추었을 때도 조직이 계속 작동할 수 있도록 준비되어 있느냐는 것이다. 이제는 시스템이 아닌, '시스템 이후'를 준비할 때이다.

# 3 '위기'와 '중단'의 정의

건설업 현장에서 '위기'라고 하면 많은 이들이 태풍, 지진, 화재 같은 대규모 재난을 먼저 떠올린다. 하지만 실무에서는 종종 예상치 못한 작고 반복적인 사건들이 훨씬 더 많은 중단을 일으킨다. 민원인의 한 통의 항의 전화, 서류 한 장의 누락, 공정 하나의 승인 지연이 전체 프로젝트를 마비시키고, 계약 지연과 금전적 손실로 이어지는 사례는 결코 드물지 않다.

이 절에서는 BCP 수립의 첫걸음인 "위기"와 "업무 중단"이라는 개념을 건설업 실무자의 시선으로 재정의한다. 단순히 법적 재난 목록이 아니라, **"우리가 일할 수 없게 만드는 모든 요소"**가 위기이며, **"핵심 기능이 정지되었는가?"**라는 질문이 중단 여부를 판단하는 기준임을 설명한다. 본 절을 통해 독자는 BCP가 다루는 범위가 생각보다 훨씬 넓고 현실적인 문제임을 체감하게 될 것이다.

## 3.1 위기의 개념과 유형

위기(Crisis)란 조직의 일상 운영을 방해하거나 핵심 기능의 수행을 위협하는 사건이나 상태를 의미한다. 이는 자연재해, 사회 혼란, 기술적 장애, 인력 문제 등 외형적인 사건에 국한되지 않으며, 일상 업무 흐름에 예기치 못한 변화를 초래하는 사소한 요소도 모두 위기의 범주에 포함될 수 있다. 특히 건설업의 경우, 단 한 건의 민원, 감리 승인 지연, 설계 오류가 전체 공정 흐름을 중단시키는 도미노 효과를 발생시키기 때문에 위기의 정의는 보다 실질적이고 폭넓게 해석되어야 한다.

위기를 효과적으로 이해하고 대응하기 위해서는 구조적인 분류가 필요하다. 일반적으로 다음과 같은 4가지 방식으로 구분할 수 있다:

### 1) 원인 기준

- 외부 위기 : 태풍, 홍수, 감리단의 정책 변경, 지자체 인허가 지연 등
- 내부 위기 : 설계 오류, 품질 하자, 자재 발주 지연, 핵심 인력의 이탈 등

**2) 시간 기준**

- 급성 위기 : 갑작스러운 감전 사고, 자재 누락, 장비 고장 등
- 만성 위기 : 반복되는 인력 부족, 자재 납기 지연, 현장 주변 민원 등

**3) 예측 가능성 기준**

- 예측 가능 위기 : 계절적 태풍, 예정된 파업, 점검 일정 등
- 예측 불가능 위기 : 급작스러운 붕괴사고, 드론 충돌, 화재 발생 등

**4) 파급력 기준**

- 국지적 위기 : 특정 공정이나 부서에만 영향을 미치는 사건
- 전사적 위기 : 전체 공정, 대외 신뢰도, 계약 이행력에까지 영향을 미치는 사건

이 외에도 감정적·사회문화적 위기(지역 주민 갈등, 언론 보도 등), 전략적 위기(프로젝트 지속 여부에 대한 위협)도 포함된다. 예를 들어, 한 건의 항의 민원으로 현장 작업이 일시 중단되고, 이후 시청의 민원 청문회로 이어진 사례도 있다. 이는 단일 사건으로 끝나는 것이 아니라, 조직의 행정 절차, 공사 기간, 계약상 책임에 복합적으로 작용하며 장기적인 손실로 이어질 수 있다.

건설현장에서 위기의 범주는 물리적 사건 이상이며, 무엇보다도 핵심 기능 수행을 방해하거나 시간 내 복구가 불가능한 상태로 전이될 가능성이 있는 모든 요소가 포함된다. 이러한 현실적 정의 없이는, BCP가 실효성 없는 형식 문서에 머물 수밖에 없다.

따라서 각 기업은 위기의 유형을 체계적으로 분류하고, 우선순위에 따라 사전 대응계획을 수립하며, 반복 가능성이 높은 위기부터 모의훈련을 실시하는 실천 전략을 수립해야 한다.

## 3.2 업무중단의 정의와 임계점

'업무중단(Disruption)'은 조직의 정상적 기능이 정지되거나, 예외적인 방식으로 운영되어야만 하는 상태를 의미한다. 이는 단순한 일정 지연이나 일시적 불편과는 본질적으로 구분되며, 중단이 발생한 경우에는 반드시 다음 3가지 특성이 나타난다:

1) 핵심 기능이 일정 시간 이상 작동 불능 상태에 빠진다
2) 해당 기능이 연계된 타 업무 또는 공정에도 영향이 전파된다
3) 조직 내부 자원만으로 복구가 어렵거나 지연된다

건설업의 업무 중단은 다음과 같은 특수성을 지닌다:

- **공정 연계성의 파급 효과** : 하나의 공정이 정지되면 후속 작업이 모두 지연되어 전체 일정이 흔들린다.
- **시간 기반 계약 구조** : 납기 지연은 곧바로 위약금이나 공기 연장 협상으로 이어진다.
- **장비 및 자재의 이동성과 민감성** : 한 번 현장에서 이탈한 장비는 다시 투입되기 어렵고, 자재 역시 유효기간과 조건이 민감하다.

업무 중단 여부를 판단할 때 기준이 되는 것이 **복구목표시간(RTO, Recovery Time Objective)**이다. RTO란 "업무가 정지된 시점부터 복구 완료까지 걸릴 수 있는 최대 시간"을 의미하며, 각 기능별로 다르게 설정된다. 예를 들어, 타워크레인의 고장은 4시간 내 복구가 가능하다고 판단되면 RTO = 4시간이 된다. 반면, 콘크리트 배합 공장의 생산 중단은 최소 2일 이상의 복구 시간이 걸릴 수 있다.

이 RTO를 초과하면 중단은 '영향 단계'로 진입하며, 여기서부터는 추가 비용 발생, 계약 위반, 고객 신뢰 저하, 보상 협상 등의 복합 손실이 발생한다. 따라서 중단의 '임계점'은 RTO를 중심으로 사전 정의되고, 그 초과 시점부터는 복구 프로세스의 긴급 가동이 필요하다.

또한 업무 중단은 '물리적 중단'뿐 아니라, 정보 흐름, 의사결정 체계, 대외 커뮤니케이션의 단절도 포함된다. 예를 들어, 현장소장이 부재 중에 비상 상황이 발생하고, 본사와의 연락망이 끊겨 대응이 지연되면, 실질적으로는 업무 중단 상황이 된 것이다.

업무 중단의 판단 기준은 다음과 같은 질문으로 정리할 수 있다:

- 지금 이 기능이 멈추었을 때 언제까지 복구가 가능한가?
- 이 중단이 다른 업무에 영향을 주는가?
- 대체 인력이나 자원을 투입하지 않으면 스스로 복구 가능한가?
- 외부 보고나 계약상 의무를 이행할 수 있는가?

이러한 기준을 바탕으로 중단을 정의하고, 조직은 RTO 기반의 공정 우선순위표를 작성하고, 복구팀과 자원을 사전 배치함으로써 실질적인 대응력을 확보해야 한다.

## 3.3 위기-중단-복구의 인과 고리

BCP의 핵심은 단순히 위기에 반응하는 것이 아니라, 위기 상황이 '업무 중단'으로 발전하지 않도록 방어하고, 실제 중단이 발생했을 경우에는 가능한 한 **조기에 복구(Recovery)**

할 수 있도록 전체 시나리오를 갖추는 것이다. 이를 위해서는 '위기-중단-복구'라는 세 단계의 인과 고리를 명확히 인식해야 한다.

### 1) 위기 발생

- 사건 또는 상태가 업무에 영향을 미칠 수 있는 위험 요인으로 인지됨
- 예 : 태풍 예보, 협력사 계약 해지 통보, 자재 납품 지연

### 2) 중단 발생

- 핵심 기능이 일정 시간 이상 멈추거나 비정상적으로 작동함
- 예 : 타설 공정이 승인을 받지 못해 현장이 전면 중단됨

### 3) 복구 단계

- 기능의 정상화 및 연쇄 영향의 해소를 위한 대응 시작
- 예 : 야간작업 전환, 대체 장비 투입, 감리단 우선 협의 진행

이 고리를 통해 조직은 위기를 감지했을 때 즉시 중단 예방 조치를 할 수 있도록 설계되어야 하며, 중단이 현실화되었을 경우 우선 복구 대상 선정 → 자원 재배치 → 외부 보고 체계 가동 등 복구 매뉴얼을 실행해야 한다.

중요한 것은 이 세 단계가 각각 독립적으로 존재하지 않으며, 서로를 촉진하거나 방해하는 영향을 미친다는 점이다. 위기 인지가 늦으면 중단이 장기화되고, 복구가 느리면 다음 공정 일정 전체가 무너진다. 따라서 이 연결 고리를 사전에 시뮬레이션하고, 취약한 지점을 발견하여 개선하는 것이 BCP 수립의 실질적 목적이다.

이에 대한 사례는 다음과 같다:

- 위기 : 감리단 담당자 변경으로 승인이 지연됨
- 중단 : 타설 일정 전면 중단 → 철근 설치팀 대기 → 다음 협력업체 일정 지연
- 복구 : 기존 승인자 재투입 요청 → 서면 대응 매뉴얼 적용 → 자재 재검수 생략 조건부 승인 → 공정 재개

이러한 대응이 가능하려면, 사전에 이 인과 고리를 모델링하고, 각 단계에 적절한 대응 전략과 권한 분장을 문서화해두는 것이 필요하다. 이것이 '살아있는 BCP'를 만드는 핵심이 된다.

## 4 조직 회복력이라는 새로운 패러다임

지금까지 많은 기업들은 위기에 대비하는 수단으로 '재난이 발생하면 어떻게 복구할 것인가'를 중심으로 계획을 세워왔다. BCP 역시 오랫동안 '복구 계획' 중심으로 인식되어 왔다. 하지만 오늘날의 위기 환경은 과거와는 차원이 다르다. 기후재해, 공급망 붕괴, 규제 변화, 감염병, 디지털 리스크 등 복합적이고 예측 불가능한 위협이 동시에, 반복적으로 발생하고 있다. 단기 복구만으로는 이 모든 변화를 감당할 수 없다.

이제 기업은 "재난이 오지 않기를 바라는 조직"이 아니라, "재난을 맞더라도 계속 기능을 유지하고, 오히려 더 나은 상태로 회복하는 조직"으로 거듭나야 한다. 이것이 바로 '조직 회복력(Organizational Resilience)' 이다. 회복력은 단순히 위기 후 복구 능력을 의미하지 않는다. 변화에 대한 민감한 감지, 적응, 반응, 복구, 그리고 학습과 혁신을 포함하는 총체적 역량이다.

특히 건설업처럼 외부 요인의 영향을 많이 받고, 공정과 협력 구조가 복잡하며, 현장이 분산된 산업에서는 이 회복력의 개념이 생존과 직결된다. 이 절에서는 회복력의 개념을 이해하고, 왜 BCP가 회복 중심 전략으로 진화해야 하는지, 그리고 건설현장에서 회복력을 어떻게 시스템화할 수 있을지를 구체적으로 살펴본다. 이제는 "언제 복구할 것인가?"가 아니라, "우리는 얼마나 유연하고 민첩하게 회복할 수 있는가?"가 경쟁력의 기준이 된다.

### 4.1 회복력의 개념과 BCP의 진화

BCP는 전통적으로 "복구 계획" 중심의 도구로 인식되어 왔다. 위기가 발생했을 때 어떻게 업무를 다시 정상화할 것인지, 어떤 우선순위로 자원을 투입하고 복구할 것인지를 문서화하는 것이 BCP의 기본 구조였다. 하지만 2020년대를 전후한 복합 위기 환경은 이러한 '복구 후 중심'의 접근이 충분하지 않다는 사실을 드러냈다. 위기가 복구 전에 연속해서 발생하거나, 하나의 위기가 다른 위기를 유발하는 연쇄 구조가 일상화된 것이다.

이런 상황에서 BCP는 점차 **'회복력 중심 전략'**으로 진화하고 있다. 즉, 단순한 리스크 회피와 복구를 넘어, 조직이 위기 속에서도 핵심 기능을 유지하고 변화에 민첩하게 대응하며, 심지어는 위기를 통해 성장을 도모할 수 있는 방향으로 접근하고 있는 것이다. 이 개념적 전환의 중심에 있는 것이 바로 **'**조직 회복력**(Organizational Resilience)'**이다.

조직 회복력이란 단기적인 대응력과 복구력뿐 아니라, 지속적으로 외부 환경을 감지하고 학습하며 변화에 적응할 수 있는 조직의 내재적 역량과 문화를 포함한다. 이 개념은 다음과 같은 세 가지 관점에서 이해될 수 있다:

1) **지속 가능성과 연결된 능력** : ESG 경영, 사회적 책임, 환경변화 대응 등과 맞물려 회복력은 이제 지속가능한 기업 경영의 핵심 기준이 되었다. 특히 기후위기나 감염병처럼 광범위한 영향을 미치는 사건에 대한 지속 대응 능력이 회복력의 중요한 구성 요소로 자리잡고 있다.
2) **조직의 생존을 넘어 성장으로 이어지는 능력** : 단순히 위기를 버티는 것이 아니라, 위기를 통해 내부 시스템의 문제를 발견하고 개선함으로써 기업 전체의 성숙도를 끌어올리는 방향으로 진화하고 있다. 이는 BCP가 단순히 위기 대응 매뉴얼을 넘어, '조직 혁신의 촉진제'가 되어야 한다는 의미이기도 하다.
3) **분산된 현장 중심의 복원력 확보** : 건설업처럼 조직이 다수의 외주·협력업체로 구성되고, 현장이 분산되어 있는 경우에는 본사 중심이 아닌 '현장 기반의 회복력'이 요구된다. 각 현장이 자체적으로 대응하고 회복할 수 있는 자율적 역량을 갖추는 것이 중요하다.

이러한 회복력 개념은 국제표준 ISO 22316에 공식화되어 있으며, ISO 22301(BCP 표준)과도 유기적으로 연결된다. ISO 22316은 회복력을 "조직이 변화와 위협에 적응하면서 지속적으로 운영하고 목표를 달성할 수 있는 능력"으로 정의하며, 이를 위한 9가지 핵심 원칙을 제시한다. 여기에는 다음과 같은 내용이 포함된다:

- 조직 목적에 대한 명확한 이해
- 효과적인 리더십
- 사람 중심의 문화
- 변화에 대한 공유 인식
- 정보 기반의 의사결정
- 회복력 기반의 거버넌스
- 자원의 다양성과 융통성
- 외부 이해관계자와의 관계
- 지속적인 개선 문화

BCP는 이러한 회복력 원칙을 구조화하는 구체적인 도구가 되어야 한다. 즉, 이제 BCP는 "업무가 정지되었을 때 어떻게 복구할 것인가?"라는 질문에만 답하는 것이 아니라, **"조직은 외부 충격에 어떻게 적응하며 살아남을 것인가?", "그 경험을 어떻게 학습하고 시스템화할 것인가?"**라는 질문까지 다루어야 한다.

회복력 중심 BCP는 다음과 같은 전략적 요소를 포함한다:

- **예방적 사고 기반의 리스크 시나리오 설계** : 단일 사건이 아니라 복합적 연계 위협을 시뮬레이션한다.
- **적응형 조직 구조** : 위기 발생 시에도 유연한 역할 전환이 가능하도록 설계된 책임 체계
- **정보 기반의 실시간 대응 체계** : 현장 중심의 정보 수집 및 전파 시스템 구축
- **지속적 피드백 구조** : 복구 후 평가와 교훈을 차기 대응 전략에 반영하는 체계

특히 회복력 기반 BCP는 사전적 예방과 사후적 개선을 연결하는 '순환 구조'를 내포한다. 기존 BCP는 선형적 절차(Process) 중심으로 움직였지만, 회복력 기반 BCP는 계획-행동-피드백-개선이 지속적으로 반복되며 고도화되는 순환적 구조를 기반으로 한다. 이는 건설업과 같이 변화가 많은 산업 구조에서 매우 중요한 특성이다.

결론적으로, 조직 회복력은 BCP의 '미래형 진화'이며, 단순한 재난 대응을 넘어 기업 전략, 조직문화, 리더십, 학습 체계, 정보 체계를 아우르는 통합적 개념이다. 회복력 없는 BCP는 단지 '재난 대응 매뉴얼'에 머물 뿐이며, 회복력 있는 BCP는 조직의 변화 대응 능력과 지속 가능성, 대외 신뢰도를 함께 끌어올리는 실질적 경영 시스템이 될 수 있다.

## 4.2 건설업에서 회복력이 필요한 이유

건설업은 본질적으로 외부 환경 변화에 민감하게 반응하는 산업이다. 고정된 실내 생산 공간이 아닌 개방된 야외 현장에서 진행되며, 공정은 계절과 기후, 지형 조건에 따라 영향을 받는다. 더욱이 다수의 협력업체와 외주인력, 장비, 자재가 유기적으로 연계되어 운영되기 때문에, 어느 하나라도 차질이 생기면 전체 프로젝트가 중단되거나 지연될 수 있다. 이러한 구조는 회복력의 확보 없이는 위기 발생 시 조직 전체가 쉽게 무너질 수 있음을 의미한다.

회복력이 필요한 이유는 단순히 생존의 차원을 넘어 다음과 같은 다섯 가지 현실적인 요구와 맞닿아 있다.

### 1) 불확실성과 복합 위기의 일상화

최근 몇 년 간 건설업계를 뒤흔든 사건들을 살펴보면, 예측 불가능하거나 이전에는 비주류로 여겨졌던 위기 유형들이 점점 일상화되고 있다. 코로나19 팬데믹은 건설현장 인력 격리, 자재 공급 중단, 감리 일정 변경 등 복합적인 영향을 불러왔고, 이상기후에 의한 태풍·폭염·폭우 역시 공정 운영을 심각하게 방해했다. 또, 원자재 가격의 급등락이나 국제 해상 물류망의 교란 등은 현장 밖에서 발생했지만, 그 충격은 현장을 직접 강타했다.

이처럼 다양한 리스크가 동시에 작용하고, 기존의 경험이 더 이상 예측력을 보장하지 못하는 시대에는 회복력을 갖춘 조직만이 생존할 수 있다. 단순한 리스크 대응이 아니라, 위기에 유연하게 반응하고 빠르게 복구하는 체계가 필요하다.

### 2) 공정 연계성과 외주 의존성의 이중 위험

건설업은 공정 단위별 전문화가 매우 심화되어 있으며, 이는 곧 외주 의존도 상승으로 이어진다. 철근·콘크리트·설비·전기·마감 등 각 분야별 협력사가 존재하고, 이들이 정해진 시간 안에 차질 없이 작업을 완료해야만 전체 일정이 지켜진다. 하지만 협력업체 한 곳에서 인력 이탈, 사고, 자재 납품 지연이 발생하면 그 영향은 다른 공정에도 연쇄적으로 퍼지게 된다.

이러한 구조에서는 개별 위기를 신속히 흡수하고 대응할 수 있는 회복력이 없이는 전체 시스템이 순식간에 마비될 수 있다. 특히 중소 건설사는 대체 인력이나 장비, 재정 여력이 부족하기 때문에 한 번의 중단이 사업 전체의 존폐를 좌우할 수 있다.

### 3) 시공 품질 및 대외 신뢰도 유지의 필요성

건설업은 시공 중단 시 단순한 일정 문제를 넘어, 품질 저하와 안전사고의 우려도 커진다. 콘크리트 타설 후 대기 시간 초과, 철근 노출, 방수 공정 전의 강우 등은 모두 품질 결함의 원인이 될 수 있으며, 이런 결함은 향후 하자보수 비용 증가로 이어진다. 또한 시공 품질의 불균형은 발주처 및 감리기관과의 신뢰 관계를 악화시켜 차기 사업 수주에도 영향을 미친다.

따라서 단순히 '공정을 다시 시작하는 것'이 아니라, 기술적 품질과 외부 신뢰를 손상시키지 않도록 복구하는 것, 즉 고품질 회복이 가능한 체계가 필요하다.

### 4) 현장 중심의 자율성과 판단력 강화 필요

건설업의 운영 구조상, 본사의 지시만으로는 위기 상황에 즉각 대응하기 어렵다. 특히 지방이나 도서 지역 현장은 통신이나 문서 결재 체계가 느려 실시간 판단이 어려울 수 있다. 이럴 때 현장소장이나 공무팀장이 스스로 판단하고 행동할 수 있는 권한과 기준, 즉

자율적인 회복력이 필요하다.

이러한 자율성은 단순한 재량권 부여로 해결되지 않으며, 사전에 명확한 역할 분장, 시나리오 기반 훈련, 그리고 반복된 복구 경험을 내재화한 시스템이 필요하다. 즉 '사람의 경험'이 아닌 '조직의 시스템'으로 회복력을 구축해야 한다.

### 5) 사회적 요구의 변화와 지속가능성

ESG 경영, 사회적 책임, 이해관계자 보호 등 최근의 경영 트렌드는 회복력을 기업 경영의 핵심 역량으로 포함시킨다. 특히 공공기관 및 대기업 발주처는 공급망 차원의 위기 대응 체계를 요구하고 있으며, BCP 유무를 입찰평가에 반영하는 사례도 늘고 있다.

이러한 흐름에서 건설회사가 신뢰할 수 있는 사업 파트너로 자리매김하기 위해서는 단순 시공 능력뿐 아니라, 위기 대응력과 회복력을 갖춘 조직이라는 평판이 필수적이다.

건설업은 태생적으로 리스크와 불확실성이 높은 산업이다. 따라서 더 강력한 대응이 아닌, 더 민첩하고 유연한 회복 구조가 필요하다. 회복력이란, '예외 상황에서도 예외 없이' 작동할 수 있는 시스템을 의미한다. 조직은 위기를 '막는 법'만이 아니라, 위기가 와도 '흔들리지 않는 법'을 배워야 한다. 이는 단순한 기술이 아닌 전략이며, 문화이자 시스템이다. BCP는 그 회복력을 실현하기 위한 프레임워크가 되어야 한다.

## 4.3 회복력을 구성하는 핵심 요소들

조직 회복력을 구축하려면 단순히 계획을 세우는 것을 넘어, 조직의 다양한 역량과 구조가 회복을 위한 조건을 충족하고 있어야 한다. ISO 22316은 회복력의 기반이 되는 핵심 요소를 9가지로 제시하는데, 이를 건설업 현실에 맞추어 네 가지 영역으로 재구성할 수 있다. 이 절에서는 회복력의 실질적 구성요소를 다각도로 조명하여, 조직이 어떤 부분을 강화해야 하는지 전략적으로 제시한다.

### 1) 리더십과 조직문화 : 회복의 방향을 제시하는 중심축

조직의 회복력은 리더의 결정과 태도에 따라 강화되거나 약화될 수 있다. 위기 상황에서 리더십은 단순한 명령 체계를 넘어서, 조직이 '왜 이 상황을 버텨야 하는가', '어떻게 하면 극복할 수 있는가'에 대한 방향성과 의미를 제공하는 역할을 한다. 이는 단기 복구보다는 중장기 생존 전략에 기반한 리더십, 즉 전략적 민첩성을 가진 리더십이 요구된다는 뜻이다.

또한 회복력 있는 조직은 실수를 숨기지 않고 공유하며, 실패를 통해 배우는 문화를 갖고 있다. 이는 곧 '처벌 중심 문화'가 아닌 '개선 중심 문화'의 확산을 의미한다. 회복력은 일상 속에서의 조직 행동, 의사결정 방식, 커뮤니케이션 양식에 스며들어야 하며, 이 모든 것은 리더십이 주도하는 문화로부터 시작된다.

**2) 정보 인식과 공유 : 위기를 감지하고 조기에 반응하는 감각**

어떤 위기도 갑작스럽게 발생하는 것처럼 보이지만, 실상은 수많은 사전 신호를 동반한다. 회복력 있는 조직은 이러한 '전조 현상'을 감지할 수 있는 민감한 센서를 갖추고 있으며, 그것을 조직 전체와 신속하게 공유할 수 있는 구조를 가지고 있다. 특히 건설현장에서는 다음과 같은 정보 인식 체계가 중요하다:

- 이상기후, 기상특보 등 자연환경 정보의 실시간 모니터링
- 협력업체 내부 상황(인력 충원, 자재 보유량 등) 조기 파악
- 감리 일정, 발주처 지시사항 등 외부 행정정보 변화 감지

이러한 정보를 수집하는 기술적 시스템도 중요하지만, 더 중요한 것은 현장 작업자나 중간관리자가 문제를 인식했을 때 이를 상부에 '즉시 전달하고 신뢰받을 수 있는 문화'이다. 정보의 흐름이 늦어지면, 대응 속도는 절반 이하로 떨어진다. 회복력은 바로 이 신속한 감지-전파-판단의 루프에서 탄생한다.

**3) 적응성과 혁신성 : 위기를 새로운 방식으로 돌파할 수 있는 힘**

과거 방식의 복사와 반복은 회복력과 충돌한다. 회복력이 있는 조직은 변화된 상황에 맞게 기존 방식을 유연하게 전환할 수 있다. 이는 '예외 상황 시 허용 가능한 재량권'을 사전에 정의하고, 이를 통해 창의적이고 자율적인 대응이 가능하게 만드는 것이다. 예를 들어 다음과 같은 상황이 해당된다:

- 기존 장비가 고장났을 때 유사 장비로의 전환 승인
- 특정 공정의 순서를 바꾸는 가변형 공정 계획
- 감리단 승인 지연 시 대체 문서 또는 임시조치 발동

적응성은 평상시에 훈련되어야 하며, 이를 제약하지 않는 유연한 규정과 실무 매뉴얼이 필요하다. 여기에 더해 회복력은 단기 대응력을 넘어 '학습과 혁신'을 기반으로 축적되어야 한다. 즉, 위기를 경험하고 이를 체계적으로 기록, 분석, 개선 방안으로 전환하는 프로세스가 마련되어 있어야 한다.

#### 4) 이해관계자와의 신뢰 기반 협력 : 회복은 함께 만들어야 한다

건설업은 다수의 이해관계자가 동시에 얽혀 있는 산업이다. 현장소장, 본사, 발주처, 감리단, 협력업체, 지역주민 등 다양한 주체가 공정의 일관성과 품질에 영향을 미친다. 회복력은 이들을 배제하고 '내부 역량'만으로 해결할 수 없다. 실제로 다음과 같은 협력 구조가 중요한 역할을 한다:

- 위기 발생 시 발주처와의 조기 협의 체계
- 감리단과의 긴급 승인 프로토콜
- 협력사 간 장비/자재 공유 계약
- 지역사회와의 이해 조율 채널

특히 협력업체의 회복력은 곧 원도급사의 회복력으로 직결되기 때문에, 사전에 협력사 교육, 공동 훈련, BCP 연계 작성을 통해 통합 대응 체계를 갖추는 것이 중요하다. 이해관계자와의 신뢰는 위기 상황에서 조직의 '실질적 자산'으로 작용하며, 회복력의 외부 확장성 기반이 된다.

결론적으로 회복력은 개별 부서나 특정 인력이 단독으로 갖추는 능력이 아니라, 조직 전체가 공유하고 내재화하는 총체적 시스템이다. 리더십, 문화, 정보 흐름, 유연한 규정, 외부 협력까지 모두 유기적으로 작동할 때, 조직은 어떠한 위기 속에서도 중심을 잃지 않고 다시 일어설 수 있다. 건설업에서의 회복력은 단순한 위기 대응이 아니라, 궁극적으로 기업의 '평판', '지속 가능성', '미래 사업 수주력'을 결정짓는 기준이 된다.

## 4.4 건설기업을 위한 회복력 내재화 전략

건설업에서 회복력은 그 자체로 경쟁력이다. 그러나 회복력은 선언이나 구호만으로 구축되지 않는다. 실질적인 전략, 훈련, 제도화, 학습의 과정을 통해 조직의 운영 시스템 속에 깊이 뿌리내릴 때 비로소 진정한 힘을 발휘한다. 본 절에서는 건설기업이 회복력을 내재화하기 위해 실천해야 할 전략을 다섯 가지 측면에서 제시한다.

#### 1) BCP 설계 시 회복력 관점 통합하기

전통적인 BCP는 위기 발생 시 복구 순서를 정하고, 책임자를 지정하며, 비상 연락망을 작성하는 수준에 머무는 경우가 많았다. 그러나 회복력을 통합하려면 BCP 설계 단계에서부터 다음과 같은 질문을 포함해야 한다:

- 어떤 기능이 중단되었을 때 가장 회복하기 어렵고, 그로 인해 파급력이 가장 큰가?

- 단순한 복구가 아니라, 더 나은 시스템으로 '개선된 회복'을 할 수 있는가?
- 복구 시 협력사와의 공조 체계는 어느 수준까지 반영되어 있는가?

또한 BCP에 단순한 절차서가 아닌, 회복력 지향의 시나리오 중심 구성(Scenario-based BCP)을 채택해야 한다. 이는 현실적으로 발생 가능한 복합 상황을 바탕으로 다차원적 전략을 설계하는 방식이다. 예를 들어 '감리 승인 지연 + 협력사 이탈 + 자재 납품 중단'이 동시에 발생했을 때 각 기능이 어떻게 반응해야 하는지를 사전 설계해 두는 것이다.

### 2) 반복 가능한 모의훈련과 시나리오 적용 실습

회복력은 단발성 교육이 아닌, 체화된 학습을 통해 비로소 현실에서 작동한다. 이를 위해 다음과 같은 훈련 프로그램을 주기적으로 운영해야 한다:

- 위기 상황별 BCP 시나리오 기반 모의훈련 (연 1~2회)
- 현장 실무자 중심의 역할 분장 실습
- 협력사, 발주처와 함께하는 연합 복구 훈련 (Joint Exercise)
- 훈련 후 평가보고서 작성 및 개선사항 반영

특히 훈련은 '정답을 가르치는 방식'이 아니라, 다양한 상황 속에서 스스로 판단하고 조치할 수 있도록 '의사결정력'을 키우는 방식으로 설계되어야 한다. 이는 향후 실제 위기 시 자율적이고 유연한 대응을 가능하게 한다.

### 3) 회복력 기반의 의사결정 구조와 권한 재설계

회복력은 위기 상황에서 의사결정 속도와 품질에 의해 결정된다. 따라서 복구 체계 안에는 다음과 같은 권한 분산형 구조가 포함되어야 한다:

- 위기 시 자동 발동되는 단계별 권한 이양 매뉴얼
- 본사와 현장 간 역할 분리 및 동시 가동 프로토콜
- 복구 단계별 결재 생략 및 보고 기반 승인 구조

또한 건설사 내부 조직뿐 아니라, 협력업체나 감리단과도 사전 승인 권한 범위에 대한 이해를 공유해 두어야 한다. 이를 통해 현장에서는 '기다리지 않고 움직일 수 있는 시스템'을 실현해야 한다.

### 4) 회복력 지표 설정과 성과 측정

조직이 회복력을 구축하고 있다고 해도, 이를 측정하고 평가하지 않으면 개선이 불가능하다. 따라서 다음과 같은 회복력 지표를 설정하고 정기적으로 모니터링해야 한다:

- 주요 기능별 복구목표시간(RTO) 대비 실제 복구시간
- 위기 발생 후 초동 대응 소요시간
- 훈련 참여율 및 훈련 후 피드백 반영률
- 협력사 연계도, 감리단 협조 수준 등 대외 협업 지수

이러한 정량적 지표와 함께, 현장 소장의 자가진단 체크리스트, 발주처 만족도 조사 등 정성적 평가도 병행하는 것이 바람직하다. 회복력은 수치와 경험을 균형 있게 반영해야 완성된다.

### 5) ESG 및 지속가능경영과 연계한 회복력 고도화

회복력은 단지 위기 대응의 문제를 넘어서, ESG 경영의 핵심 축이 된다. 기후재난에 대한 적응, 사회적 책임 있는 공급망 운영, 투명한 위기 대응 체계는 모두 ESG 지표와 직결된다. 또한 투자자, 금융기관, 발주처는 공급기업의 회복력을 리스크 관리의 관점에서 평가하고 있다.

이에 따라 건설기업은 다음을 실천할 필요가 있다:

- ESG 보고서 내 BCP 및 회복력 관련 지표 공개
- 지속가능경영 전략과 복구 전략의 연계 수립
- 회복력 평가 결과를 IR(투자자 대응) 및 입찰 서류에 반영

이러한 방식은 회복력이라는 조직 내부의 기술을 외부 신뢰로 전환하는 데 효과적이며, 결국 기업의 '레질리언스 브랜드'를 구축하는 데 기여한다.

결론적으로 회복력은 단기간에 완성되지 않는다. 계획과 실행, 학습과 개선, 측정과 공유라는 전 과정을 반복하는 과정 속에서 회복력은 조직의 DNA로 내재화된다. 건설기업은 단순히 위기를 견디는 회사를 넘어, 위기를 통해 성장하는 기업으로 나아가야 한다. 그리고 그 중심에는 '회복력 중심 BCP'라는 전략이 있어야 한다.

## 참고문헌


- ISO. (2012). ISO 22301:2012 – Societal security – Business continuity management systems – Requirements. International Organization for Standardization.
- ISO. (2013). ISO 22313:2013 – Societal security – Business continuity management systems – Guidance. International Organization for Standardization.
- British Standards Institution. (2006). BS 25999-1:2006 – Business continuity management – Code of practice. London, UK: BSI.
- British Standards Institution. (2007). BS 25999-2:2007 – Business continuity management – Specification. London, UK: BSI.
- National Fire Protection Association. (2010). NFPA 1600: Standard on disaster/emergency management and business continuity programs. Quincy, MA: NFPA.
- ASIS International & BSI. (2010). Business continuity management systems: Requirements with guidance for use (ASIS/BSI BCM.01-2010). American National Standard.
- Supriadi, L. S. R., & Low, S. P. (2018). Business continuity management in construction. Singapore: Springer.
- Tucker, E. (2014). Business continuity from preparedness to recovery: A standards-based approach. Elsevier.
- Herbane, B. (2010). Small business research: Time for a crisis-based view. International Small Business Journal, 28(1), 43–64.
- Gibb, F., Buchanan, S., & Shah, S. (2012). Business continuity management: A crisis management approach. Journal of Business Continuity & Emergency Planning, 6(3), 246–258.
- Gallagher, T. (2003). Business continuity planning: A step-by-step guide with planning forms. New York, NY: McGraw-Hill.
- Hiles, A. (2011). The definitive handbook of business continuity management (3rd ed.). Wiley.

제2장

# 건설업의 BCP필요성

건설업은 재난과 위기의 영향을 가장 직접적으로 받는 산업 중 하나다. 예기치 않은 폭우, 자재 납품 지연, 협력사 이탈, 민원, 화재, 안전사고 등은 곧바로 공정 지연이나 계약 위반, 대형 손실로 이어진다. 그러나 지금까지 건설업에서는 위기관리 또는 비즈니스 연속성계획(BCP)에 대한 체계적 대응이 부족했고, 대부분은 "현장소장의 경험과 즉흥적 판단"에 의존해 왔다.

하지만 이제는 상황이 달라졌다. 중대재해처벌법 시행, ESG 경영 요구 확대, 글로벌 발주처의 리스크 관리 요구 등 제도적 변화가 빠르게 진전되고 있으며, 건설사 스스로도 위기 이후의 회복 전략을 갖추지 않으면 생존조차 어려운 현실이다.

이 장에서는 "왜 지금, 건설업에 BCP가 반드시 필요한가"라는 질문에 대해 산업 구조, 중단 사례, 제도 변화, 실제 수요를 중심으로 분석한다. 이는 단순한 개념의 설명이 아닌, BCP가 건설업에 있어 선택이 아닌 생존 전략임을 드러내는 문제 인식의 출발점이다.

## 1 건설업 특성 및 내재된 리스크 : 건설업의 구조적 취약성과 리스크 내재

### 1.1 프로젝트 기반 산업 구조의 불연속성과 유동성

건설업은 제조업이나 IT 업종과는 전혀 다른 산업 구조를 가진다. 공장이나 본사와 같은 고정된 사업장이 없고, 대부분의 작업은 현장 중심, 프로젝트 중심으로 이뤄진다. 이는 건설업이 본질적으로 유동적이며 단절된 조직구조를 갖고 있다는 의미다. 그리고 이러한 산업 구조는 곧 위기 대응과 복구 지속성 확보의 구조적 어려움으로 이어진다.

### 1) '현장 유목형' 산업 구조

건설 프로젝트는 시작부터 끝까지 일정한 장소와 조직을 유지하지 않는다. 공사가 시작되면 현장 사무소가 개설되고, 현장소장과 공무팀, 협력사들이 조직을 구성하지만 이는 철저히 임시 조직에 불과하다. 공사가 끝나면 대부분의 인력은 해산되거나 다음 프로젝트로 이동한다. 장비는 철수되고, 데이터나 기록도 대부분 본사로 귀속되거나 사장된다.

이러한 '현장 유목형' 산업 특성은 다음과 같은 리스크를 내포한다:

- 조직 기억의 단절 : 한 프로젝트에서 얻은 대응 경험이 다음 현장에 그대로 이식되기 어려움
- 책임 연속성의 부재 : 현장 소장이 교체되면 연락망, 대응 매뉴얼, 역할 체계가 그대로 사라질 수 있음
- 문서·정보의 현장 분산 : 클라우드 기반 관리가 미흡한 경우, 비상시 대응 문서 접근이 불가

이와 같이 건설업은 조직적 연속성과 정보관리 연속성이 약한 구조를 가지고 있으며, 이는 곧 위기 상황에서의 초기 대응 속도와 복구 체계 유지에 직접적인 영향을 미친다.

### 2) 복구 체계가 축적되지 않는 공정 단위 운영

건설업의 업무 운영은 공정 단위로 쪼개져 있고, 그 공정은 각기 다른 협력사 또는 작업자가 담당한다. 철근, 콘크리트, 전기, 설비, 인테리어 등 수십 개의 공정이 유기적으로 연결되지만, 이들은 고용적으로도 조직적으로도 각각 독립된 외주 계약 구조로 운영된다.

이는 다음과 같은 리스크로 이어진다:

- 공정별 복구 전략의 부재 : 공정이 멈췄을 때 전체 연계 흐름에서 어떤 우선 순위로 복구해야 하는지 판단 기준이 부족함
- 공정 간 협조체계 미약 : 위기 대응은 현장소장 중심의 '일괄 조율'에 의존하며, 각 공정별 자체 대응력이 약함
- 외주 구조로 인한 통합훈련 어려움 : 각 공정 주체가 다르기 때문에 통합된 훈련 시스템 구축이 쉽지 않음

이처럼 분절되고 외주화된 공정 운영 체계는 복구 전략의 수립과 실행을 구조적으로 방해하는 요인이다. 특히 공정 간 연계성(공정 A 중단 → B, C 모두 지연)의 문제가 BCP에서 가장 중요한 우선순위 설정을 어렵게 만든다.

### 3) 인력·자재·장비의 유동성과 책임 불분명

현장의 핵심 자산인 인력, 자재, 장비 또한 고정된 것이 아니라 대부분 유동적이며 외부 의존도가 높다. 특히 중소건설사일수록 장비를 자체 보유하기보다는 임대에 의존하고, 자재는 협력업체에 발주, 인력은 일용직 또는 외주 근로자에 의해 채워진다.

이는 다음과 같은 구조적 위험요소를 야기한다:

- **근로자 이탈 시 즉시 대체 불가** : 기술 인력이나 자격 보유자가 특정 시점에 이탈하면 전체 공정 중단
- **자재 납품 지연 시 대체 공급처 미확보** : 특정 자재는 지정된 납품업체 외 대체가 어려움
- **장비 고장 시 현장 자체 복구 불가** : 장비 보유권이 외부에 있는 경우, 즉시 수리·대체 불가능

결국 인적·물적 자원의 유동성이 높은 산업 구조는 '예측 가능한 복구 전략' 수립을 어렵게 만든다. 이 구조에서는 위기 발생 시 즉시 현장에서 해결책을 꺼낼 수 있는 시스템(BIA, 자원대체목록, 역할분장표 등)이 필수적이다.

#### 4) 복구 지속성에 불리한 구조, 그래서 BCP가 필요하다

이처럼 건설업은 기본적으로 다음 세 가지 측면에서 BCP가 작동하기 어려운 구조를 갖고 있다:

① 불연속적인 조직 운영 → 조직적 기억과 대응 시스템 축적이 불가

② 공정 분절화 → 통합 복구 전략 부재, 우선순위 설정 어려움

③ 외부 의존적 자원 구조 → 자체 복구 수단 미비

이러한 구조적 제약 속에서도 건설업이 지속가능한 경영을 실현하기 위해서는 BCP를 통해 '복구 체계를 현장에 이식하고 반복 가능하게 만드는 실행 전략'이 필요하다. 즉, BCP는 건설업에 있어 단지 위기 대응 문서가 아니라, 산업 구조의 단점을 보완하기 위한 작동 가능한 조직 전략이 되어야 한다.

## 1.2 다단계 하도급 구조와 책임의 분산

건설산업의 고질적 구조 중 하나는 다단계 하도급 체계다. 공사를 수행하는 주체가 실제 시공사 한 곳으로 일원화되어 있는 것이 아니라, 원도급-1차 하도급-2차 하도급-개별 인력으로 이어지는 다층적 계약 구조가 일반화되어 있다.

이는 경제적 효율성과 유연한 공정 운영 측면에서는 장점이 있을 수 있으나, 위기 발생 시 복구 책임이 분산되고 대응 지휘 체계가 약화되는 심각한 구조 적 취약점을 초래한다.

#### 1) 협력사의 다단계 외주 구조

대부분의 건설현장에서 실제 작업을 수행하는 인력은 원청 소속이 아니다. 철근, 거푸집, 설비, 전기, 조적, 타설 등 수십 개 공정은 각기 다른 협력사에 외주화되어 있고, 심지어 협력사 내부에서도 재하도급이 이뤄져 실질적인 시공 인력은 2~3단계를 거친 간접고용 구조에 위치해 있다.

이 구조의 특징은 다음과 같다:

- **조직 통제력 약화** : 원청이 현장 전체를 조율하지만, 세부적인 공정 지시는 각 하도급사가 개별적으로 수행한다.
- **위기 발생 시 정보 단절** : 사고가 발생했을 때, 1차 하도급만 알고 2차 인력은 대응 체계를 인지하지 못하는 경우가 많음
- **역할과 책임의 불명확성** : 복구 계획이나 훈련, 자원 확보가 하도급 업체별로 분절되어 있어 전체 대응력 약화

### 2) 책임의 사각지대 발생

이처럼 계층화된 외주 구조에서는 위기 발생 시 각 주체가 어디까지 대응해야 하는지에 대한 합의와 문서화가 미비하다.

예를 들어, 콘크리트 타설 중 폭우로 공정이 중단되었을 때, 자재 확보는 자재팀, 일정 조정은 공무팀, 감리단 대응은 현장소장이 맡지만, 타설 인력의 투입 조정은 하도급사 몫이다. 그러나 실제로는 각자 다른 판단을 내리거나, 책임 회피가 발생할 수 있다.

이러한 책임 사각지대는 다음과 같은 방식으로 드러난다:

- **훈련 참여 배제** : 복구 훈련을 하더라도 하도급 인력은 "우리는 그런 거 안 해 요"라는 태도로 참여를 회피
- **자원 관리 책임 회피** : 장비 고장 시, "장비는 협력사가 빌린 것"이라며 원청이 책임을 회피하거나 반대로 협력사는 계약상 불가항력을 주장
- **연락망 부재** : 위기 상황에서 각 주체의 연락체계가 단절되어 있어 의사결정이 지연되거나 혼선 발생

### 3) BCP 없는 협력사, 더 큰 리스크

하도급사 대부분은 BCP를 수립하고 있지 않다. 중소기업의 자원 부족, 인식 부재, 제도적 지원 미비 등 복합적 이유로 인해, 협력사는 위기 상황에서도 "그냥 현장소장 판단에 따름"**이라는 방식으로 대응한다. 그러나 이러한 의존 구조는 다음과 같은 위기 상황에서 치명적으로 작용할 수 있다:

- 중간 협력사의 부도 또는 계약 종료 시 대체 불가
- 지정 자재 납품업체의 미이행 시 공정 전체 중단
- 사고 발생 후 협력사 책임 소재 논란으로 복구 지연
- 위기 대응 시 훈련 불참으로 인한 반복 오류

즉, 원청이 아무리 복구 매뉴얼을 잘 만들고 훈련을 해도, 협력사가 대응 체계에 포함되지 않으면 실행력 없는 BCP로 전락하게 된다.

#### 4) 다단계 구조 안에서의 BCP 실현 전략

이러한 현실적 제약 속에서도 BCP를 실현하기 위한 전략은 존재한다. 핵심은 협력사의 참여 가능성과 실행 범위를 명확히 하고, 간소화된 방식으로 역할을 공유하는 것이다.

- **역할 확인서** : 협력사별로 최소한의 비상 대응 책임자와 연락 흐름을 문서화
- **비상대응 요약지** : 위기 발생 시 필요한 연락 절차, 장비 대응, 보고 체계 등을 A4 1장으로 구성해 배포
- **착공 전 브리핑** : 훈련은 어렵더라도 간단한 상황 설명과 문서 공유만으로도 효과 있음
- **자원 대체표 공유** : 협력사가 납품 또는 운용하는 자원의 대체 가능성 및 계 약상 대응 기한 명시

이와 같은 방식은 협력사의 참여 부담은 줄이면서도, 현장의 복구 체계에 현실적으로 연계될 수 있는 실행 가능한 최소한의 구조를 만드는 전략이다. 다단계 하도급 구조는 건설업의 경제적 효율성 기반이자 동시에 위기 대응의 최대 취약 지점이다. 책임의 다층화는 곧 복구 지휘의 비효율로 이어지고, BCP는 실질적으로 작동하지 못한다.

따라서 BCP는 원청이 단독으로 수립할 수 있는 계획이 아니라, 현장의 이해관계자 전체가 '어떤 방식으로든 참여'할 수 있도록 구조화된 실행 전략이어야 한다.

## 1.3 위험관리의 분산과 현장 실행력 부재

건설업은 수많은 리스크를 안고 진행되는 산업이다. 그러나 그 리스크를 다루는 방식은 체계적이라기보다는 분산적이고 사후적이며, 위기 상황이 발생했을 때 실행 가능한 대응체계가 구축되어 있지 않은 경우가 많다. 이 절에서는 건설업의 위험관리 체계가 어떻게 분산되어 있으며, 왜 현장 실행력이 약화되는지를 구조적으로 살펴본다.

#### 1) 관리 주체는 많지만 책임 구조는 불명확

건설현장에는 다양한 부서와 이해관계자가 존재한다. 현장소장을 중심으로 공무팀, 자재팀, 안전팀, 감리단, 발주처, 협력사까지 모두 특정한 '관리 기능'을 갖고 있다.

그러나 문제는 '누가 위기 상황을 총괄하여 지휘할 것인가'에 대한 명확한 합의나 문서가 없는 경우가 대부분이라는 점이다.

예를 들어 다음과 같은 상황이 발생했을 때 책임 구조는 모호하다:

- **자재 납품 지연** : 자재팀은 발주 담당이나, 공정 조정은 공무팀, 협력사는 통보만 받는 구조
- **장비 고장** : 장비팀이 관리하지만, 수리나 대체 투입 결정은 소장이 내림
- **화재 사고** : 안전팀이 관리하지만, 실제 복구와 보고는 현장소장이 담당

- 민원 발생 : 공공기관 또는 지역사회 대응은 본사 홍보팀 또는 공무팀이 개입

이처럼 업무 흐름상 분절된 관리 체계는 실제 위기 발생 시 대응이 지연되고, 복구가 일관되지 않게 이뤄질 가능성을 높인다.

#### 2) 위기 시 대응 매뉴얼은 '부서별'일 뿐 '현장 전체'가 아님

건설사는 대체로 안전관리계획, 환경관리계획, 품질관리계획 등을 각각의 항목별로 수립한다. 이는 법적으로도 요구되는 문서이며, 개별 항목의 관리에는 효과적이다.

그러나 BCP는 전체 공정과 조직을 통합적으로 바라보는 복구 중심 문서이므로, 기존의 부서별 문서로는 위기 시 '전체 조직의 대응'을 담아내기 어렵다.

예를 들어, 화재 발생 시 안전관리계획에 따라 대피는 이루어질 수 있지만,

- 그 이후 공정은 어떻게 복구할 것인가?
- 대체 자재는 어떻게 확보할 것인가?
- 감리단 보고는 누가, 언제, 어떤 형태로 할 것인가?
- 공정 연기 시 협력사에게 어떤 방식으로 통지하는가?

이러한 내용은 대부분 계획에 포함되어 있지 않거나, 각각의 부서별 판단에 맡겨지는 경우가 많다. 이로 인해 조직 전체로 대응하지 못하고, 각자도생의 양상이 벌어질 수 있다.

#### 3) 위기 대응 시 의사결정 라인의 혼선

BCP가 없는 조직에서 위기 상황이 발생하면, 가장 먼저 문제가 되는 것은 의사결정체계의 혼란이다. 특히 아래와 같은 상황에서는 구조적 실행력 부재가 드러난다:

- 복수 보고 체계 : 협력사는 현장소장과 동시에 감리단에도 보고를 시도함
- 의사결정자 공백 : 야간이나 휴무일에 소장 부재 시 의사결정 지연
- 문서 접근성 부족 : 복구 매뉴얼, 연락망, 자원 목록이 클라우드에 없거나 인쇄본이 분실됨
- 대체 방안 미확보 : 계약 구조상 대체 자재나 장비의 확보 경로가 존재하지 않음

결국 실행력은 '누가, 무엇을, 언제까지 할 것인가'를 훈련 없이도 정확히 알고 움직일 수 있을 때 확보된다. 그러나 건설현장은 그러한 조건이 매우 부족한 상태다.

#### 4) 실행력 확보를 위한 핵심 전략 : 통합된 복구 흐름과 반복 학습

이러한 구조적 한계를 극복하기 위해 필요한 것은 다음과 같은 전략이다:

- 통합된 복구 흐름도 : 재난 또는 중단 상황 발생 시, 공정 단위와 역할별 대응 흐름을 한눈에 보여주는 매뉴얼 필요
- 책임자 명시와 대체자 지정 : 단일 책임자가 아닌, 상황별 책임자와 대체자 구 조 설정
- 위기 유형별 대응 문서 통합 : 안전, 품질, 환경, 자재 등의 관리계획에서 복 구 전략 항목을 공

통으로 연계

- **정기 훈련 통한 실행 시뮬레이션** : 실제 공정 시나리오 기반 훈련을 통해 부 서 간 역할을 명확히 하고 실행 감각을 유지

이러한 전략은 단지 문서 작성을 위한 것이 아니라, 실제 위험이 발생했을 때 누구도 지시하지 않아도 움직일 수 있는 조직을 만들기 위한 기반이다.

## 2 반복되는 공정 중단 사례와 위기 상황

### 2.1 자연재해와 기후위기: 예측 가능한 중단의 반복

건설현장은 외부 환경에 노출된 대표적인 산업 현장이다. 생산설비가 실내에 고정되어 있는 제조업과 달리, 대부분의 공정이 야외에서 진행되고 기후의 영향을 직접적으로 받는다. 이로 인해 자연재해와 이상기후는 건설 프로젝트의 중단 사유 중 가장 빈번하고 반복적으로 나타나는 위기 요소다.

기상 상황은 통제 불가능한 외부 변수임에도 불구하고, 많은 건설현장에서는 이를 일회성 변수로 인식하거나, 일정 지연의 일부로만 처리하는 경우가 많다. 그러나 기후위기 시대에 접어든 지금, 그 빈도와 강도는 단순 지연이 아닌 복구 전략의 핵심 영역으로 관리되어야 할 수준에 이르렀다.

#### 1) 집중호우와 침수로 인한 현장 전면 중단

집중호우는 건설공정 중 가장 심각한 중단을 유발하는 기상현상 중 하나다. 특히 터파기, 기초공사, 콘크리트 타설, 흙막이 설치 등 초기 또는 지하공정 단계에서의 피해가 심각하다. 다음과 같은 사례가 대표적이다:

- 지하 굴착 중 침수 : 2022년 수도권 집중호우 시, 서울 강남 일대 다수 현장에서 지하굴착부가 침수되어 펌프와 설비가 고장, 2주 이상 공정 지연
- 현장 진입로 유실 : 일부 현장은 자재 반입로 자체가 유실되어 장비 접근이 불가능해짐
- 안전관리 미비로 사고 발생 : 폭우 후 흙막이 붕괴 또는 타설 지연으로 인해 붕괴 사고 사례 보고

이와 같은 사례는 단순한 일정 지연을 넘어서서 장비 복구, 공정 재설계, 구조보강 등의 추가 작업과 예산 소요로 이어지며, 복구계획의 부재 시 프로젝트 자체의 연속성에 영향을 미친다.

#### 2) 폭염·한파로 인한 작업 중단 및 품질 저하

기온이 극심하게 올라가거나 떨어질 경우, 인력 안전과 자재 품질 측면 모두에서 공정 중단 또는 품질 저하 리스크가 높아진다.

- 폭염기 근로자 작업 제한 : 2023년 여름 기준, 폭염 경보 시 작업중지는 의무화되며, 오후 작업 금지 권고로 실제 타설/양생 공정이 밀려 품질 저하 발생
- 콘크리트 양생 실패 : 30도 이상의 온도에서 수분 증발이 빨라지며, 강도 저하 및 균열 증가
- 한파 시 콘크리트 동결 : 겨울철 콘크리트 타설 시 물이 얼어붙어 구조적 결함 초래

이러한 문제는 이미 예측 가능한 리스크임에도 불구하고, 대체 공정 전환이나 작업 일정 조정, 품질 확보 방안 등의 복구 전략이 부재한 경우가 많아, 품질 불량과 하자보수로 이어지는 경우가 잦다.

### 3) 강풍 및 낙뢰로 인한 타워크레인 중단

건설현장에서 타워크레인이나 고소장비는 강풍이나 낙뢰 발생 시 가장 먼저 중단되는 장비다. 타워크레인의 작동 기준은 풍속에 따라 제한되며, 실제로는 다음과 같은 조건에서 공정 전체가 마비된다:

- **풍속 15m/s 이상** : 타워크레인 정지 필요
- **낙뢰 발생** : 고소작업 즉시 중단
- **강풍 시 자재 고정 실패** : 자재 낙하, 장비 파손 위험 증가

강풍과 낙뢰는 대부분 기상청 예보를 통해 사전에 예측 가능하지만, 그로 인한 공정 지연과 복구 전략은 대부분 일일대응에 그치는 경우가 많다. 특히 해당 장비의 대체가 어려운 중소 현장의 경우, 복구전략이 없다면 전 공정이 1~2일 이상 중단되는 상황이 발생할 수 있다.

### 4) 예측 가능한 위기지만 준비는 안 된 현장

기상 재난은 대부분 기상청 예보로 1~3일 전에 사전 인지가 가능하다.

그러나 많은 현장은 다음과 같은 한계에 놓여 있다:

- **사전 대응 기준 없음** : 어느 시점에서 작업을 중단하고 어떤 대체공정을 선택 할지 사전에 설정되어 있지 않음
- **대체 일정 미확보** : 공정 조정 시 감리 승인, 자재 납품일정 조정 등 복합 절 차 미반영
- **위험 감지 훈련 미비** : 담당자 또는 협력사가 훈련 없이 각자 대응, 일관성 결여
- **복구 문서 부재** : 중단 후 대응을 위한 복구 전략, 일정표, 연락망, 문서화된 매뉴얼 없음

결국 기상 리스크는 "예고된 위기"임에도 불구하고, 사전계획이나 복구 시스템 없이 즉흥적으로 대응되는 경우가 대부분이며, 이는 공정 연쇄지연과 하자, 손해배상, 신뢰도 하락으로 이어진다. 기상 재난은 더 이상 예외가 아니라, 건설현장의 일상적인 변수다.

BCP는 이런 반복적이고 예측 가능한 위기에 대해 사전 시나리오와 대체 전략을 수립하고, 이를 반복 훈련으로 체화하는 실행 프레임이다.

중소건설사일수록 복잡한 시스템보다 단순한 시나리오, 우선순위 판단 기준, 역할자 매뉴얼이 필요하며, 이를 통해 자연재해로 인한 피해를 최소화하고 공정의 연속성을 확보할 수 있다.

## 2.2 기술적 결함과 협력사 리스크: 통제 밖에서 발생하는 중단

건설현장에서 공정이 갑작스럽게 멈추는 주요 원인 중 하나는 장비 고장, 설계 오류, 협력사 계약 해지, 인력 이탈 등 예기치 못한 상황이다. 이러한 문제들은 대부분 현장소장의 직접적인 통제를 벗어난 외부 요인에서 비롯되며, 즉시 대응이 어려운 구조적 한계를 지닌다. 특히 문제 발생 시 복구를 위한 대체 자원이나 인력, 승인 절차가 미비할 경우, 일시적 중단이 장기화되며 프로젝트 전반에 심각한 영향을 미친다.

가장 대표적인 사례는 장비 고장이다. 타워크레인, 콘크리트 펌프카, 굴삭기, 발전기, 리프트 등은 건설 공정의 중심축을 담당하는 장비로, 이들이 고장나면 해당 공정은 즉각 멈추게 된다. 장비 고장의 원인은 다양하다. 연속 가동에 따른 과부하, 정기 점검의 미비, 조작자의 부주의, 장비의 노후화 등은 예고 없이 나타난다. 하지만 장비의 대체는 쉽지 않다. 대부분 외부 렌탈에 의존하는 경우가 많아, 긴급 상황에서 적절한 장비를 확보하는 데 며칠 이상이 소요되기도 한다. 이로 인해 타설, 중량물 적재, 양중 작업 등이 지연되고, 후속 공정에도 연쇄적인 차질이 발생한다.

두 번째로는 자재 납품 지연이 있다. 건설 자재는 현장에 맞춰 계획적으로 발주되지만, 때로는 유통업체의 사정, 수입 절차 지연, 생산 일정 차질 등으로 납기 일정이 어긋나는 경우가 발생한다. 특히 특정 브랜드의 자재나 발주처가 승인한 자재만 사용 가능한 경우, 대체 자재를 활용하기도 어렵다. 자재가 도착하지 않으면 해당 공정은 그대로 멈추며, 감리단의 승인 일정 또한 조정이 필요하다. 이러한 납품 지연은 복구 시간보다 승인 절차 지연이 더 큰 병목이 되기도 한다.

협력사의 계약 종료나 경영상의 문제로 인한 철수 또한 현장의 큰 리스크이다. 시공사의 계획과는 무관하게, 협력사가 일방적으로 계약을 해지하거나 인력을 철수하면 해당 공정은 즉시 중단된다. 특히 특수공정이나 고난도 작업을 수행하던 협력사일 경우, 대체 인력이나 대체 협력사를 단기간에 구하기 어려워 장기간 공정이 지연된다. 현장에서 자재·장비 인계조차 제대로 되지 않아 복구 시작조차 지연되는 사례도 많다.

이와 더불어 인력의 결근이나 무단 이탈 또한 공정 중단의 주요 원인이다. 전기, 설비, 방수 등 기술직 인력이 갑작스레 결근하거나 팀 단위로 집단 이탈할 경우, 일정 조정 여유가 없는 공정에서는 하루 단위로 지연이 누적된다. 대체 인력 투입이 불가능하거나, 숙련도가 낮은 인력을 급하게 투입할 경우 품질 저하와 안전사고까지 이어질 수 있다.

마지막으로 책임 주체의 불분명성이 중단 이후 복구를 더욱 지연시키는 요인이 된다. 장비 고장의 경우 렌탈사 책임인지, 조작자인 협력사 책임인지, 발주처 기준에 맞춰야 하는지 불명확한 경우가 많다. 자재 납품이 늦어졌을 때도 발주가 지연된 것인지, 납품업체의 문제인지 명확히 구분되지 않아, 서로 책임을 미루며 복구 시점이 늦춰진다.

이러한 기술적 결함과 협력사 관련 문제들은 공정 단절, 일정 지연, 품질 저하, 비용 증가, 발주처 신뢰도 하락 등으로 이어지며, 단기적 피해에 그치지 않고 프로젝트 전반의 연속성과 평판에 타격을 준다. 더욱 심각한 점은 이러한 중단이 발생했을 때, 사전 정의된 복구 프로세스와 책임 체계가 없다면 회복까지 걸리는 시간이 예측 불가능하게 늘어난다는 것이다.

결국, 건설현장에서 빈발하는 기술적 결함과 협력사 리스크는 단순한 일시적 문제를 넘어, 체계 없는 조직에는 치명적인 재해가 될 수 있다. 이를 구조화된 방식으로 관리하고 중단 후 신속하게 회복하기 위해서는, BCP의 수립이 선택이 아니라 필수로 요구된다. 특히 대체 자원, 대체 인력, 승인 절차, 역할 분장, 정보 공유 시스템 등이 사전에 정리된 '실행 가능한 복구 계획'이 없으면, 중단은 곧 프로젝트의 붕괴로 이어질 수 있다.

## 2.3 사회적 요인과 행정 · 민원 리스크: 예고 없는 외부 충격

건설 프로젝트는 단순한 기술적 실행만으로 완성되지 않는다. 지역사회, 행정기관, 감리단, 언론, 주민 등 다양한 외부 이해관계자들이 지속적으로 개입하고 영향을 미치며, 이들 요인에 따라 공정의 속도, 방향, 지속 가능성이 좌우되기도 한다. 특히 사회적 요인과 민원, 행정 절차상의 리스크는 돌발적으로 발생하면서도, 법적·제도적 구속력을 갖기 때문에 일단 발생하면 즉시 공정이 정지되며, 복구에는 많은 시간과 협의가 필요하다.

건설현장에서 가장 빈번하게 나타나는 사회적 리스크는 지역 주민의 민원이다. 소음, 진동, 분진, 교통 불편 등 생활환경에 영향을 주는 공정이 진행되면 인근 아파트, 상가, 학교, 병원 등의 주민들이 항의 민원을 제기하거나, 지역 단체를 통해 공식 문제 제기를 하기도 한다. 이러한 민원은 단순 민원이 아니라, 시청·구청·행정기관의 공사 중지명령, 환경영향평가 요구, 협의회 구성 등의 조치로 이어져 실제 작업이 멈추는 결과를 초래한다. 특히 민원이 공론화되거나 언론에 보도되는 경우, 여론 압박으로 인해 일시적 중지가 아닌 장기 협의로 전환되기도 한다.

또한, 시공사의 통제를 벗어난 '행정 리스크'도 매우 크다. 건설공사는 다양한 인허가 절차를 수반하며, 그 과정에서 도시계획 변경, 교통영향평가, 소방승인, 폐기물 처리계획 등의 서류 심사가 행정기관에 의해 지연될 수 있다. 특정 서류 하나가 반려되면 전체 착공이 미뤄지고, 감리단의 일정과도 엇갈려 프로젝트 전체가 지연된다. 이런 인허가 지연은 예측도 어렵고 대체 방안도 부재한 채 기다릴 수밖에 없는 구조이기 때문에, 현장에서는 무기력감과 시간적 손실이 누적된다.

감리단 및 발주처와의 승인 지연이나 불일치도 공정 중단의 주요 원인이다. 예를 들어 설계 변경이 감리단에 승인되지 않거나, 작업 후 검수 결과가 기준에 미달할 경우, 즉시 재작업 명령이 내려진다. 이는 단지 일정 지연뿐 아니라 자재 낭비, 작업자 재투입, 후속 공정과의 간섭까지 발생시켜 손실의 범위를 확대시킨다. 특히 감리단과의 커뮤니케이션 단절, 책임자 부재, 승인 기준의 모호성은 대응을 더 어렵게 만든다.

지역사회의 갈등 요소도 간과할 수 없다. 문화재 보호구역, 도로 점용구역, 집회·시위 가능 지역, 종교시설 등 민감 지역에 위치한 현장은 공사의 정당성을 넘어선 '사회적 수용성'의 문제에 직면한다. 실제로, 문화재 보존 단체의 반대나 종교단체의 의견 충돌, 환경단체의 항의 등은 행정조사와 언론의 개입을 유발해 공사를 중단시키는 요인이 된다.

더 나아가, 정치·행정 환경의 변화도 영향을 미친다. 시장이나 단체장의 교체, 지방의회의 승인 여부, 예산 삭감, 정책 우선순위 변화는 건설 프로젝트의 진행에 직·간접적 영향을 미치며, 특히 예산 지원이 필요한 공공공사의 경우 사업 취소나 전면 재검토로 이어지기도 한다.

이러한 사회적·행정적 리스크는 기술적 결함이나 자재 문제처럼 물리적으로 보완하거나 대체할 수 있는 문제가 아니다. 또한, 문제 발생 이후 대응이 매우 복잡하고 장기화되기 때문에, 발생 자체를 예방하거나, 발생 시 의사결정 체계와 대외 협상력이 매우 중요하다. 그러나 대부분의 건설현장에서는 이러한 외부 요인을 '불가항력'으로 치부하거나, 사후 대응에만 의존하고 있는 것이 현실이다.

결과적으로 사회적 요인과 행정 리스크는 계획되지 않은 일정 지연, 지역사회와의 갈등, 행정처분, 계약상 손실 등 복합적 피해로 이어지며, 전체 프로젝트의 신뢰도와 브랜드 이미지에도 타격을 준다. 특히 다수의 외부 이해관계자가 개입된 상황에서, 통제 불가능한 변수에 대처하기 위해서는 조직 내부에 명확한 대응 체계, 커뮤니케이션 구조, 의사결정 권한이 사전에 마련되어 있어야 한다.

따라서 건설업의 비상대응과 연속성 확보를 위한 BCP는 단순히 내부 사고나 장비 문제를 다루는 데 그쳐서는 안 되며, 사회적 리스크와 행정 리스크를 제도적·조직적으로 대응할 수 있는 복구 체계를 포함해야 한다. 사전에 문제를 예측하고 시나리오를 설계하며, 지역사회 및 행정기관과의 관계를 정비하는 것이야말로 위기 발생 시 혼란 없이 조직이 지속적으로 작동할 수 있는 기반이 된다.

## 3 법적 · 제도적 요구의 상승과 발주처의 변화

### 3.1 "재난안전 관련 법령의 변화"

최근 들어 건설업에 있어 재난안전 관련 법제도의 변화는 단순한 '현장 안전관리'의 수준을 넘어서, 기업의 경영 리스크와 생존 전략 차원으로 확장되고 있다. 특히 「재해경감을 위한 기업의 자율활동 지원에 관한 법률」을 중심으로, 기업이 스스로 BCP(업무연속계획)를 수립하고 이를 실천에 옮기도록 유도하는 움직임이 제도권 내에서 본격화되고 있다. 이러한 흐름은 기존에 '선택사항'에 가까웠던 BCP를 '평가 항목', 더 나아가 '책무 수준'으로 끌어올리고 있으며, 건설업 역시 예외가 아니다.

2004년 제정된 「재해경감활동 자율법」은 처음에는 제조업, 금융업, 공공기관 중심으로 적용되어 왔지만, 최근에는 건설업, 물류업, 의료업 등 사회기반 유지 필수 업종으로 확산되고 있다. 해당 법률은 재난 발생 시 기업의 핵심 기능을 유지하고 빠르게 복구하는 시스템을 사전에 수립하도록 장려하며, 기업의 BCP 수립 여부를 지방자치단체의 평가 및 지원 기준에도 반영할 수 있도록 하고 있다. 특히 일부 지자체에서는 BCP 수립 여부를 각종 재난관리평가, 공공조달 참여, 지방정부 협력 사업 선정 시 가점 요소로 채택하고 있어, 제도적 압력은 점차 강화되고 있는 추세다.

한편, 2022년 전면 시행된 「중대재해처벌법」은 기존의 산업안전보건법보다 훨씬 더 포괄적이고 책임 지향적인 규제를 담고 있다. 이 법은 '중대산업재해'가 발생할 경우, 사업주와 경영책임자가 안전보건 관리체계 구축을 성실히 하지 않았다는 이유만으로 형사처벌이 가능하도록 규정하고 있다. 이는 단순히 재해가 발생한 것만으로 처벌 대상이 되는 것이 아니라, '재해 예방을 위한 관리계획과 실행조직이 체계적으로 있었는가'를 평가하게 만든다는 점에서 BCP의 존재와 실행 여부가 법적 책임을 좌우하는 새로운 기준이 될 수 있음을 의미한다.

실제로 중대재해가 발생한 현장에서 '위기 대응 매뉴얼'이 부재하거나, 매뉴얼이 있었더라도 조직 구성원들이 이를 숙지하지 않았던 정황이 확인되면, 경영책임자의 책임은 더욱 무거워진다. 반대로, BCP가 명문화되어 있었고, 해당 계획에 따라 비상대응과 보고, 조치가 일정 수준 이상 이루어졌다면, 형량의 경감 또는 행정적 책임의 면제 사유로도 작용할 수 있다. 즉, BCP는 단지 위기를 회피하기 위한 수단이 아니라, 법적 방어 논리의 기반이 되는 구조적 증거물이 되고 있는 것이다.

또한 산업안전보건법 역시 점차 '계획 기반 대응' 중심으로 개정되고 있다. 기존에는 현장 단위의 사후 조치 중심이었지만, 최근 개정 내용은 사전 위험성 평가, 작업 중지 기준 명문화, 긴급대응 체계 구축 등 비상 시나리오 기반 대응 체계 구축을 요구하고 있다. 이러한 법령 변화는 사실상 BCP 수립을 전제하지 않고는 현장의 대응력을 확보하기 어려운 환경을 만들고 있다.

이외에도 「재난 및 안전관리 기본법」, 「지역재난관리책임기관 지정 지침」, 「건설기술 진흥법」 등에서도 BCP 개념이 간접적으로 언급되거나, 업무연속성, 재난 대응계획, 긴급자원 확보 등 유사한 요소들을 필수 포함 항목으로 명시하고 있다. 특히 공공 발주 공사에서는 안전관리계획서, 감리계획서, 긴급대응 매뉴얼 등 다양한 문서 속에 BCP 구성요소가 분산되어 요구되고 있으며, 이를 별도로 통합 관리하는 체계를 갖추는 것이 곧 기업의 제도 대응 능력으로 인식되고 있다.

결국 이러한 법적·제도적 흐름은 건설업계에 있어 BCP 수립의 필요성을 더는 '선택의 영역'에 두지 않는다. 예기치 않은 재난과 사고 발생 가능성이 높아지는 환경 속에서, BCP는 경영진의 리스크 회피 전략이자, 법률상 책임을 최소화하는 보호 장치로 작용하게 되었다. 향후 건설업이 공공 프로젝트 참여, 민간 발주처 신뢰 확보, ESG 대응, 산업 재해 대응에 있어 제도적 신뢰를 확보하기 위해서라도 체계적이고 실행력 있는 BCP를 수립하는 것은 사실상 필수가 되어가고 있다.

## 3.2 발주처의 요구 수준 변화

- BCP 수립의 필요성은 법령 변화뿐 아니라 시장에서의 실질적 요구 수준 변화에서도 분명하게 확인된다. 특히 공공 발주기관과 민간 대형 발주처 모두가 최근 수년간 '재난·위기 대응력'을 기업 평가의 핵심 항목으로 반영하기 시작하면서, BCP는 입찰 참여와 계약 유지, 프로젝트 수주 경쟁력의 중요한 요소로 부상하고 있다.

우선, 공공조달 시장에서는 조달청, 국토안전관리원, 지방자치단체 등 다수의 기관이 건설업체의 재난 대응 능력을 PQ(사전적격심사), 종합심사낙찰제 평가 기준, 기술능력 항목에 포함시키는 방향으로 제도를 정비해가고 있다. 예를 들어 일부 지자체는 "재난대응계획서 제출 여부", "위기관리체계 유무", "과거 재해 대응 실적" 등을 평가 요소에 포함하고 있으며, 이를 통해 응찰 기업의 대응 역량을 사전에 가늠하려는 경향이 뚜렷해지고 있다. 실제로 BCP를 수립하고 그 내용을 입찰 서류에 포함시킨 업체가 가점을 획득하거나, 서면 평가에서 우위를 점한 사례도 확인되고 있다.

민간 부문에서도 변화는 나타나고 있다. 대형 건설사나 민간 디벨로퍼가 중견 시공업체를 선정할 때, 단순 시공능력뿐만 아니라 협력사의 지속 가능성과 재해 대응 역량, 공급망 안정성을 중요하게 보고 있으며, 특히 ESG 기준을 적용하는 기업에서는 공급망 리스크를 BCP 보유 여부로 판단하는 경우가 늘고 있다. 이는 결국, 하도급 참여를 희망하는 중소 건설사라도 BCP를 통해 자사의 리스크 대응 능력을 문서화하고 신뢰화해야만 생존 가능성이 높아진다는 의미다.

또한 감리단, 설계사, CM사(Construction Management) 등 발주처를 대신해 공사를 관리·감독하는 주체들 역시, 단순히 계획서와 일정표만을 요구하는 것이 아니라, **"위기 발생 시 어떤 시나리오로 대응할 것인가?"**에 대한 구체적인 설명을 요구하는 사례가 증가하고 있다. 예컨대 '기상악화로 인한 공정 중단 시 대응 방안', '감염병 발생 시 작업자 동선 통제 계획', '자재 납품 지연 시 대체품 사용 계획' 등을 문서화한 현장에서는 감리단의 사전 승인 소요 기간이 단축되거나, 현장 대응에 대한 신뢰가 높아져 협의가 원활히 이루어지는 효과도 나타나고 있다.

이러한 변화는 단순히 '평가 항목 하나가 추가됐다'는 수준을 넘어, 건설산업 전반의 발주 환경이 "리스크를 예측하고 대응할 수 있는 능력"을 경쟁력으로 보는 방향으로 전환되고 있음을 의미한다. 즉, 시공 능력과 기술력은 이제 기본이고, 위기 대응 능력과 지속 가능성은 선택이 아닌 필수 요소가 되어가고 있다.

중장기적으로는 BCP 수립 여부가 입찰 자격 조건(Pass/Fail)에 포함되거나, 평가 가점이 아닌 감점 요소(미제출 시 벌점)로 바뀌는 등, 보다 강력한 형태로 제도화될 가능성도 크다. 건설업체는 이러한 추세를 단순한 규제로만 인식할 것이 아니라, 발주처와의 신뢰를 형성하고, 프로젝트 경쟁력을 높이며, 계약을 안정적으로 이행할 수 있는 수단으로 이해할 필요가 있다.

결론적으로, BCP는 법률 준수의 측면을 넘어서 사업 수주의 현실적 전략이자, 발주처와 시장이 요구하는 기업 신뢰도 제고의 핵심 요소로 자리잡아가고 있다. 이는 모든 건설기업에게 '지금 당장 BCP를 수립해야 할 이유'를 실무적 언어로 설명해주는 가장 분명한 증거라 할 수 있다.

### 3.3 BCP 평가와 인증 제도 도입 논의

건설업에 대한 BCP 수립 요구는 개별 기업의 자율을 넘어서, 점차 공식적인 평가 체계와 인증 제도로 제도화될 가능성이 커지고 있다. 이미 금융권과 공공기관을 중심으로 BCP 수립 여부와 수준을 점검하는 사전심사제도가 일부 시행되고 있으며, ISO 22301을 비롯한 국제표준 기반의 인증 체계를 활용하려는 시도도 확산되고 있다. 이러한 흐름은 건설업에서도 향후 공공조달, 민간계약, 정책금융, ESG평가 등에 직접적인 영향을 미치게 될 것으로 보인다.

우선 BCP와 관련된 대표적인 국제 인증 제도는 ISO 22301이다. 이 표준은 '사회적 재해, 공급망 교란, 전산 장애, 감염병, 자연재해 등 다양한 위기 상황에서 기업의 핵심 기능을 지속시키기 위한 경영 시스템'을 규정하고 있으며, 국내외 주요 기업과 공공기관이 인증을 취득해 활용 중이다. 이 표준은 ▲위험 분석, ▲비즈니스 영향도 분석(BIA), ▲연속성 전략 수립, ▲문서화된 절차, ▲정기 훈련 및 점검 등 BCP 수립의 전 과정을 요구한다. 현재 건설업계는 대부분 이 수준에 미달하고 있으나, 중장기적으로는 공공기관 PQ 심사나 민간 ESG 평가에서 ISO 22301 인증 여부가 주요 기준으로 작용할 가능성이 높다.

국내에서도 국토안전관리원, 조달청, 산업통상자원부 등을 중심으로 BCP 수준 점검 및 진단도구 개발이 일부 진행 중이다. 특히 국토안전관리원은 재해경감 우수기업 인증제도(KRBCP)를 통해, 일정 수준 이상의 BCP를 수립하고 훈련·관리 체계를 갖춘 기업에 대해 인증서를 발급하고, 해당 기업이 조달 등 공공참여 시 가점을 받는 구조를 검토 중이다. 이는 기존의 재난관리실태 평가가 '실적' 중심이었다면, 향후에는 '계획과 실행력' 중심의 평가로 이동할 것임을 시사한다.

또한 ESG 평가체계와도 BCP는 밀접하게 연결된다. 환경(E)-사회(S)-지배구조(G) 항목 중 '사회적 안정성'과 '공급망 회복력'은 실제로 기업의 지속가능성을 평가하는 데 핵심 항목이며, BCP는 이를 수치화할 수 있는 가장 유력한 수단이다. 글로벌 투자기관과 대형 발주처는 공급망 리스크 관리를 위해 협력사의 BCP 보유 여부를 조사하기도 하며, 이를 기준으로 계약 조건을 변경하거나 납품 우선순위를 재편성하는 추세다. 건설업 역시 예외가 될 수 없다.

다만 현재로서는 건설업 특성에 맞는 BCP 평가 도구나 인증 체계는 국내에 명확히 정립되어 있지 않다. ISO 22301은 제조업과 사무직 기반 조직에 적합한 구조를 기반으로 하고 있어, 공정 중심·현장 중심의 건설 프로젝트 환경을 반영하기에는 한계가 있다. 따라서 향후에는 건설업 전용의 BCP 모델, 예컨대 "건설공정 연속성 평가 모델", "현장 위험 복구 지수(RRI)", "공정 단절 대응력 진단모형" 등이 개발될 필요가 있다.

결론적으로, BCP는 단지 자율적인 계획서 수준을 넘어서, 공식적인 인증과 제도화의 대상으로 전환되고 있으며, 이는 기업 간 신뢰의 증거로 기능할 뿐 아니라, 조달, 금융, 계약, 평판 등 모든 사업 연계 활동에 영향을 미칠 수 있다. 건설기업은 이에 선제적으로 대응하여, 외부 평가를 위한 BCP가 아니라 자체 경쟁력을 강화하고 지속가능성을 확보하기 위한 내재화 전략으로서의 BCP를 추진할 필요가 있다.

# 4 건설업에 특화된 BCP 수립의 필요성과 과제

## 4.1 일반적인 BCP의 건설업 적용 어려움

BCP(Business Continuity Plan), 즉 업무연속계획은 본래 IT 기업, 금융기관, 공공기관 등 '사무중심 조직'을 대상으로 발전해 온 개념이다. 이들 산업에서는 서버실, 본사 사무실, 네트워크망, 고객데이터베이스 등의 '핵심 자산'을 중심으로 위기 상황에서도 어떻게 서비스를 유지할 수 있을지를 설계해왔다. 이에 따라 기존 BCP 모델은 대부분 전산 인프라, 정보보안, 전력공급, 내부통신망 등의 보호와 복구에 초점을 맞추고 있으며, '정적이고 고정된 장소'에서 작동하는 조직을 전제로 설계되어 있다.

그러나 건설업은 본질적으로 이러한 전제와 크게 다르다. 건설 프로젝트는 고정된 사무공간이 아닌, 야외 현장에서 수행되며, 프로젝트마다 장소가 다르고, 참여 인력과 협력사가 다르고, 작업 일정과 공정이 매번 새롭게 설계된다. 또한 대부분의 작업은 특정 공간이나 설비보다, '작업자·장비·자재·기후'라는 가변적인 변수에 따라 좌우된다. 따라서 전통적인 BCP 수립 방식은 이러한 건설업의 구조적 특성을 반영하기 어렵다.

예를 들어, 기존 BCP에서는 '서버실의 백업 전환', '전화망과 인터넷망의 이중화', '재택근무 체계로의 전환'이 주요 전략으로 제시된다. 하지만 건설현장에서는 해당 전략들이 무력하다. 타워크레인이 멈췄을 때, 장비를 복구하거나 대체할 방안이 없으면 공정은 그대로 멈추며, 재택근무나 원격 복구는 의미가 없다. 또한 발주처의 승인 지연, 협력사의 계약해지, 기상 악화 등 외부요인이 복구 시간과 범위를 결정하는 경우가 많아, '내부 통제력'만으로는 위기 극복이 어렵다.

기존 BCP 모델은 또한 중앙집중형 조직 운영을 전제로 한다. 본사 중심의 의사결정 체계, 내부 임직원 중심의 대응조직 구성, 고정된 업무 프로세스 등의 기반 위에 BCP가 수립된다. 반면 건설현장은 '프로젝트 단위 일시조직'으로 운영되며, 대부분의 인력이 외주 협력사 소속이거나 단기 계약자다. 위기 상황에서 실제 대응을 수행해야 하는 주체들이 BCP 문서에 접근하거나 이해하고, 역할에 따라 움직일 수 있는 구조가 갖춰져 있지 않다. 즉, BCP가 있더라도 실질적 실행력이 현저히 떨어지는 구조다.

또한 기존 BCP는 '정보 중심 산업'을 기준으로 하기 때문에, 데이터 보호, 전산 복구, 고객 서비스 유지가 핵심 목표가 된다. 반면 건설업은 '물리적 환경에서의 생산활동'을 수행하기 때문에, 공정 연계성, 장비 복구, 자재 납품, 인력 재배치가 핵심 복구 대상이 된다. 기존 BCP가 다루는 '서비스 제공의 지속성' 개념은 건설현장에서는 '공사 중단 없는 지속적 작업 흐름 유지'로 전환되어야 하며, 그 방식도 전혀 달라야 한다.

기후 조건의 영향 또한 무시할 수 없다. 기존 산업에서 BCP는 주로 단전, 침수, 화재, 전산 장애 등을 중심으로 대응 시나리오를 구성하지만, 건설업에서는 계절성 위험(폭우, 한파, 폭염)과 일기 변화가 공정 차질의 주요 요인이 된다. 그러나 기후 변수는 예측이 어렵고, 복구보다 '지연 조정'이 주요 대응 방식이기 때문에, 사무 기반 BCP의 '정해진 시간 내 복구' 모델과는 괴리를 보인다.

이처럼 기존의 일반화된 BCP 모델은 건설업의 현실과 구조, 리스크 요인, 실행 주체, 복구 자산의 특성과 맞지 않는 부분이 많다. 그럼에도 불구하고 현재 국내 다수 건설사들은 정부 가이드라인, 타 산업의 선례, 컨설팅 업체의 표준 모형을 그대로 차용하여 'BCP 수립'을 시도하고 있는 실정이다. 결과적으로 실제 위기 상황에서 BCP 문서는 존재하지만, 그 내용은 현장과 무관하거나, 작동되지 않거나, 아예 현장 인력들이 해당 문서의 존재 자체를 인지하지 못하는 경우도 빈번하다.

결국 건설업에서 실효성 있는 BCP를 마련하기 위해서는 기존 BCP의 구조적 한계를 명확히 인식하고, 이를 극복하기 위한 '건설업 맞춤형 접근 방식'이 필요하다. 다음 절에서는 이러한 현실을 바탕으로 건설업 특유의 특성과 리스크 구조를 반영한 BCP 수립이 왜 필요한지를 구체적으로 살펴본다.

## 4.2 건설업 맞춤형 BCP 수립의 필요성

앞선 절에서 확인했듯이 기존의 일반적인 BCP 모델은 건설업의 구조와 현실에 부합하지 않으며, 실제 위기 상황에서 문서상의 대응 방안이 작동하지 않는 경우가 많다. 따라서 건설업에 특화된 BCP 수립은 단순한 양식 보완이 아니라, 출발점부터 완전히 다른 방식의 접근이 필요하다. 이는 건설업이 갖는 산업 구조의 특수성과 반복적으로 발생하는 중단 리스크, 그리고 외부 이해관계자들과의 복잡한 관계망 때문이며, 이러한 특성은 BCP 수립의 목적, 범위, 내용, 실행 방식 전반에 영향을 미친다.

첫째, 건설업은 현장 중심 산업이다. 따라서 BCP의 핵심 기능 식별 단계에서, 서버나 전산망이 아니라 '공정 수행능력', '자재 조달 흐름', '장비 가동 상태', '숙련 인력의 확보' 등이 복구 대상이 되어야 한다. 즉, 건설업 맞춤형 BCP는 '타설을 언제 복구할 수 있는가', '철근공의 이탈 시 대체인력을 어떻게 확보할 것인가', '감리 승인 지연 시 어떤 공정으로 전환할 수 있는가'와 같은 실질적 복구 시나리오를 담아야 한다.

둘째, 공정 간 연계성과 일정 구조가 복잡하기 때문에, 복구 우선순위 설정 역시 다르게 설계되어야 한다. 일반 기업에서는 회계, 고객응대, 생산 등 부서별 복구 우선순위를 논의한다면, 건설업에서는 타설, 배근, 거푸집 해체, 창호 설치 등 공정 간 선후관계와 의존도를 기준으로 복구 흐름을 짜야 한다. 특히 각 공정의 RTO(복구 목표 시간)와 MTPD(최대 허용 중단 시간)는 단일 기준으로는 정할 수 없으며, 상호 공정 간 조정이 반드시 필요하다.

셋째, 외주 협력사 구조와의 연동이 핵심이다. 대부분의 건설현장은 원청이 직접 시공하지 않고, 각 공정마다 전문 협력사가 투입된다. 그러나 협력사의 경영 상황, 인력 확보 능력, 장비 보유 여부, 리스크 인식 수준은 제각기 다르다. 따라서 건설업 BCP는 협력사의 참여를 전제로 수립되어야 하며, 계약 체결 시점부터 '복구 책임', '대체 투입 계획', '정보 공유 체계' 등이 명확히 정리되어야 한다. 협력사가 참여하지 않는 BCP는 실행 불가능한 문서로 전락할 가능성이 높다.

넷째, 건설현장의 BCP에는 감리단, 발주처, 지자체 등 외부 이해관계자의 승인 및 조정 절차가 반드시 반영되어야 한다. 예를 들어 자재 변경은 발주처나 감리단의 사전 승인이 필요하며, 작업시간 변경은 지자체의 야간작업 허가 여부에 따라 달라진다. 따라서 복구 시나리오는 내부 의사결정뿐 아니라 외부 협의 구조까지 고려하여 설계되어야 하며, 이를 위한 사전 협약, 연계 훈련, 시나리오 공유가 함께 이루어져야 한다.

다섯째, 지역사회와의 관계 또한 변수다. 공사 현장이 지역 주민의 생활권과 인접한 경우, 민원이나 언론 보도로 인해 작업 중지가 발생할 수 있다. 이때 BCP는 주민 대응 체계, 커뮤니케이션 전략, 민원 발생 시 시나리오까지 포함한 넓은 범위의 복구 전략을 다루어야 한다. 이는 단순한 기술 복구가 아니라 '사회적 수용성'을 확보하기 위한 전략이기도 하다.

여섯째, BCP의 수립 주체와 운영 주체가 분리된다는 점도 중요하다. 본사에서 문서를 수립하더라도, 실제 복구 실행은 현장소장과 실무팀이 담당한다. 그러나 이들은 문서 작성에는 참여하지 않았으며, 각자의 방식으로 위기를 대응하는 경우가 많다. 따라서 문서와 실행 사이의 간극을 줄이기 위해서는 현장 실무자가 이해하고 작동시킬 수 있는 구조와 언어로 BCP를 설계해야 하며, 일선 담당자 중심의 시뮬레이션과 반복 훈련이 반드시 병행되어야 한다.

결국 건설업에 특화된 BCP 수립이란 단순히 산업 맞춤형 체크리스트를 만드는 것을 넘어서, 건설업의 '현장성', '유동성', '복잡성', '외부 이해관계', '공정 간 연계성'을 통합적으로 반영한 계획 수립 역량을 요구한다. 이는 일반적인 기업의 위기관리 수준보다 훨씬 더 복잡하고 정교한 설계를 필요로 하며, 동시에 실무 중심의 현실적 실행력을 담보해야 한다. 다음 절에서는 이러한 요구를 충족하기 위한 향후 과제와 실행 전략을 정리한다.

## 4.3 향후 과제와 실행 전략

건설업에 특화된 BCP 수립의 필요성이 명확해졌음에도 불구하고, 현실적으로 이를 실행에 옮기기 위해서는 여러 가지 제도적, 조직적, 인식적 과제가 남아 있다. 이 절에서는 국내 건설업계가 실효성 있는 BCP를 수립하고 실행하기 위해 마주한 주요 과제를 정리하고, 이를 극복하기 위한 실행 전략을 제안한다.

첫째, 업계 전반에 공통적으로 적용할 수 있는 '건설업 맞춤형 BCP 가이드라인'이 부족하다. 현재 국내에서 BCP를 요구하거나 지원하는 기관은 각기 다른 기준과 양식을 활용하고 있으며, ISO 22301 등의 국제표준도 제조업이나 사무직 기반 조직에 더 적합한 구조를 따르고 있다. 따라서 건설업의 특성과 리스크 구조를 반영한 통일된 템플릿, 핵심 항목 정의, 공정 연계형 시나리오 구성 방식 등이 포함된 표준화된 실무 지침이 필요하다. 이를 위해 민간협회, 공공기관, 전문단체, 대형 건설사가 협력하여 산업 공통의 기준안을 만드는 것이 시급하다.

둘째, BCP를 현장에 정착시키기 위한 실무자 교육과 훈련이 부족하다. 많은 건설사는 BCP를 단기 용역이나 컨설팅으로 외주화한 뒤, 해당 문서를 현장에 전달하는 수준에 머무르고 있다. 그러나 복구는 문서가 아니라 사람에 의해 이루어진다. 특히 실제 복구를 수행해야 할 사람들은 대부분 외주 협력사의 소속이거나, 문서 작성에 참여하지 않은 실무자들이다. 이들 대상의 이해도와 숙련도를 높이기 위한 체계적인 교육과 반복 훈련 프로그램이 필요하다. 단순한 PPT 교육이 아닌, 공정 중단 상황을 가정한 시나리오 기반 모의훈련이 이상적이다.

셋째, 협력사와의 연계 전략이 미흡하다. 건설업의 공정 수행은 협력사가 주도하지만, BCP는 주로 원도급사의 문서로만 존재한다. 협력사들이 복구계획에 참여하지 않거나, 내용을 숙지하지 못하면 실제 위기 상황에서 대응 공백이 발생할 수밖에 없다. 이를 극복하기 위해서는 계약 체결 시부터 협력사의 역할과 책임, 대체 계획, 정보 공유 절차를 명확히 규정해야 하며, 공동 대응 훈련이나 연계 문서 작성을 제도화할 필요가 있다.

넷째, BCP가 '제출용'에 그치지 않도록 하기 위한 인식 개선이 요구된다. 현재 일부 건설사는 BCP를 입찰 서류나 심사 항목으로만 인식하고 있으며, 위기 발생 시 해당 문서가 실질적인 작동을 하지 못하는 사례가 많다. BCP는 단순히 평판이나 점수 확보를 위한 도구가 아니라, 현장을 지키고 계약 이행을 보장하는 핵심 전략 자산이라는 인식 전환이 필요하다. 이를 위해서는 경영진의 리더십과 실행 조직 간의 역할 통합이 중요하며, 평가와 보상 구조에서도 BCP 실행력이 반영되도록 해야 한다.

다섯째, 정책적 차원의 인센티브와 평가체계 도입이 필요하다. 건설업에 특화된 BCP 인증제, 우수기업 표창, 평가 가점 부여, 세제 혜택 등 제도적 유인책이 마련되어야 업계의 자발적인 참여를 이끌어낼 수 있다. 특히 중소건설사는 자체적으로 BCP 수립 역량이 부족한 경우가 많으므로, 정부나 지자체의 컨설팅 지원, 매뉴얼 제공, 교육 프로그램 연계 등이 병행되어야 한다.

여섯째, 기술 기반의 BCP 관리 시스템이 필요하다. 클라우드 기반의 문서 공유 시스템, 복구 대응 앱, 장비 가용 현황 실시간 확인 시스템, 협력사 연락망 통합 플랫폼 등은 복구 속도를 높이는 데 큰 기여를 할 수 있다. 향후에는 건설업 BCP도 단순 문서가 아닌 디지털 기반 위기 대응 플랫폼으로 진화해 가야 한다.

결론적으로 건설업의 BCP는 이제 단순한 문서화 작업이 아니라, 조직 문화, 교육, 기술, 제도, 시장 신뢰 등을 통합하는 복합적 실행체계로 자리 잡아야 한다. 이를 위해서는 산업 전체가 공동의 문제로 인식하고, 민관이 협력하는 거버넌스 하에 전략적 접근을 지속해야 한다. 그래야만 위기에 흔들리지 않는 건설산업의 연속성과 복원력이 현실화될 수 있다.

## 참고문헌


- Li, X., & Wang, J. (2023). Integrating BCP with disaster response systems in infrastructure construction. Automation in Construction, 144,

- Supriadi, L. S. R., & Pheng, L. S. (2018). Business continuity management in construction: Perspectives and case studies. Springer.

- López, M. A., & León, C. (2020). Organizational resilience and BCP practices in the construction sector. Sustainability, 12(9),

- Zhou, Q., & Wu, X. (2021). Multi-tier subcontracting risk assessment for construction projects. Safety Science, 141.

- Alhawari, S., & AlShihi, H. (2022). Risk prioritization in BCP frameworks for construction SMEs. Journal of Building Engineering, 54,

- Fani, S. V., & Subriadi, A. P. (2019). Business continuity plan: Examining a multi-usable framework. Procedia Computer Science, 161, 1209–1216.

- Ghosh, S., & Hall, T. (2021). Supply chain risks in the construction industry during pandemics. Engineering, Construction and Architectural Management, 28(5), 1311–1327.

- Tracey, S., & Lane, D. E. (2017). Promoting resilience using an asset-based approach to business continuity planning. Disaster Prevention and Management: An International Journal, 26(4), 408–422.

- Kuo, Y. C., & Lu, S. C. (2023). Dynamic disaster simulation modeling for construction site resilience. Automation in Construction, 146,

- Enshassi, A., & Kochendoerfer, B. (2020). Construction industry vulnerability in developing countries: A disaster perspective. International Journal of Disaster Resilience in the Built Environment, 11(1), 85–100.

- El-Anwar, O., & Marzouk, M. (2020). Scenario-based planning under extreme weather events in construction. Journal of Construction Engineering and Management, 146(4), 04020019.

- Khalifa, M. (2021). A study of a business continuity role during a pandemic in the construction sector. International Journal of Disaster Risk Reduction, 56, 102122.

- Will, M., & Brauweiler, J. (2020). Business continuity planning. In Resilience and Risk (pp. 69–82). Springer.

- Ogunbiyi, O., & Goulding, J. (2018). Role of resilience strategies in construction supply chains. Journal of Engineering, Design and Technology, 16(5), 812–832.

- Zhou, J., & Zhao, X. (2022). Safety risk propagation across subcontracting tiers in construction: A system dynamics model. Safety Science, 145, 105519.

- Assibi, A. T. (2024). The role of enterprise risk management and business continuity in Ghana's construction industry. African Journal of Management Studies, 8(3), 199–215.

제3장

# BCP 수립의 전반적 프로세스

**"BCP는 문서를 넘어서, 조직의 실행 시스템이다"**

건설업에서 BCP를 수립한다는 것은 단지 위기 상황에 대비한 문서를 만드는 작업이 아니다. 그것은 조직이 복잡한 외부 환경 속에서도 핵심 기능을 지속하고, 빠르게 복구하며, 사회적 신뢰를 유지할 수 있는 체계 전체를 수립한다는 뜻이다. 특히 건설업은 공정의 연속성과 협력사의 안정성, 기후와 입지의 민감도, 지역사회와의 관계 등 여러 리스크가 동시에 작용하는 산업이기 때문에, BCP는 더욱 정교하고 실행력 있는 구조로 설계되어야 한다.

많은 기업들이 'BCP를 갖고 있다'고 말하지만, 실제로 그것이 작동하고 있는가? 문서 한 권이 존재하는 것과, 조직의 행동과 의사결정이 위기 상황에서도 BCP를 중심으로 움직이는 것은 전혀 다른 차원의 문제다. 이 장에서는 단편적인 서류 중심 접근에서 벗어나, BCP를 경영 프로세스로 인식하고 설계하는 관점을 정립하고자 한다.

특히 이 장에서는 BCP 수립의 전체 구조를 ① 추진체계, ② 리스크 및 영향 분석, ③ 연속성 전략 수립, ④ 문서화 및 절차 정리, ⑤ 훈련 및 점검, ⑥ 실행 및 유지관리의 6단계로 구분하여 설명한다. 각 단계에서 무엇을 준비해야 하며, 어떤 산출물이 나오고, 어떻게 건설현장에 적용할 수 있는지를 개괄적으로 소개함으로써, 독자가 이후 실무 수립 단계를 체계적으로 이해할 수 있도록 돕는다.

# 1 BCP란 하나의 문서가 아닌 프로세스다

## 1.1 PDCA 기반의 순환 시스템

많은 조직들이 BCP(Business Continuity Plan, 업무연속계획)를 단일한 문서, 또는 보고용 계획서로 오해하고 있다. 그러나 BCP는 단순한 문서 작성이 아니라, 조직의 핵심 기능을 보호하고 위기 속에서도 업무를 지속하기 위한 총체적 경영 시스템이며, 계획 수립부터 실행, 점검, 개선에 이르기까지 지속적으로 순환하는 프로세스로 이해해야 한다.

BCP는 본질적으로 PDCA 사이클(Plan-Do-Check-Act)을 기반으로 작동한다. 즉, 단발적인 대응이 아니라 계획을 수립하고(Plan), 실제로 수행하며(Do), 그 결과를 점검하고(Check), 다시 보완해 개선하는(Act) 일련의 체계적인 경영 활동을 반복하는 구조다. 이 사이클은 ISO 22301, 국내 재해경감활동 표준지침, 재난관리 평가체계 등 대부분의 BCP 관련 제도에서도 공통적으로 강조된다.

표 3-1 BCP의 순환구조(PDCA 사이클 개요)

| 단계 | 의미 | 건설업 적용 예시 |
| --- | --- | --- |
| Plan (계획) | BCP 체계 수립, 핵심 기능 식별, 리스크 평가 | 공정별 핵심기능 정의, 위험 시나리오 설계 |
| Do (실행) | 계획에 따른 조직 구성 및 대응 조치 수행 | 현장 복구 책임자 지정, 매뉴얼 실행 훈련 |
| Check (점검) | 계획의 효과성 평가, 훈련 결과 피드백 | 공정 지연 대응 시뮬레이션 평가, 점검표 작성 |
| Act (개선) | 취약점 보완, 계획 수정 및 반영 | 협력사 대응 실패 시 계획 개선, 교육 강화 |

## 1.2 실행 가능성의 중요함

BCP가 조직 내에 존재한다고 해서 반드시 위기 상황에서 효과적으로 작동하는 것은 아니다. 가장 중요한 것은 계획이 실제 작동할 수 있는지, 그리고 누가 언제 어떻게 실행할 것인지에 대한 실행력이다. 다음과 같은 점들이 확보되어야 한다:

계획이 조직의 실무자와 관리자 모두에게 공유되고 숙지되어 있는가?

복구를 수행할 주체는 명확히 지정되어 있으며 역할이 문서화되어 있는가?

자원, 인력, 커뮤니케이션 수단 등 복구에 필요한 실행 조건이 준비되어 있는가?

훈련과 점검을 통해 계획이 실제 작동 가능한지 검증해본 경험이 있는가?

이러한 질문에 '예'로 답할 수 없다면, 해당 조직의 BCP는 실행 불가능한 정적 문서에 머무를 위험이 크다.

BCP는 단일 기능이나 부서의 대응에 국한되지 않는다. 위기 상황에서는 인사, 총무, IT, 생산, 회계, 외부 커뮤니케이션 등 다양한 부서와 기능이 상호 연계되어 작동해야 하며, 이에 따라 BCP는 다음과 같은 특성을 가진다:

- **조직 전반을 아우르는 범위** : 전사 차원의 핵심 기능 식별 및 복구 우선순위 설정
- **의사결정 체계 내 포함** : 최고경영자 또는 경영진 주도의 계획 수립 필요
- **정기적 교육과 훈련의 전제** : 구성원 전체가 BCP의 흐름과 자신의 역할을 이해하고 있어야 함
- **기록과 감사의 기반 확보** : 모든 대응은 문서화되어 추적 가능해야 하며, 외부 점검에도 활용 가능

결국 BCP는 조직이 위기에 대응하는 '방어체계'이자, 고객과 시장, 이해관계자에게 신뢰를 보여주는 지속가능경영의 수단으로 작동한다.

## 1.3 사전 대응과 예방의 도구

많은 조직들이 BCP를 '재해가 발생한 이후 복구를 위한 수단'으로만 이해하지만, 사실 BCP는 사전 예방적 기능을 함께 갖는다. BCP를 수립하는 과정 자체가 다음과 같은 예방 효과를 만든다:

- 조직 내 리스크 인식과 취약점 점검 기회 제공
- 자원의 취약 지점, 외부 의존성, 업무 간 상호작용에 대한 재조명
- 사고 발생 전 시뮬레이션을 통한 대응 시나리오의 명문화
- 위험 징후를 감지하고 조기 대응할 수 있는 의사결정 체계 확립

이처럼 BCP는 단순 복구 문서가 아니라 위기 발생을 최소화하고, 발생하더라도 피해를 줄이는 구조를 조직에 내재화하는 도구다. 정리하면, BCP는 단지 하나의 문서가 아니라, 조직이 위기에 직면했을 때 생존하고 회복하기 위해 지속적으로 점검하고 운영해야 하는 총체적 경영 프로세스이다. 이는 이후 각 수립 단계(추진체계 구축, 영향분석, 복구전략 등)의 설계와 실행에서도 동일한 관점을 유지해야 함을 의미한다.

## 2 BCP 수립 단계

### 2.1 추진체계 구축 - 1단계

BCP 수립의 첫걸음은 적절한 추진체계를 구축하는 일이다. 이는 단순히 계획 수립을 선언하는 차원을 넘어서, 조직 내부에 BCP 수립과 실행을 담당할 전담 조직을 구성하고, 필요한 권한과 자원을 확보하며, 이후 전 과정을 통합적으로 관리할 수 있는 구조를 만드는 것을 의미한다. 추진체계가 제대로 작동하지 않으면 BCP는 문서로만 존재하게 되며, 실제 위기 상황에서 전혀 작동하지 않는 사각지대를 남기게 된다.

#### 1) BCP 추진의 전제 조건 : 경영진의 승인과 리더십 확보

BCP는 전사적 경영계획이자 조직 전체의 지속가능성 확보 전략이다. 따라서 최고경영자(CEO) 또는 경영진의 명확한 승인과 리더십 없이는 유효한 추진이 어렵다. 실제 사례에서도 경영진이 관여하지 않은 BCP는 실행력을 담보하지 못하고, 부서 간 조율이나 예산 확보에 실패해 계획만 존재하는 상태로 남는 경우가 많다. BCP 추진 시에는 다음과 같은 내용을 명확히 해야 한다:

- BCP 수립의 목적과 배경
- 적용 범위(전체 조직, 특정 부서, 특정 현장 등)
- 경영진의 공식 승인 및 지시
- 수립 일정과 추진 체계 구상

이러한 내용을 포함한 BCP 착수 보고서를 경영층에 보고하고, 경영진 명의로 전사 공지를 시행하는 것이 중요하다.

#### 2) 전담조직 구성 : BCP 위원회 또는 TF의 조직화

BCP 수립과 실행을 위해서는 전담조직이 필요하다. 일반적으로는 다음 두 가지 형태 중 하나로 구성된다:

- BCP 위원회 : 최고책임자(CRO, Chief Risk Officer 또는 CCO, Chief Continuity Officer)를 중심으로 각 부서장이 포함된 위원회 형태
- BCP Task Force (TF) : 일정 기간 한시적으로 운영되며, 실무 중심의 BCP 설계와 실행을 담당
- 위원회/TF는 다음과 같은 구성원으로 이루어질 수 있다:

표 3-2 위원회/TF 구성과 역할

| 구분 | 역할 | 예시 |
|---|---|---|
| 총괄책임자 | 계획 수립 전반 지휘 | 경영지원본부장, 기획실장 |
| 실행조정자 | 일일 업무 조율 및 실행 관리 | 안전팀장, 품질관리팀장 |
| 기능대표 | 각 부서별 연속성 책임 | IT팀장, 회계팀장, 현장소장 등 |
| 자문인력 | 외부 전문기관, 법률자문 | BCP 컨설팅사, 로펌, 감리인 등 |

조직 내 'BCP 전담부서'가 없는 경우에는 기존 리스크관리팀 또는 안전관리부서가 중심이 되어 수립을 주도할 수 있다.

### 3) 역할 분장과 의사결정 체계 수립

추진체계가 구성되면, 구성원 각각의 역할을 명확히 정의하고 문서화해야 한다. 특히 위기 상황에서 의사결정이 빠르게 이뤄지도록 다음과 같은 내용이 정리되어야 한다:

- 보고체계와 커뮤니케이션 라인
- 복구 책임자와 실행 담당자 구분
- 긴급 시 대리권한 및 위임 기준
- 훈련, 점검, 갱신에 대한 운영 책임 배분

BCP는 정상 조직의 수직적 명령 체계를 전제로 작동하지 않기 때문에, 위기 시 신속하고 유연한 의사결정을 가능케 하는 별도의 체계가 설계되어야 한다. 이를 "비상 의사결정체계" 또는 "위기 대응 구조도"로 명시하면 효과적이다.

### 4) 자원 확보 : 예산, 인력, 시간

BCP 추진을 위해 반드시 필요한 요소 중 하나가 운영 자원 확보이다. 계획 수립에 필요한 인건비, 외부 자문 비용, 훈련 운영비, 시스템 구축비용 등을 고려해야 하며, 이를 위해 다음과 같은 내용을 준비한다:

- 연간 또는 프로젝트 단위 예산 계획서
- 필요 인력 규모와 전담 배정 계획
- 일정별 마일스톤과 주요 투입 자원

특히 중소규모 조직의 경우 한정된 자원으로 계획을 수립해야 하므로, 단계별로 수립 범위를 좁히거나 우선순위를 설정해 부분 수립 방식(예: 핵심 기능 우선 수립)을 채택할 수 있다.

### 5) 착수 계획 수립과 이해관계자 사전 협의

BCP 수립은 내부 실행조직만으로 진행되지 않는다. 외부 이해관계자—예를 들어 협력사, 고객사, 발주처, 규제기관—와의 소통과 사전 조율이 필수적이다. 이에 따라 다음과 같은 초기 계획 수립 문서를 작성하고 공유해야 한다:

- BCP 수립 착수계획서
- 외부 이해관계자 연락처 및 사전 설명 일정
- 참여 대상자 및 책임 범위 목록
- 향후 회의 및 훈련 참여 요청 일정
- 조직 외부와의 신뢰 확보는 BCP의 실행력을 좌우하는 중요한 요소이므로, 착수 단계에서부터 명확한 커뮤니케이션 전략이 요구된다.

### 6) 추진체계 수립 요약 및 향후 단계 연계

BCP 추진체계 구축은 이후의 모든 단계(위험 분석, 영향 분석, 전략 수립 등)의 출발점이자 기반이다. 다음 단계들이 원활하게 진행되기 위해서는 첫 단추를 정확하게 꿰야 하며, 다음과 같은 핵심 체크리스트를 통해 점검할 수 있다:

- ☑ BCP 수립 목적과 범위가 문서화되었는가?
- ☑ 최고경영자의 공식 승인과 리더십이 확보되었는가?
- ☑ 전담조직 및 역할 분장이 명확한가?
- ☑ 예산과 자원이 확보되었는가?
- ☑ 외부 이해관계자와의 커뮤니케이션 계획이 수립되었는가?

※ 추진체계 수립은 BCP를 "보고용 문서"가 아닌 "실행 가능한 시스템"으로 만드는 첫 단계다. 이 체계가 제대로 작동하지 않으면 이후 수립되는 모든 계획은 위기 발생 시 무력해질 수 있다.

## 2.2 업무영향분석 (Business Impact Analysis, BIA) - 2단계

업무영향분석(Business Impact Analysis, BIA)은 BCP 수립에서 가장 전략적인 단계로, 조직의 핵심 기능이 중단될 경우 발생할 수 있는 재무적 손실, 평판 저하, 법적 위반 등 다양한 영향을 사전에 분석하고, 이를 토대로 복구 우선순위를 설정하는 절차다. BIA는 자원 배분과 전략 수립의 방향성을 결정하는 가장 기초적이면서도 결정적인 기반 역할을 한다.

### 1) BIA의 목적

BIA의 핵심 질문은 다음과 같다:

- 조직 내 핵심 기능은 무엇인가?
- 해당 기능이 중단되었을 때 발생하는 영향은 무엇인가?
- 그 기능을 언제까지 복구해야 하는가?
- 이 질문에 체계적으로 답변함으로써 BIA는 복구 목표시간(RTO), 최대 허용 중단시간(MTPD), 우선 복구 대상 업무를 결정할 수 있도록 한다.

### 2) 업무 기능 목록 도출

BIA는 우선 분석 대상이 될 업무 기능을 도출하는 것에서 시작한다. 일반적으로 다음 기준 중 하나 이상을 만족하면 '핵심 기능'으로 간주된다:

- 중단 시 금전적 손실이 크다
- 법적·규제적 요구사항과 관련된다
- 고객 서비스, 계약 이행 등 외부 신뢰성과 직결된다
- 타 업무 기능의 전제 조건이 되는 기능이다
- 담당부서와 핵심기능 도출 예시는 다음과 같다.

| 부서 | 핵심 기능 |
|---|---|
| 인사 | 급여 지급, 채용 관리 |
| 회계 | 세금 신고, 회계 마감 |
| 고객지원 | 민원 대응, 콜센터 운영 |

### 3) 기능별 영향도 분석 항목 및 방법론

기능별 영향도는 크게 다음 요소들을 중심으로 평가된다:

- 정량적 영향 : 매출 감소, 위약금, 운영비 손실 등 수치로 환산 가능한 손실
- 정성적 영향 : 평판 저하, 고객 불만, 직원 사기 저하 등 수치화가 어려운 영 향
- 업무 연계성 : 타 기능에 미치는 영향도
- 복구 소요 자원 : 인력, 장소, 시스템, 문서 등 복구에 필요한 리소스
- 복구 목표시간(RTO) 및 MTPD : 시간 기반 우선순위 산정 기준

이러한 항목을 실질적으로 평가하기 위한 4가지 주요 분석 방법론을 다음과 같이 표와 그림을 활용하여 설명한다:

@ BIA 평가 방법론

① : 점수화 기법 (Scoring Method)

| 능명 | 정량적 영향 (1~5) | 정성적 영향 (1~5) | 연계성 (1~5) | 총점 | 우선순위 |
|---|---|---|---|---|---|
| 급여지급 | 5 | 4 | 3 | 12 | 상 |
| 민원응대 | 4 | 5 | 2 | 11 | 상 |
| 보고서작성 | 2 | 2 | 2 | 6 | 하 |

각 항목별 점수를 부여한 후 총합하여 기능별 중요도를 상대적으로 비교한다.

② : 시나리오 기반 정성 평가

[가정된 시나리오: 전산 시스템 전면 장애 발생]

- 고객 민원 응대 중단 → 고객 불만 누적
- 회계 업무 마감 불가 → 세무신고 지연
- 생산 주문 입력 불가 → 납기 지연 발생

→ 결과: 고객 신뢰 하락, 법적 리스크 확대, 매출 손실 누적

다양한 위기 상황을 시나리오로 구성하고, 관련 부서와 인터뷰·워크숍을 통해 기능별 영향을 정성적으로 도출함

③ : 정량적 모델링 (금전적 손실 추정)

| 기능명 | 중단 시 시간당 손실(₩) | 1일 중단 손실(₩) | 근거 자료 |
|---|---|---|---|
| 수주입력 | 2,000,000 | 16,000,000 | 평균 수주건당 이익, 업무량 기준 |
| 세금신고 | 500,000 | 4,000,000 | 신고지연 벌금 예시 |

과거 재무자료, 계약서, 손해 사례 등을 근거로 실제 손실을 추정하고, 이 수치를 기준으로 기능별 우선순위를 도출

④ : 영향-긴급성 매트릭스 (2×2 Matrix)

| | 긴급성 높음 | 긴급성 낮음 |
|---|---|---|
| 영향 높음 | ☑ 최우선 복구 | 중요 복구 대상 |
| 영향 낮음 | 후순위 | 일상적 회복 가능 |

기능을 4개 영역으로 분류하여 시각적으로 복구 우선순위를 결정할 수 있음. RTO와 영향도를 축으로 활용함.

#### 4) 복구 우선순위 결정

이러한 방법론을 통해 도출된 영향도를 기반으로, 각 기능에 대한 복구 우선순위를 결정한다:

- RTO가 짧고 영향도가 높은 기능은 1순위 복구 대상
- MTPD가 여유롭고 영향이 낮은 기능은 후순위로 지정
- 복구 우선순위는 이후 자원 배정, 전략 수립, 훈련 대상 선정 등에서 매우 중요한 기준이 된다.

#### 5) 분석 결과 문서화 및 활용

분석된 결과는 다음과 같은 문서 형태로 정리한다:

- 핵심 기능 목록표
- 기능별 영향도 평가표
- 복구 목표시간(RTO), 최대 허용중단시간(MTPD) 목록
- 복구 우선순위 리스트
- 이 문서는 BCP 본문 또는 부속 문서로 편입되며, 복구전략 수립(3.2.4절) 및 훈련 설계(3.2.6절)의 기반이 된다.

#### 6) 유의사항 및 실무 팁

- 모든 기능을 평가 대상으로 삼기보다는 핵심 기능 위주로 좁은 범위에서 시 작하는 것이 현실적이다.
- 평가 방식은 조직 여건에 따라 선택하거나, 두 가지 이상을 병행 적용할 수 있다.
- 인터뷰, 설문, 문서분석 등 다양한 방법을 통해 다각적 의견을 수렴하면 신뢰 도를 높일 수 있다.
- 주기적 점검과 업데이트를 통해 변화하는 조직 환경을 반영해야 한다.

BIA는 '무엇을 언제까지 복구해야 하는가?'를 정의하는 과정이다. 다양한 분석 방법론을 통해 핵심 기능의 중단 영향을 정밀하게 평가함으로써, 이후 자원 배분과 복구 전략 수립의 기초가 되는 전략적 기반을 마련할 수 있다.

## 2.3 리스크 분석 및 평가 (Risk Analysis & Risk Evaluation) - 3단계

리스크 분석(Risk Analysis)은 조직의 업무 연속성에 위협이 될 수 있는 다양한 위험 요소를 식별하고, 그 발생 가능성과 영향도를 평가하여 우선순위를 도출하는 과정이다. 업무 영향분석(BIA)이 '중단되었을 때 어떤 영향이 있는가?'에 집중한다면, 리스크 분석은 '어떤 위험이 그 중단을 유발할 수 있는가?'에 초점을 맞춘다. 이 두 단계는 함께 수행되어야 하며, BCP의 복구 전략과 대응 시나리오 수립의 기초 정보를 제공한다.

### 1) 리스크 분석의 목적과 필요성

리스크 분석은 다음과 같은 질문에 답하기 위한 활동이다:

- 조직의 핵심 기능을 중단시킬 수 있는 위협은 무엇인가?
- 해당 리스크는 얼마나 자주 발생할 수 있으며, 발생 시 어떤 영향을 초래하 는가?
- 대응이 필요한 주요 리스크는 무엇이며, 어떤 순서로 관리해야 하는가?
- 이 분석을 통해 조직은 자원의 우선 배분 방향을 설정하고, 복구 전략 수립에 앞서 위협에 대한 사전 방어 전략을 수립할 수 있다.

### 2) 리스크 분석의 기본구성

리스크 분석은 일반적으로 다음 3단계로 구성된다:

① **리스크 식별**(Risk Identification) : 조직의 핵심 기능에 영향을 줄 수 있는 모든 잠재적 위협을 도출한다. 이는 외부 환경, 내부 취약점, 공급망, 기술, 인력 등 다양한 영역에서 발생할 수 있다.

② **리스크 평가**(Risk Assessment) : 식별된 리스크 각각에 대해 발생 가능성과 영향도를 평가하여 '심각도'를 도출한다. 정성적 또는 정량적 방법이 사용되며, 보통 등급화 또는 점수화 방식이 활용된다.

③ **우선순위 설정 및 대응 전략**(Risk Prioritization & Response) : 리스크 수준에 따라 우선순위를 도출하고, 이를 회피(Avoid), 완화(Mitigate), 전가(Transfer), 수용(Accept) 등의 전략으로 분류한다.

표 3-3 리스크 분류체계 예시

| 유형 | 세부 리스크 예시 |
|---|---|
| 자연재해 | 집중호우, 침수, 강풍, 폭염, 폭설, 산사태, 지진 |
| 기술적 리스크 | 타워크레인 고장, 전기 차단, 양중 장비 이상, 시공 오류 |
| 인적 리스크 | 숙련공 이탈, 무단 결근, 감염병 집단 발생, 안전사고 |
| 공급망 리스크 | 자재 납품 지연, 협력사 부도, 계약 해지, 레미콘 수급 차질 |
| 행정·사회적 리스크 | 주민 민원, 언론 보도, 지자체 공사 중지 명령, 감리 승인 지연 |
| 법적·제도적 리스크 | 중대재해처벌법 적용, 인허가 지연, 계약상 소송 |
| 기타 | 현장 진입 제한, 도로 통제, 환경 규제 강화 |

### 3) 리스크 평가 방법론 (Risk Evaluation Methodology)

식별된 리스크는 다음 두 요소를 기준으로 평가된다:

- 발생 가능성 (Likelihood) : 해당 리스크가 실제 발생할 가능성
- 영향도 (Impact) : 발생 시 조직에 미치는 피해의 수준

이 두 요소를 수치화하거나 등급화하여 리스크의 '심각성'을 도출하게 된다. 다음은 평가를 실무적으로 수행하기 위한 4가지 방법론이다.

#### ① 점수화 기법 (Scoring Method)

- 개념 : 점수화 기법은 업무 기능별로 영향을 미치는 다양한 요소를 정량적으로 평가하고, 그 결과를 점수로 환산하여 복구 우선순위를 도출하는 방식이다.
- 일반적으로 다음 세 가지 항목이 사용된다:
  - 정량적 영향 : 기능이 중단될 경우 수치로 표현 가능한 손실 정도 (예: 매출 손실, 벌금 등)
  - 정성적 영향 : 고객 신뢰 저하, 내부 사기 하락, 법적·평판 리스크 등 수치화 하기 어려운 영향
  - 업무 연계성 : 해당 기능이 다른 기능과 얼마나 밀접하게 연결되어 있는지
- 특징 :
  - 실무에서 매우 널리 사용됨
  - 직관적이고 팀 인터뷰나 설문조사 기반으로 점수를 매기기 쉬움
  - 총점 기준으로 '상-중-하' 등급 분류가 용이
- 장점 :
  - 명확한 수치 기준으로 우선순위 도출 가능

• 팀 간 조율과 객관성 확보에 유리함

- 주의점 :

  • 점수 기준과 가중치 설정이 주관적일 수 있으므로 사전 정의가 중요

표 3-4 점수화 기법 사례

| | 기능명 | 정량적 영향 (1~5) | 정성적 영향 (1~5) | 연계성 (1~5) |
|---|---|---|---|---|
| 1 | 급여지급 | 5 | 4 | 3 |
| 2 | 민원응대 | 4 | 5 | 2 |
| 3 | 보고서작성 | 2 | 2 | 2 |

**② 시나리오 기반 정성 평가 (Scenario-Based Qualitative Analysis)**

- 개념 : 이 방식은 특정 위기 상황(예: 전산망 중단, 대규모 감염병 발생 등)을 가정하고, 그 상황이 조직의 각 기능에 미치는 영향을 실무자들과 인터뷰, 워크숍 등을 통해 정성적으로 분석하는 방식이다.
- 특징 :
  • 수치 대신 언어 기반 판단을 통해 복잡한 영향을 도출
  • 다부서 협력과 실무자 경험 반영에 유리
  • 예 : "ERP 시스템 장애 시 수주 처리 지연, 민원 급증, 회계 마감 불가 등"
- 장점 :
  • 실제 운영 환경을 현실적으로 반영
  • 가능성은 낮지만 발생 시 치명적인' 리스크에 대해 깊이 있는 논의 가능
- 주의점 :
  • 평가자의 주관에 따라 결과가 달라질 수 있음
  • 수치 기반 비교에는 적합하지 않음

**③ 정량적 모델링 (Quantitative Impact Modeling)**

- 개념 : 기능 중단 시 발생하는 재무적 손실이나 비용을 직접 산출해 분석하는 방법이다. 예를 들어, 생산 중단 1일당 손실액, 계약 위반 시 벌금, 납 기 지연으로 인한 손해배상 등을 계산해 비교한다.
- 특징 :
  • 금액 중심 평가
  • 데이터 확보가 가능한 기업에 적합
  • 실제 재무 회계 자료, 보험 청구 사례, 과거 손실 데이터 등을 활용

- 장점 :
  - 수치화된 근거가 강력하여 경영진 설득에 유리
  - 기능 간 피해 규모 비교가 명확
- 주의점 :
  - 손실 데이터를 확보하기 어렵거나, 추정이 과도하게 주관적일 수 있음
  - 정성적 영향은 포함되지 않음

**④ 영향도 - 긴급성 매트릭스 (Impact-Urgency Matrix)**

- 개념 : 각 기능의 '중단 시 조직에 미치는 영향도(Impact)'와 '복구의 시급성 (Urgency)'을 기준으로 2×2 또는 3×3 매트릭스에 배치하여 복구 우선 순위를 시각적으로 분류하는 방법이다.

| 영향도 \ 긴급성 | 낮음 | 높음 |
|---|---|---|
| 낮음 | 일상적 회복 가능 | 후순위 복구 대상 |
| 높음 | 중요 복구 대상 | 최우선 복구 대상 |

- 특징 :
  - 이해관계자에게 설명하기 쉬운 구조
  - 시각화가 가능하여 문서화에 유리
  - 복잡한 점수 없이도 상대적 중요도 판단이 가능
- 장점 :
  - 간단하지만 효과적인 도구
  - 기능 간 우선순위 시각화에 매우 유리
- 주의점 :
  - 분류 기준이 명확하지 않으면 혼란 가능
  - 정량적 근거가 부족할 수 있음

이 네 가지 방법론은 각각의 장단점이 있으며, 조직의 규모, 산업 특성, 정보의 양, BCP 숙련도에 따라 적절히 선택하거나 조합하여 사용하는 것이 좋다. 특히 건설업과 같이 공정 기반의 복잡한 산업에서는 점수화 기법 + 시나리오 기반 평가를 병행하거나, 정량 모델링 + 매트릭스 시각화를 함께 활용하면 효과적이다.

### 4) 리스크 대응전략 (Risk Response Strategies)

리스크 분석 결과, 조직에 중대한 영향을 미칠 수 있는 리스크가 식별되었다면 그에 대한 대응 전략(response strategy)을 설정해야 한다. 대응 전략이란 식별된 리스크를 통제하거나 대응하기 위한 선택지이며, 위협의 특성, 영향도, 대응 가능성에 따라 전략 유형을 구분한다. 대부분의 리스크 관리 프레임워크에서는 다음의 4가지 전략을 기본 구조로 설정한다:

**① 회피 전략 (Avoidance)**

- 정의 : 해당 리스크가 발생할 수 있는 조건이나 환경 자체를 제거하여 위협의 발생 가능성을 원천적으로 없애는 방식이다.
- 적용 예 :
  - 법적 충돌 위험이 높은 지역에서의 사업 철수
  - 고위험 시공기법 대신 안전성이 검증된 대체 기술 선택
  - 폭우가 예상되는 시기의 크레인 작업 일정 조정
- 장점 :
  - 리스크 발생 가능성을 제로로 만들 수 있음
- 주의점 :
  - 회피를 위해 필수 기능이나 수익 기회를 포기해야 할 수 있음

**② 완화 전략 (Mitigation)**

- 정의 : 리스크의 발생 가능성 또는 발생 시 영향도를 줄이기 위한 사전 조치 를 취하는 방식이다. 건설업에서는 가장 흔하게 사용되는 전략이다.
- 적용 예 :
  - 협력사 이탈 시를 대비한 예비 계약 확보
  - 자재 납품 지연 대비 이중 공급선 확보
  - 설비 고장 예방을 위한 정기 점검 및 예비 부품 확보
  - 안전사고 예방을 위한 교육 및 감시 시스템 운영
- 장점 :
  - 현실적이며 실행 가능성이 높음
  - 위기 발생 시 피해를 최소화할 수 있음
- 주의점 :
  - 리스크 자체를 제거하지는 않음
  - 관리비용 증가 가능성

### ③ 전가 전략 (Transfer)

- 정의 : 리스크로 인한 손실 책임이나 영향을 외부 기관이나 계약 상대에게 전 가하는 전략이다. 리스크는 여전히 존재하지만, 부담은 외부로 넘긴다.
- 적용 예 :
  - 건설 공사보험(CAR), 책임보험 가입
  - 계약서상 '불가항력 조항' 삽입 및 하도급사 책임 명시
  - 외부 유지보수 또는 감리업체와의 계약으로 기술적 리스크 이전
- 장점 :
  - 자산 손실을 최소화하거나 외부 보상으로 대응 가능
- 주의점 :
  - 비용(보험료 등)이 지속적으로 발생함
  - 리스크 자체는 여전히 존재하며, 외부 대응 실패 시 손실 위험 존재

### ④ 수용 전략 (Acceptance)

- 정의 : 리스크가 상대적으로 경미하거나 관리 비용이 크지 않다고 판단되는 경우, 조직이 리스크를 감내하기로 결정하는 방식이다.
- 적용 예 :
  - 비효율적인 공정에서 발생하는 경미한 일정 지연
  - 공정 간 미미한 충돌 가능성
  - 소규모 민원 발생 가능성 (단, 명확한 기준 및 대응 체계는 필요)
- 장점 :
  - 자원 낭비 없이 효율적 운영 가능
- 주의점 :
  - 리스크 발생 시 손실 감내가 전제되어야 하므로, 명확한 한계선과 조건 설정 필요
- 전략 선택 기준
  - 발생 가능성 높고 영향도 큼 → 회피/완화
  - 발생 가능성 낮지만 영향도 큼 → 전가 또는 회피
  - 발생 가능성 높고 영향도 작음 → 완화 또는 수용
  - 발생 가능성 낮고 영향도 작음 → 수용

표 3-5 전략유형 비교

| 전략 유형 | 정의 | 건설업 예시 | 장점 | 주의점 |
|---|---|---|---|---|
| 회피(Avoid) | 위험이 발생할 가능성을 원칙적으로 제거 | 폭우 시 타설 공정 사전 순연 | 위험을 아예 제거 가능 | 수익 기회나 기능 일부 포기 필요 |
| 완화(Mitigate) | 위험의 발생 가능성 또는 영향도를 낮춤 | 예비 협력사 확보, 자재 이중발주 | 실행 현실성 높고 피해 최소화 | 관리비용 발생, 리스크 존재 |
| 전가(Transfer) | 위험은 존재하지만 손실 책임을 외부로 이전 | 공사 보험 가입, 하도급사 책임명시 | 금전적 손실 최소화 가능 | 외부기관 대응 실패시 손실 여전 |
| 수용(Accept) | 위험을 감수하고 손신을 감내하기로 결정 | 경미한 일정 지연, 소규모 미원 수용 | 자원 효율성 유지 | 리스크 발생시 직접적 손실 감수 |

리스크 대응전략은 리스크 분석에서 도출된 위협 요소들을 실행 가능한 대응 체계로 연결하는 다리 역할을 한다. 건설업의 경우, 공정 흐름의 연속성과 외부 이해관계자의 영향력이 크기 때문에 전략 선택 시 현장성과 실행 가능성, 비용 효율성을 함께 고려해야 한다. 또한 대응 전략은 BCP에 명문화되고, 관련 조직과 담당자에게 공유되어야 실질적으로 작동할 수 있다.

### 5) 분석 결과 정리 및 연계

분석된 리스크는 BCP 문서 또는 부속 문서에 다음과 같은 형태로 정리한다:

- 리스크 정의서 및 목록
- 점수화된 리스크 우선순위표
- 매트릭스/히트맵 기반 시각화 자료
- 대응 전략 요약서

이 결과는 복구 전략 수, 대응 조직 설계, 훈련 설계에서 직접적으로 활용되며, 공정표, 안전계획서, 품질계획서와의 통합 관리가 필요하다.

## 2.4 연속성 전략 수립 (Continuity Strategy Development) - 4단계

### 1) 연속성 전략의 개념과 역할

업무영향분석(BIA)과 리스크 분석을 통해 조직의 핵심 기능과 우선 복구 대상이 명확해졌다면, 다음 단계는 실질적인 복구 전략 또는 연속성 전략을 수립하는 것이다. 연속성 전략(Continuity Strategy)은 재난 또는 위기 상황이 발생했을 때, 중단된 업무 기능을 어떻게 빠르게 복구하거나 유지할 것인지에 대한 실행 계획의 중심축이다.

이 전략은 단순히 장애 발생 이후 복구만을 다루는 것이 아니라, 장애가 발생하지 않도록 예방하거나, 중단 상황에서도 최소한의 기능을 유지하거나, 복구 시간을 단축시키는 조치들까지 포함하는 보다 넓은 범위의 개념을 포괄한다. 즉, 연속성 전략은 예방적, 대응적, 복구적 차원의 조치를 통합적으로 다루며, 궁극적으로 조직의 회복탄력성(Resilience)을 높이는 데 기여한다.

연속성 전략의 목적은 다음 세 가지로 정리할 수 있다:

① **업무 중단의 사전 예방** : 시스템의 이중화, 인프라 강화, 협력사 계약 조정 등을 통해 리스크 자체를 줄이는 전략

② **중단 시 기능의 지속 또는 임시 유지** : 위기 발생 시에도 일정 수준의 서비 스를 유지할 수 있도록 대체 프로세스나 자원을 마련하는 전략

③ **목표 시간 내 복구** : 복구 목표 시간(RTO, Recovery Time Objective) 내 에 핵심 기능을 정상화시키기 위한 전략

이러한 전략은 단일한 방식이 아닌 복수의 대안을 고려해야 하며, 전략 수립의 결과는 이후 절차화 및 훈련의 토대가 된다.

연속성 전략은 다음과 같은 실행의 핵심 원칙을 기반으로 수립되어야 한다:

① **기능 중심(Function-Oriented)** : 조직 구조 중심이 아닌 핵심 업무 기능 단 위로 전략을 설계해야 한다. 예를 들어, 인사팀이 아니라 '급여 지급 기능', 공무팀이 아니라 '자재 발주 기능'처럼 기능별로 분석하고 대응 전략을 구 상해야 한다.

② **목표 시간 기반(Time-Bound)** : 모든 전략은 RTO와 MTPD (Maximum Tolerable Period of Disruption, 최대 허용 중단 시간)를 기준으로 설계 되어야 하며, 복구 가능 여부를 사전에 판단해야 한다.

③ **자원 기반(Resource-Aware)** : 이상적인 전략이 아니라, 실제 위기 발생 시 확보 가능한 자원(인력, 장비, 자재, 정보 등)을 고려하여 현실적으로 실행 가능한 수준에서 전략을 설

계해야 한다.

④ **복수 대안 비교**(Multi-Option Strategy) : 하나의 전략만 수립하는 것이 아 니라, 복수의 대응안(예: 원래 방식, 대체 방식, 임시 복구 등)을 마련하고 장단점, 비용, 실행성을 비교한 뒤 최적의 대안을 선택해야 한다.

예를 들어, '급여 지급' 기능을 위한 연속성 전략 수립 시 다음과 같은 접근이 가능하다:

- **전략 1** : 클라우드 기반 급여 시스템 운영 → 자택에서도 접근 가능, 단 네트 워크 장애 시 제한
- **전략 2** : 수작업 지급 절차 수립(임시 급여 지급 기준 마련) → 시스템 장애 시 대안, 단 정확성 문제 존재
- **전략 3** : 외부 급여 위탁업체 활용 → 평상시엔 비활성, 위기 시 즉시 실행 조 건 계약 필요

이처럼 전략은 단순한 '복구 매뉴얼'이 아니라, 여러 조건을 시나리오화하고, 조직 내외의 자원을 가정한 상태에서 선택적으로 구성되어야 한다. 연속성 전략은 조직이 단순히 '위기에서 복구되는 것'을 넘어서, 중단되지 않도록 대비하고, 중단되더라도 흔들림 없이 작동할 수 있도록 만드는 실행 계획의 핵심이다. 전략 수립은 BIA와 리스크 분석의 결과를 바탕으로 기능별, 시간 기반, 자원 기반 전략을 통합 설계하는 구조로 구성되어야 한다.

### 2) 전략 수립을 위한 주요 고려요소

연속성 전략을 수립하는 과정에서는 단지 복구 목표 시간(RTO)을 기준으로 빠르게 복구하는 방안만을 고려해서는 안 된다. 실효성 있는 전략이 되기 위해서는 기능의 우선순위뿐 아니라, 조직의 여건과 실제 가용 자원을 모두 반영해야 하며, 외부 이해관계자들과의 연계 가능성까지 종합적으로 검토되어야 한다. 이 절에서는 전략 수립에 필요한 대표적인 고려요소를 다섯 가지로 정리한다.

#### ① 핵심 기능의 우선순위 및 중요도

업무영향분석(BIA)을 통해 도출된 핵심 기능별 복구 우선순위는 전략 수립의 가장 중요한 기준이다. 모든 기능을 동일하게 복구할 수는 없으므로, 조직의 생존에 결정적인 기능부터 복구하거나 유지할 수 있는 전략부터 설계해야 한다.

예를 들어 급여 지급, 안전 감시, 발주처 승인 대응 등은 조직의 신뢰 및 운영에 핵심적인 영향을 미치므로, 해당 기능에 대한 복수의 대응 전략을 먼저 고려해야 한다. 전략 수립 시에는 다음과 같은 우선순위 분류 체계를 기준으로 설계한다:

- 1순위 기능 : 24시간 이내 복구 필요 (예: 긴급 안전조치, 급여 지급)
- 2순위 기능 : 72시간 이내 복구 가능 (예: 자재 발주, 회계 마감)
- 3순위 기능 : 1주 이내 복구 가능 (예: 통계 보고, 품질 이슈 분석 등)

### ② 리스크 특성과 유형별 복구 전략 차이

앞선 리스크 분석 결과를 전략에 반영해야 한다. 동일한 기능이라도 위협의 성격(자연재해, 기술 고장, 감리 승인 지연, 민원 등)에 따라 전략이 달 라 질 수 있다.

예를 들어 전력 장애로 인한 전산 시스템 마비는 기술 대체 장비 또는 클라우드 백업으로 전략화할 수 있지만, 감리단의 승인 지연은 절차 상 대체가 어렵고 외부 협의 구조를 우선 정비해야 한다. 따라서 전략은 기능만 기준으로 삼는 것이 아니라 예상되는 리스크 시나리오별로 별도로 구성되 어야 한다.

### ③ 실제 가용 자원(Resource Availability)

모든 전략은 실행 가능성을 기반으로 설계되어야 하며, 이를 위해 조직이 실제 위기 시점에 확보 가능한 자원을 객관적으로 판단해야 한다. 여기에는 다음이 포함된다:

- 인력 자원 : 핵심 기능을 수행할 인력이 평상시 배치되어 있는가?
- 정보 자원 : 관련 매뉴얼, 백업 데이터, 연락망 등의 정보가 준비되어 있는가?
- 물리적 자원 : 복구에 필요한 설비, 장비, 대체 자재, 임시 장소 등 확보 여부
- 재무 자원 : 위기 상황에서 전략 실행을 위한 최소한의 예산이 사전에 확보되어 있는가?

조직이 모든 자원을 복구 전용으로 보유하기는 어렵기 때문에, 전략 수립 시 자원 목록과 한계조건을 명확히 정의하고, 자원별 우선 할당 기준을 마련해두는 것이 필수적이다.

### ④ 외부 이해관계자의 조건과 협의 구조

연속성 전략은 내부 자원만으로 구현되지 않는다. 특히 건설업과 같이 감리단, 발주처, 협력사, 지역사회 등의 영향이 큰 조직에서는 외부 협의가 병행 되어야 한다. 예를 들어, 다음과 같은 요소가 전략 수립에 영향을 미친다:

- 발주처의 계약 조건(위기 시 공정 순연 허용 여부)
- 감리단의 승인 소요 시간
- 협력사의 대체 인력 가용성
- 지역사회 또는 지자체와의 공공협약 여부

따라서 전략 수립 시 사전 협약, 이해관계자 역할 명시, 커뮤니케이션 계획을 포함한 통합 전략으로 접근해야 한다.

### ⑤ 비용과 전략 간 효율성 비교

복수의 연속성 전략을 설계한 이후에는 전략 간의 실행 가능성, 비용, 복구 속도를 비교해야 한다. 이를 통해 실행 가능하면서도 예산 내에서 최대한의 효과를 낼 수 있는 전략을 선택할 수 있다.

표 3-6 두 가지 전략 비교 예시

| 항목 | 전략 A | 전략 B |
|---|---|---|
| 복구 시간 | 12시간 | 24시간 |
| 인력 소요 | 2명 | 1명 |
| 예산 소요 | 4백만 원 | 2백만 원 |
| 실행 조건 | 사전 계약 필요 | 내부 인력 운영 가능 |

전략 수립 시 이러한 비교분석을 통해, 가장 이상적인 전략이 아니라 현실적으로 실행 가능한 전략을 중심으로 우선 채택하는 접근이 바람직하다. 연속성 전략 수립은 단순히 기능별 복구 계획을 세우는 것을 넘어, 핵심 기능의 중요도, 위협의 유형, 자원 조건, 이해관계자 요구, 실행 비용 등 다양한 요소를 종합적으로 고려하여 전략적 균형을 이루는 설계 과정이다. 이러한 고려요소가 명확히 반영될 때, 전략은 실제 위기 상황에서 유의미하게 작동할 수 있다.

### 3) 전략 수립 방식

연속성 전략은 단일한 복구 방안만으로 수립되는 것이 아니라, 핵심 기능별로 다양한 대안들을 설계하고 그 중 가장 실현 가능하고 효과적인 전략을 선택하는 방식으로 접근해야 한다. 특히 위기 발생 시의 상황, 조직의 여건, 리스크 유형에 따라 복수의 전략을 사전에 준비하는 것이 조직 회복력 강화를 위한 핵심적인 전제다.

이 절에서는 연속성 전략을 수립하는 과정에서 실제로 적용할 수 있는 구체적인 방식과 절차를 단계적으로 제시한다.

#### ① 복수 전략 시나리오 도출

먼저, 핵심 기능별로 복수의 전략 시나리오를 작성한다. 예를 들어 '급여 지급' 기능에 대해 다음과 같은 전략 대안을 설계할 수 있다:

- 전략 A : 클라우드 기반 시스템 활용 (비용 중간, 복구 시간 짧음)
- 전략 B : 외부 급여 위탁 업체 활용 (복구 시간 길지만 인력 부담 적음)
- 전략 C : 수기 계산 및 수작업 지급 (임시 복구 대안)

이러한 전략은 RTO 기준을 충족하는지를 1차 검토한 뒤, 실행 조건에 따라 분류하여 평가 대상에 포함시킨다.

#### ② 전략별 평가 항목 설정

복수 전략이 도출되었으면, 이를 비교할 수 있는 기준을 설정한다. 일반적으로 다음 항

목이 활용된다:

- 복구 소요 시간
- 실행 조건(내부 실행 가능 여부, 외부 의존성 등)
- 비용(일회성 또는 반복 발생 여부 포함)
- 인력·자원 투입 수준
- 품질 또는 정확도에 대한 위험성
- 사전 준비 필요성

표 3-7 품질리스크를 고려한 전략 비교 예시표

| 항목 | 전략 A | 전략 B | 전략 C |
|---|---|---|---|
| 복구 시간 | 12시간 | 24시간 | 8시간 |
| 인력 소요 | 2명 | 1명 | 3명 |
| 예산 소요 | 400만 원 | 200만 원 | 100만 원 |
| 실행 조건 | VPN 필요 | 계약 필요 | 수작업 준비 |
| 품질 리스크 | 낮음 | 중간 | 높음 |

#### ③ 전략 우선순위 도출 및 선택

전략 비교표를 바탕으로 우선순위를 도출하는 방식은 다음과 같이 단계화할 수 있다:

- 필수 기준(RTO 충족 여부, 필수 자원 가용 여부 등)을 먼저 확인
- 실행 가능성과 비용 효율성을 기준으로 전략을 정량·정성 평가
- 조직의 정책 방향이나 발주처 요구 사항에 부합하는 전략을 최우선으로 고려

이와 같은 방식으로 기능별 전략을 1안, 2안, 3안 순으로 설정하고, 기본 전략 + 예비 전략의 형태로 이중화해두는 것이 바람직하다.

#### ④ 전략 간 상호 영향성 점검

전략 수립 시 반드시 확인해야 할 사항 중 하나는 기능 간 전략의 상호 충돌 또는 중복 여부다. 예를 들어, 동일한 인력이나 장비를 여러 기능 복구에 동시에 배정하는 전략은 실행 시 병목을 유발할 수 있다. 따라서 다음과 같은 항목들을 점검해야 한다:

- 동일 자원의 중복 배정 여부
- 일정상의 충돌 가능성 (동시 복구 불가)
- 전략 간 우선순위 정렬 기준 명확화
- 기능 간 의존도 기반 전략 연계성 점검

이러한 점검 결과는 이후 훈련 및 실행 단계에서 전략 간 충돌을 최소화하는 데 결정적인 기초자료가 된다.

#### ⑤ 전략 문서화 및 검토 체계 수립

전략 수립의 마지막 단계는 모든 내용을 정리하여 문서화하고, 정기 검토 및 개선 체계를 함께 마련하는 것이다. 이를 위해 다음과 같은 문서 구조 를 활용할 수 있다:

- 기능별 복구 전략서 (주 전략 + 대안 전략 포함)
- 전략 실행 체크리스트 및 자원 목록
- 복구 전략 간 비교표
- 전략 실행 시나리오 요약서

이 문서는 이후 3.2.5절에서 다룰 절차 정리 및 실행 체계 구축의 핵심 입력자료가 된다. 연속성 전략은 단일 정답이 아닌 복수의 대안 중 가장 효과적이고 실행 가능한 것을 선택하는 전략적 사고의 산물이다. 복수 전략 시나리오 도출 → 실행 조건별 비교 → 우선순위 설정 → 전략 간 연계 점검이라는 일련의 절차를 통해, 위기 대응력과 실행 효율성을 모두 확보할 수 있다.

### 4) 전략 유형별 일반적 분류

연속성 전략은 단일한 틀로 구성되는 것이 아니라, 조직의 상황과 핵심 기능의 특성에 따라 다양하게 설계될 수 있다. 일반적으로 복구 전략은 업무 유지 전략(Maintain Strategy), 업무 대체 전략(Alternative Strategy), 단계적 복구 전략(Phased Recovery Strategy)으로 구분된다. 이 절에서는 각각의 전략 유형에 대해 개념, 적용 시점, 특징, 건설업 적용 예시 중심으로 정리한다.

#### ① 업무 유지 전략 (Maintain Strategy)

이 전략은 위기 발생 상황에서도 업무를 중단하지 않고 기존 수준 또는 축소된 수준으로 지속 운영할 수 있도록 설계하는 전략이다. 핵심 기능의 연속성을 유지하기 위해 사전적인 이중화, 백업, 비상조직 운용 등을 포함한다.

- 주요 특징 :
  - 업무 중단 없이 최소한의 기능을 지속할 수 있음
  - 사전 투자비용이 크지만, 피해 회피율이 높음
  - 일반적으로 고위험·고중요도 기능에 적용

- 건설업 적용 예시 :
  - 주요 공정에 예비 인력 상시 배치
  - 전력 공급 이중화 또는 UPS 설치로 장비 중단 방지
  - 시스템 백업 서버 운영으로 발주처 데이터 손실 방지

**② 업무 대체 전략 (Alternative Strategy)**

업무 유지가 어렵거나 자원이 제한적인 경우, 기존 자원이나 방법 대신 대체 수단이나 임시조치를 활용하여 업무를 지속하는 전략이다. 즉, 복구가 완료될 때까지 우회경로(Bypass) 또는 임시 솔루션을 마련하는 방식이다.

- 주요 특징 :
  - 평상시 사용하지 않는 대체 자원 확보가 중요
  - 위기 상황 시 전환 절차가 명확해야 함
  - 일시적 업무 효율 저하 감수 필요
- 건설업 적용 예시 :
  - 타설 불가 시, 사전 계약된 외부 타설 업체로 전환
  - 감리단 출장 불가 시, 원격 승인 또는 임시 대기조치 활용
  - 현장 사무소 침수 시, 인근 사무소로 업무 이동

**③ 단계적 복구 전략 (Phased Recovery Strategy)**

일부 기능만 먼저 복구하고, 중요도 또는 시간순으로 나머지 기능을 순차적 으로 복구하는 전략이다. 자원이 제한되거나 동시 복구가 불가능할 경우 매 우 유효한 방식이다.

- 주요 특징 :
  - 복구 우선순위 기반 실행이 가능
  - 자원 분산 사용으로 효율성 확보
  - 일정 조정 능력이 핵심
- 건설업 적용 예시 :
  - 전면 공정 재개가 어려운 경우, 필수 인허가 관련 업무 우선 복구 후 비핵심 공정 순차 재개
  - 감리 승인 지연 시 승인 필수 구간만 우선 시공 진행, 나머지는 승인 이후 복구
  - 자재 수급 차질 시, 조달 가능한 공정부터 착공하고 병행 조정

**④ 기타 특수 전략 유형**

상기 세 가지 유형 외에도 조직의 상황에 따라 다음과 같은 특수 전략이 활용될 수 있다:

- 외부 위탁 전략 (Outsourcing Strategy) : 기능 자체를 외부 전문 업체에 맡겨 복구를 빠르게 하

는 방식 (예: 급여 시스템, 클라우드 서버)

- **하이브리드 전략** (Hybrid Strategy) : 유지, 대체, 단계적 전략을 복합적으로 적용하여 유연하게 대응하는 방식
- **모듈형 복구 전략** (Modular Strategy) : 공정·기능을 블록 단위로 분리하여 유사 시 순환 또는 교체하며 복구

연속성 전략은 '복구 계획'이 아니라, '기능 지속성 확보를 위한 실행 선택지'의 체계다. 유지·대체·단계 전략을 상황에 맞게 조합하고, 건설업의 유동성과 공정 연계성, 외부 의존도를 고려한 맞춤형 전략으로 전환할 때 BCP의 실행력이 실현된다.

### 5) 전략 실행 가능성 점검

복구 전략은 설계된 문서로서 그 자체로 완성되는 것이 아니라, 실제로 위기 상황에서 현장에서 작동 가능한지, 조직이 실행할 수 있는 역량을 갖추었는지를 점검해야 비로소 유효한 전략이 된다. 이 절에서는 수립된 전략이 실행 가능성을 갖추었는지 판단하기 위한 체크 항목과 점검 방식, 실행 전 검증 방법 등을 정리한다.

#### ① 전략 실행 조건 명확화

전략이 실현되기 위해서는 사전에 충족되어야 하는 조건들이 존재한다. 이를 전략 문서 내에 명시하고, 실행 가능성 점검 시 다음 항목을 기준으로 확인해 야 한다:

- 전략 실행에 필요한 자원(인력, 장비, 장소 등)이 사전에 확보되어 있는가?
- 대체 시스템 또는 대체 공급망이 실질적으로 전환 가능한 구조로 되어 있는 가?
- 전략 수행자에게 명확한 역할과 권한이 부여되어 있는가?
- 외부 이해관계자(감리단, 발주처, 협력사 등)의 협조가 사전에 확보되었는가?

이러한 조건이 충족되지 않은 상태에서 전략만 문서화된다면, 해당 전략은 실제 위기 상황에서 작동하지 않을 가능성이 높다.

#### ② 실행 주체와 책임 구조 점검

전략의 실행 주체가 명확하지 않으면, 위기 상황에서 의사결정 공백이 발생하거나 실행이 지연될 수 있다. 이를 방지하기 위해 다음 항목을 점검해야 한 다:

- 전략 실행을 총괄하는 담당자 또는 팀이 지정되어 있는가?
- 기능별로 복구 책임자(Primary), 보조자(Secondary)가 명확하게 구분되어 있는가?
- 비상 시 의사결정 권한 위임 기준이 정의되어 있는가?
- 보고 체계와 커뮤니케이션 수단이 설정되어 있는가?

표 3-8 전략 실행 책임 구조 체크리스트

| 항목 | 체크 여부 |
|---|---|
| 전략 총괄자 지정 여부 | ✔ |
| 기능별 복구 책임자 지정 | ✔ |
| 대체 담당자 지정 여부 | ✔ |
| 보고 라인 문서화 여부 | ✔ |

### ③ 전략 실행을 위한 자원 가용성 확인

실제 전략이 실행되기 위해서는 계획상으로만 존재하는 자원이 아니라, 위기 상황에서도 실제로 활용 가능한 자원이 확보되어야 한다. 다음 요소들을 기준으로 전략별 자원 가용성을 점검한다:

- 인력 : 비상 시 대응 가능한 인력이 상시 지정되어 있고 교육을 받았는가?
- 시스템 : 예비 장비, 백업 시스템이 운영 가능한 상태인가?
- 장소 : 대체 사무실, 임시 숙소 등 물리적 공간이 준비되어 있는가?
- 문서 : 실행 매뉴얼, 연락망, 체크리스트 등이 최신 상태인가?

점검 결과 자원이 미비하거나 상시 점검 체계가 없다면, 해당 전략은 위험한 '가상 전략'에 머무르게 된다.

### ④ 이해관계자와의 사전 조율 여부

복구 전략은 외부 이해관계자의 대응 속도나 협조 여부에 따라 성공 여부가 좌우되는 경우가 많다. 특히 건설업에서는 감리단의 승인, 발주처의 공정 재 조정 승인, 협력사의 인력 지원 여부 등 외부 요인이 핵심 변수다. 따라서 다음과 같은 내용을 사전에 점검해야 한다:

- 전략 실행 시 발주처·감리단의 승인 절차가 포함되어 있는가?
- 대체 협력사 또는 외주 자원이 계약상 유효한가?
- 지역사회 또는 인허가 기관과의 비상 연락체계가 확보되었는가?

### ⑤ 훈련 및 모의 실행 결과 반영 여부

실행 가능성 점검은 이론적 확인만으로는 부족하며, 실제로 전략을 실행해보는 모의훈련, 시뮬레이션, Table-top 테스트 등을 통해 전략의 작동성을 검증해야 한다. 점검 포인트는 다음과 같다:

- 전략 실행 훈련이 최근 1년 이내에 실시되었는가?

- 훈련 결과, 미흡한 부분에 대한 수정이 이루어졌는가?
- 전략 실행 중 의사결정, 커뮤니케이션, 절차 이행의 병목이 없었는가?
- 전략 실행 도중 외부기관과의 협력이 원활했는가?

전략 실행 시나리오 훈련 결과는 전략 보완, 교육 강화, 자원 재조정 등에 반영되어야 하며, 점검 후 전략 정비 기록(Log)이 남겨져야 한다. 전략 실행 가능성 점검은 단지 전략의 '체크박스 확인'이 아니라, 위기 상황에서도 해당 전략이 실질적으로 작동할 수 있도록 조직의 역량, 자원, 권한, 협업 구조를 사전에 정비하는 핵심 단계다. 점검이 제대로 이루어지지 않은 전략은 위기 시 신뢰받을 수 없으며, 정기 점검과 훈련을 통해 전략의 현실성과 적시성을 지속적으로 유지해야 한다.

## 2.5 훈련 및 점검 - 5단계

### 1) 훈련의 목적과 유형

BCP는 수립 자체로 완성되는 것이 아니라, 실제 위기 상황에서도 조직이 준비한 전략과 절차를 정확하고 신속하게 실행할 수 있도록 훈련을 통해 내재화되어야 한다. 훈련은 문서에 담긴 전략이 실행 가능한지 검증하고, 담당자들이 자신의 역할을 숙지하며 위기 대응력을 강화하는 핵심 활동이다. 특히 건설업과 같이 인력과 공정이 유기적으로 맞물려 돌아가는 산업에서는 단 한 번의 실패도 중대한 손실로 이어질 수 있기 때문에, 정기적이고 반복적인 훈련 체계가 필수다.

#### ① BCP 훈련의 목적

BCP 훈련은 단순한 재난 대피 훈련과는 다르며, 다음과 같은 목적을 지닌다:

- 문서화된 복구 전략과 실행 절차의 실효성 검증
- 기능별 역할 분장과 보고 체계의 숙련도 향상
- 위기 상황에서의 의사결정 역량 및 협업 능력 강화
- 실제 자원(인력, 장비, 시스템)의 가용성과 병목 요소 확인
- 훈련 결과를 통해 전략·문서·교육체계 개선

즉, 훈련은 단순한 숙달 훈련이 아니라, 검증과 개선을 병행하는 전략 운영 도구다.

#### ② 훈련의 주요 유형과 특징

BCP 훈련은 조직의 목표, 자원, 경험 수준에 따라 다양한 방식으로 시행될 수 있으며, 대표적인 유형은 다음과 같다:

(1) Table-top 훈련 (T/T 훈련)

- 정의 : 위기 상황을 가정하고 책상 위에서 시나리오를 검토하며 토론을 통해 대응 방안을 모의 적용하는 방식
- 특징 : 저비용, 교육적 효과, 문서 검토에 적합
- 장점 : 역할 숙지, 사고 프로세스 점검에 유리
- 단점 : 실제 행동 훈련이 아닌 점에서 실행성 검증은 어려움

(2) 기능별 시나리오 훈련

- 정의 : 특정 핵심 기능에 대해 부분적으로 시뮬레이션을 실시하여, 담당자가 실제 절차를 수행해보는 실습 중심 훈련
- 예시 : 급여시스템 마비 시 수기 처리 복구 절차, 협력사 이탈 시 대체계약 실행 절차 훈련
- 장점 : 실질적인 실행력 향상, 현장 이해도 강화
- 단점 : 전사적 대응 연계는 확인 어려움

(3) 전면 실동훈련 (Full-scale Exercise)

- 정의 : 실제 재난 시나리오에 따라 전 부서·협력사 참여하에 복구 절차 전체를 모의 실 행하는 방식
- 예시 : 전산망 중단 상황 발생 → 전체 기능 복구 흐름 점검
- 장점 : 실제 상황에 가장 근접, 종합적 대응 역량 검증 가능
- 단점 : 고비용, 사전 준비 필요, 실행 리스크 존재

### ③ 훈련 기획의 원칙과 단계

효과적인 훈련은 단순 반복이 아닌 목표 설정 → 시나리오 설계 → 실행 → 평가 → 피드백의 구조적 접근이 필요하다.

**- 훈련 기획 5단계 :**

(1) 목표 설정 : 이번 훈련에서 점검할 기능, 절차, 역할 등 설정
(2) 시나리오 설계 : 실현 가능한 재난/리스크 상황을 설정하여 흐름화
(3) 역할 부여 및 자료 준비 : 문서, 체크리스트, 점검표 등 사전 공유
(4) 훈련 실행 : 계획된 흐름에 따라 현장에서 실제 또는 가상 실행
(5) 결과 평가 및 기록 : 문제점 분석, 문서 개선 필요사항 도출

훈련 기획 단계부터 실행까지의 문서와 책임자를 명확히 정의함으로써, 훈련의 질이 향상된다.

#### ④ 건설업 훈련의 특수 고려사항

건설업에서는 훈련 시 다음과 같은 산업 특성이 반드시 고려되어야 한다:

- 프로젝트별 인력 및 공정이 다름 → 동일한 시나리오를 모든 현장에 일률 적 용 불가
- 협력사 의존도 높음 → 외주업체 참여 유도가 필수
- 감리단 및 발주처 승인 절차 병행 필요 → 훈련 중에도 보고 및 사전 승인 체계 반영
- 현장 이동 및 야외 근무 환경 → 훈련 진행 방식의 유연성 확보 필요

예를 들어, '공정 지연 시 감리단 보고 및 승인 훈련'과 같은 BCP 특화 훈련을 설계해야 하며, 훈련 후 즉시 피드백 회의 실시를 통해 개선 조치가 가능해야 한다.

BCP 훈련은 전략을 실행 가능한 상태로 만드는 핵심 경로이자, 조직의 회복탄력성을 점검하는 실험실이다. 단순 교육이 아닌 실전 모의 대응 과정으로 설계하고, 다양한 훈련 유형을 전략적으로 병행함으로써 조직 전반의 위기 대응력을 체계적으로 향상시킬 수 있다.

### 2) 점검 항목과 방식

BCP 훈련의 핵심 목적 중 하나는 단지 절차를 반복하는 것이 아니라, 실제 복구 전략과 문서가 얼마나 실효성 있게 작동하는지 평가하고 점검하는 데 있다. 점검은 단순히 '훈련을 했는가'를 체크하는 것이 아니라, '훈련이 전략 실행 능력을 강화했는가'를 측정하는 작업이며, 실행 실패 가능성을 사전에 차단하고 조직의 복원력 수준을 높이는 데 필수적이다.

#### ① 점검의 핵심 목적

BCP 점검은 다음과 같은 질문에 대한 답을 찾는 과정이다:

- 복구 전략이 실제 위기 상황에서 실행 가능한가?
- 각 기능 담당자와 조직 구성원은 자신의 역할을 숙지하고 있는가?
- 문서, 자원, 시스템 등 실행 기반 요소가 준비되어 있는가?
- 예상치 못한 문제에 대한 의사결정 체계가 작동하는가?
- 훈련 결과가 전략과 문서 개선으로 이어지고 있는가?

이러한 점검은 단지 체크리스트 확인이 아닌 전략·문서·인력·자원 전반의 유기적 작동 여부에 대한 통합 평가다.

#### ② 기능별 점검 항목 설정

점검은 모든 기능에 대해 동일한 항목으로 진행할 수 없으므로, 핵심 기능별로 구체적인 점검 항목을 설정해야 한다. 다음은 대표적인 점검 항목 예시다:

표 3-9 훈련 점검 항목

| 점검 영역 | 세부 항목 예시 |
|---|---|
| 전략 실행성 | 전략 실행 기준(RTO) 충족 여부, 실행 조건 만족도 |
| 절차 숙지도 | 담당자들의 역할 분장 인지 여부, 흐름도 이해도 |
| 문서 사용성 | 실행 문서 최신성, 문서 접근성, 현장 보관 여부 |
| 자원 준비도 | 인력, 장비, 장소, 연락망 등 가용 여부 및 상태 |
| 의사소통 체계 | 보고 체계 작동 여부, 연락 오류 여부 |
| 외부 협력 체계 | 감리단·발주처 응답성, 협력사 협조 실현 여부 |

각 항목은 '이행 완료', '부분 이행', '미이행' 등으로 평가하거나, 5점 척도 기반 점수화를 통해 종합 평가가 가능하다.

### ③ 점검 방법 및 절차

점검은 정형화된 방법과 절차에 따라 진행되어야 하며, 다음과 같은 방식을 병행할 수 있다:

- 현장 점검 체크리스트 작성 : 훈련 실행 중 담당자가 항목별로 직접 체크하며 기록
- 훈련 관찰자 배치 : BCP 위원회 또는 외부 전문가가 훈련 현장을 직접 관찰하고 행동 기록
- 훈련 종료 후 설문 및 인터뷰 : 참여자의 인식도, 문제점, 개선 제안 수집
- 결과 요약 보고서 작성 : 훈련 목적, 실시 내용, 점검 결과, 개선 계획 등 포함한 종합 문서

표 3-10 예시-점검 방식 매핑표

| 점검 방법 | 적용 시점 | 대상 | 활용 목적 |
|---|---|---|---|
| 체크리스트 | 훈련 중 | 실무자 | 실행 단계별 점검 |
| 관찰 보고 | 훈련 중 | 평가자 | 비정상 반응 또는 누락 확인 |
| 인터뷰/설문 | 훈련 직후 | 전체 참여자 | 인식도 및 개선 요구 파악 |
| 분석 보고서 | 훈련 후 | 경영진/감리단 | 전략 조정 및 감사 자료 활용 |

### ④ 건설업 적용 시 점검 고려사항

건설업에서는 다음과 같은 산업 특성에 맞춘 점검이 필요하다:

- 공정과 연계된 기능 평가 : 예: 자재 납기 지연 시 공정 재배치 가능 여부
- 협력사 및 외부기관 대응 점검 : 감리단 승인 시 지연 발생 여부, 대응 대체 방안 존재 여부

- 현장 위치 특성 반영 : 예: 침수 현장에 대한 접근시간, 대체 사무실 이동시간 포함 여부
- 자원 제약 및 우선순위 점검 : 복수 기능 동시 복구 시 병목 요소 발생 여부 확인

이러한 건설업 특화 점검항목은 기능별로 사전에 정리된 점검 시트에 반영되어야 하며, 훈련 전부터 점검기준을 교육하고 기준 문서로 배포하는 것이 중요하다.

BCP 점검은 '훈련 결과를 평가하는 절차'이자, '조직의 복구 전략을 실현 가능하게 만드는 검증 도구'이다. 정교한 점검 항목 설정, 표준화된 절차 운영, 건설업 특성에 맞춘 맞춤형 점검 방식 도입을 통해 실효성 높은 훈련 평가가 가능해진다.

### 3) 개선과 피드백 시스템 구축

BCP 훈련과 점검은 일회성 활동이 아닌 지속적 개선과 전략 고도화를 위한 순환적 관리 과정이어야 한다. 실제로 복구 전략이 정교하더라도 실행 결과에 대한 체계적인 피드백과 개선이 이루어지지 않으면, 조직의 회복 탄력성은 정체되거나 약화될 수 있다. 이 절에서는 훈련 결과를 어떻게 수집하고 분석하며, 이를 통해 BCP 문서, 전략, 교육에 어떤 방식으로 반영할 수 있는지에 대한 구조적 방식을 설명한다.

#### ① 피드백 수집 경로의 다층화

실효성 있는 개선은 다양한 주체로부터 피드백을 수집하는 것에서 출발한다. 이를 위해 다음과 같은 다층 피드백 구조를 설정한다:

- 실무자 피드백 : 현장에서 훈련을 직접 수행한 인력의 경험과 의견
- 관찰자 평가 : 훈련을 외부에서 모니터링한 평가자의 객관적 관찰 결과
- 관리자 검토 : 부서장 또는 프로젝트 총괄의 운영 판단 및 실행 전략 검토 의견
- 협력사·감리단 의견 : 외부 이해관계자의 시각에서 본 절차 적정성과 실행성

각 피드백은 수기로 취합하기보다, 표준화된 양식 또는 온라인 시스템을 활용하여 정리함으로써 분석 효율성과 비교 가능성을 높일 수 있다.

#### ② 분석 및 개선 프로세스 설정

수집된 피드백을 단순 의견 차원에서 끝내지 않고, 다음과 같은 구조적 분석 및 개선 절차를 정례화한다:

- BCP 피드백 반영 흐름도
  [피드백 수집] → [항목별 분류] → [우선순위 선정] → [개선안 도출] → [문서/전략/교육 반영] → [차기 훈련 적용]
- 항목별 분류 : 피드백을 전략 실행, 자원 확보, 문서 내용, 역할 분장, 외부 커뮤니케이션 등 카테고리별로 분류
- 우선순위 선정 : 영향도와 실행 가능성을 기준으로 단기·중기·장기 개선 항목으로 구분

- **개선안 도출** : 각 항목에 대해 현실적인 대안 마련 및 실행 담당자 지정
- **문서 반영** : 체크리스트, 절차서, 연락망 등의 문서 업데이트
- **교육 반영** : 변경된 사항 중심으로 담당자 재교육 실시

이러한 개선 프로세스는 '회고(Retrospective)' 개념을 기반으로 주기적 시행이 바람직하다.

**③ 지속적 개선 체계의 제도화**

BCP는 지속가능한 조직 운영을 위한 전략인 만큼, 개선 활동 또한 체계화되어야 한다. 이를 위해 다음과 같은 제도화 방식을 고려할 수 있다:

- **BCP 운영위원회 또는 TF 정기 회의 운영** : 훈련 결과 및 피드백 사항을 정기적으로 논의하여 개선안을 확정
- **정기 BCP 리포트 발간** : 반기 또는 분기별로 훈련 및 개선 내역, 전략 변경 사항 등을 문서화하여 전사 공유
- **성과 지표화** : BCP 실행력 향상을 위한 KPI(예: 복구 시간 단축률, 훈련 이행 률, 피드백 반영율 등) 설정
- **외부 감사 또는 모의 점검 주기 설정** : 연 1회 이상 외부 감사 대응용 BCP 모의점검 시행

이와 같은 체계는 경영진의 지원 하에 운영되어야 하며, BCP를 단기적 프로젝트가 아닌 '조직 운영의 체계'로 정착시키는 데 기여할 수 있다.

**④ 건설업 적용 시 개선 포인트 특성화**

건설업의 복구 전략 개선은 다음과 같은 분야에 특히 집중되어야 한다:

- **공정 연계 전략 수정** : 실제 훈련 결과 특정 공정에서 병목이 발생했다면, 관련 전략과 자원 배분 재조정 필요
- **협력사 계약 조건 개선** : 비상 시 대응이 미흡한 협력사의 경우 계약 조건에 BCP 조항 강화 필요
- **감리단 승인 프로세스 단축 방안** : 승인 병목 지점 개선을 위해 사전 협의, 권한 위임 등의 전략 적용 검토
- **현장 간 공유 플랫폼 구축** : 개선 사례를 다른 현장과 공유할 수 있는 내부 포털 또는 매뉴얼 아카이브 마련

이러한 내용은 '훈련 → 분석 → 개선 → 전파 → 반복'의 사이클로 운영되어야 하며, 지속 개선이 정착될 때 BCP의 실행 가능성과 조직 회복력이 향상된다

훈련은 끝이 아니라 시작이다. BCP는 훈련 결과를 분석하고, 전략과 문서를 개선하며, 전 조직에 피드백을 확산하는 구조적 시스템이 마련되어야 비로소 '살아 있는 전략'이 된다. 개선을 반복하는 조직만이 진정한 회복 탄력성을 확보할 수 있다.

## 2.6 검토와 개선 - 6단계

### 1) 문서화의 목적과 기본 구성

연속성 전략이 효과적으로 작동하기 위해서는 그것이 조직 내에서 공유되고, 실행 가능하며, 지속적으로 관리될 수 있는 형태로 정리되어야 한다. 이를 위한 핵심 작업이 바로 **문서화(documentation)**이다. 문서화는 단순한 기록이 아니라, BCP의 실행력과 내재화를 위해 반드시 필요한 실천적 단계이며, 복구 절차의 명확화와 실무자 간 커뮤니케이션의 기준점이 된다.

BCP 문서는 위기 상황에서 구성원 누구나 이해하고 따라야 하는 행동 지침이기 때문에, 명확성, 체계성, 접근성, 최신성이라는 네 가지 원칙을 만족해야 한다. 특히 건설업과 같이 공정이 유동적이고 인력과 자원이 외부 협력 구조로 구성되어 있는 산업에서는, 문서화를 통해 실행 주체별 복구 전략을 시각화하고 명확히 구분하는 것이 매우 중요하다.

#### ① 문서화의 목적

BCP 문서화의 주요 목적은 다음과 같다:

- **복구 실행 기준의 명확화** : 위기 발생 시 각 기능별 복구 방법과 우선순위, 실행 조건을 누구나 확인할 수 있어야 한다.
- **역할과 책임의 분장** : 내부 조직뿐만 아니라 협력사, 감리단, 발주처 등 외부 이해관계자의 참여 역할까지 명확히 구분한다.
- **교육 및 훈련 자료화** : 복구 전략을 반복 훈련할 수 있도록 표준화된 문서로 구성하고, 실제 시나리오와 연계되도록 한다.
- **BCP 관리 및 감사 대응** : 외부 감사, 인증, 발주처 점검 시 체계적인 대응을 위한 기반 자료로 활용된다.

이러한 목적에 부합하기 위해 문서화는 단순 설명을 넘어서 절차 중심, 실행 중심, 책임 중심의 구조로 구성되어야 한다.

#### ② 문서의 기본 구성 요소

BCP 문서는 단일 문서가 아닌, 다음과 같은 세부 구성요소로 나누어 체계화된다:

(1) 기능별 복구 전략 요약서

- 핵심 기능명, 담당부서, RTO, 우선순위 등 복구 전략의 핵심정보를 압축 요약
- 전략유형(유지, 대체, 단계적 복구) 및 주요 실행 조건 포함

#### (2) 복구 실행 절차서

- 발생 인지 → 보고 → 전략 실행 → 복구 완료까지 단계별 흐름 정리
- 각 단계별 책임자, 예상 시간, 참고 문서 링크 등 포함

#### (3) 역할 및 책임 매뉴얼

- 전략 총괄자, 기능 담당자, 외주 협력사의 복구 역할 분장
- 비상 시 대체 책임자, 보고 라인, 의사결정 권한 명시

#### (4) 자원 목록 및 확보계획

- 복구에 필요한 자재, 장비, 시스템, 장소, 인력, 예산 등 정리
- 사전 확보 방법 및 사용 우선순위 포함

#### (5) 비상 연락망 및 의사소통 체계도

- 사내 연락망(이메일, 휴대전화, 메신저 등) + 외부 기관 연락망(감리단, 협력사, 행정기관)
- 보고 우선순위 및 연락 체계 시각화

#### (6) 운영 체크리스트 및 보고 양식

- 전략 실행 시 사용하는 확인 목록, 이행 점검표, 일지 기록 양식 등
- 훈련 시나리오 연계 활용 가능

### ③ 문서 유형별 분류 및 특성

BCP 문서는 보통 다음과 같이 유형을 나눠 관리한다:

표 3-11 BCP 문서 유형

| 문서 유형 | 용도 및 특성 | 배포 범위 |
|---|---|---|
| 전략 개요서 | 전체 전략 요약, 경영진 및 외부 공유용 | 전사 공유 + 외부(필요 시) |
| 기능별 전략서 | 각 기능별 복구 방안 상세 | 실무자, 팀장 중심 |
| 실행 매뉴얼 | 절차 중심, 복구 흐름도 포함 | 실무자 우선 공유 |
| 자원 목록 | 담당 부서, 조달 경로 포함 | BCP 운영조직 중심 |
| 훈련 시트 | 복구 시나리오 기반 점검용 | 훈련 대상자 전체 |

문서별로 적용 대상이 다르므로, 대상별·목적별로 문서를 차별화하여 운영하는 것이 효과적이다.

### ④ 건설업 특성 반영 필요성

건설업은 다음과 같은 구조적 특성 때문에 문서화 시 유의사항이 존재한다:

- 프로젝트마다 현장이 달라 동일 전략을 적용할 수 없음
- 외주 인력의 비율이 높아 문서 접근 및 이해도 차이가 큼
- 감리·발주처 승인 절차가 포함되어야 하며, 문서 공유 범위가 넓음

따라서 기능별 문서뿐만 아니라, 현장별 문서(현장 맞춤 문서), 감리·발주처 제출용 문서(전략 개요 중심) 등을 별도 설계해야 하며, 접근 권한도 차등 설정하는 것이 중요하다.

연속성 전략을 수립하는 것만으로는 복구가 이루어지지 않는다. 전략이 실행되려면 그것이 조직 내 구성원들에게 이해되고 전달되어야 하며, 이를 가능하게 만드는 핵심 수단이 바로 체계적이고 실행 중심의 문서화 작업이다. 문서는 실행력의 도구이며, 훈련과 평가, 개선의 기준점이 된다.

## 2) 실행 절차 정리와 흐름도 구성

문서화의 목적이 복구 전략을 실행 가능한 형태로 구체화하는 데 있다면, 그 핵심은 바로 복구 실행 절차를 명확히 구조화하고 흐름으로 표현하는 것이다. 복구 절차가 글로만 작성되어 있거나, 담당자별 역할이 명확히 연결되지 않으면 실제 위기 상황에서 문서는 참고자료 이상의 역할을 하지 못한다. 따라서 이 절에서는 BCP 전략을 '행동 흐름'으로 구체화하는 방법과 그 실무적 표현 방식에 대해 다룬다.

### ① 절차 정리의 기본 원칙

복구 실행 절차는 다음 세 가지 원칙에 따라 구성해야 한다:

- **단계별 구분** : 상황 발생 → 인지 → 보고 → 대응 개시 → 복구 → 완료 → 평가 순으로 논리적 순서를 따라야 한다.
- **책임 명시** : 각 단계별 실행 주체, 협조자, 보고 대상이 명확해야 한다.
- **시각적 흐름 표현** : 글보다 시각 자료(흐름도, 도식, 인포그래픽)를 통해 누구나 직관적으로 이해할 수 있도록 구성한다.

이 원칙은 모든 기능에 동일하게 적용할 수 있으며, 위기 상황에서도 빠른 판단과 행동 유도를 가능하게 한다.

### ② 실행 절차 흐름도 구성 방식

실행 흐름도는 일반적으로 다음과 같은 방식으로 구성된다:

- 복구 실행 절차 흐름 예시

[상황 발생] → [비상연락망 가동] → [현장 판단] → [복구 전략 실행 결정]
↓
[기능별 복구팀 소집] → [대체자원 가동] → [복구 단계별 이행] → [정상화 확인]
↓
[복구 완료 보고] → [사후 점검 및 기록] → [개선안 반영]

각 단계는 다음 요소를 포함하여 문서화되어야 한다:

- 행동 지시 : 무엇을 해야 하는가?
- 책임자 : 누가 해야 하는가?
- 시간 기준 : 언제까지 완료해야 하는가?
- 참고 자료 : 어떤 문서, 시스템, 연락망을 사용해야 하는가?

### ③ 복구 단계별 체크리스트 개발

흐름도와 함께 가장 실무적 효용이 큰 방식은 단계별 복구 체크리스트다. 각 기능 또는 전략별로 복구 절차를 점검 가능하게 항목화하면, 훈련, 실행, 감사 시 모두 활용할 수 있다.

표 3-12 기능별 복구 체크리스트 예시

| 항목 | 내용 | 담당자 | 상태 |
|---|---|---|---|
| 시스템 중단 인지 | 전산 장애 감지 여부 확인 | IT팀 | ☐ 완료 |
| 백업 전환 조치 | 자동 백업 전환 확인 | IT팀 | ☐ 완료 |
| 비상 연락 발송 | 관련 부서 및 협력사 통보 | BCP조정관 | ☐ 완료 |
| 복구 개시 명령 | 팀장 승인 후 시작 | 총괄책임자 | ☐ 완료 |
| 자원 확보 확인 | 대체 장비·인력 가용 확인 | 각 기능 책임자 | ☐ 완료 |
| 정상화 확인 | 사용자 테스트 완료 | 사용자 대표 | ☐ 완료 |

이 체크리스트는 위기 상황뿐 아니라 Table-top 훈련, 시뮬레이션 훈련, 평가 기준표로도 그대로 전환할 수 있다.

### ④ 복구 절차서의 구성 항목

기능별 복구 절차서는 다음 항목을 포함하여 정리한다:

- 기능명, 담당부서, 우선순위, RTO
- 위기 유형별 복구 전략 요약
- 전략 실행 조건 및 사전 준비물
- 실행 흐름도 및 시간별 조치 계획
- 단계별 복구 체크리스트
- 담당자 연락처 및 참조 문서 링크

이 절차서는 기능별 전략 문서의 핵심 파트로서, 한눈에 복구 전 과정을 파악할 수 있는 실무 중심의 구조로 작성되어야 한다.

#### ⑤ 건설업 현장 적용 시 주의사항

건설업에서는 다음과 같은 요인들을 반영한 복구 절차 흐름이 설계되어야 한다:

- **감리단·발주처의 승인 단계 포함** : 예를 들어 전략 실행 전 '승인 필요 절차' 명시
- **외주 협력사와의 동시 실행 구조 반영** : 복구를 담당하는 외부 조직의 역할과 연락 루트 포함
- **현장 이동, 장비 이송 시간 고려** : 실행 시간 기준을 단순 분 단위가 아닌 '현장 이동 포함 시간'으로 설정

따라서 건설업에서의 절차 정리는 계획 중심보다는 실행 중심, 현장 중심이어야 하며, 복구 절차 문서는 현장소장 및 공무담당자 수준에서 이해 가능하도록 단순·명료하게 작성되어야 한다.

복구 전략이 성공적으로 실행되기 위해서는 그것이 실제로 '누가', '언제', '어떻게' 수행할지를 절차화하여 흐름으로 구성해야 한다. 복구 절차 흐름도와 체크리스트는 단순 문서화를 넘어, 복구의 성공률을 결정짓는 실질적 실행 가이드가 되어야 한다.

### 3) 표준화와 현장 유연성의 조화

BCP 문서화에서 중요한 원칙 중 하나는 ****표준화**(Standardization)**와 ****현장 유연성**(Flexibility)**의 균형을 어떻게 설정하느냐이다. 표준화는 일관된 품질과 절차의 반복 실행을 가능케 하지만, 모든 현장이 동일한 조건을 갖고 있는 것은 아니기 때문에 현장별 특성을 반영한 유연한 대응도 반드시 병행되어야 한다. 특히 건설업처럼 프로젝트 기반, 외주 중심, 현장 편차가 큰 산업에서는 이 두 가지가 충돌하지 않고 상호보완적으로 작동해야 한다.

#### ① 표준화의 필요성과 장점

표준화된 문서는 다음과 같은 이유로 필요하다:

- 조직 전체의 BCP 체계 운영 수준을 일정 기준 이상으로 유지
- 실무자 간 문서 형식 통일로 인한 이해도 및 협업 효율 향상
- 복수 현장·팀·프로젝트 간 비교와 평가가 가능함

- 발주처, 감리단, 외부 감사기관의 요구에 대응 가능한 공식적 문서 양식 제공

예를 들어, 모든 현장은 기능별 전략서를 다음과 같은 구성으로 통일할 수 있다:

기능명 / 담당조직 / RTO / 전략 요약 / 실행 조건 / 흐름도 / 책임자 목록 / 훈련 이력

이러한 표준양식을 통해 각 기능별 문서의 형식이 일정해지면, 상급부서나 BCP 총괄조직이 관리·검토·교육 시 효율적으로 대응할 수 있다.

**② 현장 유연성의 확보 필요성**

그러나 건설업의 복구 전략 문서는 현장 여건에 따라 반드시 조정이 필요하다. 주요 고려사항은 다음과 같다:

- 공사 위치, 규모, 공정 종류, 계절 등의 물리적 조건
- 협력사 구성 및 외주 비율
- 발주처 요구사항 및 승인 절차의 차이
- 공공사업 여부, 안전관리 수준, 감리 개입 범위

예를 들어, 동일한 '비상 복구 절차서'라도 도심 현장과 해안매립 현장에서는 다음과 같은 차이가 존재한다:

표 3-13 비상복구절차서 비교

| 항목 | 도심지 현장 | 해안매립지 현장 |
|---|---|---|
| 접근시간 | 10분 내 | 30분 이상 필요 |
| 전력공급 대체방안 | 인근 건물 전력 공유 가능 | 발전기 비상 설치 필수 |
| 감리 승인 절차 | 온라인 승인 가능 | 현장 직접 입회 필요 |

따라서 이러한 차이는 본사 기준으로 만들어진 표준 문서를 그대로 적용하기보다는, 현장 보완지침 또는 현장 적용본 형태로 별도 작성해야 한다.

**③ 표준과 유연성의 연계 구조 제안**

이를 위해 조직은 다음과 같은 2단계 구조로 문서화 체계를 정립할 수 있다:

- 표준 본사 양식 (Master Template) : 기능별 전략, 절차서, 책임자 구성 등 기본 구조 제공
- 현장 맞춤 적용본 (Local Adaptation Sheet) : 표준 양식을 기반으로 현장이 정한 자원, 시간, 연락망, 보완 전략 등 기입

표 3-14 표준양식과 현장적용내용

| 항목 | 표준양식 내용 | 현장 적용 내용 |
| --- | --- | --- |
| 복구 시간 | 24시간 내 복구 | 현장 조건상 48시간으로 조정 |
| 비상 연락망 | 총괄: OOO, 연락처 010-1234 | 총괄 변경: 박소장, 연락처 010-5678 |
| 대체 자원 | 본사 장비 공유 | 현장 보유 장비로 대체 예정 |

이 구조는 표준화된 문서의 통제력을 유지하면서도, 현장 실정에 맞게 전략을 '살아 있는 문서'로 전환하는 데 효과적이다.

#### ④ 유연성을 허용하는 범위 설정

문서화에서 유연성을 허용하는 것은 필수지만, 모든 항목에 대해 무제한 변경을 허용하면 표준의 의미가 퇴색된다. 따라서 다음과 같은 분류 기준을 두는 것이 바람직하다:

- 변경 불가 항목 (필수 준수) : RTO 기준, 복구 순서, 문서 형식 등
- 조건부 조정 가능 항목 : 자원 목록, 책임자 배정, 전략 유형
- 현장 자율 항목 : 체크리스트 항목 순서, 훈련 주기, 문서 디자인 등

이 기준을 문서 하단에 명시하면, 향후 문서 검토 및 외부 감리 대응 시 기준 역할을 하게 된다.

문서화는 단순한 기록이 아니라 전략 실행의 기반이며, 표준화와 유연성은 그 실행력을 뒷받침하는 두 축이다. 본사 주도의 통일된 틀과 현장 자율의 조화를 통해 BCP 문서는 '관리되는 문서'에서 '작동하는 전략'으로 진화할 수 있다.

### 4) 문서 관리체계와 교육 연계

BCP 문서는 전략 수립 이후에도 지속적으로 관리·갱신되며, 실무자 교육과 훈련에 직접 연계되어야 한다. 문서가 존재하지만 오래되었거나 실제 실행자에게 전달되지 않는다면, 위기 발생 시 혼란만 가중될 뿐이다. 이 절에서는 BCP 문서의 생애주기 관점에서 체계적인 문서 관리방식과 교육·훈련 연계 전략을 설명한다.

#### ① 문서 관리체계의 구축

효율적인 문서 관리를 위해서는 문서의 생성, 배포, 보관, 갱신, 파기까지 전체 사이클에 대한 기준이 필요하다. 주요 관리항목은 다음과 같다:

- 버전관리(Version Control) : 문서마다 고유한 번호, 작성일, 작성자, 검토자, 최종 승인자 등을 명기하고, 변경 이력을 기록한다.
- 갱신주기 설정 : 문서 유형에 따라 정기 갱신 주기를 지정한다. 예: 전략서 1 년, 체크리

스트 6개월, 연락망 분기마다 점검.

- 접근 권한 통제 : 전략 문서는 역할별로 접근 권한을 설정한다. 실무자는 해당 기능만, 관리자는 전체 문서 열람 가능.
- 보관 방식 : 최신 문서는 클라우드 시스템 또는 사내 포털에 업로드하고, 백업본은 오프라인으로 보관한다.
- 문서 파기 기준 : 프로젝트 종료 시 불필요한 현장 맞춤 문서는 폐기하고, 핵심 전략은 본사에 통합 보관.

표 3-15 예시: 문서 갱신 기준표

| 문서 유형 | 갱신 주기 | 책임 부서 | 검토 방식 |
|---|---|---|---|
| 기능별 전략서 | 연 1회 | 전략 담당 부서 | 자체 리뷰 + 외부 감사 시점 전 검토 |
| 실행 체크리스트 | 반기 1회 | 실무부서 | 실무자 회의 반영 |
| 연락망 및 자원 목록 | 분기 1회 | 안전/공무팀 | 비상연락망 테스트 후 업데이트 |

### ② 문서 공유 및 활용 체계

문서는 작성 그 자체보다 실무자에게 전달되고 활용되어야 의미가 있다. 다음과 같은 공유 전략이 필요하다:

- 사내 포털 또는 전자 결재 시스템 활용 : 문서 링크로 접근 가능하게 하여 담당자가 최신 문서 확인 가능
- BCP 전용 디지털 저장소 운영 : 각 현장, 기능, 문서 유형별로 폴더화하여 체계적 정리
- 문서 변경 시 알림 기능 활용 : 주요 변경 시 해당 부서에 자동 알림 전송
- 모바일 접근 지원 : 현장 근무자가 긴급 시 모바일로도 문서 확인 가능하도록 설계

이러한 방식은 특히 건설현장처럼 이동성이 큰 조직에 효과적이며, 정보 접근성을 높이는 데 기여한다.

### ③ 문서 기반 교육 및 훈련 연계 전략

문서는 교육의 기반이 되며, 교육은 문서가 실제로 작동하게 만드는 훈련의 출발점이다. 다음은 문서와 교육 간 연계 예시다:

- 기능별 복구 절차서 → 부서별 정기 교육 교안으로 활용
- 복구 체크리스트 → 현장 Table-top 모의훈련 항목으로 전환
- 전략 흐름도 → 대응 시나리오 훈련 자료로 시각화
- 비상 연락망 → 연간 연락 테스트의 기준 자료로 사용

또한 교육 주기와 문서 갱신 주기는 연동되어야 한다. 예를 들어 복구 절차가 변경되었을 경우, 그 즉시 해당 기능 담당자 교육이 이루어져야 한다.

@ 문서 기반 교육 연계 흐름
[전략 문서 수립] → [교육 교안 제작] → [정기 교육 시행] → [교육 결과 피드백 수렴] → [문서 개선]

**④ 문서 개선과 실효성 평가 피드백 체계**

문서는 반복적으로 개선되어야 하며, 그 기준은 훈련과 실전 대응의 결과에서 도출된다. 이를 위해 다음과 같은 피드백 구조를 갖추는 것이 바람직하다:

- 훈련 결과 평가표 내 문서 항목 포함 (예: 문서 위치 인지율, 실행 이해도)
- 사후 평가 회의에서 실무자 의견 수렴 (예: 매뉴얼 설명 부족, 절차 누락 등)
- 이슈 발생 시 즉시 수정 절차 수립 (예: 1건 이상의 지연 발생 시 1주 내 수 정)
- 정기적으로 문서 사용성 테스트 실시 (예: 10명 중 8명 이상이 5분 내에 실 행 전략 파악 가능해야 함)

이러한 체계를 운영하면 문서는 시간이 지나도 '관리되는 문서'가 아닌 '살아 있는 문서'로 조직 내에서 자리잡을 수 있다.

복구 전략 문서는 수립 이후에도 반복적으로 관리되고, 실무자 교육과 연결되며, 훈련과 평가를 통해 개선되어야 한다. 이를 위해서는 명확한 문서 관리체계와 교육 연계 시스템이 필요하며, 문서가 현장에서 작동하고, 평가받고, 진화하는 구조를 갖춰야 한다.

## 2.7 실행 및 유지관리

### 1) 실행 체계의 구성과 운영 방식

BCP는 수립 이후에도 실제 위기 발생 시 누가, 언제, 어떤 절차로 실행할 것인지가 명확하지 않으면 문서로만 존재하는 '사후 대응 계획'에 그칠 위험이 크다. 따라서 복구 전략을 효과적으로 실행하기 위해서는 전담 조직 체계, 역할 분장, 실행 절차, 의사결정 흐름을 사전에 정비해두는 것이 필수적이다.

실행 체계는 위기 발생 직후 즉시 복구 전략을 가동하고, 필요한 자원과 인력을 동원하며, 복구 완료 시점까지의 전 과정을 총괄하는 핵심 구조이자, BCP의 실행력을 좌우하는 실질적 운용 틀이다.

### ① BCP 실행 조직의 기본 구조

표 3-16 BCP 실행조직의 역할

| 구분 | 역할 | 예시 |
|---|---|---|
| 전략 총괄부서 | 전체 BCP 관리 및 복구 전략 승인 | 기획조정실, 안전기획실 |
| 기능별 실행조직 | 핵심 기능 단위 복구 실행 | 인사, 회계, 공무, 생산, IT 등 부서별 담당팀 |
| 현장 실행팀 | 프로젝트별·현장별 전략 실행 | 현장소장, 공무담당자, 외주 관리자 등 |

이러한 구조는 '평상시 운영 조직과 동일할 필요는 없으며', 오히려 위기 대응에 적합한 재편성이 요구된다. 예컨대 현장 중심 사업장의 경우 본사 주도 구조보다는 현장소장이 전략 판단권을 갖고 실행을 총괄하는 체계가 효과적일 수 있다.

### ② 역할 및 권한 분장

복구 전략이 실행되기 위해서는 각 기능별로 명확한 역할 분장과 권한 위임이 이루어져야 하며, 다음 항목이 문서화되어 있어야 한다:

- 기능별 복구 책임자(Primary), 대체 책임자(Alternate) 지정
- 총괄 책임자의 전략 실행 승인 권한 명시
- 기능 간 협력 요청 방식 및 응답 기준
- 보고 라인 및 승인 단계 도식화

### ③ BCP 가동 절차의 단계화

실행 체계의 또 하나의 핵심은 '언제 BCP를 발동할 것인가?'에 대한 명확한 판단 기준과 단계화된 절차다. 일반적으로 다음과 같은 단계로 설계된다:

- **이상 징후 감지 단계** : 기능 중단의 초기 증상(예: 서버 지연, 자재 납품 지체 등) 발생 시 담당자가 판단하고 즉시 보고
- **위기 판단 및 보고 단계** : BCP 총괄 또는 판단권자가 복구 전략 발동 여부 결정
- **비상연락망 가동 및 실행조직 소집** : 보고 체계에 따라 즉시 연락 및 전략 실행 준비
- **복구 전략 실행 착수** : 각 기능별 담당자가 전략 문서 기반으로 복구 절차 개시
- **상황 종료 및 복구 완료 보고** : 복구 완료 후 총괄자에게 공식 보고하고 훈련 · 기록 보관

이러한 단계는 문서상으로만 존재할 것이 아니라, 비상 상황 발생 시 기준 시간표, 의사결정 요건, 연락 루트와 함께 안내되어야 한다.

### ④ 건설업 실행 구조의 특수성

건설업의 BCP 실행 구조는 다음과 같은 특성을 반영해야 한다:

- 프로젝트·현장 단위 실행 중심 : 전략 실행의 실제 주체는 현장소장이며, 본사 조직은 조율·지원 기능으로 운영
- 협력사 조직과 병행 운영 : 외주 인력의 비중이 높은 만큼, 전략 실행 시 협력 사 간 협의 절차와 자원 조율권도 사전 정비 필요
- 감리단·발주처 보고 절차 포함 : 전략 실행 과정에서 외부 승인 또는 보고가 병목 요인이 되지 않도록 보고 경로 내재화

이러한 특성을 고려할 때, BCP 실행 체계는 본사-현장-외주 간 협업 구조를 기반으로 실행 매뉴얼화 되어야 하며, 핵심 기능별 복구 흐름도에도 이를 반영해야 한다.

실행 체계는 BCP의 '전략 실행 엔진'이며, 이를 뒷받침하는 조직 구조, 역할 분장, 실행 기준이 명확히 설계되어야 위기 시 혼란을 줄이고 회복 속도를 높일 수 있다. 특히 건설업에서는 본사 중심이 아닌 현장 중심의 전략 운영 체계를 중심으로 실행력을 정비하는 것이 핵심이다.

## 2) 유지관리 기준과 운영 주기

BCP는 일회성 수립으로 끝나는 전략이 아니라, 시간이 흐름에 따라 조직의 변화와 환경의 불확실성에 맞춰 지속적으로 유지·보완되어야 하는 실행 시스템이다. 특히 건설업처럼 현장이 주기적으로 바뀌고, 외부 리스크와 계약 조건이 수시로 변동하는 산업에서는, BCP의 유지관리 체계가 전략 실행의 생명선이 된다. 이 절에서는 전략의 실행력을 지속 가능하게 만드는 유지관리 기준과 운영 주기 설정 방안을 다룬다.

### ① 유지관리의 목적과 필요성

BCP 유지관리의 핵심 목적은 다음과 같다:

- 복구 전략과 문서가 항상 최신 상태로 유지되어야 실제 위기 발생 시 실행 가능함
- 구성원의 역할 인식과 대응 역량을 정기적 점검 및 보완해야 재난 상황에서 즉시 대응 가능
- 리스크 환경 변화, 인력 이동, 자원 조정 등을 정책에 반영하여 전략 적합성 을 지속 확보

즉, 유지관리는 단순한 점검이 아니라, 전략의 생명력을 연장시키는 관리 시스템이다.

### ② 문서·전략 유지 기준 설정

BCP 유지관리의 핵심은 전략 및 문서의 최신성 유지다. 다음 항목별로 관리 기준과 주기를 명확히 설정해야 한다:

표 3-17 BCP문서 유지관리 기준

| 관리 항목 | 유지관리 기준 | 갱신 주기 |
|---|---|---|
| 기능별 복구 전략서 | RTO, MTPD, 자원 목록, 담당자 등 현행화 | 연 1회 또는 조직 변경 시 |
| 복구 실행 절차서 | 실행 흐름, 체크리스트, 연락망 포함 | 반기 1회 |
| 비상 연락망 | 연락처, 권한자, 대체 인력 정보 | 분기 1회 |
| 자원 목록 | 장비·공간·인력 등 실사용 가능 자원 기준 | 연 1회 점검 |
| 훈련 기록 및 평가서 | 평가 결과 반영, 개선 여부 확인 | 훈련 직후 |

이를 BCP 관리 매트릭스로 만들어 운영부서가 체계적으로 점검할 수 있어야 하며, 모든 변경사항은 문서 변경 로그와 승인 기록으로 관리해야 한다.

#### ③ 운영 주기의 구조화

운영 주기는 조직의 리소스와 운영 환경을 고려하여 '계획적 순환(PDCA) 구조'로 구성하는 것이 효과적이다. 일반적으로 다음과 같은 주기로 설계할 수 있다:

- 월 단위 : 비상 연락망 확인, 시스템 접근 점검, 신규 인력 대상 교육
- 분기 단위 : 훈련 실시, 문서 정합성 검토, 점검 체크리스트 실행
- 반기 단위 : 전략 실행 절차 검토, 자원 점검, 전략서 갱신안 마련
- 연 단위 : 전사 리스크 재평가, 핵심 기능 재분류, 실행 시나리오 리뉴얼

이 주기는 조직의 규모와 여건에 따라 조정될 수 있으며, 건설업의 경우 '현장 단위 유지관리 계획'과 본사 차원의 '전사 유지계획'을 병행해야 한다.

#### ④ 현장 유지관리 기준과 본사 연계

건설업은 다수의 프로젝트 현장이 병렬로 운영되므로, 다음과 같은 이중 구조의 유지관리 시스템이 필요하다:

1) 현장 자체 운영 기준

- 현장소장이 중심이 되어 연락망, 자원 목록, 담당자 리스트를 관리
- 감리단, 발주처 요구사항을 반영한 문서 보완
- 공정 시작 전/후 문서 점검 항목 내재화

2) 본사 연계 기준

- 각 현장의 전략 문서를 본사 전략관리팀이 수합 및 보관
- 공통 포맷 유지, 이행 여부 모니터링
- 연 1회 이상 랜덤 감리 또는 감사 시행

이러한 구조를 통해 현장 자율성과 본사 통제력을 동시에 확보할 수 있으며, 실행력과 일관성을 병행 가능하다.

#### ⑤ BCP 유지관리 책임 체계 설정

전략이 자동으로 유지될 수는 없다. 담당 부서와 책임자를 명확히 지정해야 다음과 같은 활동이 실효성 있게 수행된다:

- 전략서 유지 담당자 : 기능별 책임자 (부서장 또는 전략담당 팀장)
- 문서 갱신 담당자 : BCP 운영조정관 또는 안전기획 부서
- 훈련 및 점검 주기 관리자 : 교육담당 부서 또는 전략 운영팀
- 최종 승인자 : 최고경영자 또는 전략위원회

이 역할과 책임 분장은 문서로도 명확히 규정되어야 하며, 연간 운영계획과 연동되어야 한다. 유지관리는 '전략을 계속 작동하게 만드는 힘'이며, 조직이 변화하고 환경이 바뀌어도 복구 체계가 변함없이 실현될 수 있도록 보장하는 기반이다. 문서·전략·자원·교육의 유기적 유지 주기를 수립하고 현장과 본사의 관리책임을 분명히 설정할 때, BCP는 일회성 계획이 아닌 지속 운영체계로 정착될 수 있다.

### 3) 실행력 강화와 조직문화 내재화

BCP가 실질적인 조직 회복 도구로 작동하기 위해서는 단순히 실행 체계를 갖추는 것을 넘어, 구성원들이 BCP를 일상적 업무로 인식하고 행동하는 조직문화로 정착되어야 한다. 이를 위해서는 BCP의 실행력 강화를 위한 전략적 요소와 함께, 교육·소통·성과관리 등을 통해 문화적 내면화 과정을 병행해야 한다.

#### ① BCP의 전사적 소통 강화 전략

BCP는 특정 부서의 업무가 아닌, 전 조직의 지속가능성과 생존을 위한 통합 전략이다. 따라서 경영진에서부터 일선 현장 인력까지, 모든 구성원이 BCP의 의미와 목적을 이해하고 실행할 수 있도록 소통체계를 갖추어야 한다. 다음과 같은 소통 방식을 고려할 수 있다:

- CEO 또는 고위 임원의 BCP 선언문 발표 : 조직 최상위 리더십의 참여를 통 해 BCP의 중요성을 인식시키고 실행 의지를 명확히 한다.
- 전사 공지 및 정기 알림 시스템 구축 : BCP 관련 주요 공지, 훈련 일정, 업데 이트 사항을 주기적으로 공유
- 팀별 간담회 및 현장 설명회 운영 : 현장 중심 산업일수록 실무자에게 직접 전략의 배경과 실행 방법을 설명하고 질의응답하는 시간이 효과적이다.

이러한 커뮤니케이션은 BCP를 '업무 외적인 문서'가 아니라, '업무를 지속하는 기본 방식'으로 받아들이도록 만드는 핵심 요소다.

**② 교육·훈련의 일상화 및 제도화**

실행력 강화를 위한 교육은 일회성 훈련이 아니라, 다음과 같은 구조로 정기적이고 제도적인 교육 체계로 자리잡아야 한다:

- 신규 입사자 대상 기본 BCP 교육 : 조직에 입문하는 순간부터 위기 대응이 기본 소양임을 각인시킴
- 기능별 복구 전략 교육 정례화 : 각 부서가 연 1~2회 기능 단위 복구 전략 교육을 시행
- 온라인 교육 콘텐츠 구축 : 영상, e-러닝 등으로 언제든지 자율 학습 가능하게 지원
- 교육 이수 연계 평가제도 도입 : 교육 참여 실적을 평가나 성과지표 일부로 반영

이러한 교육 체계는 단기적 실행력 확보뿐 아니라, 장기적 인재 역량 강화에도 직결된다.

**③ 실행성과와 BCP 성과관리 연계**

BCP 실행력 강화의 핵심은, 그것이 실적이나 성과로 측정되어야 한다는 점이 다. BCP 실행이 '비상 시만 적용되는 특수 업무'가 아닌, 일상적 전략경영의 일부로 통합되기 위해서는 다음과 같은 지표와 연계될 수 있다:

- 전략 이행률 : 훈련 이행률, 복구 전략 정비율, 체크리스트 점검 완료율 등
- 문서 갱신율 : 계획된 갱신 주기 내에 문서가 업데이트된 비율
- 훈련 결과 반영 지표 : 피드백 반영 건수, 전략 개선율 등
- 위기 대응 실적 기록 : 실제 사건 발생 시 대응 시간, 복구 성공률, 이탈률 등

이러한 데이터를 누적 관리하고, 일정 기준 이상을 달성한 조직 단위 또는 담당자에 대해 포상하거나 평가 가점을 제공하는 시스템이 갖추어질 경우, 실행력이 성과로 연결되는 선순환 구조가 가능해진다.

**④ 건설업 조직문화 내 BCP 내면화 전략**

건설업의 경우 외주 인력과 현장 중심 문화로 인해 BCP가 '본사 문서'로 인식되는 경우가 많다. 이를 극복하기 위한 전략은 다음과 같다:

- 현장소장 중심의 BCP 실천 강조 : 현장 리더가 자율적으로 훈련을 기획하고, 복구 계획을 정리하게 함
- 협력사와의 공동 훈련 의무화 : 하도급사도 BCP 체계 내에 포함되도록 계약조건에 반영
- 전사 '위기 복구 우수사례 공유회' 개최 : 현장 간 복구 경험, 훈련 결과, 전략 개선 사례 공유
- 안전문화 캠페인과 연계 : 안전과 복구는 조직 회복탄력성의 쌍두마차로 연계 가능함

이러한 문화 기반 내재화 전략은 구성원이 'BCP가 있어야 일이 지속된다'는 감각을 체득하게 만든다. BCP는 실행조직만의 일이 아니라, 전 조직 구성원이 함께 살아남기 위한 문화이자 전략이다. 교육, 소통, 성과 연계를 통해 BCP가 문서가 아니라 '사고 방식'과 '행동 기준'으로 자리잡을 때, 조직은 진정한 회복력을 갖추게 된다.

# 3 단계별 산출물과 실무 도구

## 3.1. 단계별 핵심 산출물 목록

BCP는 단순한 전략 개요가 아니라, 조직 내 각 기능이 위기 발생 시 실제로 지속 또는 복구될 수 있도록 실무적으로 설계된 실행 시스템이다. 따라서 각 수립 단계에서 생성되는 **산출물(Deliverables)**은 실행 전략의 근거이자, 문서화된 증거이며, 훈련과 평가의 기준이 된다. 이 절에서는 앞서 제시한 BCP 수립 6단계(3.2절 기준)에 따라 각 단계별로 반드시 마련되어야 할 핵심 산출물의 목록과 내용, 작성 목적을 정리한다.

**① 1단계 :** 추진체계 구축 단계의 산출물

| 산출물 명칭 | 내용 | 활용 목적 |
|---|---|---|
| BCP 추진계획서 | 수립 목표, 범위, 일정, 책임부서 등 포함한 전체 계획 개요서 | BCP 수립 업무의 착수 및 조직 내부 공유 |
| 전담조직 구성안 | BCP 위원회 또는 TF 구성표, 역할 분장표 | 추진체계의 공식화 및 책임 분장 기준 마련 |
| 이해관계자 목록 | 감리단, 발주처, 협력사 등 외부 커뮤니케이션 대상 목록 | 전략 수립 시 사전 협의 및 협력체계 구축 |

**② 2단계 :** 업무영향분석(BIA) 단계의 산출물

| 산출물 명칭 | 내용 | 활용 목적 |
|---|---|---|
| 핵심 기능 목록표 | 복구 우선순위, 담당 부서, RTO/MTPD 등 정리 | 복구 전략 수립의 기준자료, 자원 배분 기준 |
| 기능별 영향 평가표 | 중단 시 정량/정성적 영향, 연관 기능 도식화 등 | 우선순위 도출 및 점검 대상 기능 식별 |
| 기능 중요도 등급표 | 기능별 등급 (1~3등급), 영향도·시급성 기준 | 복구 시점 조율 및 훈련 시나리오 설계 기준 |

### ③ **3단계 :** 리스크 분석 단계의 산출물

| 산출물 명칭 | 내용 | 활용 목적 |
|---|---|---|
| 리스크 식별 목록 | 위협 유형, 예상 원인, 발생 빈도 등 포함 | 리스크 맵 작성 및 전략 수립 방향 도출 |
| 리스크 평가표 | 발생 가능성 × 영향도 계산, 등급 분류 | 복구 전략 설계 및 대응 우선순위 결정 |
| 리스크 히트맵 | 시각화된 리스크 분포 도식 | 관리자 보고 및 전략 분배 기준자료 |

### ④ **4단계 :** 복구 전략 수립 단계의 산출물

| 산출물 명칭 | 내용 | 활용 목적 |
|---|---|---|
| 기능별 복구 전략서 | 전략유형(유지/대체/단계), 실행 조건, 대응 흐름 | 실행 시 문서 근거, 훈련 매뉴얼의 기준 자료 |
| 전략 비교 분석표 | 복수 대안 비교(시간, 비용, 실행성 등) | 전략 선택의 타당성 확보 및 경영 보고용 |
| 핵심 기능 복구 흐름도 | 복구 단계별 순서 및 의사결정 체계 도식화 | 훈련 시나리오 구성 및 체크리스트 기준 |

### ⑤ **5단계 :** 훈련 및 점검 단계의 산출물

| 산출물 명칭 | 내용 | 활용 목적 |
|---|---|---|
| 실행 절차서 | 단계별 행동지시, 시간 기준, 보고 라인 포함 | 위기 상황 발생 시 복구 단계 안내 기준 |
| 복구 체크리스트 | 전략별 수행 항목, 완료 여부 확인 항목 포함 | 훈련 수행 및 이행 점검용 |
| 역할 및 책임 명세표 | 기능별 책임자, 대체자, 연락처 포함 | 조직 내 책임 소재 명확화, 훈련 준비 자료 |

**⑥ 6단계 :** 문서화 및 절차 정리 단계의 산출물

| 산출물 명칭 | 내용 | 활용 목적 |
|---|---|---|
| 실행 절차서 | 단계별 행동지시, 시간 기준, 보고 라인 포함 | 위기 상황 발생 시 복구 단계 안내 기준 |
| 복구 체크리스트 | 전략별 수행 항목, 완료 여부 확인 항목 포함 | 훈련 수행 및 이행 점검용 |
| 역할 및 책임 명세표 | 기능별 책임자, 대체자, 연락처 포함 | 조직 내 책임 소재 명확화, 훈련 준비 자료 |

BCP 각 단계에서 산출되는 핵심 문서는 단지 작성용 보고서가 아니라, 실행을 가능하게 만드는 전략-행동-피드백 간 연결고리다. 실무자는 단계별로 어떤 산출물을 언제, 왜, 어떤 내용으로 만들어야 하는지를 명확히 이해하고 준비해야 한다. 다음 절에서는 이러한 산출물을 쉽게 만들고, 점검하며, 훈련에 연계할 수 있는 실무 도구를 소개한다.

## 3.2. 실무 도구 : 체크리스트·양식·템플릿

앞서 제시한 단계별 핵심 산출물들이 효과적으로 작성되고, 실행 및 훈련에 활용되기 위해서는 실무자가 즉시 활용 가능한 형태의 도구가 필요하다. 이를 위해 BCP 수립 및 운영 현장에서는 각 단계에서 표준화된 체크리스트, 양식, 템플릿 등을 적극적으로 도입하여 전략 실행력을 높이고 문서화 효율을 극대화한다. 이 절에서는 주요 실무 도구들을 기능별로 소개하고, 건설업 환경에서 어떻게 현장에 맞게 활용할 수 있는지 구체적인 예시를 포함해 설명한다.

**① BCP 착수 도구 (1단계)**

| 도구 유형 | 내용 | 활용 방식 |
|---|---|---|
| BCP 착수 체크리스트 | 추진 범위 설정, 경영 승인, 추진조직 구성 여부 등 사전 점검 항목 | BCP TF 발족 전 검토용 |
| 추진계획서 템플릿 | 목표, 범위, 일정, 인력 구성, 커뮤니케이션 계획 포함 | 경영진 승인 및 전사 공유용 |

**② BIA 도구 (2단계)**

| 도구 유형 | 내용 | 활용 방식 |
|---|---|---|
| 핵심 기능 도출 워크시트 | 기능명, 담당부서, 상호 연관성 등 입력표 | 워크숍 또는 인터뷰 기반 도출 시 활용 |
| 영향 평가 매트릭스 | 정량/정성 영향, RTO/MTPD 시각화 구조 | 기능별 복구 우선순위 분류용 |
| 기능 등급 분류표 양식 | 등급별 기준 및 기능별 평가 결과 기록지 | BCP 전략 수립 이전 분류 자료화 |

**③ 리스크 분석 도구 (3단계)**

| 도구 유형 | 내용 | 활용 방식 |
|---|---|---|
| 리스크 식별 체크리스트 | 재해, 기술, 인적, 공급망, 외부 등 범주별 위협 요인 항목화 | 기능별 워크숍 또는 자가 평가 시 활용 |
| 리스크 평가표 양식 | 발생 가능성, 영향도, 대응 전략 입력표 | 리스크 수준 평가 및 우선순위화 |
| 히트맵 자동 생성 시트 | 입력값 기반 위험도 색상 분포 시각화 | 경영진 보고용 또는 전략 수립 지원용 |

**④ 복구 전략 수립 도구 (4단계)**

| 도구 유형 | 내용 | 활용 방식 |
|---|---|---|
| 전략 비교표 템플릿 | 복수 전략 대안 간 시간, 비용, 실행성 등 비교 항목 제공 | 복구 전략 의사결정 지원 |
| 전략서 양식 | 전략유형, 실행 조건, 자원, 흐름도 포함 구조 | 기능별 실행전략 문서화 및 훈련 자료화 |
| 복구 흐름도 도안 템플릿 | 표준 실행 프로세스 도식화 양식 | 역할 분장 및 의사결정 단계 도식 정리 |

**⑤ 훈련·점검 도구 (6단계)**

| 도구 유형 | 내용 | 활용 방식 |
|---|---|---|
| 훈련 기획서 템플릿 | 목표, 참여자, 시나리오, 평가계획 등 포함 | 연간 훈련계획 수립 및 보고서 작성 기반 |
| 훈련 결과 평가표 | 각 단계 수행 여부, 시간, 문제점, 개선안 기록지 | Table-top 및 기능별 훈련 종료 후 작성 |
| 개선 기록지 | 훈련 후 문서·전략 수정사항 기록용 | 훈련 피드백 기반 BCP 갱신용 자료 |

### ⑥ 문서화 및 절차 정리 도구 (5단계)

| 도구 유형 | 내용 | 활용 방식 |
|---|---|---|
| 절차서 양식 | 조치단계, 소요시간, 책임자, 연락처 포함 구조 | 실행 절차 문서 일관화 |
| 복구 체크리스트 포맷 | 항목별 완료 여부, 상태 기록란 포함 | 훈련 및 복구 수행 시 현장 점검용 |
| 책임자 역할표 | 주·보조자, 연락처, 권한 위임 구분 | 보고 라인 정비 및 훈련 배치 기준 |

### ⑦ 건설업 특화 실무 도구 예시

건설현장에서의 실효성을 높이기 위해 다음과 같은 맞춤 도구도 제안된다:

- 현장 맞춤 복구 전략 시트 : 공정 연계 구조, 협력사 체계, 감리단 승인 절차 반영 구조 포함
- 공정별 복구 우선순위 시각화 도표 : Gantt chart 형태의 복구 흐름 + 자원 배정 기준
- 협력사 BCP 협약 양식 : 외주업체의 복구 대응 의무 및 역할 명시용 계약 문 서 양식

실무 도구는 BCP 실행의 '촉진자' 역할을 한다. 문서화에 익숙하지 않은 실무자도 활용할 수 있도록 체크리스트, 템플릿, 자동화 시트 등의 도구를 구조화하고 현장 중심으로 보완하면, 전략 수립에서 실행까지의 이행 장벽을 획기적으로 낮출 수 있다. 도구는 단지 문서의 포맷이 아니라, 조직의 회복력 실현을 위한 실제 작업 기반이다.

## 4 건설업 BCP 수립 시 유의사항

건설업은 다른 산업과 달리 고정된 사업장이 아닌 프로젝트 기반의 현장 중심 운영 구조를 갖고 있으며, 공정 흐름의 유기적 연계와 외주 협력사에 대한 의존도가 매우 높다. 이러한 산업 특수성은 BCP의 수립 및 실행 방식에도 근본적인 영향을 미친다. 따라서 건설업에 적합한 BCP를 수립하기 위해서는 일반적인 제조업이나 IT기업과는 다른 현장성과 유동성, 외부 이해관계자 조정력을 반영한 전략적 접근이 필요하다.

**① 프로젝트별 수립 구조 반영**

건설업은 사업장(프로젝트)이 일정 기간 후 종료되고, 이후 새로운 프로젝트가 개별적으로 운영되기 때문에, 기업 단위의 통합 BCP 외에도 현장별 맞춤형 BCP 수립이 병행되어야 한다.

- 본사에서 수립한 표준 BCP를 기반으로, 각 프로젝트 현장에서 적용 가능한 전략을 별도 보완
- 주요 공정 흐름, 참여 협력사, 감리단 및 발주처 조건, 자원 구조 등을 고려 한 현장 버전 문서 필요
- 현장 인력 교체 주기가 빠른 만큼, 현장 내 전파력 높은 교육자료 및 복구 실행 도구(카드, 절차서 등) 제작 필요

**② 공정 중심 복구 전략 설계**

건설업의 핵심은 공정 흐름이며, 이는 단순 업무 순서를 넘어 자재, 장비, 인력, 공간이 긴밀하게 맞물리는 체계다. 따라서 BCP 전략은 기능별 접근을 넘어서, 공정 연계 흐름을 반영한 복구 우선순위 설계가 필수다.

- 핵심 공정과 병목 공정을 사전에 식별하여 우선 복구 대상 설정
- 공정 순서를 고려한 단계적 복구 전략 수립(예: 타설-양중-양생 등)
- 자원 연계 공정(레미콘, 크레인, 전기 공급 등)에 대한 대체 전략 포함

**③ 협력사 연계 전략 확보**

건설업은 대부분 외주 중심 구조이므로, 협력사의 대응 역량이 BCP의 실행 성공 여부를 좌우한다.

- 복구 전략 수립 시 주요 협력사(자재, 장비, 인력 파견) 역할 명확히 명시
- 사전 계약 시 BCP 의무 조건 포함(예: 비상 시 복구 대응 인력 제공, 대체 납품 체계 확보 등)

- 협력사 대상 복구 전략 공유 세션 또는 공통 훈련 프로그램 운영 필요

**④ 감리단 및 발주처와의 조정 구조 내재화**

건설업에서는 감리단의 승인 및 발주처의 승인이 없으면 복구가 지연될 수 있다. 따라서 외부 이해관계자와의 보고, 승인, 협의 체계를 전략 실행 흐름 내에 내재화해야 한다.

- 복구 실행 시점과 감리단 승인 시점 간 병목을 방지하기 위한 절차 조정
- 발주처 사전보고, 서면 승인 절차를 자동화하거나 체크리스트화
- 감리단과 공동으로 훈련 계획을 수립하고, 전략 검토 및 피드백을 반영

**⑤ 조직 내 전파 방식의 현장화**

현장 중심 산업 특성상, BCP 전략은 단순 문서로는 실효성을 확보하기 어렵다. 실무자들이 '문서가 아닌 동작으로 기억'할 수 있도록 하기 위한 현장 중심 실행 매체가 필요하다.

- 복구 전략은 절차서 외에도 A3 크기의 시각화 포스터, 벽걸이형 프로세스 차트, 체크카드형 복구 시나리오 등으로 제작
- 훈련은 현장 일과에 맞춰 **단축형 시나리오(15분 복구 훈련)**로 설계
- 실제 감리 대응에 활용 가능한 BCP 실행기록지 제작(복구 시작/완료 시간, 조치 사항 등)

건설업 BCP는 '프로젝트 중심', '공정 중심', '외주 중심', '승인 중심'이라는 산업적 특수성을 기반으로 현장 실행력을 최우선으로 고려한 전략으로 수립되어야 한다. 각 단계별 복구 전략은 공정 흐름에 맞춰 설계되고, 협력사와의 연동성 및 발주처와의 승인 체계를 동시에 통합함으로써 실행 가능한 복원력 체계를 구축할 수 있다.

## 5 공정계획, 안전계획과의 연계

건설업에서 BCP는 단순한 비상대응 문서가 아니라, 일상적으로 사용되는 공정계획, 안전관리계획, 품질계획 등과 유기적으로 연동되어야 하는 실행 전략이다. 이는 복구 전략이 공정 흐름과 무관하게 설계될 경우, 실제 적용 시 심각한 충돌이나 혼란이 발생할 수 있기 때문이다.

### ① BCP와 공정계획 간 연계 필요성

공정계획(일명 공정표, 네트워크 일정표)은 건설사업의 실행 프레임을 구성 하는 핵심 도구다. 모든 자원 배분과 장비 투입, 인력 배치는 공정계획에 따라 결정되며, BCP는 이 흐름을 고려하여 위기 발생 시 어떤 공정을 먼저 회복할 것인지, 어떤 공정은 순연 가능한지 판단하는 기준이 된다.

- 연계의 대표 사례 :
  - 콘크리트 타설일정이 변경되면 양중 계획, 자재 입고일정도 변경되야함.
  - BCP 상"1일 내 타설 복구" 전략이 존재하더라도, 공정표상 타설 공정이 지연되면 전략 자체가 무의미해짐

따라서 BCP 수립 시 공정계획에서 **핵심 경로(Critical Path)**와 자원 병목 공정을 분석하고, 복구 우선순위에 이를 반영해야 한다.

### ② 안전관리계획과의 연계

안전관리계획은 각 작업별 위험요소를 식별하고, 사고를 예방하기 위한 활동 계획을 담고 있다. BCP가 비상상황(예: 재해, 사고, 인력 상실 등)에 대응하기 위한 전략인 만큼, 안전계획과는 예방-대응-복구의 연속성 체계로 연계되어야 한다.

- 연계 방안 :
  - 중대재해 발생 시 BCP의 위기 상황 정의와 안전관리계획의 재해 대응 절차가 일치해야 함
  - 긴급 대피, 현장통제, 구조 지원 등의 절차가 BCP 복구 절차와 중복되지 않도록 통합 정리
  - 안전관리계획의 훈련 항목을 BCP 훈련과 병행 또는 통합하여 운영 가능
  - 이를 통해 인명 피해 최소화와 조속한 기능 복구라는 두 가지 목표가 충돌하지 않도록 조율할 수 있다.

### ③ 품질계획 및 감리단 검토 체계와의 연계

품질계획은 주요 구조물이나 자재의 시공 품질 확보를 위한 절차를 명시하며, 감리단이 이를 근거로 시공 승인·검사 등을 수행한다. 문제는 BCP 복구 과정에서 공정이 조정되거나 자재가 변경되는 경우, 품질관리계획과 충돌할 수 있다는 점이다.

- 실행 예시 :
  - BCP에 따라 기존 레미콘 공급사가 단절되어 대체 자재 사용 시, 품질계획서상 승인 절차 필요
  - 감리단 사전 승인 없이 복구 착수 시, 공정 중단 또는 재시공 위험 발생

따라서 BCP 내에는 감리단 보고 체계 및 품질 변경 승인 절차가 포함되어야 하며, 품질계획에도 복구 대응 절차의 예외 규정을 사전 반영할 필요가 있다.

### ④ 통합 운영 전략

각 계획이 독립적으로 존재하면, 위기 상황에서는 다음과 같은 문제가 발생할 수 있다:

- 각 부서가 별도 기준으로 대응 → 충돌 또는 지연
- 자원 중복 요청 → 장비·인력 부족
- 보고 체계 이원화 → 의사결정 지연

이를 방지하기 위해 다음과 같은 통합 운영 전략이 요구된다:

- 공정계획·안전관리계획·품질계획 내에 “BCP 연계 항목” 명시 (예: 복구 절차, 대응 책임자, 승인 경로 등)
- 전사 전략 기준 아래 각 관리계획이 유기적으로 상호 보완되도록 정기 협의 체 운영
- ‘통합 위기대응 매뉴얼’ 개발을 통해 계획 간 단일 구조화

건설업의 BCP는 단독 문서가 아닌 현장 실행계획(공정, 안전, 품질)과 긴밀히 통합되어야 실효성을 확보할 수 있다. 각 계획 간 정보 연계, 실행 순서 정렬, 승인 절차 정합성을 고려한 BCP 수립을 통해 혼란 없는 위기 대응과 빠른 복구 체계를 구축해야 한다.

## 참고문헌


- International Organization for Standardization. (2019). ISO 22301:2019 Security and resilience — Business continuity management systems — Requirements. ISO.

-International Organization for Standardization. (2021). ISO/TS 22317:2021 Security and resilience — Business continuity management systems — Guidelines for business impact analysis (BIA). ISO.

- 행정안전부. (2023). 공공기관 기능연속성계획 수립 지침. 행정안전부. (정책자료 참고자료, No. 103826).

- 고용노동부. (2022). 사업장 업무연속성계획(BCP) 작성 가이드라인. 고용노동부. [보도자료]

- 산업통상자원부. (2022). 감염병 발생 시 기업 업무연속성계획(BCP) 가이드라인 (제3판). 산업통상자원부. [보도자료]

- Business Continuity Institute. (2023). Good Practice Guidelines 7.0: Global guide to good practice in business continuity. BCI.

- Disaster Recovery Institute International. (2017). Professional Practices for Business Continuity Management. DRI International.

- 안창모, & 정지범. (2022). 지방자치단체의 기능연속성계획 도입에 대한 비판적 고찰. 한국방재학회논문집, 22(4), 33-46.

- Cerullo, V., & Cerullo, M. J. (2004). Business continuity planning: A comprehensive approach. Information Systems Management, 21(3), 70-78.

- British Standards Institution. (2012). BS 25999-2: Business continuity management – Part 2: Specification. BSI Standards Publication.

- ISO. (2019). ISO 22301:2019 - Security and resilience — Business continuity management systems — Requirements. International Organization for Standardization.

- Elliott, D., Swartz, E., & Herbane, B. (2010). Business continuity management: A crisis management approach. Routledge.

- Herbane, B. (2013). Exploring crisis management in UK small- and medium-sized enterprises. Journal of Contingencies and Crisis Management, 21(2), 82–95.

- ISO. (2015). ISO/TS 22317:2015 – Guidelines for business impact analysis (BIA). International Organization for Standardization.

- Zsidisin, G. A., & Ritchie, B. (Eds.). (2008). Supply Chain Risk: A Handbook of Assessment, Management, and Performance. Springer.

- ISO. (2018). ISO 31000:2018 – Risk management – Guidelines. International Organization for Standardization.
- Aven, T. (2016). Risk assessment and risk management: Review of recent advances on their foundation. European Journal of Operational Research, 253(1), 1–13.
- 한국건설기술연구원. (2019). 『건설재해 리스크 평가모델 개발 연구』.
- Tierney, K. (2003). Conceptualizing and measuring organizational and community resilience: Lessons from the emergency response following the September 11 attacks. Disaster Research Center, University of Delaware.
- Rothstein, P. (2007). Business continuity planning: Protecting your organization's life. Rothstein Publishing.

제4장

# BCP와 위기관리 체계

건설업은 산업 특성상 크고 작은 위기 상황에 지속적으로 노출되어 있다. 자연재해로 인한 공사 지연, 감리 승인의 차질, 협력사의 계약 해지, 타워크레인 사고, 전기 설비의 돌발 장애, 대규모 감염병 확산 등은 건설현장에서 흔하게 발생하며, 이들 대부분은 단순한 안전 이슈를 넘어 현장 전체의 기능을 마비시키거나 기업의 신뢰에 중대한 손상을 초래할 수 있다. 특히 2022년부터 시행된 중대재해처벌법은 기업의 법적 책임 구조를 근본적으로 변화시켰으며, 기존의 안전관리체계를 넘어 포괄적이고 실행 가능한 위기 대응 체계 구축의 필요성을 강하게 요구하고 있다.

이러한 변화 속에서 BCP, 즉 업무연속성계획은 더 이상 선택이 아닌 '법적·경영적 생존 전략'으로 부상하고 있다. BCP는 단순한 재해 대응 매뉴얼이 아니다. 그것은 조직이 위기 속에서도 핵심 기능을 유지하거나 빠르게 복구함으로써 공공성과 신뢰성을 지켜내는 실행 체계이다. 건설업에서의 BCP는 안전사고나 재해 이후에도 공정이 연속성을 유지하고, 발주처·감리단과의 신뢰를 무너지지 않도록 만드는 '회복탄력성의 핵심'이다. 그러나 많은 조직은 아직도 BCP와 위기관리, 안전관리, 리스크관리를 개별적으로 인식하고 있으며, 이를 통합된 하나의 실행 전략으로 설계하지 못하고 있다.

본 장에서는 위기관리·안전관리·리스크관리라는 기존 체계와 BCP가 어떤 관계를 맺고 있으며, 중대재해처벌법이 요구하는 법적 대응 체계와 BCP 간의 접점은 무엇인지를 중점적으로 다룬다. 특히 다음의 질문에 답하고자 한다:

- BCP는 단기적인 위기 대응 체계(Crisis Management)와 어떤 차이가 있으며, 어떻게 보완할 수 있는가?

- 중처법이 요구하는 안전보건관리체계와 BCP는 어떤 방식으로 상호 연계될 수 있는가?
- 기존 건설현장의 위기관리 프로세스는 실제 위기 상황에서 얼마나 작동 가능한가?
- 조직의 법적 책임 회피 및 예방을 위해 BCP는 어떤 실행력을 갖추어야 하는가?

이를 위해 본 장은 총 4개의 절로 구성된다. 첫째, 개념적 구분을 통해 BCP가 기존 위기관리체계와 어떤 구조적 차이를 갖는지를 정리하고, 둘째, 중대재해처벌법의 요구사항과 BCP를 연계한 실무적 대응 전략을 제시한다. 셋째, 건설현장에서 실제 적용되는 위기관리 체계와 BCP의 접점을 분석하고, 마지막으로 통합재난관리체계 내에서 BCP의 제도적 역할과 법적 방어수단으로서의 기능을 고찰한다.

건설업의 복잡한 리스크 환경에서 단순한 계획 수립을 넘어 실제 작동하는 위기 대응 체계와 연속성 확보 전략을 구축하는 것, 이것이 바로 BCP의 본질이며 본 장이 전달하고자 하는 핵심 메시지이다. 중대재해처벌법이라는 현실적 조건 아래에서, BCP는 건설회사에 생존 전략이자 법적 방패가 될 수 있다. 본 장을 통해 독자들이 BCP를 단순 매뉴얼이 아닌 '통합 위기 대응 시스템'으로 인식하고, 각자의 조직에서 실질적인 실행 계획으로 발전시키는 데 도움이 되기를 기대한다.

## 1 기존 위기관리·안전관리·리스크관리와 BCP의 관계

건설업에서의 위기 대응 체계는 전통적으로 '안전관리'와 '위기관리', 그리고 최근 들어 확산된 '리스크관리'라는 세 가지 축을 중심으로 발전해왔다. 안전관리는 작업자와 현장의 위험 요소를 사전에 제거하거나 통제하기 위한 물리적·관리적 조치의 총칭이고, 위기관리는 사고나 재난이 발생했을 때 신속하게 대응하여 피해를 최소화하는 비상조치 체계다. 리스크관리는 발생 가능성과 영향도를 기반으로 조직이 직면할 수 있는 다양한 위협을 식별하고, 이에 대한 대응전략을 수립하는 전사적 활동이다.

이러한 체계들은 각기 목적과 적용범위가 상이하며, 대부분은 사고의 예방과 피해 저감에 초점을 맞추고 있다. 그러나 실제 재난이나 위기 상황이 발생했을 때, '현장을 복구하고 공정을 정상화하며 외부 신뢰를 회복하는' 보다 넓은 회복 탄력성을 다루는 체계는 상대적으로 미비한 경우가 많다. 바로 이러한 공백을 메우기 위해 등장한 개념이 **BCP(Business Continuity Plan, 업무연속성계획)**이다.

BCP는 단순한 '사고 대응 매뉴얼'이 아니다. 그것은 사고가 발생했을 때 조직의 핵심 기능이 어떻게 유지되거나 얼마나 빨리 복구될 수 있는지, 그리고 이를 위해 어떤 전략과 자원을 사전에 준비해야 하는지를 구조화한 실행 체계이다. BCP는 계획(Plan) → 실행(Do) → 점검(Check) → 개선(Act)의 PDCA 사이클을 기반으로 구성되며, 지속적 관리가 전제된 조직 경영 시스템에 가깝다. 기관리·안전관리·리스크관리와 BCP의 차이를 설명하면 다음과 같다.

### 1) 목적의 차이

안전관리의 주된 목적은 사고와 재해의 발생을 사전에 예방하는 것이다. 위험요소를 사전에 식별하고 제거함으로써 작업자와 장비, 공정 전반의 안전을 보장하려는 시스템이다.

위기관리의 목적은 사고가 실제로 발생했을 때 즉각적으로 대응하여 피해를 최소화하는 것이다. 긴급한 대응과 신속한 판단, 초기 조치 등이 핵심이다.

반면 리스크관리는 평소부터 예상 가능한 리스크를 식별하고, 발생 가능성과 영향도를 분석해 선제적으로 관리전략을 수립하는 것에 중점을 둔다.

이들과 달리 BCP는 사고가 발생하든 말든, 조직의 핵심 기능을 어떻게 유지하고 얼마나 빠르게 복구할 것인가에 초점을 맞춘다. 재해를 막는 것이 아니라, 피해 속에서도 멈추지 않는 기능 지속성을 확보하는 것이 목적이다.

### 2) 중심 활동의 구성

안전관리 활동은 작업자에게 헬멧, 안전화 등 보호구를 지급하고, 각종 작업 절차를 규정하며, 정기적인 안전교육을 실시하는 등의 활동으로 구성된다.

위기관리 활동은 화재 발생 시 대피 훈련, 비상연락체계 운용, 응급 조치 및 보고 체계 구축과 같은 즉각적 조치의 실행력이 핵심이다.

리스크관리에서는 위험요소(Risk)의 목록화를 기반으로 정량·정성 평가를 실시하고, 위험 순위를 정해 대응 전략을 사전에 계획한다.

반면 BCP는 단순 위험 분석을 넘어, 핵심 업무에 대한 영향도 분석(BIA)을 실시하고, 복구 시간 목표(RTO), 최대 허용 중단시간(MAO) 등의 지표를 기반으로 우선 복구 전략 수립, 대체 자원 확보, 문서화된 실행 계획과 훈련 체계 구축 등 복합적 실행력을 요구한다.

### 3) 적용 시점의 차이

- 안전관리는 일상적이고 상시적인 활동이다. 즉, 재해가 발생하지 않더라도 지속적으로 시행되는 사전적 조치다.
- 위기관리는 사고가 발생한 직후에 집중된다. 사고 대응의 골든타임 확보를 위한 활동으로, 현장에서의 행동 역량이 중요하다.
- 리스크관리는 주로 사고 전, 즉 평상시 단계에서 분석과 계획 수립 중심으로 이뤄지며, 전략적 접근이다.
- 반면 BCP는 이들과 달리, 사고 전 - 사고 발생 중 - 사고 이후라는 전 주기에 걸쳐 작동한다. 예방, 대응, 복구의 전 단계에서 지속적으로 기능하는 순환적 대응 체계라는 점에서 차별된다.

### 4) 조직 연계 구조

안전관리는 대부분 현장단위 조직에 의해 시행된다. 현장 안전관리자, 외주 안전관리자 등이 책임 주체이다.

위기관리는 비상대응반, 본사 안전 총괄팀 등이 관여하지만, 여전히 현장 주도성이 강한 구조다.

리스크관리는 기업의 전략기획실, 품질경영팀, 내부감사실 등 본사 중심의 조직에서 주로 운영된다.

BCP는 이 모든 영역을 아우른다. 현장과 본사의 연결, 전사적 의사결정, 자원 통합 배분을 요구하므로, 조직 전반을 연계하는 통합관리 체계로 작동한다.

### 5) 중대재해처벌법과의 연계성

중대재해처벌법은 건설업에서 안전사고 발생 시 경영책임자에게 형사책임을 묻는 법이다. 이에 따라 각 관리 체계의 법적 연계성도 점점 강조되고 있다.

안전관리는 법에서 가장 직접적으로 요구하는 요소이다. 안전보건관리체계의 구축 여부, 현장조치 유무, 안전교육 여부 등은 기본 확인 사항이다.

위기관리는 사고 발생 시 적절한 보고·대응 체계의 작동 여부가 법적 책임 판단에 영향을 미친다.

리스크관리는 사고 이전에 위험요인을 충분히 파악하고 있었는지, 그에 따른 개선조치가 있었는지를 판단하는 관리체계 입증 도구로 작동한다.

BCP는 중처법상 "실효성 있는 대응체계"의 증빙자료로 활용 가능한 유일한 실행 시스템이다. 복구전략, 훈련기록, 대체공정 전략, 협력사 연계 계획 등이 형사책임 감경 또는 면책 자료로 작용할 수 있다.

표 4-1 BCP와의 비교표

| 구분 | 안전관리 | 위기관리 | 리스크관리 | BCP |
|---|---|---|---|---|
| 목적 | 재해 예방 | 사고 발생 시 즉각 대응 | 잠재 위협 관리 | 핵심 기능의 지속 및 복구 |
| 중심 활동 | 보호구, 안전절차, 교육 | 대피, 초기 진화, 사고보고 | 리스크 식별, 평가, 조치 | 복구 전략, 자원 확보, 절차화 |
| 적용 시점 | 평상시 | 사고 직후 | 상시 | 사고 전·중·후 전 주기 |
| 조직 연계성 | 주로 현장 단위 | 현장 및 일부 본사 | 본사 중심 | 전사 통합 |
| 중대재해처벌법 연계 | 안전보건관리 의무 | 법적 사고보고 절차 | 관리체계 구축 증빙 | 실행력 증빙 수단 (RTO, 문서화, 훈련 등) |

위의 표는 주요 기준별로 관리체계와 BCP를 비교한 것이다. 이 표에서 볼 수 있듯, BCP는 단일 관리 영역이 아니라 기존 체계들을 통합하고 강화하는 전략적 시스템으로 기능할 수 있다. 특히 안전관리가 물리적 위험 차단에 집중되어 있다면, BCP는 해당 사고가 발생했을 때 '업무 기능의 중단'을 어떻게 최소화할 것인가에 초점을 맞춘다. 즉, "사고를 막는 것"에서 "사고 후에도 기능을 유지하거나 빠르게 회복하는 것"으로 전략의 무게 중심이 이동하는 것이다.

BCP는 조직 내부의 리스크 대응 체계를 '기능 중심'으로 재구조화한다. 예컨대, 전산 장애가 발생했을 경우 단순히 서버를 복구하는 것이 아니라, 해당 전산 시스템이 중단되었을 때 영향을 받는 기능(급여지급, 발주처 대응, 자재 관리 등)을 우선 식별하고 복구 순위를 정하는 방식으로 사고 대응이 재정렬된다. 이것이 바로 BCP가 기존 체계들과 근본적으로 다른 점이다.

또한, BCP는 조직 외부와의 연결성도 구조화한다. 전통적 위기관리 체계는 조직 내부의 대응에 집중되어 있는 반면, BCP는 발주처, 감리단, 협력사, 대체공급망 등 외부 이해관계자와의 연계성을 핵심 구성요소로 본다. 이는 건설업처럼 외부 의존도가 높은 산업에서 특히 중요한 구조이며, 중대재해처벌법 대응에도 매우 유효한 연결고리가 된다.

마지막으로, BCP는 '지속가능경영(ESG)' 관점에서도 중요한 의미를 갖는다. 안전관리와 위기관리, 리스크관리의 성과는 주로 내부 실적 중심으로 평가되지만, BCP는 사회적 신뢰, 고객사 납기, 지역사회 복구 등 외부 책임과 회복탄력성의 지표로 활용 가능하다. 이러한 특성은 발주처나 투자기관, 지방자치단체가 건설사에 요구하는 경영 리스크 대비체계로서의 역할을 강조하게 한다.

요약하면, BCP는 기존의 위기관리·안전관리·리스크관리 체계를 대체하는 것이 아니라, 그 위에 구축되는 상위 전략 체계다. 각각의 체계가 담당하던 고유 역할을 존중하되, 위기 이후 조직이 어떻게 생존하고 복원될 수 있는지를 보장하는 실행력 중심의 통합 체계로서의 위치를 가져야 한다. 다음 절에서는 이러한 관점에서 중대재해처벌법이 요구하는 대응 요소와 BCP의 전략적 접점에 대해 구체적으로 살펴볼 것이다.

## 2 중대재해처벌법과 BCP : 안전보건체계와 연속성계획의 법적·전략적 연계

2022년 시행된 "중대재해 처벌 등에 관한 법률(이하 중대재해처벌법)"은 건설업계에 큰 파장을 불러일으켰다. 법의 핵심은 중대재해 발생 시 기업의 최고경영자 및 법인이 직접적인 형사책임을 지는 구조를 명문화한 데 있다. 여기서 말하는 '중대재해'에는 사망 사고나 일정 규모 이상의 부상 및 직업성 질환이 포함된다. 건설현장의 안전사고는 흔히 중대재해로 직결되며, 특히 협력업체나 외주 인력의 재해도 원청 기업이 책임지는 구조로 되어 있어 건설사의 법적 리스크는 매우 크다고 할 수 있다.

중대재해처벌법은 단순히 안전관리 책임만을 묻는 것이 아니라, "안전보건 확보의무"라는 광범위한 조치를 요구한다. 여기에는 조직의 전반적 경영체계, 인력 구성, 리스크 대응 매뉴얼, 외부 위탁업체의 관리, 훈련·점검·피드백 체계까지 포함된다. 이러한 조건은 본질적으로 BCP가 다루는 범위와 중첩되며, 실제로 중처법 대응 수단으로서 BCP를 활용하려는 기업들의 시도가 확산되고 있다.

BCP는 전통적으로 '업무 지속성'을 중심에 두고 설계되어 왔지만, 최근에는 안전보건 관리체계의 일부로서 기능할 수 있는 방향으로 확장되고 있다. 예컨대, 업무중단이 예상되는 재해 유형을 식별하고 이에 대한 영향도 분석(BIA)을 통해 우선순위 기능을 정의하는 과정은, 중처법이 요구하는 "중대위험 요인 파악 및 관리"와 구조적으로 유사하다. 또한 BCP는 핵심 업무를 유지하기 위해 필요한 인력, 자원, 설비, 외부 파트너 등을 사전에 정리하고 문서화하며, 이는 곧 "위험요인 관리체계 구축"의 증빙자료가 될 수 있다.

중처법은 또한 경영책임자의 안전보건 확보조치를 입증할 수 있는 자료를 요구한다. 이때 BCP에 포함된 복구전략, 대체공급망 확보 계획, 인력 재배치 시나리오, 비상시 연락체계 등은 형사책임의 감경 또는 무죄 입증을 위한 자료로 활용 가능하다. 실제로 일부 건설사는 "재해 시 공정 지연 최소화를 위한 BCP 계획"을 경영진 결재 문서로 이관해두고, 이를 안전보건 확보조치의 일부로 보고하고 있다.

중처법은 또 다른 관점에서 BCP의 실행력을 요구한다. 형식적인 계획만으로는 책임을 회피할 수 없으며, 실제 현장에서 계획이 작동하고 있는지 여부가 판단의 기준이 된다. 이때 BCP에 포함된 훈련계획, 비상연락망 테스트, 모의훈련 실시 결과, 평가 피드백 등이 중요한 증빙자료로 작동할 수 있다. 특히 최근 고용노동부는 "실효성 있는 안전보건관리체계 구축"의 판단 기준 중 하나로 "위기 대응 매뉴얼의 현장 실행 여부"를 제시하고 있으며, 이는 BCP의 훈련·점검 프로세스와 정확히 맞물린다.

한편, 중처법은 외주업체와 협력사의 관리 책임도 원청 기업에 부과한다. 이와 관련해

BCP는 단순히 내부 기능만이 아니라 외부 파트너와의 연계 체계를 포함하는 문서다. 따라서 협력사의 재난 대응 역량 평가, 대체 인력 확보 전략, 외주공정 중단 시 우회계획 등이 포함된 BCP는 협력사 리스크 관리 체계로 인정받을 수 있다. 이는 중처법상 원청의 의무를 이행하는 근거자료가 되며, 법적 분쟁 시 방어논리를 구성하는 데 도움이 된다.

정리하면, 중대재해처벌법은 안전관리와 경영리스크가 직접 연결되는 현실을 제시하고 있으며, 이에 따라 BCP는 단순한 재난복구 계획이 아니라 법적 리스크 대응 프레임워크로 재조명되고 있다. 건설사는 중처법 대응을 위한 안전보건관리체계 구축 과정에서 BCP를 통합적으로 설계하고, 계획의 문서화·실행·훈련·점검까지 일관되게 연계하여 실효성 있는 체계를 구축해야 한다. 이를 통해 BCP는 건설기업의 생존전략이자, 형사책임 회피를 위한 방어도구로도 기능할 수 있다.

BCP가 기존의 위기관리, 안전관리, 리스크관리 체계와 어떻게 다른지를 이해하기 위해서는 각 체계의 목적, 적용 시점, 주요 활동, 조직 연계 방식 등 여러 기준에 따라 비교해 볼 필요가 있다.

첫째, 각 체계의 목적은 뚜렷하게 구분된다. 안전관리는 재해를 "예방"하는 데 중점을 두고, 위기관리는 재해나 사고 발생 시의 "즉각 대응"을 목표로 한다. 리스크관리는 예상 가능한 위험을 미리 식별하고 대응함으로써 "손실 가능성을 줄이는 것"에 중점을 둔다. 반면, BCP는 위기 상황에서도 조직의 "핵심 기능을 중단 없이 지속하거나 신속히 복구하는 것"을 목표로 한다. 이는 단순히 위험을 없애는 것이 아니라, 불가피하게 발생한 위기 상황에서도 기능을 지속하는 능력, 즉 회복탄력성(resilience)에 초점을 둔다.

둘째, 적용 시점에서도 차이가 있다. 안전관리는 주로 평상시에 적용되며, 일상적인 보호구 착용, 위험요소 사전 점검 등으로 구성된다. 위기관리는 사고 발생 직후 즉각적인 행동을 중심으로 한다. 리스크관리는 사고 전 사전대비를 위한 장기적인 활동이다. 반면 BCP는 사고 전 - 사고 발생 - 복구 이후까지 전 주기에 걸쳐 작동한다. 즉, BCP는 예방에서부터 대응, 복구까지를 포괄하는 체계다.

셋째, 중심 활동의 관점에서 보자면, 안전관리는 주로 현장 작업자의 보호를 위한 물리적 조치(예: 안전장비 지급, 작업절차 수립)에 집중된다. 위기관리는 사고 발생 시 매뉴얼에 따라 현장 대피, 사고 보고 등 신속 대응 조치를 중심으로 한다. 리스크관리는 각종 사고나 위협의 발생 가능성과 그 영향을 정량적으로 분석하고, 이에 대한 조치를 미리 계획한다. 이에 반해 BCP는 각 핵심 업무 기능이 중단될 경우 어떤 영향을 미치는지 분석(BIA)하고, 그것을 복구하기 위한 구체적 전략과 자원을 사전에 확보하여 문서화하며, 훈련과 점검까지 포함하는 체계적 실행을 요구한다.

넷째, 조직 연계성 측면에서, 안전관리는 주로 현장 안전부서나 협력사 안전관리자에게 집중되고, 위기관리는 사고 발생 시 일선 관리자 또는 일부 본사 안전총괄부서가 관여한다.

리스크관리는 전략기획, 내부감사, 경영기획 등 본사 차원의 조직이 주도하는 경우가 많다. BCP는 이러한 부서를 모두 포함하면서, 전사적으로 조직 전체의 핵심 기능과 자원 배분을 조율하는 포괄적 성격을 갖는다. 즉, 전사적 차원의 통합 관리가 필요하다.

다섯째, 중대재해처벌법과의 연계성 측면에서 보면, 안전관리는 법에서 직접적으로 요구하는 안전보건조치 의무와 맞닿아 있고, 위기관리는 사고 발생 시의 적절한 초기 대응 여부가 법적 책임 판단 기준이 될 수 있다. 리스크관리는 법이 요구하는 "위험요인 파악과 개선조치"의 근거로 활용될 수 있다. 특히 BCP는 중처법에서 강조하는 "실효성 있는 안전보건체계 구축"의 실행력 증명 수단이 될 수 있다. BCP 문서화, 훈련 기록, 대체공정 계획, 협력사 연계 전략 등은 중처법상 책임 감경 또는 해명의 근거로 작동할 수 있기 때문이다.

결론적으로 BCP는 기존 체계를 대체하는 것이 아니라, 각각의 기능을 보완하고 조직의 복원력을 전사적으로 통합하는 고차원의 시스템이라 할 수 있다. 위기관리와 안전관리, 리스크관리에서 각기 다른 역할을 하던 시스템들이 BCP 하에서 유기적으로 연결되고, 위기 발생 이후 조직의 생존 가능성을 실질적으로 높이는 데 기여할 수 있다.

## 3 건설현장의 위기관리 현실과 BCP의 보완 역할
: 조직 대응 한계와 실행 프레임워크로서의 BCP

건설업은 외부 환경에 대한 의존성이 높고 공정이 복잡하며, 협력업체와 외주인력이 다수 참여하는 산업 특성상 다양한 위기 상황에 직면할 수밖에 없다. 그러나 현재 대부분의 건설현장에서는 위기 발생 시 대응 체계가 형식화되어 있거나, 일부 관리자 개인의 경험에 의존하는 경우가 많다. 이러한 상황은 실질적인 복구 능력 저하뿐 아니라, 발주처 및 지역사회로부터의 신뢰 하락으로 직결될 수 있다.

첫째, 건설현장에서의 위기관리 체계는 통상 법정 요구사항 충족을 목표로 형식적 운영에 머무는 경우가 많다. 예를 들어, 현장별 안전관리 계획, 사고 대응 절차서, 재난 상황 행동 매뉴얼 등이 존재하지만, 대부분은 작성 이후 현장 변화에 따라 갱신되지 않거나, 비상 상황에서 실제 활용되지 않는 경우가 많다. 즉, 현장 상황과 무관하게 문서화만 이루어지는 '문서 중심 관리'가 여전히 일반적이다. 이는 실질적 대응역량으로 이어지지 않으며, 위기 발생 시 즉시 대응이 어려운 구조를 만든다.

둘째, 복잡한 협력 구조와 느슨한 정보 흐름도 위기관리 실패의 주요 원인 중 하나다. 하나의 건설현장에는 원청사 외에도 수십 개의 협력업체, 감리단, 장비 업체, 자재 공급사 등이 얽혀 있으며, 이들 간 위기 대응 체계가 표준화되어 있지 않다. 예를 들어, 화재나 붕괴 사고 발생 시 각 주체가 서로 다른 절차와 판단 기준을 가지고 움직일 경우, 대응이 중복되거나 누락되어 초기 대응 실패로 이어진다. 비상 연락망은 종종 오래되어 유효하지 않으며, 보고 체계 역시 발주처와 감리단, 본사 간 지연되기 쉽다.

셋째, 대응 주체의 편차가 크다는 점도 문제다. 동일한 조직의 현장이라 하더라도 현장소장의 경력, 위기 경험 유무, 판단력 등에 따라 위기 대응 수준이 극명하게 갈린다. 일부 우수 현장은 대피 유도, 장비 이동, 감리 및 본사 보고 등을 체계적으로 진행하지만, 그렇지 못한 현장은 우왕좌왕하거나 오히려 혼란을 가중시키는 경우가 적지 않다. 이처럼 개인 역량에 의존하는 구조는 조직 전체의 일관된 대응 체계를 약화시키고, 결과적으로 조직 차원의 법적 책임 위험을 증대시킨다.

이러한 한계를 구조적으로 보완할 수 있는 수단이 바로 BCP이다. BCP는 업무 기능을 중심으로 위기 대응 체계를 재편하며, 전사적 수준에서 각 기능의 복구 우선순위와 대체자원 확보 방안을 수립하도록 요구한다. BCP는 사후 대응이 아닌 사전 계획 수립 및 실행 중심의 체계로서, 건설현장에 적용할 경우 다음과 같은 보완 효과를 제공한다.

첫째, 기능 중심의 시나리오 기반 대응 체계 구축이다. BCP는 사고 종류별로 개별 대응이 아닌, 핵심 기능(예: 자재조달, 급여처리, 현장 대피) 중심으로 시나리오를 설계한다. 예를 들어, 화재 발생 시 어떤 업무가 중단되며, 이를 어느 순서로 복구해야 하는지를 기능 단위로 정의함으로써 보다 전략적인 대응이 가능하다. 이는 기존의 유형별 사고 매뉴얼과 대비되는 관점이다.

둘째, 정보전달 체계의 표준화 및 통합 관리이다. BCP는 발주처, 감리단, 협력업체 등 외부 이해관계자와의 정보 연계 흐름을 사전에 정리하고, 이를 문서화하고 훈련한다. 특히 비상시 연락망을 다중 채널(SMS, 메신저, 위성전화 등)로 구성하고, 분기별 테스트를 통해 실효성을 점검하는 방식으로 정보전달의 단절을 최소화할 수 있다.

셋째, 대체자원 확보 및 공정 유연성 강화이다. 건설현장의 공정은 특정 인력, 장비, 자재에 고도 의존하는 경우가 많다. BCP는 업무중단 영향을 분석하고, 특정 자원의 부재 시 대체 가능한 공급처, 장비, 외주 인력을 사전에 확보하도록 요구한다. 이는 공정 지연을 최소화할 뿐 아니라, 협력사 리스크를 분산시키는 효과도 있다.

넷째, 실행력 확보를 위한 반복 훈련 체계 운영이다. BCP는 단순히 문서화된 계획이 아니라, 그 실행력을 담보할 수 있도록 정기적 훈련을 요구한다. 건설현장에 특화된 tabletop 시나리오 훈련, 감리단과 연계된 위기대응 모의실습, 외주업체 참여형 교육을 통해 현장 전체의 대응 수준을 표준화할 수 있다. 또한 훈련 후에는 피드백을 통해 문서를 업데이트함으로써 계획의 최신성과 실효성을 확보할 수 있다.

다섯째, 조직 내부의 의사결정 속도 향상 및 책임 분산이다. BCP는 위기 발생 시 누가, 언제, 어떤 권한을 가지고 어떤 결정을 내리는지를 역할기반(RACI 방식 등)으로 정리한다. 이는 사고 대응 시 판단 지연을 줄이고, 책임소재를 명확히 하여 조직 전체의 리스크를 분산시키는 데 기여한다. 특히 중대재해처벌법이 요구하는 "경영진의 실행 조치 입증"과도 연결된다.

이와 같은 보완적 기능을 통해 BCP는 건설현장의 위기관리 체계가 가진 기존 한계를 구조적으로 극복할 수 있는 수단이 된다. 기존 시스템이 다루지 못하는 '복구 목표 설정', '자원 복원 전략', '외부 연계 매커니즘', '훈련 기반 실행력 확보' 등은 BCP만이 제공할 수 있는 고유 영역이다. 특히 다수의 이해관계자가 참여하는 복합적 프로젝트 구조 속에서 BCP는 조직 간 혼선과 대응 격차를 줄이는 통합 프레임워크로 기능할 수 있다.

결론적으로, 건설현장의 위기관리 시스템은 단일 기능 중심의 대응에서 복수 기능 간의 연계성과 회복전략 중심으로 전환되어야 하며, 이 역할을 수행할 수 있는 실행력 중심의 도구가 바로 BCP다. BCP는 단순한 위기 대응 매뉴얼이 아니라, 위기 이후 조직이 어떤 전략으로 생존하고 복원될 수 있는지를 제시하는 실행 체계이자 생존 전략이다.

## 4 통합 재난관리 체계에서 BCP의 제도적 위치
: ICS, COOP, 지자체 체계와의 정합성 및 법적 방어 수단으로서의 기능

건설업은 대규모 자본과 인력이 투입되며, 수많은 이해관계자가 얽혀 있는 복합 산업이다. 이에 따라 위기 상황에서의 대응 체계도 단순히 조직 내부에서 끝나지 않고, 발주처, 감리단, 지자체, 소방서 등 외부 기관과의 연계 속에서 작동해야 한다. 이런 맥락에서 BCP는 단순한 기업 내 문서가 아니라, 보다 넓은 공공적 시스템 속에서 제도적 위치를 명확히 가져야 하며, 통합 재난관리 체계와의 정합성이 요구된다.

### 1) ICS(Incident Command System)와 BCP의 연계

ICS는 미국 FEMA(연방재난관리청)와 같은 기관들이 재난 발생 시 대응체계를 표준화하기 위해 개발한 구조로, 국내 지자체들도 이를 참고한 통합지휘체계를 수립하고 있다. ICS의 핵심은 다음과 같은 기능 기반 지휘체계 구성이다:

표 4-2 ICS 핵심구성과 주요기능

| ICS 핵심 구성 | 주요 기능 |
|---|---|
| Incident Commander | 전체 통제권과 자원 배분 권한 보유 |
| Operations Section | 실질적 대응(대피, 구조 등) 수행 |
| Planning Section | 상황정보 수집 및 대응계획 수립 |
| Logistics Section | 장비, 인력, 식량 등 지원 체계 확보 |
| Finance/Admin Section | 예산, 회계, 계약 관리 |

BCP는 이러한 ICS 체계와 상호 보완적으로 작용할 수 있다. 예를 들어 BCP에서 정의한 기능 우선순위, 복구시간목표(RTO), 협력사 목록, 자원 대체 시나리오 등은 ICS의 Operations 및 Planning Section에서 바로 활용될 수 있는 정보다. 특히 복구 우선 기능별 자원 분배 기준은 ICS의 Logistics 운영과 정확히 맞물린다.

### 2) COOP(Continuity of Operations Plan)와의 구조적 유사성

COOP는 미국 연방정부와 공공기관들이 국가재난이나 비상사태 시 필수기능을 유지하기 위한 제도적 계획이다. 한국의 공공기관 기능연속성계획(COOP)과 유사한 개념으로, 다음과 같은 구조를 갖는다:

- 핵심 기능 정의(Mission Essential Functions)
- 업무영향분석(BIA) 수행
- 복구 우선순위 및 전략 수립
- 대체자원, 인력, 장소 확보 계획
- 훈련 및 유지관리 시스템 운영

BCP는 민간 기업에서의 COOP에 해당하며, 그 목적은 동일하다: 즉, 조직이 정지하지 않도록 최소 기능을 유지하는 것이다. 특히 중대재해처벌법이 요구하는 "위기 대비 체계 증빙"과 관련하여, COOP와 유사한 구조의 BCP 문서는 법적 방어 수단으로도 기능할 수 있다.

### 3) 지자체 및 발주처 연계 구조에서의 BCP 위치

건설업은 대형 재난 발생 시 민간이면서도 공공 인프라 복구에 참여해야 하는 특수 산업이다. 대표적으로 다음과 같은 연계가 필요하다:

- 지자체 재난관리본부(EOC)와의 정보 연계
- 발주처의 자체 BCP 또는 복구 계획과의 정합성 확보
- 소방, 경찰, 보건당국과의 연락 체계 공유

이러한 연결이 원활히 작동하기 위해서는 BCP가 독립된 문서가 아닌, 다기관 통합 매뉴얼의 일부 또는 대응 계획의 하위 단위로서 위치를 가져야 한다. 특히 지자체가 운영하는 재난관리 시스템(예: 통합상황실, 재난포털)과 데이터 연동이 가능하도록 BCP의 표준화가 필요하다.

### 4) 법적 입증 수단으로서의 BCP

BCP는 단지 복구 수단이 아니라 법적 분쟁 시 실행력을 증명하는 증거로서의 가치도 가진다. 중대재해처벌법, 산업안전보건법, 민법상 손해배상책임에서 기업의 책임이 쟁점이 될 경우, BCP 관련 문서는 다음과 같은 법적 효력을 가질 수 있다:

표 4-3 BCP문서의 법적 효력

| 법적 책임 항목 | BCP 문서와의 연결 |
|---|---|
| 안전보건 확보 의무 이행 | 복구계획 수립 기록, 조직 승인 문서 |
| 실행 여부 입증 | 훈련 결과, 점검 체크리스트, 내부 보고서 |
| 협력사 관리 책임 | 협력사 연계계획, 통합 연락체계 문서 |
| 사전 예방 조치 여부 | 시나리오 분석 결과, 자원 확보 계획서 |

### 5) 실행 사례 기반 정합성 확보 방안

실제 건설 현장에서 BCP가 통합 체계 속에서 작동한 사례를 확보하고 공유하는 것은 제도적 위치를 강화하는 데 효과적이다. 예를 들어, 모 건설사가 지진 발생 후 6시간 내 공정 재개를 목표로 한 복구 시나리오를 지자체 EOC에 사전 공유하고, 지자체의 대응 시스템과 연계한 모의훈련을 진행한 사례는 모범적인 BCP-공공 연계 사례로 소개되고 있다.

통합 재난관리 체계 내에서 BCP는 다음의 세 가지 역할을 통해 명확한 제도적 위치를 가질 수 있다:

- 공공 ICS 및 COOP 체계와의 연계 정보 제공자
- 다기관 간 자원 배분 기준 수립의 실무 자료
- 법적 책임 회피 또는 감경을 위한 이행 증거 제공 체계

이를 실현하기 위해서는 BCP 작성 시 외부 기관 공유를 전제로 한 양식 표준화, 전자적 저장 및 송출 구조 확보, 지자체 및 발주처와의 정기 훈련 체계화 등이 선행되어야 한다. 궁극적으로 BCP는 개별 기업의 대응력을 넘어, 지역사회 회복력의 구성 요소로 인식되어야 하며, 그 제도적 정합성 확보는 건설업 지속가능성의 핵심 기반이 된다.

## 참고문헌

1. BCP와 위기관리·안전관리·리스크관리의 개념 비교 및 통합 전략

- Elliott, D., Swartz, E., & Herbane, B. (2010). Business continuity management: A crisis management approach (2nd ed.). Routledge.
- Herbane, B. (2013). Exploring crisis management in UK small- and medium-sized enterprises. Journal of Contingencies and Crisis Management, 21(2), 82–95. https://doi.org/10.1111/1468-5973.12011
- 한국위기관리논집 편집위원회. (2021). 「위기관리, 리스크관리, 그리고 BCP의 연계성 고찰」. 한국위기관리논집, 17(2), 19-38.

2. 중대재해처벌법과 BCP의 전략적 연계 및 법적 대응

- 고용노동부. (2022). 『중대재해처벌법 해설서』. 세종: 고용노동부.
- Lee, S., & Kim, H. (2022). Legal Framework and Operational Strategy of BCP in Response to the Serious Accidents Punishment Act. Korean Journal of Occupational Safety and Health, 31(3), 102–115.
- 이재성, 박한철. (2023). 「건설산업에서의 중대재해처벌법 대응을 위한 BCP 수립 전략」. 산업안전보건연구, 48(1), 55-74.

3. BCP와 COOP, ICS 등 공공 시스템과의 정합성

- FEMA. (2021). Continuity Guidance Circular (CGC). Federal Emergency Management Agency.
- Perry, R. W., & Lindell, M. K. (2007). Emergency planning. John Wiley & Sons.
- 행정안전부. (2020). 『공공기관 기능연속성계획(COOP) 수립 매뉴얼』. 세종: 행정안전부.

4. 건설업 BCP의 제도적 위치 및 실행 사례

- Shin, Y., & Jung, H. (2020). Construction Industry's Business Continuity Planning: Practical Implementation and Public Linkage. Journal of Korean Society of Disaster Information, 16(2), 88–97.
- 김상효, 정재민. (2022). 「건설현장에서의 위기관리 시스템과 BCP 적용사례 분석」. 한국건설관리학회논문집, 23(1), 51-64.

제5장

# 국내외 가이드라인 및 법제 분석

건설업은 다양한 이해관계자, 고위험 환경, 복잡한 공급망 구조, 외부 의존성이 높은 산업 특성상, 위기 대응과 복구 전략이 체계적으로 설계되지 않으면 단기간 내에 심각한 기능 마비와 대외 신뢰 상실로 이어질 수 있다. 이에 따라 BCP(업무연속성계획)는 단순한 재해 대응 계획을 넘어, 조직의 회복탄력성을 보장하고 법적·제도적 신뢰를 확보하는 전략 수단으로 점점 중요해지고 있다. 하지만 건설업체의 실무 환경에서는 "어떻게 설계하고 실행해야 하는가"에 대한 기준이 불분명하거나, 현실과 맞지 않는 지침이 반복적으로 복사·붙여넣기 식으로 활용되는 경우가 많다.

이러한 한계를 극복하기 위해서는 국제표준과 각국 실무 가이드라인, 국내 관련 법제와 정책을 구조적으로 이해하고, 이를 건설업 환경에 맞게 번역·적용할 수 있는 능력이 필요하다. 실제로 ISO 22301(업무연속성관리시스템), ISO 22317(BIA 수행지침), ISO 31000(리스크관리 프레임워크) 등은 단순한 이론이 아니라 수십 년간 다양한 재난과 산업 경험을 바탕으로 정립된 실행 프레임이다. 일본 국토교통성(MLIT)의 건설업 전용 BCP 가이드라인, 영국 BCI의 Good Practice Guidelines(GPG), 미국 FEMA의 Continuity of Operations Plan(COOP) 구조는 건설업뿐 아니라 민관연계형 위기대응 체계 전반에 적용 가능한 실무형 모델을 제공한다.

또한 국내에서도 행정안전부, 고용노동부, 산업부, 금융감독원 등을 중심으로 각 산업과 목적에 맞춘 BCP 지침을 발간하고 있으며, 특히 공공 발주기관이 BCP 제출을 요구하는 사례가 증가함에 따라, 이러한 국내 법제 기반의 이해는 단순 참고가 아닌 "입찰 참여와 계약 유지의 전제조건"으로 변모하고 있다.

본 장에서는 이러한 배경 속에서 국제표준과 해외 가이드라인, 국내 정책 및 제도, 그리고 건설업 특화 사례와 규제 흐름을 네 가지 관점에서 분석한다. 독자는 이를 통해 다음과 같은 질문에 대한 답을 얻을 수 있을 것이다:

- BCP 수립 시 반드시 고려해야 할 국제표준은 무엇인가?
- 해외 주요 선진국들은 BCP를 어떻게 설계하고 현장에 적용하고 있는가?
- 국내에서 발행된 각종 가이드라인과 법제는 건설업 BCP에 어떤 의미를 가지는가?
- 실제 국내 건설사들은 어떠한 방식으로 BCP를 도입하거나 제도적 대응을 하고 있는가?

이를 통해 본 장은 BCP 수립의 실행력을 제고할 수 있는 기준선(Baseline)을 제공하며, 표준화된 구조와 문서화 체계를 갖추려는 실무자와 관리자들에게 "전략적 정합성"과 "법적 방어 기반"을 함께 구축할 수 있도록 실질적 도움을 주고자 한다.

## 1 ISO 22301, 22317, 31000, 22316 개요

본 절에서는 BCP 수립 및 실행에 핵심적 기준이 되는 국제표준 네 가지를 중심으로 그 내용과 시사점을 정리한다. ISO 22301은 BCP의 전반적 경영시스템 구조를 규정하며, ISO 22317은 업무영향분석(BIA)에 대한 구체적 지침을 제공한다. ISO 31000은 리스크 관리의 철학과 원칙을, ISO 22316은 조직 회복력(Resilience)에 대한 개념과 조직문화적 접근을 제시함으로써, BCP를 단순한 복구계획이 아닌 경영 전략으로 접근하도록 한다.

### 1.1. ISO 22301:2019 - 비즈니스 연속성 관리시스템(BCMS) 국제표준

ISO 22301은 국제표준화기구(ISO)에서 제정한 '비즈니스 연속성 관리시스템(BCMS, Business Continuity Management System)'에 관한 국제 표준으로, 조직이 각종 위기 상황 속에서도 핵심 기능을 유지하고 빠르게 복구할 수 있도록 체계적인 관리체계를 구축하는 데 목적이 있다. 최신 개정판인 ISO 22301:2019는 ISO의 고수준 구조(HLS: High-Level Structure)를 채택하여 타 ISO 경영시스템(예: ISO 9001, ISO 14001)과의 통합 운영이 가능하도록 설계되었다.

### 1) ISO 22301의 제정 목적과 적용 대상

ISO 22301은 재난, 사고, 테러, 사이버 공격, 팬데믹, 공급망 차질 등 조직의 핵심 업무를 중단시킬 수 있는 사건에 대비하여, 중단을 최소화하고 신속하게 복구할 수 있도록 사전에 대응계획을 수립하고 운영하는 것을 목적으로 한다. 이 표준은 다음과 같은 조직에 적용 가능하다:

- 민간기업(대기업, 중소기업 포함)
- 공공기관 및 지방정부
- 병원, 학교, 금융기관 등 공공성과 중요성이 높은 조직
- 공급망에 대한 책임이 있는 제조·유통·건설 기업

### 2) 핵심 개념과 용어

표 5-1 BCP의 핵심 용어와 정의

| 용어 | 정의 |
|---|---|
| Business Continuity (BC) | 혼란(disruption) 상황에서도 핵심 활동을 지속하거나 조속히 복구하는 능력 |
| BCMS | 조직의 비즈니스 연속성을 체계적으로 관리하기 위한 경영 시스템 |
| Interested Parties | 조비즈니스 연속성과 관련된 이해관계자들 (고객, 정부, 파트너 등) |
| RTO | 복구목표시간 (Recovery Time Objective) |
| MTPD | 최대허용중단시간 (Maximum Tolerable Period of Disruption) |
| BIA | 업무영향분석 (Business Impact Analysis) |
| RA | 위험평가 (Risk Assessment) |

### 3) ISO 22301의 구조 (10개 조항)

ISO 22301은 다음과 같은 조항으로 구성되어 있다:

표 5-2 ISO 22301 구조

| 조항 | 제목 | 주요 내용 요약 |
|---|---|---|
| 1 | Scope | 적용 범위와 목적 설명 |
| 2 | Normative references | 필수 참조 문서 없음 (기준 자체로 독립적) |
| 3 | Terms and definitions | 용어 정의 (ISO 22300 기반) |
| 4 | Context of the organization | 조직의 상황, 이해관계자, BCMS 범위 정의 |
| 5 | Leadership | 최고경영자의 리더십, 정책, 조직 역할과 책임 명시 |
| 6 | Planning | 리스크 및 기회, 목표, 변경계획 수립 |
| 7 | Support | 역량, 인식, 의사소통, 문서정보 등의 지원자원 확보 |
| 8 | Operation | BIA, 위험평가, 전략수립, 실행 및 대응 절차 포함 |
| 9 | Performance evaluation | 모니터링, 내부심사, 경영검토 등 이행성과 측정 |
| 10 | Improvement | 부적합 시정조치 및 지속적 개선 절차 |

### 4) 핵심 활동 흐름 : BIA → 전략 → 대응계획 → 테스트

ISO 22301은 단순히 문서를 작성하는 데 그치지 않고 실제 실행 가능성과 반복 개선을 강조한다. 핵심 활동 흐름은 다음과 같다:

① **업무영향분석(BIA)** : 조직의 핵심 기능을 식별하고, 중단 시 영향을 정량·정성적으로 평가

② **위험평가(RA)** : 각 위기 시나리오에 대한 위협 요소와 발생 가능성 분석

③ **연속성 전략 수립** : 기능 유지 또는 신속한 복구를 위한 대체시설, 인력, 기술 수단 확보

④ **운영계획 수립** : 부서별 대응절차, 커뮤니케이션 체계, 비상연락망 구축

⑤ **훈련 및 테스트** : 정기적인 모의훈련과 Table-top Exercise를 통해 계획의 실효성 검증

⑥ **피드백 및 개선** : 테스트 결과를 기반으로 계획 수정 및 경영검토

### 5) ISO 22301과 타 표준과의 연계

표 5-3 관련 ISO 표준 비교

| 표준명 | 연계 내용 |
|---|---|
| ISO 9001 (품질경영) | 문서관리, 내부심사, 지속적 개선 등의 시스템 요소 공유 |
| ISO 27001 (정보보호) | 정보 보안 리스크와 연속성 관리가 연계됨 (특히 사이버 보안 사건) |
| ISO 14001 (환경경영) | 위기 시 환경 리스크 관리 영역과 협업 가능 |
| ISO 31000 (위험관리) | 리스크 식별, 분석, 평가 방법론을 공유하며 BC 전략 기반 제공 |

### 6) ISO 22301 도입의 기대 효과

표 5-4 ISO 도입 기대효과

| 분야 | 기대 효과 |
|---|---|
| 조직 회복력 | 예기치 못한 중단 상황에서 조기 복구 및 운영 유지 능력 향상 |
| 고객 신뢰도 | 고객 요구사항에 대한 대응력 확보 및 대외적 신뢰성 제고 |
| 계약 경쟁력 | 공공기관, 글로벌 기업의 BCP 요구사항 충족 가능 |
| 내부문화 | 위험 인식 및 대응 중심의 경영문화 형성 |
| 인증 획득 | ISO 인증을 통한 차별화된 대외 경쟁력 확보 |

## 1.2 관련 ISO 국제 표준

### 1) ISO 22317 : 업무영향분석(BIA) 가이드라인

ISO 22317은 ISO 22301(비즈니스 연속성 관리시스템, BCMS)의 하위 표준으로, 조직이 효과적인 업무영향분석(BIA: Business Impact Analysis) 을 수행할 수 있도록 상세한 가이드를 제공한다. 이 표준은 2015년에 제정되었으며, BIA를 통해 조직의 핵심 기능을 식별하고, 업무 중단이 조직에 미치는 정량적·정성적 영향을 평가함으로써 연속성 전략 수립의 기초 자료를 마련하는 것을 목표로 한다.

### ① ISO 22317의 적용 목적

업무영향분석은 비즈니스 연속성계획(BCP)의 출발점이자 핵심 구성요소로, ISO 22317은 BIA 수행을 위한 표준화된 절차와 방법론을 제공한다. 주요 목적은 다음과 같다:

- 핵심업무(Critical Activities) 식별
- 각 업무의 중단이 초래할 손실 유형(재무, 법률, 평판 등) 및 허용 한계 도출
- 복구목표시간(RTO), 최대허용중단시간(MTPD) 등 연속성 지표 산정
- 자원, 인프라, 인력, 정보 등의 의존성 분석

### ② BIA 수행의 주요 단계 (ISO 22317 기반)

표 5-5 BIA 수행단계

| 단계 | 핵심 활동 |
|---|---|
| 1. 사전준비 | 범위 설정, BIA 수행 목적 정의, 책임자 및 팀 구성 |
| 2. 정보 수집 | 인터뷰, 설문조사 등을 통해 업무 흐름, 자원, 외부 의존도 파악 |
| 3. 영향 평가 | 업무 중단이 발생했을 때 재무적, 운영적, 법률적, 평판적 영향 분석 |
| 4. 복구 목표 설정 | RTO, MTPD, MBCO 산출 및 업무 우선순위 도출 |
| 5. 결과 문서화 | 분석 결과를 표와 그래프 등으로 정리하여 연속성 전략의 기반 확보 |

### ③ 분석 항목 예시

- 업무명 및 부서 : 각 업무의 명칭과 수행 조직 명시
- 업무 목적 : 조직 내에서 해당 업무가 차지하는 전략적 중요도
- 정상 운영 주기 : 일간, 주간, 월간 등 운영 빈도
- 업무 산출물 및 고객 : 결과물과 수요자(내부·외부)
- 의존 자원 : 인력, 시스템, 시설, 공급자, 법적 요건 등
- 중단 시 영향 : 재무 손실, 규제 위반, 고객 불만, 이미지 손상 등
- 시간경과에 따른 영향도 곡선 : 업무가 중단되는 시간에 따라 피해가 커지는 경향 시각화

### ④ ISO 22317의 특징과 장점

- 체계적 접근법 : 자산 중심(asset-based)이 아닌, 활동 중심(activity-based) 접근
- 정량·정성 통합 : 데이터와 판단을 결합해 실무자 중심의 분석 가능
- 모듈형 적용 가능 : 기업 규모, 업종에 따라 단계별 적용이 용이함
- BC 전략 연계성 강조 : BIA 결과가 복구 전략 설계의 기준값이 됨

### ⑤ 건설업에서의 BIA 적용 시 고려사항

- 공정 단위 분석 필요 : 시공, 설계, 자재조달 등 공정별 업무 단위 식별
- 협력사 리스크 반영 : 외주업체 중단이 초래하는 영향 포함
- 현장 중심 자원분석 : 장비, 인력, 지역 인프라 등의 가용성 평가 필요
- 단계적 실행 : 본사 중심의 시범 도입 후, 주요 현장별 확대 적용

ISO 22317은 조직이 핵심 기능을 보호하고, 효과적인 연속성 전략을 수립하는 데 필수적인 '업무영향분석'의 실행력을 강화하는 데 목적이 있다. ISO 22301을 적용하거나 BCP를 수립하고자 하는 조직이라면, 이 표준을 통해 BIA 수행의 질과 신뢰도를 높일 수 있다.

## 2) ISO 31000: 위험관리(Risk Management) 국제표준

ISO 31000은 조직이 직면하는 다양한 불확실성에 대응하기 위한 위험관리(Risk Management) 의 원칙, 프레임워크 및 프로세스를 규정한 국제표준이다. 2009년 초판이 발간된 이후, 2018년 개정판이 최신 버전으로 사용되고 있으며, 다양한 산업군과 조직 유형에서 적용할 수 있도록 범용적이며 유연한 접근법을 제공한다.

### ① ISO 31000의 목적과 적용 대상

ISO 31000은 다음을 목적으로 한다:

- 조직이 전략, 운영, 재무, 환경 등 다양한 리스크를 식별·평가·대응할 수 있도록 지원
- 위험기반 사고(Risk-Based Thinking)를 통해 경영 전반의 의사결정 품질 향상
- 비즈니스 연속성, 안전보건, 정보보안 등 여러 분야의 리스크 관리를 통합적 체계로 연결

적용 대상은 특정 산업이나 규모에 국한되지 않으며, 정부기관, 기업, NGO, 교육기관 등 모든 조직에 적용 가능하다.

### ② 위험관리의 3요소 구조

ISO 31000은 다음의 세 가지 축으로 구성된다:

표 5-6 ISO 31000 구성 요소

| 구성 요소 | 설명 |
|---|---|
| 1. 원칙(Principles) | 효과적인 위험관리를 위한 8가지 기본 원칙 제시 |
| 2. 프레임워크(Framework) | 조직 내 리스크 관리 체계를 설계·운영·통합하는 구조 |
| 3. 프로세스(Process) | 위험 식별 → 분석 → 평가 → 대응 → 모니터링 순환 프로세스 |

**③ 위험관리의 8대 원칙 (ISO 31000:2018 기준)**

- 통합성 (Integrated) : 경영활동 전반에 리스크 관리가 통합되어야 함
- 구조화와 포괄성 (Structured and Comprehensive) : 일관된 접근으로 리스크를 관리해야 함
- 맞춤화 (Customized) : 조직의 외부 환경, 문화, 목표에 맞추어 설계되어야 함
- 포용성 (Inclusive) : 이해관계자의 참여와 커뮤니케이션을 반영
- 역동성 (Dynamic) : 리스크는 변화하므로 지속적으로 모니터링하고 반영
- 최선의 정보 기반 (Best Available Information) : 데이터, 경험, 예측을 기반으로 결정
- 인간 및 문화적 요인 인식 (Human and Cultural Factors) : 인간의 행동과 조직문화가 중요한 변수임을 인지
- 지속적 개선 (Continual Improvement) : 리스크 관리 활동은 반복 학습을 통해 개선되어야 함

**④ ISO 31000 위험관리 프로세스 흐름도**

- 위험 식별 : 위협요소, 취약점, 가능성 있는 사고 등을 찾아내는 단계
- 위험 분석 : 각 리스크의 발생 확률과 영향도 평가 (정량 또는 정성)
- 위험 평가 : 수용 가능한 수준인지 판단하여 우선순위 결정
- 위험 처리 : 회피, 감소, 전가(보험), 수용 등 적절한 대응전략 수립
- 모니터링 및 검토 : 리스크 대응 실행 여부와 효과를 지속적으로 추적
- 커뮤니케이션 및 협의 : 내부 및 외부 이해관계자와 지속적인 정보 공유 및 피드백

**⑤ ISO 31000과 BCP·ISO 22301의 관계**

- ISO 31000은 위험관리에 대한 상위 원칙과 방법론을 제공하며,
- ISO 22301(비즈니스 연속성 관리)는 리스크 평가를 기반으로 연속성 전략을 수립함
- BCP 수립의 출발점은 ISO 31000의 위험 식별·분석·평가 절차와 동일함
- 즉, ISO 31000은 BCP 수립 전 단계의 프레임워크를 제공한다고 할 수 있음

ISO 31000은 단순히 리스크를 피하기 위한 수단이 아니라, 조직의 전략적 목표 달성 과정에서 리스크를 인지하고 활용하는 사고방식을 강조한다. BCP 수립뿐 아니라 안전, 품질, ESG 경영 등 전반의 통합위험관리를 위해 반드시 숙지해야 할 국제표준이다.

### 3) ISO 22316: 조직 회복력(Resilience)

ISO 22316은 조직이 급변하는 환경 속에서도 중대한 위기와 복잡한 도전에 효과적으로 대응하고 지속가능하게 운영될 수 있도록 하는 '조직 회복력(Organizational Resilience)'에 대한 국제표준이다. 2017년에 제정된 이 표준은 비즈니스 연속성(ISO 22301), 리스크 관리(ISO 31000), 정보보안(ISO 27001) 등 다양한 경영 시스템과의 연결점을 제공하며, 위기에 강

한 조직을 만들기 위한 '원칙 중심의 가이드라인'을 제시한다.

### ① ISO 22316의 정의와 핵심 개념

- 조직 회복력(Organizational Resilience)이란?

  : 조직이 변화나 위협적 사건에 직면했을 때, 그 영향을 흡수하고 적응하며 핵심 기능을 유지하고 기회로 전환할 수 있는 능력

ISO 22316은 이를 단순한 '위기 대응 능력'이 아니라 조직의 전략, 문화, 리더십, 커뮤니케이션, 학습 능력 등 전사적 역량의 복합체로 본다.

### ② 표준의 목적

ISO 22316은 특정한 인증 시스템을 요구하지 않으며, 대신 다음과 같은 목적을 달성하도록 설계되었다 :

- 회복력의 구성 요소를 식별하고 설명
- 조직이 자율적으로 회복력을 증진시킬 수 있도록 방향 제시
- 기존 경영시스템(품질, 정보보안, 재해대응 등)을 통합적으로 조망
- 회복력 강화를 통해 지속가능성과 경쟁력을 동시에 확보

### ③ 회복력 강화를 위한 핵심 원칙

표 5-7 ISO 22316의 원칙

| 원칙 | 설명 |
|---|---|
| 1. 공유된 목적 | 전 구성원이 조직의 핵심 목표와 사명에 공감하고 행동 |
| 2. 효과적인 리더십 | 위기 속에서도 방향 제시와 신속한 결정이 가능한 리더십 체계 구축 |
| 3. 조직 문화 | 투명성, 학습, 협력 중심의 회복력 기반 문화 정착 |
| 4. 공유된 정보 | 정확하고 신뢰할 수 있는 정보의 유통 체계 확보 |
| 5. 자원 가용성 | 위기 시에도 자원(인력, 자산, 기술)이 충분히 동원 가능해야 함 |
| 6. 이해관계자 참여 | 고객, 파트너, 협력사 등 외부 이해관계자와의 상호 신뢰와 협력 강화 |
| 7. 변화 수용성 | 예측 불가능한 변화에 대한 유연한 적응 능력 함양 |
| 8. 위기 학습 | 실패나 혼란으로부터 학습하고 개선으로 연결하는 체계 |
| 9. 내부·외부 상황의 이해 | 조직 내외부 환경의 동향과 리스크를 정확히 인지하고 분석함 |

#### ④ 조직 회복력의 구성요소

ISO 22316은 조직 회복력을 구성하는 주요 능력을 다음과 같이 제시한다:

- 상황 인식 능력 (Situational Awareness) : 조직 내부와 외부의 환경 변화, 위협요인, 기회를 정확히 감지하고 판단하는 능력
- 응답 민첩성 (Agility) : 신속하게 행동하고 의사결정을 내릴 수 있는 구조와 문화
- 적응성 (Adaptability) : 장기적 구조조정이나 전략적 변화를 수용하고 실행하는 능력
- 통합적 사고 (Integrated Thinking) : 조직 전체의 시스템과 연계된 사고 방식, 사일로(Silo) 제거
- 지속적 개선 (Continuous Improvement) : 회복 후 평가, 학습, 피드백, 개선 실행으로 이어지는 순환 구조

ISO 22316은 비상 상황 발생 시 단기적인 대응이 아닌, 장기적 관점에서 조직 전체의 회복능력을 구조적으로 내재화하는 전략을 제시한다. BCP, 위험관리, 품질경영 등 기존 시스템과 연계할 때 그 효과가 극대화되며, 특히 복잡성과 불확실성이 높은 건설업에서는 문화, 리더십, 유연성 기반의 회복력 구축이 생존력 확보의 핵심이 된다.

# 2 FEMA, BCI, 일본 MLIT BCP 가이드라인

본 절에서는 건설업 BCP 수립에 실질적인 시사점을 제공할 수 있는 대표적 해외 가이드라인 세 가지를 살펴본다. 각각은 미국의 FEMA(연방재난관리청), 영국의 BCI(Business Continuity Institute), 일본의 국토교통성(MLIT)에서 제정하거나 보급한 BCP 관련 기준과 실무 지침으로서, 건설업에 직접 응용 가능한 모범 사례와 운영 모델을 풍부하게 담고 있다. 특히 일본 사례는 건설업에 특화된 BCP 수립 접근을 보여주며, 우리나라 건설업체의 벤치마킹 대상으로서 주목할 필요가 있다.

## 2.1 FEMA의 BCM 프레임워크

FEMA는 미국 국토안보부 산하 기관으로, 민간과 공공 부문을 아우르는 재난 대비 프레임워크를 수립하고 있으며, 그중 『Continuity Guidance Circular (CGC)』와 『Business Continuity Planning Suite』가 BCP 설계에 참고되는 핵심 자료다. FEMA는 BCP를 단순한 문서가 아닌, 조직의 핵심 기능을 지키기 위한 역량 기반 접근(capability-based approach)으로 정의하며, 다음과 같은 구조를 제시한다:

- Essential Functions 식별 : BIA에 준하는 사전분석 과정으로 핵심 기능을 분류함.
- Orders of Succession : 주요 의사결정권자의 부재를 대비한 승계 체계 설계.
- Delegation of Authority : 사전 위임된 권한체계를 문서화하여 혼란을 최소화.
- Alternate Facilities : 업무 재개를 위한 대체공간 확보 전략.
- Continuity Communications : 비상시 내부 및 대외 커뮤니케이션 확보 체계.
- Vital Records Management : 업무 필수 문서 및 정보 자산의 보호 및 백업 체계.

이와 같은 요소들은 건설현장 운영에도 직접적으로 적용 가능하다. 예를 들어, 현장소장의 부재 시 의사결정 라인을 승계하거나, 사고 발생 시 공사감독·협력사·발주처 간 통신 체계를 유지하는 등 실제 혼란에 대응하는 실행력을 강화할 수 있다.

## 2.2. BCI의 Good Practice Guidelines (GPG)

영국의 Business Continuity Institute(BCI)는 국제적으로 권위 있는 BCP 전문기관으로, 『Good Practice Guidelines』(GPG)을 통해 BCP 수립의 표준 절차와 원칙을 제시하고 있다. 이 가이드는 ISO 22301과 구조적으로 유사하지만 보다 실무 중심이며, 다음의 여섯 단계로 구성된다:

① Policy and Programme Management : BCP를 전략적 프레임워크에 연계

② Embedding BCM into the Organization's Culture : 조직문화 속에 BCM 을 내재화함.

③ Analysis : BIA, 위험평가, 외부환경 분석 등을 포함한 기초 분석.

④ Design : 복구전략과 대체수단을 설계.

⑤ Implementation : 매뉴얼, 절차, 훈련 등을 통해 실행.

⑥ Validation : 정기적 훈련과 피드백을 통해 개선.

BCI GPG의 특징은 '사고발생 전 대비(pre-incident readiness)'와 '조직문화 기반의 확산'을 강조한다는 점이다. 특히, 건설업처럼 조직 경계가 모호하고 협력업체와의 연계가 강한 산업에서는, 본사 중심의 강제보다 현장과 협력사 간의 BCM 문화 공유가 중요하다. BCI는 이를 위해 '커뮤니케이션 전략', '이해관계자 맵 작성', '복수 책임자 체계' 등을 제시하고 있다.

## 2.3. 일본 국토교통성(MLIT)의 건설업 BCP 가이드라인

일본 MLIT는 2010년대 초반부터 건설업체 대상 BCP 가이드라인을 개발하고 적극 보급해 왔다. 이 가이드라인은 일본 내 건설업체(특히 중견·중소기업)의 BCP 수립을 촉진하고자 구성되었으며, 다음의 단계별 접근 방식을 특징으로 한다:

- 현장 중심 사고(현장 단위 BCP) : 각 건설현장별로 독립된 리스크 식별 및 복구 계획 수립.
- 공공공사 계약 대응성 확보 : 재난 시 조기 복구 참여와 조달계약 유지 조건을 연계함.
- 공정관리 연계 : BCP와 CPM(공정관리)을 통합하여 공사 기간 및 품질을 유지.
- 복수 협력사와의 연계 계획 : 특정 협력업체 의존을 낮추고 대체 네트워크를 사전 설계.

MLIT는 특히 동일본 대지진(2011년) 이후, BCP가 단순히 민간 영역의 자율적 계획이 아니라 공공 기능 유지와 조달 안정성을 위한 전략적 장치라는 인식을 확산시켰다. 건설업체가 BCP를 갖추는 것이 '재난 대응형 계약자'로서의 자격 조건으로 작동하기 시작했고, 이로 인해 많은 중견·중소 건설사들이 실질적 대응계획을 수립하는 계기가 되었다.

MLIT는 BCP 수립 시 중점 항목을 다음과 같이 제시한다:

- 재해 직후 6시간 내 연락 체계 가동
- 24시간 내 복구 대상 파악 및 우선순위 설정
- 72시간 내 가용 자원 투입 및 공사 재개

이러한 기준은 건설업의 '골든타임' 개념을 명확히 설정한 예로, 한국 건설업계에도 그대로 적용 가능하다.

FEMA, BCI, 일본 MLIT의 BCP 지침은 각각의 국가적·산업적 맥락에 따라 다르지만, 공통적으로 다음과 같은 시사점을 제공한다:

- BCP는 계획 문서가 아닌 운영 체계이며,
- 리더십, 정보관리, 대체시설, 의사결정 승계 등의 요소가 핵심이며,
- 건설업은 현장 단위의 복원력 확보가 중요하다는 점이다.

이러한 국제·국가 사례들은 향후 이후 실무편에서 다룰 '건설업 맞춤형 BCP 수립'의 기준을 제공하며, 특히 일본 MLIT의 접근은 우리나라 공공 발주기관의 정책 설계에도 참고될 수 있다. 또한 BCP 수립에 있어 단일한 모범답안이 존재하지 않는다는 점에서, 각 건설사가 자사 구조와 사업 특성에 맞는 기준을 조합하고 해석하는 능력이 필수적이다.

# 3 한국의 BCP 관련 법제도 및 정책 현황

한국의 BCP(사업연속성계획) 관련 법제도는 주로 대형 사고나 국가적 재난을 계기로 점진적으로 구축되어 왔으며, 현재는 금융, 에너지, 통신, 공공기관을 중심으로 법제화와 정책화가 이루어져 있다. 다만 건설업에 특화된 BCP 제도는 미비한 상태로, 본 절에서는 현재 적용 가능한 핵심 법령 및 정책들을 검토하고, 건설업에 주는 시사점을 분석한다.

## 3.1 국내 법률과 표준

### 1) 「재해경감을 위한 기업의 자율활동 지원에 관한 법률」(약칭: 기업재난관리 법)

이 법률은 2007년 제정되어 국내 기업이 자율적으로 재해경감활동(BCM)을 수립하도록 유도하기 위한 목적을 가지고 있다. 행정안전부(현 행안부)가 주관하며, 국내에서 유일하게 민간 부문의 BCP와 연계된 법적 근거를 제공하는 법령이다. 주요 내용은 다음과 같다:

- 기업의 자율적인 재해경감활동을 장려하고, 필요 시 중앙행정기관장이 가이드 라인을 제시할 수 있음.
- 재해경감활동계획을 수립한 기업은 정부로부터 인증을 받을 수 있고, 세제 및 조달 등에서 우대 가능.
- 중소기업의 경우 교육 및 컨설팅 등 지원 프로그램 대상이 됨.

이 법은 직접적인 강제력을 가지기보다는 유도적 규범에 가까우며, 건설업계가 자발적으로 BCP를 수립할 경우 제도적 인센티브 기반이 될 수 있다. 그러나 실무 현장에서는 여전히 해당 제도에 대한 인지도가 낮으며, '인증에 따른 실질적 혜택'에 대한 구체성이 부족하다는 점이 한계로 지적된다.

### 2) 「기업재난관리표준」(행정안전부 고시 제2016-82호)

이 고시는 기업재난관리법의 시행을 위한 세부 지침으로서, 국제표준(ISO 22301 등)을 반영하여 재해경감활동관리체계(BCMS) 구축을 위한 절차와 기준을 제시한다. PDCA(Plan-Do-Check-Act) 기반의 운영체계를 따르며, 주요 구성은 다음과 같다:

- Plan : 기업경영 현황 분석, 리스크 평가, BIA, 목표 수립 등
- Do : 전략 수립, 절차 설계, 문서화 및 실행
- Check : 성과 평가 및 감시 체계
- Act : 감사, 내부 개선 활동 등

표준에는 업무영향분석, 복구목표시간(RTO), 최대허용중단시간(MTPD), 리스크 평가, 이해관계자 분석 등 BCP의 필수 구성 요소가 포함되어 있으며, 일정 수준 이상의 기업이라면 해당 표준을 토대로 자사 BCP를 구축할 수 있다.

건설업체의 경우, 프로젝트 기반 운영, 현장 중심 위험관리, 다단계 외주구조 등을 반영하여, 이 표준을 '사업장 단위' 또는 '공정별 특화모델'로 분할 적용하는 방식이 요구된다.

### 3) 중대재해처벌법과의 간접 연계

2022년부터 시행된 「중대재해처벌 등에 관한 법률」은 BCP와 직접적 연결은 없지만, 기업이 '안전보건관리체계'를 구축하고 이를 이행하지 않아 사고가 발생한 경우 경영책임자를 형사 처벌할 수 있도록 규정하고 있다. 핵심 조항은 다음과 같다:

- 안전보건 확보의무 이행 여부 평가
- 유해위험요인 파악 및 개선
- 사고 예방을 위한 인력, 예산, 조직체계 확보

이러한 의무 조항은 BCP의 '위험 평가', '자원 확보', '책임자 지정' 등과 상당 부분 중첩되므로, 중대재해 예방 체계와 BCP를 연계한 통합 위기관리 체계 구축이 바람직하다. 특히 건설현장은 고위험 작업이 빈번하며 다수 인력이 참여하므로, 중대재해 대응 전략은 BCP 내 핵심 전략 요소로 반영되어야 한다.

### 4) 금융 및 공공기관 대상 BCP 법제도와 COOP

한국에서는 금융감독원이 2006년부터 금융기관에 '영업연속성계획(BCP)' 수립을 요구하고 있다. 「전자금융감독규정」 제13조의2에 따라 전산센터 이원화, 위기 대응 매뉴얼, 훈련 체계 구축 등이 의무화되어 있다. 또한 공공기관의 경우, 기획재정부와 행안부의 방침에 따라 재난관리책임기관으로서 BCP와 유사한 기능을 수행하도록 규정되어 있다.

특히 최근에는 공공기관을 대상으로 한 '업무연속성계획(COOP: Continuity of Operations Plan)' 수립이 본격적으로 추진되고 있다. COOP는 다음과 같은 특징을 가진다:

- 공공서비스의 핵심 기능이 중단 없이 유지될 수 있도록 사전 계획 수립
- 중점관리기능 선정, 대체인력과 대체시설 확보, 사전훈련을 핵심 구성요소로 포함
- 2023년부터 일부 중앙부처와 지방자치단체 시범 적용 후 전면 확대 중

COOP는 공공기관의 운영 지속뿐 아니라, 민간 계약자(건설사 포함)의 협조 및 복구 능력도 간접적으로 요구하게 되므로, 향후 공공조달 참여 건설사는 BCP 수립이 사실상 필수 요건으로 작용할 가능성이 있다. 따라서 민간 BCP와 공공 COOP 체계의 연계 전략이 필요하며, 장기적으로는 COOP 사전제출을 조달 평가 항목에 포함시키는 방안도 논의 중이다.

### 5) 시사점 및 건설업 적용 방향

현재 한국의 BCP 제도는 금융, 공공, 일부 대기업 위주로 정비되어 있으며, 중소·중견 민간 건설업체를 대상으로 하는 건설업 특화 법제나 표준은 사실상 부재한 실정이다. 다만 다음과 같은 방향으로 정책적 보완 및 실무 적용이 가능하다:

- 기업재난관리법 및 표준을 활용한 자발적 BCP 수립 시 정부 지원 제도 활용
- 중대재해법 상 안전보건 확보 의무를 BCP 체계 내에 통합 설계
- 정부 발주 공사 및 조달 참여 시 BCP 요소 반영을 요구할 가능성에 대비
- ISO 22301 기반 인증을 통해 대외 신뢰도 제고 및 CSR 확보
- COOP 체계 확대에 따라 민관 연계형 BCP 수립 역량 강화

결론적으로, 한국의 현행 제도는 포괄적이고 유연한 프레임은 존재하나, 건설업 맞춤형 지침은 부족하다. 향후 건설산업 기본법, 건설기술진흥법, 조달계약법 등과 연계하여 건설업 BCP 법제화를 추진할 필요가 있으며, BCP 수립 기업에 대한 실질적 인센티브(세제, 조달 우대 등)를 강화하는 것이 효과적인 활성화 방안이 될 수 있다.

## 3.2 기업재난관리표준 주요 내용

기업재난관리표준(행정안전부 고시 제2016-82호)은 「재해경감을 위한 기업의 자율활동 지원에 관한 법률」 제5조를 근거로 민간기업이 재난 발생 시 사업 연속성을 유지할 수 있도록 수립된 표준이다. 이 표준은 국제표준 ISO 22301, 22317, 31000의 구조를 반영하고 있으며, 재난 예방부터 대응, 복구, 개선에 이르는 일련의 과정 전체를 통합하는 관리체계 수립을 목표로 한다.

### 1) 총괄 개요

| 항목 | 내용 |
|---|---|
| 표준명 | 기업재난관리표준 |
| 고시번호 | 행정안전부 고시 제2016-82호 |
| 적용대상 | 민간기업(법령 제2조 제1항 기준) |
| 목적 | 재해 발생 시 업무 중단 방지 및 조속한 회복 |
| 법적 근거 | 「재해경감을 위한 기업의 자율활동 지원에 관한 법률」 |
| 기반 표준 | ISO 22301 (BCMS), ISO 22317 (BIA), ISO 31000 (리스크 관리) |

### 2) PDCA 사이클 기반 구성

기업재난관리표준은 PDCA(Plan-Do-Check-Act) 사이클에 따라 총 8개 장으로 구성되어 있다. 각 단계는 다음과 같다.

#### ① Plan (계획 수립 단계)

| 세부 항목 | 설명 |
|---|---|
| 기업현황분석 | 조직의 목적, 핵심 자원, 기능 흐름 파악 |
| 이해관계자 식별 | 고객, 주주, 정부, 협력업체 등 이해당사자 분석 |
| 위험식별 및 분석 | 리스크 목록화, 영향도와 발생확률 도출 |
| 업무영향분석(BIA) | 핵심업무 중단 시 재무, 법률, 평판상 영향 분석 |
| 연속성 목표 수립 | RTO, MTPD, MBCO 설정 및 우선순위 설정 |

#### ② Do (실행 및 운영 단계)

| 세부 항목 | 설명 |
|---|---|
| 복구 전략 수립 | 대체자원 확보, 인력 재배치, 외주 협력계약 확보 |
| 문서화된 절차 수립 | 위기 시 실행할 복구 매뉴얼, 팀별 행동계획 수립 |
| 조직 및 역할 배정 | 비상조직 구성, 기능별 책임자와 백업 책임자 지정 |
| 자원 확보 계획 | 자재, 설비, 통신, IT, 수송 등 핵심 자원의 백업 확보 |
| 교육 및 훈련 | 모의훈련, 시나리오 기반 훈련, 신입직원 교육 포함 |

### ③ Check (검토 및 평가 단계)

| 세부 항목 | 설명 |
|---|---|
| 내부 성과 평가 | 훈련결과, 비상대응 실적, 성과지표 등 자체평가 수행 |
| 내부감사 | 독립적인 감사팀이 정기적으로 이행여부 점검 |
| 부적합 사항 보고 | 발견된 미비점과 개선 필요 사항을 문서화 |
| 경영진 보고 | 평가 결과를 최고경영자에게 보고하고 의사결정 반영 |

### ④ Act (개선 단계)

| 세부 항목 | 설명 |
|---|---|
| 시정조치 | 부적합 원인 분석 및 개선 대책 수립 |
| 변경관리 | 조직구조, 기술, 법령 변화에 따른 계획 업데이트 |
| 재교육 및 훈련 강화 | 변경사항 반영 후 구성원 대상 교육 실시 |
| 문서 통제 체계 | 최신화된 계획과 문서의 배포 및 승인 절차 관리 |

## 3) 기업재난관리표준 문서 흐름도

- 현황분석 보고서
- 이해관계자 분석표
- BIA 보고서 (핵심업무 목록, 영향도, 복구목표 등)
- 리스크 평가표 및 위험지도
- 복구전략 수립서
- 절차서(조직별 업무연속 매뉴얼)
- 훈련 계획 및 실행 결과 보고서
- 감사 계획 및 시정조치 기록
- 전체 통합형 기업재난관리계획서 (최종 산출물)

#### 4) 건설업 적용 관점에서의 주요 적용 포인트

| 구분 | 적용 방법 | 특징 |
|---|---|---|
| 공사현장 단위 적용 | 각 현장마다 위험 분석 및 BCP 문서 별도 수립 | 지역, 지형, 공정마다 위험 요인이 다름 |
| 협력사 포함 체계 | 하도급·외주사 포함한 공동 복구 계획 수립 | 계약서에 역할분담 명기 필요 |
| 공정 계획 연계 | BIA 결과를 CPM 및 WBS 공정에 연동 | 일정 지연 대비 복구자원 사전 준비 |
| 훈련 시나리오 작성 | 낙뢰, 붕괴, 화재, 감염병 등 맞춤형 시나리오 설계 | 훈련 결과를 복구전략 개선에 반영 |

#### 5) 기대 효과

| 영역 | 효과 |
|---|---|
| 경영 | 위기 시 의사결정 명확화, 손실 최소화 |
| 고객 | 납기 신뢰도 확보, 대외 신인도 제고 |
| 조직문화 | 위험예방 중심의 문화 조성 |
| 지속가능성 | 재해 이후 빠른 복구로 경쟁력 유지 |

#### 6) 기업재난관리표준의 주요 용어 해설

| 번호 | 용어 (영문) | 정의 |
|---|---|---|
| 1 | 재해경감활동 (Disaster Risk Reduction Activities) | 재난으로 인한 피해를 줄이기 위해 기업이 수행하는 예방, 대비, 대응, 복구 활동의 총칭 |
| 2 | 재해경감활동계획 (Disaster Risk Reduction Plan) | 재해 발생 시 대응 및 복구를 위해 기업이 수립하는 전략, 복구, 대응, 연속성 계획을 포함한 문서 |
| 3 | 재해경감활동관리체계 (Business Continuity Management System, BCMS) | 재해경감활동의 수립, 실행, 검토, 개선을 체계적으로 관리하는 경영시스템 |
| 4 | 사업연속성계획 (Business Continuity Plan, BCP) | 재난 발생 시 핵심 업무의 중단을 방지하고 조속한 복구를 위한 실행계획 |

| | | |
|---|---|---|
| 5 | 업무영향분석 (Business Impact Analysis, BIA) | 업무 중단이 조직에 미치는 재무적·비재무적 영향을 식별하고 우선순위를 설정하는 분석 절차 |
| 6 | 리스크 평가 (Risk Assessment, RA) | 잠재적 위협 및 그 영향도와 발생 가능성을 분석하고 대응 방안을 도출하는 과정 |
| 7 | 복구목표시간 (Recovery Time Objective, RTO) | 재난 발생 후 특정 기능을 복구하기 위한 목표 시간 |
| 8 | 최대허용중단시간 (Maximum Tolerable Period of Disruption, MTPD) | 핵심업무가 중단되어도 조직이 감내할 수 있는 최대 시간 |
| 9 | 최저업무연속성목표 (Minimum Business Continuity Objective, MBCO) | 조직이 재난 시 반드시 유지해야 할 최소 기능 수준 |
| 10 | 핵심업무 (Critical Activity) | 중단 시 조직 운영에 중대한 영향을 주는 필수 업무 |
| 11 | 복구전략 (Recovery Strategy) | 기능 회복을 위해 필요한 인력, 자원, 프로세스를 포함한 계획 |
| 12 | 문서화된 절차 (Documented Procedure) | 사전에 정의된 복구절차, 지침서, 책임 분장 등 공식 문서 |
| 13 | 비상연락체계 (Emergency Communication System) | 재난 발생 시 내외부 이해관계자와 즉각 소통하기 위한 통신 구조 |
| 14 | 훈련 및 연습 (Training and Exercise) | 계획의 유효성을 점검하고 개선하기 위한 시나리오 기반 모의활동 |
| 15 | 시정조치 (Corrective Action) | 식별된 부적합의 원인을 제거하기 위한 개선 활동 |
| 16 | 예방조치 (Preventive Action) | 재해 발생 전 위험요소를 줄이기 위한 사전 조치 |
| 17 | 변경관리 (Change Management) | 조직 변화에 따른 계획 및 절차의 수정 및 갱신 활동 |
| 18 | 문서 통제 (Document Control) | 최신화된 문서의 승인, 배포, 폐기 등을 관리하는 체계 |
| 19 | 이해관계자 (Stakeholder) | 조직의 활동에 영향을 주거나 영향을 받는 개인, 단체, 기관 |

| 20 | 재난 (Disaster) | 자연재해, 기술사고, 인재 등<br>조직의 정상 운영을 방해하는 사건 |
|---|---|---|
| 21 | 중단 (Disruption) | 조직의 제품·서비스 제공이<br>비정상적으로 중단되는 현상 |
| 22 | 감시 (Monitoring) | 체계 운영 상태를 확인하고 조치를 유도하는 활동 |
| 23 | 내부감사 (Internal Audit) | 체계의 적합성과 이행 여부를<br>독립적으로 점검하는 절차 |
| 24 | 관리평가 (Management Review) | 경영진이 수행하는 사업연속성체계의<br>주기적 성과 검토 활동 |
| 25 | 복구우선순위 (Recovery Priority) | 복구 대상 기능 간의 우선순위를 설정하는 기준 |
| 26 | 대체자원 (Alternate Resource) | 재난 시 사용 가능한 예비 자산, 인력, 장비, 정보 등 |
| 27 | 복구팀 (Recovery Team) | 각 기능별 복구를 담당하는<br>전담 조직 또는 인력 그룹 |
| 28 | 조치계획 (Action Plan) | 복구·개선 활동의 대상, 책임,<br>일정 등을 포함하는 실행안 |
| 29 | 예비계획 (Contingency Plan) | 예상 가능한 위험상황에 대해<br>사전 수립된 복수의 대응계획 |
| 30 | 복구수단 (Recovery Means) | 기능 회복을 위해 사용하는<br>장비, 공간, 시스템 등 실질 자원 |
| 31 | 대체시설 (Alternate Facility) | 기존 본사 또는 현장 이외의<br>복구 작업 수행 가능한 장소 |
| 32 | 복구능력 (Recovery Capability) | 조직이 피해 이후 본래 상태로 복귀할 수 있는 역량 |
| 33 | 연속성 목표 (Continuity Objective) | 조직이 설정한 사업 연속성<br>달성을 위한 시간·기능 기준 |
| 34 | 비상운영실<br>(Emergency Operations Center, EOC) | 재난 상황에서 복구 작업을<br>총괄하는 임시 지휘 통제 공간 |
| 35 | 핵심자원 (Key Resource) | 핵심업무 수행을 위해 반드시<br>필요한 인력, 자재, 설비 등 |

| 36 | 혼란관리 (Crisis Control) | 업무 중단 상황에서 의사결정과<br>자원배분을 통제하는 활동 |
|---|---|---|
| 37 | 의사소통계획 (Communication Plan) | 위기 시 대내외 메시지, 전달 채널,<br>책임자 등을 포함한 계획 |
| 38 | 연습결과보고서 (Exercise Report) | 훈련 후 교훈, 개선사항, 대응 성과<br>등을 문서화한 결과보고서 |
| 39 | 비상대응계획 (Emergency Response Plan) | 초기 24~72시간 동안 조직이<br>즉시 취해야 할 행동계획 |
| 40 | 주요업무연결성 (Key Process Interdependency) | 각 부서 간 업무 흐름과<br>의존성 파악을 위한 관계 분석 |
| 41 | 평가기준 (Evaluation Criteria) | 성과 측정 및 판단을 위한 정량적 또는 정성적 기준 |
| 42 | 연간실행계획 (Annual Implementation Plan) | BCP 유지관리 활동을 연간 일정으로 계획한 문서 |
| 43 | 보전기록 (Preserved Record) | 핵심 정보자산(계약서, 도면, 데이터 등)의<br>백업 및 보존 관리 |
| 44 | 사후복구보고서 (Post-Recovery Report) | 재해 이후의 대응 실적과 문제점<br>등을 종합 정리한 문서 |
| 45 | 외부요인분석 (External Factor Analysis) | 법적, 환경적, 사회적 요소 등 외부 환경 분석 결과 |
| 46 | 내부요인분석 (Internal Factor Analysis) | 기업 내부의 구조, 기술, 재무,<br>문화 요소 등에 대한 분석 |
| 47 | 모니터링지표 (Monitoring Indicator) | 재해경감체계 운영 상태를<br>정기 측정하는 관찰 지표 |
| 48 | 복구계획의 통합성 (Plan Integration) | 여러 개별 계획이 상호 정합성과<br>일관성을 유지하는 수준 |
| 49 | 복구실행시트 (Recovery Execution Sheet) | BCP 실행을 위한 체크리스트 및<br>우선 실행 항목 정리표 |
| 50 | 이행기록 (Implementation Record) | BCP 절차별 실행여부 및 담당자의 조치 기록 |

## 참고문헌


ISO 국제표준

- International Organization for Standardization. (2019). ISO 22301:2019 Security and resilience — Business continuity management systems — Requirements. Retrieved from https://www.iso.org/standard/75106.html

- International Organization for Standardization. (2015). ISO/TS 22317:2015 Societal security — Business continuity management systems — Guidelines for business impact analysis (BIA). Retrieved from https://www.iso.org/standard/50054.html

- International Organization for Standardization. (2018). ISO 31000:2018 Risk management — Guidelines. Retrieved from https://www.iso.org/standard/65694.html

- International Organization for Standardization. (2017). ISO 22316:2017 Security and resilience — Organizational resilience — Principles and attributes. Retrieved from https://www.iso.org/standard/50053.html

해외 가이드라인

- Federal Emergency Management Agency. (2018). Continuity Guidance Circular (CGC). Washington, DC: FEMA. Retrieved from https://www.fema.gov/emergency-managers/national-preparedness/continuity/circular

- Department of Homeland Security, National Protection and Programs Directorate, & Federal Emergency Management Agency. (n.d.). -Business Continuity Planning Suite [Computer software]. Washington, DC: U.S. Department of Homeland Security. Retrieved from http://www.ready.gov/business-continuity-planning-suite

- Business Continuity Institute. (2018). Good Practice Guidelines 2018 (GPG). Caversham, UK: Author.

- 일본 국토교통성(Ministry of Land, Infrastructure, Transport and Tourism). (2013). 建設BCPガイドライン [건설업 BCP 가이드라인]. Tokyo: MLIT.

국내 법령 및 고시

- 국회. (2007). 재해경감을 위한 기업의 자율활동 지원에 관한 법률 (법률 제11994호).
- 행정안전부. (2016). 기업재난관리표준 (행정안전부 고시 제2016-82호).
- 국회. (2021). 중대재해 처벌 등에 관한 법률 (법률 제17907호). (일명: 중대재해처벌법)
- 금융위원회. (2018). 전자금융감독규정 [Electronic Financial Supervision Regulation] (금

융위원회 고시 제2018-36호).
- 기획재정부 & 행정안전부. (2023). 기능연속성계획(COOP) 수립 지침 [공공기관 업무연속성계획 수립방안]. (발표자료, 미공식 공개문서).

# 2부

실무 가이드:
**건설업 BCP 수립 실천 매뉴얼**

# 2부

## 실무 가이드:
## 건설업 BCP 수립 실천 매뉴얼

## 12장. 실행력 확보를 위한 종합 도구

1. BCP 체크리스트
2. 중소 건설사를 위한 실행 매뉴얼
3. 디지털 기반 BCP 수립 도구
4. 실행력 강화를 위한 조직 운영 전략

## 13장. BCP 실행력 진단과 개선 가이드

1. BCP 실행 자가진단 체크리스트
2. 실행 수준별 개선 전략
3. 실행력 강화를 위한 1년 로드맵 제안

## 14장. 실행 지원 자료 및 부록

1. BCP 실행 문서 양식 모음
2. 훈련 시나리오 및 운영 포맷
3. 자가 진단 및 평가 도구
4. 연간 실행계획 템플릿
5. 참고자료 및 외부 연계 정보

제6장

# BCP 추진 체계와 조직 구성

## 1 경영진의 리더십과 승인 절차

### 1.1 리더십은 실행의 조건이다

: 조직 회복력은 경영자의 의지에서 시작된다

BCP(비즈니스 연속성 계획)는 단순히 한두 부서가 작성한 재난 매뉴얼이 아니다. 그것은 조직 전체가 불확실성과 위협에 대응하며, 핵심 기능을 중단 없이 유지하거나 빠르게 복구하기 위해 수립하는 전략적 시스템이다. 그리고 이 전략이 실질적인 실행력을 가지기 위해서는 무엇보다도 경영진의 명확한 리더십과 실질적인 관여가 전제되어야 한다.

많은 기업이 BCP를 '안전관리팀'이나 '품질관리팀'의 책임 범주로 축소시킨다. 이는 근본적으로 BCP의 본질을 오해한 결과다. BCP는 단지 사고 대응을 위한 계획이 아니라, 경영의 지속 가능성을 유지하기 위한 전사 전략이다. 따라서 최고경영자는 BCP를 단지 하나의 문서로 보고 승인하는 수준이 아니라, 전략적 선택과 실행을 주도하는 리더십의 핵심 주체로 자리매김해야 한다.

**- 리더십이 요구되는 이유**

**① 전략 우선순위의 설정**

경영진의 리더십은 가장 먼저 '전략적 우선순위 설정'의 형태로 나타나야 한다. BCP는 조직이 가진 수많은 기능 중에서 어떤 업무를 위기 속에서도 반드시 유지해야 하는지, 그리고 그 기능을 복구하기 위한 시간 기준(RTO, MAO)을 어떻게 설정할 것인지를 결정한다. 이러한 판단은 각 부서가 제각각 수행할 수 없다. 왜냐하면 복구 우선순위는 조직 전체 관점에서의 경영적 판단이기 때문이다.

예를 들어, 한 건설회사의 BCP 수립 과정에서 철근콘크리트 타설팀은 자신들의 업무가 가장 중요하다고 주장할 수 있다. 그러나 경영진이 이를 조직 전체 일정과 계약상 의무, 대외 리스크까지 고려한 뒤, 자재 수급 부서의 기능 복구가 더 시급하다고 판단한다면, 그 결정은 경영권의 판단에 따라야 한다. 이처럼 우선순위 결정권을 행사하는 것이야말로 리더십의 실체이다.

**② 자원 배정의 승인권**

BCP는 자원이 동반되지 않으면 '그림의 떡'이다. 복구 전략을 실행하려면 예산, 인력, 장비, 협력업체 계약 등 다양한 자원이 미리 확보되어야 한다. 예를 들어, 특정 장비의 예비 계약을 체결하거나, 대체 자재 확보를 위한 외부업체와의 조기 협상이 필요할 수 있다. 그러나 이러한 자원 사용은 대부분 실무부서 단독으로 결정할 수 있는 수준을 넘어선다. 결국 복구에 필요한 자원은 경영진의 승인 또는 정기 예산 편성 없이는 실행될 수 없다.

특히 중견 이하의 건설사는 연간 경상비 집행계획 내에 '비상복구 예산 항목'이 존재하지 않는 경우가 많다. 이런 상황에서 BCP 실행은 시작도 못한 채, 예산 부족으로 무력화된다. 따라서 리더십은 '비용의 허가권자'로서의 책임을 수반해야 하며, 복구 자원의 전략적 확보를 주도해야 한다.

**③ 조직적 커뮤니케이션의 방향성 제시**

BCP는 조직 전체가 동일한 목표와 언어로 움직일 때 비로소 효과를 발휘한다. 이를 위해 필요한 것이 바로 경영진의 커뮤니케이션 리더십이다. CEO 또는 경영진은 단순히 "BCP를 시작하라"고 지시하는 것이 아니라, 다음과 같은 메시지를 전사적으로 명확히 전달해야 한다:

- "BCP는 우리의 생존 전략이다."
- "모든 부서는 협력 대상이며, BCP는 일부 실무부서의 일이 아니다."
- "우리는 불확실성 속에서도 멈추지 않을 것이다."

이러한 메시지는 CEO 명의의 선언문, 경영전략 워크숍에서의 발표, BCP 핸드북 서문 등의 형태로 나타날 수 있다. 조직은 리더의 말과 행동에 따라 움직이며, BCP의 추진 동력은 바로 이러한 '리더의 의지 표명'에서 시작된다.

**④ 지속적 추진과 문화 내재화**

BCP는 '1회성 수립 작업'이 아니라, 조직 내에 내재화되어야 할 시스템이다. 이를 위해서는 정기적인 훈련, 실무 리허설, 협력사 연계 점검, 내부 문서 업데이트 등의 활동이 필요하며, 이 모든 과정의 지속적 추진에는 리더십의 후속 관여가 필수적이다.

예를 들어 연간 경영계획 수립 시, BCP 관련 성과 지표를 KPI로 설정하고, 경영보고서에 BCP 진행 현황을 포함시킨다면 BCP는 조직문화로 뿌리내릴 수 있다. 반면 "작년에 한 번 수립했으니 끝났다"는 인식은 곧 BCP가 무용지물이 되는 지름길이다.

실행되지 않는 계획은 존재하지 않는 것과 같다. 그리고 계획이 실행되기 위해서는 반드시 리더십의 명확한 지지와 개입이 동반되어야 한다. BCP는 종이에 적힌 절차서가 아니라, 경영자의 선택과 조직의 의지를 기반으로 한 행동 계획(actionable plan)이며, 이 계획은 조직의 중심에서 책임지는 사람의 리더십 아래에서만 실현된다.

## 1.2 의사결정권자의 실질적 참여

- 승인자에서 참여자로, 생존 전략의 주체로 전환하라

많은 기업에서 '경영진 참여'란 서류에 결재 서명을 하거나, 회의에서 보고를 받고 "좋다, 진행하라"고 말하는 것으로 끝나는 경우가 많다. 그러나 BCP는 그런 소극적 승인만으로는 결코 실행되지 않는다. 진정한 참여란, **조직이 위기에서 살아남기 위한 판단과 자원결정을 직접 내리는 '행위'**를 의미한다. 의사결정권자는 단순한 결재자가 아닌, 연속성 전략의 공동설계자이자 운영책임자가 되어야 한다.

### 1) 자원의 허가자가 아니라 '배정 전략가'로서의 역할

BCP 실행에는 자원이 필요하다. 장비 예비계약, 복구장소 확보, 훈련 운영비, 인력 확보 예산 등은 모두 비용이 수반되는 작업이다. 특히 건설업의 경우 타워크레인, 레미콘, 인부 숙소, 차량 등의 인프라가 대부분 외부 계약에 의존하기 때문에 위기 대응 자원을 사전에 확보해두는 데는 조직의 '투자 판단'이 필수적이다.

의사결정권자는 "이 비용이 과연 필요할까?"라는 질문을 넘어, **"이 투자가 우리 사업을 어떻게 살릴 수 있는가?"**라는 전략적 관점을 가지고 자원을 분배해야 한다. 즉, BCP는 비용이 아니라 위험을 줄이는 보험이자 생존 전략이다.

- 예시 :

서울의 한 중견 건설사는 폭우로 공사현장이 침수되었을 때, 비상 발전기 계약이 미리 체결되어 있지 않아 일주일 이상 작업이 지연되었다.

반면, 타 건설사는 경영진의 판단으로 '전기설비 복구 협력사'를 사전 등록하고, 연 1회 테스트까지 진행해 위기 발생 이틀 만에 복구를 완료했다.

이처럼 사전 승인과 자원 배정의 시점 차이는 위기 발생 시 대응 속도의 차이로 나타나며, 결국 조직의 신뢰와 손실 규모를 좌우하게 된다.

### 2) '정책의 공식화'를 통해 조직의 우선순위를 정하다

BCP가 조직 내에서 실질적인 우선순위를 갖기 위해서는, 경영층의 명시적인 정책 선언이 필요하다. ISO 22301에서도 "조직은 업무연속성 방침을 수립하고 이를 문서화하며, 모든 구성원이 접근할 수 있도록 해야 한다"고 명시한다.

이 선언은 다음과 같은 형식으로 구체화될 수 있다:

- CEO 또는 COO 명의의 "BCP 정책 선언문" 작성
- 이사회 또는 경영회의에서의 BCP 정책 의결
- 인트라넷, 노무협의회, 협력사 간담회 등에서의 전사 커뮤니케이션

정책 선언은 단지 보여주기식 형식물이 아니라, 전 조직에 "지금부터 BCP는 중요 과제"라는 신호를 보내는 수단이다. 또한, 부서 간 자원 배정과 협업 우선순위에서 BCP 활동이 뒷전으로 밀리는 것을 방지하는 조직 내부의 정당성 확보 장치이기도 하다.

### 3) BCP를 계약과 성과지표로 연결하라

경영진의 참여는 조직 운영 전반에 BCP를 내재화시키는 과정으로도 이어져야 한다. 예를 들어:

- 성과평가(KPI)에 "복구 훈련 시행률", "복구자원 확보율" 같은 지표를 포함시키면 BCP가 실제 현장 관리자들의 실행동기가 될 수 있다.
- 협력업체 계약 시 "재난 시 대응 협력 의무" 조항을 추가해 계약관계 속에서도 BCP가 적용되도록 한다.
- 공사 발주 계약에서 RTO(복구목표시간)를 명시하여, BCP 결과물이 납기 및 리스크 통제의 기준선이 되도록 한다.

이처럼 BCP는 조직 운영의 체계적인 일부로 편입될 때 비로소 실행력을 갖게 된다. 경영진은 조직의 규칙을 만드는 사람이고, BCP가 규칙 속에 들어가게 하는 결정권자다.

### 4) 현장 피드백을 받는 구조를 설계하라

실질적 참여란 단순히 위에서 명령을 내리는 것이 아니라, 현장의 목소리를 직접 확인하고 반영하는 리더십 구조를 만드는 것이다. 이를 위해서는 다음과 같은 절차를 갖출 필요가 있다:

- 각 부서 BCP TF팀으로부터 정기 보고 체계 수립
- 현장별 이슈에 대해 경영층이 피드백을 주는 비정기 운영회의 개최
- 훈련 결과 및 복구 테스트의 경영자 보고서 제출과 검토 의무화

이러한 피드백 구조를 통해 의사결정권자는 단순히 서류에 도장을 찍는 존재가 아니라, 실제 계획의 적절성, 실행 가능성, 개선 방향을 함께 검토하는 동반자가 된다.

#### 5) 결정권자의 리더십이 조직 분위기를 만든다

건설업은 프로젝트 중심이고, 조직구조가 수직적이며, 단기성과 압력이 크다. 이러한 조직 특성에서 구성원은 항상 "경영진이 중요하게 여기는 것"에 반응한다. 즉, 경영자가 직접 관심을 갖는 일이 실행되고, 무관심한 일은 형식에 그친다.

따라서 BCP가 실질적인 효과를 갖기 위해서는 의사결정권자가 다음 질문에 답할 수 있어야 한다:

- 나는 우리 조직의 핵심 기능이 중단되었을 때, 무엇을 가장 먼저 복구할 것 인가를 알고 있는가?
- 나는 복구를 위한 자원과 경로를 확보하도록 조치했는가?
- 나는 조직에 '이 일이 중요하다'는 메시지를 충분히 전했는가?

이 질문에 대한 경영진의 답변이 바로 조직의 준비수준을 반영하며, 리더십은 이러한 자기 확인에서 출발한다.

### 1.3 정책 선언과 커뮤니케이션 전략

: 경영진의 메시지가 조직의 실행력을 만든다

업무연속성계획(BCP)은 단지 문서나 절차의 문제가 아니라, 조직 전체가 한 방향으로 움직이도록 만드는 **'공통의 이해와 행동 유도 시스템'**이다. 아무리 정교한 복구전략을 수립하더라도 구성원들이 그것의 목적과 절차를 이해하지 못하거나, 실천할 의지가 없다면 그것은 '행정서류'로 남게 된다.

이 장에서는 경영진이 BCP의 중요성을 전 조직에 전달하고, 실행력을 확보하기 위한 커뮤니케이션 전략의 구체적인 방안을 다룬다. 핵심은 명확하다.

"리더는 방향을 설정하고, 말로 그것을 조직화한다."

#### 1) 정책 선언은 조직의 기본 언어를 바꾼다

조직에서 전략의 위상을 높이기 위해 가장 먼저 필요한 것은 **공식 선언(policy statement)**이다. 이는 단순히 한 번의 말이나 인사말이 아닌, 다음과 같은 요소를 포함하는 문서화된 경영 메시지이다:

- 최고경영자의 명의로 작성됨
- 조직의 생존 전략으로서 BCP의 위상을 명확히 규정
- 실행 책임자의 역할, 목표 기한, 추진 체계 등을 명시
- 모든 임직원이 볼 수 있는 방식으로 전파

ISO 22301은 이를 '업무연속성 방침'이라 명시하며, "조직의 BCP 추진 의지를 구성원 전체와 이해관계자에게 명확히 전달해야 하며, 공식 문서로 문서화되어야 한다"고 규정하고 있다. 이 선언은 BCP가 사내 프로젝트가 아닌, 조직 전략의 일부임을 제도화하는 첫 걸음이다.

- 예시 문구 (CEO 명의 BCP 선언문) :

"우리 조직은 모든 재난과 위기 상황 속에서도 핵심 기능을 지속하기 위해 BCP를 전략적 과제로 추진합니다. 모든 부서는 이 계획의 수립과 실행에 협력할 책임이 있으며, 복구 우선순위에 따라 자원을 할당할 것입니다."

### 2) 커뮤니케이션 방식은 다양해야 한다

정책 선언이 선언문 하나로 끝나서는 안 된다. 구성원은 리더의 반복된 메시지와 다양한 방식의 커뮤니케이션을 통해 BCP의 중요성을 체감한다. 다음은 조직 내에 사용할 수 있는 커뮤니케이션 수단들이다:

표 6-1 조직내 커뮤니케이션 유형

| 유형 | 수단 | 설명 |
|---|---|---|
| 공식 문서 | CEO 선언문, 업무연속성 방침 | 정책 위상 확립, 대외용 가능 |
| 내부 회의 | 전사 워크숍, 부서장 회의 | 실무 연결, 질문·토론 유도 |
| 디지털 매체 | 인트라넷 공지, 메일, BCP 위키 | 지속적 학습자료 제공 |
| 시각자료 | 인포그래픽, 복구 절차 흐름도 | 직관적 메시지 전파 |
| 교육자료 | e러닝, 오리엔테이션, BCP 핸드북 | 신규 입사자 및 협력사 대상 |

특히 건설업처럼 현장 단위로 흩어진 조직에서는 모바일 환경에 적합한 커뮤니케이션 방식(예: 모바일 메시지, 카카오워크 공지, 현장용 포스터 등)이 더욱 효과적일 수 있다.

### 3) 경영진의 말과 행동이 커뮤니케이션의 핵심이다

"중요하다고 말한 것은 실행된다."

조직의 분위기와 우선순위는 경영진이 무엇을 말하고, 무엇에 시간을 할애하느냐에 따라 결정된다. BCP 추진 초기에는 다음과 같은 방식으로 경영진의 보여주는 커뮤니케이션'이 중요하다:

- BCP 추진 첫 회의에 CEO가 직접 참석
- 주요 훈련 결과에 대해 경영진이 피드백 제공
- 사내 게시판이나 회람문에 CEO의 격려 메시지 삽입
- 연간 경영계획 보고서에 BCP 항목 포함

이러한 행동은 리더십의 일관성을 보여주며, 구성원들에게 BCP가 단지 새로운 프로젝트가 아닌, 경영 전략의 일부임을 인식시키는 결정적 계기가 된다.

### 4) 커뮤니케이션의 방향성과 타이밍

BCP 관련 커뮤니케이션은 단지 "안내" 수준에 머물러서는 안 되며, 다음과 같은 전략적 목적을 가져야 한다:

- 위기 인식 환기 : 조직이 처한 불확실성과 실제 사례를 공유해 위기의 실재성을 전달
- 행동 유도 : 구체적인 절차와 참여 방법을 설명하여 실행력 유도
- 학습 문화 형성 : 반복된 메시지를 통해 조직문화로 내재화

또한 커뮤니케이션은 다음과 같은 타이밍 전략이 필요하다:

표 6-2 커뮤니케이션 시점

| 시점 | 커뮤니케이션 예시 |
| --- | --- |
| BCP 착수 전 | CEO 선언문, TF팀 구성 공지 |
| 분석 단계(BIA 등) | 현장 인터뷰 요청 공문, 참여 안내 |
| 복구전략 수립 | 각 부서 협의 요청 및 책임 부여 |
| 문서화 및 훈련 | 메뉴얼, 핸드북, 시뮬레이션 공지 |
| 평가 및 개선 | 피드백 수렴, 우수 사례 공유 |

이처럼 커뮤니케이션은 계획의 단계별 흐름을 따라 조직의 실행을 연결하는 핵심 도구가 된다.

### 5) 커뮤니케이션 없는 계획은 실행되지 않는다

BCP는 종이 위에 존재하는 계획이 아니라, 조직 내부의 의사와 의도가 일치되어야 비로소 작동한다. 경영진은 선언을 통해 방향을 설정하고, 커뮤니케이션을 통해 전 조직이 그

방향으로 움직이게 한다. 이것이 바로 리더십의 힘이며, BCP의 실현 조건이다.

## 1.4 승인 절차의 구조화

### : 실행력을 갖춘 단계별 의사결정 체계를 설계하라

BCP는 실행 가능성과 실행 의지가 동시에 뒷받침될 때 비로소 조직 내에서 작동한다. 실행력을 확보하기 위한 가장 핵심적인 전제는 계획이 조직 내 공식 절차를 따라 정당하게 승인되고, 필요한 권한과 자원이 각 단계별로 부여되는 구조를 갖추는 것이다. 이를 위해서는 BCP의 주요 단계마다 명확한 '승인 절차'를 제도화하는 것이 필수적이다.

많은 조직에서 BCP는 'TF에서 작성된 보고서'로 간주되어 고위층의 간단한 결재로 마무리되는 경우가 있다. 그러나 이것은 계획 수립의 종료일 뿐, 실행의 출발점이 될 수 없다. 계획을 실행으로 연결하기 위해서는 정책 → 분석 → 전략 → 자원 → 실행 → 평가로 이어지는 모든 단계에서 명확한 승인 주체와 권한 위임이 설정되어야 한다.

### 1) BCP 승인 절차의 기본 구조

BCP는 단일 문서가 아닌, 다단계의 전략 설계 과정이다. 각 단계마다 승인자는 아래와 같은 역할을 수행해야 한다:

표 6-3

| 단계 | 주요 내용 | 승인 주체 |
|---|---|---|
| ① BCP 수립 착수 | BCP 추진계획, TF 조직 구성 | CEO, 전략기획실 |
| ② 정책 선언 승인 | 업무연속성 방침, 경영 메시지 | CEO 또는 이사회 |
| ③ 분석 결과 승인 | 위험 분석, BIA 결과 보고 | 본부장 또는 최고위 간부 |
| ④ 전략 및 복구계획 승인 | 우선순위, RTO 설정, 자원 계획 | COO, 사업부 책임자 |
| ⑤ 자원 및 예산 승인 | 복구자원, 훈련비, 협력업체 계약 등 | CFO, 경영기획실 |
| ⑥ 실행 및 유지 승인 | 최종 문서화, 훈련 시행, 주기적 리뷰 계획 | CEO, 감사실, 전사 회의체 |

이러한 승인 절차는 BCP가 조직 전략 내에서 승인되고 있다는 '경영적 정당성'을 부여하며, 현장 실무자가 부담 없이 실행할 수 있는 권한의 명시화 도구가 된다.

#### 2) 승인 절차의 흐름은 문서화되어야 한다

BCP의 승인 절차는 구두나 이메일 수준이 아니라, 명확히 문서화된 승인 프로세스로 구축되어야 한다. 대표적인 도구는 다음과 같다:

- 의사결정 흐름도(Decision Flow Chart) : 단계별 승인 주체와 문서 책임자를 도식화
- 승인 이력서(Formal Approval Sheet) : 각 단계에서 서명한 담당자, 일시, 코멘트 기록
- RACI 매트릭스 : 책임자(Responsible), 승인자(Accountable), 협력자 (Consulted), 통보 대상 (Inform) 구분

예를 들어 BIA 결과 보고서는 안전부서에서 작성했더라도, 사업부장과 CFO의 서명 없이는 복구 전략 수립에 반영되지 않도록 하는 내부 승인 장치가 필요하다.

#### 3) 실행 조직에 실질 권한을 부여하라

승인 절차의 진짜 목적은 단순한 통제를 위한 것이 아니라, 실행조직이 책임을 지고 움직일 수 있도록 권한을 명시하는 것이다. 따라서 승인자는 동시에 다음 권한을 부여해야 한다:

- 계획을 실행할 수 있는 일정, 자원, 인력의 배정 권한
- 부서 간 협력을 조정할 수 있는 행정상 권한
- 예산 및 계약을 집행할 수 있는 집행 권한

특히 건설현장의 BCP는 실행 시점에서 하도급 협력사 및 외부업체와의 연계가 필요하므로, TF나 실무 조직에 대내외적 정당성과 실행 권한이 부여되어야 한다. 이를 통해 복구 실행 단계에서 지연이나 책임 회피를 방지할 수 있다.

#### 4) 승인 절차는 '계획 수립-실행-유지'의 전 주기에 적용되어야 한다

BCP 승인 절차는 계획 수립 초기에만 필요한 것이 아니다. 유지관리(maintenance) 단계에서도 변경사항 반영 및 주기적 재승인을 위한 구조가 필요하다.

- 훈련 결과 보고 → 경영진 피드백 및 보완 요청
- 연간 재검토 → 변경안 승인 → 문서 개정
- 내부감사 보고서 → 시정조치 승인 및 예산 반영

이러한 순환형 승인 프로세스를 통해 BCP는 단발성 문서가 아닌 '살아 있는 전략 문서'로서 자리 잡게 된다.

#### 5) 승인 절차는 신뢰성과 투명성의 증거다

BCP가 평가의 대상이 될 경우(예: ESG 평가, 발주처 심사, 인증 심사), 승인 이력과 절차는 실행 신뢰성을 입증하는 핵심 자료가 된다.

- ISO 22301 심사 시 : 정책승인서, 회의록, 예산 이력, 훈련 기록 등이 요구됨
- 공공기관 입찰 시 : 위기대응계획서 및 최고경영자 승인 여부가 평가 항목으로 작용

따라서 승인 절차는 단순한 행정 흐름이 아닌, 조직의 지속가능성과 투명성을 입증하는 제도적 근거이며, 계획이 실행되고 있다는 객관적 증명 수단이다.

승인 절차는 실행력을 설계하는 구조다. 리더십은 말에서 시작되지만, 실행은 '승인'에서 출발한다. 계획은 누구나 세울 수 있지만, 그것을 실행 가능한 문서로 바꾸는 것은 승인 구조의 설계 여부에 달려 있다. BCP의 승인 절차를 단순한 결재라인이 아닌, 실행을 위한 권한 분배 시스템으로 설계하는 것이야말로 진정한 경영 리더십의 발현이다.

## 2 BCP 전담조직 구성과 역할 분장 : 실행력 있는 체계를 만드는 조직 설계

### 2.1 BCP 추진조직의 구조 설계

BCP(업무연속성계획)의 수립과 실행은 특정 부서나 개인의 책임으로는 완결될 수 없다. BCP는 전사적 관점에서의 전략적 판단과 각 부서의 기능 회복이 함께 이뤄져야 하는 시스템이기 때문에, 이를 담당하는 전담조직(BCP 추진조직)의 구성은 실행력 확보의 핵심 전제조건이 된다.

많은 중소규모 기업에서는 BCP를 안전부서나 시설관리 부서에서 담당하도록 하고, 타 부서의 협조를 '부탁'하는 방식으로 접근한다. 그러나 이 경우 실질적인 실행 단계에서 타 부서의 우선순위가 밀리거나, 자원 배정이 제한되어 계획은 무력화되기 쉽다. 따라서 실행 가능한 BCP를 위해서는 조직의 구조부터 전략적으로 설계되어야 한다.

#### 1) 추진조직은 '수직'과 '수평'을 함께 설계해야 한다

BCP 추진조직은 다음과 같은 이중 구조를 가져야 한다:

**① 수직구조 :** 경영층 - 조정자 - 실행자

- 최고경영자(CEO 또는 COO)는 공식적으로 BCP의 총괄 책임자가 되어야 하며, 조직 내 정책적 권위를 부여한다.
- 전략기획실 또는 사업기획실은 조정자(Coordinator) 역할을 하며, 전사적 TF를 조직하고 일정을 관리한다.
- 각 본부(예: 시공본부, 설계본부, 안전본부)는 ** 실행자(Executor) **로서 BIA 수행, 복구전략 수립, 훈련 등에 참여한다.

**② 수평구조** : 각 부서 간 기능 연계 조직화

BCP는 하나의 기능이 아닌, 다기능 통합 시스템이므로 다음 부서의 수평적 참여가 필수적이다:

- 인사팀 (핵심 인력 유지계획)
- 구매팀 (자재, 장비 공급망 복구 전략)
- IT팀 (데이터 백업, 시스템 복구 시나리오)
- 공정관리팀 (현장 단위 우선순위 설정)

### 2) 권한 위임을 통해 실행조직의 자율성과 책임을 보장하라

BCP 추진조직은 단순히 위에서 시키는 일을 수행하는 '실행팀'이 되어서는 안 된다. 다음과 같은 구조적 권한이 위임되어야 한다:

표 6-4 권한의 위임

| 권한범주 | 필요이유 | 위임대상예시 |
|---|---|---|
| 자원 배정권 | 복구 전략 실행 시 자율적 자원 집행 가능 | TF 리더, 본부장 |
| 외부 협의권 | 협력업체, 지자체 등과의 시나리오 조율 | 전략기획실 |
| 일정 관리권 | 분석·수립·훈련 단계별 일정 통제 | BCP TF 총괄 |
| 교육 시행권 | 사내 BCP 교육 의무화 및 평가 | 주관인사교육팀 연계 |

이러한 권한 구조는 실행조직이 책임을 지고 판단할 수 있는 기반이 되며, 리더십이 내려오는 구조가 아닌, 리더십이 실행되는 구조를 만들어낸다.

### 3) 조직 규모에 따른 실무조직 유형 분류

건설기업은 기업규모 및 조직문화에 따라 BCP 추진조직의 형태가 다양하게 구성될 수 있다. 다음은 실무 적용을 위한 조직 유형 분류 예시다:

**① 대형 건설사 (임직원 500명 이상, 본부 중심 운영)**

- BCP 전담부서 설치 (예: 리스크관리팀, 안전전략팀)
- 본사-현장 간 이중 보고 체계
- 전사 시스템 연계 : ERP, 자원관리, 공정분석 등 자동화

**② 중견 건설사 (임직원 100~500명, 부문 중심 운영)**

- 전사 TF 구성 : 전략기획실 주도, 본부별 대표 참여
- 외주 컨설팅 활용 : 문서화 및 훈련 시 비용 효율 확보
- 본부장급 또는 이사급 총괄책임자 지정

**③ 중소 건설사 (임직원 100명 이하, 현장 중심 운영)**

- 실무겸직형 TF 조직 : 실장급이 BCP 관리자 역할
- 업무분석(BIA)은 외부 전문 인력 활용
- 지역별 또는 프로젝트별 대응계획 수립

#### 4) 실행조직 구성도 예시

아래는 중견 건설사를 기준으로 한 BCP 추진조직 구성도 예시이다:

```
[경영진]
   ↓
[전략기획실 - BCP TF 총괄]
   ├─ 안전관리팀 (재난대응 시나리오)
   ├─ 구매자재팀 (대체 공급 전략)
   ├─ 인사팀 (핵심 인력 유지계획)
   ├─ IT팀 (데이터 백업 및 복구)
   └─ 공정팀 (복구 우선순위 설정)
```

이 구성은 TF 중심의 네트워크형 조직으로, 분석 단계(BIA), 전략 단계, 훈련 단계에서 유기적으로 협력할 수 있도록 설계된다.

#### 5) 조직 설계의 핵심 : 기능 중심 사고로 재편하라

마지막으로 강조할 점은 BCP 조직 구성은 기존 '부서 구조'를 그대로 반영하는 것이 아니라, 기능 중심의 재편된 구조로 접근해야 한다는 것이다. 예:

- 공정팀이 자재 수급의 중요성을 모른다면, 복구 시 자재가 빠진다.
- IT팀이 현장상황을 모르면, 백업은 되었지만 접근이 안 된다.
- 인사팀이 대체인력 시스템을 만들지 않으면, 복구는 인력 부족으로 무산된다.

즉, BCP는 부서가 아니라 기능이 작동해야 완성된다. 실행 조직은 부서가 아니라 기능 중심으로 설계되어야 하며, 이는 리더십이 설계 방향을 분명히 해야 가능하다.

## 2.2 역할과 책임의 명확화

: RACI 기반 역할 구분으로 조직 내 실행력을 구조화하라

BCP 수립과 실행에서 가장 자주 발생하는 문제 중 하나는 "누가 무엇을 담당하는가?"에 대한 책임과 권한의 모호성이다. 많은 조직이 BCP를 수립하면서도 실질적인 실행 단계에서 혼란을 겪는 이유는 역할 분장이 명확하지 않거나, 그 역할이 실질적인 실행 권한과

연결되어 있지 않기 때문이다.

이러한 문제를 해결하기 위해 활용되는 대표적인 실무 도구가 바로 RACI 매트릭스이다. RACI는 Responsible(수행 책임자), Accountable(최종 책임자), Consulted(협의자), Informed(통보 대상자)의 약자로, 특정 업무 또는 기능에 대해 조직 내에서 누가 어떤 수준의 역할을 수행해야 하는지를 명확히 규정하는 역할 기반 프레임워크이다.

### 1) RACI의 개념 이해

| 요소 | 정의 | 설명 예시 |
|---|---|---|
| R(Responsible) | 수행 책임자 | 실제 업무를 수행하는 실무자 또는 팀 |
| A(Accountable) | 최종 책임자 | 업무 결과에 대해 책임지는 승인권자 |
| C(Consulted) | 협의자 | 조언을 제공하거나 전문 지식을 공유하는 자 |
| I Informed) | 통보 대상자 | 진행 상황이나 결과를 공유받는 이해관계자 |

핵심 포인트 : 하나의 업무에는 R은 여러 명일 수 있지만, A는 반드시 1인이어야 한다. 실행에 혼선이 생기지 않도록 명확한 승인 구조가 필요하다.

### 2) BCP 주요 기능별 RACI 적용 예시

다음은 BCP 수립과 실행의 각 단계에 대해 조직 내에서 RACI를 적용한 예시이다. 이 매트릭스는 기업의 규모와 구조에 따라 조정될 수 있으며, 실무에서는 이를 기준으로 각 부서 간 협업체계를 설계한다.

표 6-5 BCP의 RACA 적용예시

| 기능 | R | A | C | I |
|---|---|---|---|---|
| BCP 정책 선언 | 전략기획실 | CEO | 기획팀, 홍보실 | 전 임직원 |
| 위험분석 수행 | 안전팀, 공정팀 | TF 총괄 | 현장소장 | 경영진 |
| 업무영향분석(BIA) | 각 부서 실무자 | 본부장 | IT팀, 회계팀 | TF팀 |
| 복구전략 수립 | TF 운영팀 | COO | 협력사, 구매팀 | CEO |
| 훈련계획 수립 | 인사팀, 안전팀 | 전략기획실 | 교육팀, 현장팀 | 본부장 |
| 훈련 실행 | 교육팀, 현장소장 | TF 총괄 | 감사팀 | CEO |
| 성과평가 및 감사 | 감사실 | CEO | 본부장 | TF 운영팀 |

### 3) 역할 분장의 실무 원칙

**① 모든 기능은 누군가의 책임하에 있어야 한다**

BCP의 각 주요 기능(예: 자원계획, 복구훈련, 협력사 대응)은 반드시 1인의 A(Accountable)를 갖고 있어야 한다. 업무 결과에 대한 '최종 승인 책임자'가 불분명하면, 보고 체계도 흐트러지고 권한도 분산된다.

**② 실행 책임자와 승인 책임자를 구분하라**

실무자는 분석과 실행을 담당하고, 경영진은 이를 승인하거나 방향성을 제시한다. 혼용되면 실무자가 권한 없이 결정을 내리거나, 반대로 경영진이 세부사항에 과도하게 개입하게 된다.

**③ 협의자와 통보 대상자는 명확히 나누되, 불필요한 통보는 줄여라**

많은 조직이 모든 과정을 모든 사람과 공유하려 한다. 그러나 이는 정보 과잉과 결정 지연으로 이어진다. 반드시 필요한 의사소통 대상만 RACI에 포함시켜야 한다.

### 4) 건설업에서 RACI 구분이 중요한 이유

건설업은 기능과 책임이 모호하게 얽혀 있는 산업이다. 본사-현장, 원도급-하도급, 설계-시공 등 다양한 업무 라인이 중첩되기 때문에 역할이 명확하지 않으면 실행이 무력화되거나 책임 소재가 흐려지기 쉽다.

예를 들어 다음과 같은 상황이 흔히 발생한다:

- BIA 결과를 바탕으로 복구 우선순위를 설정하려 했지만, 어느 부서가 최종 승인할 권한이 있는지 명확하지 않아 결정을 보류함
- 협력사 훈련 계획이 수립되었으나, 본사 전략기획실과 현장소장 사이에 '책임 주체'에 대한 이견이 있어 실행이 지연됨

이런 상황을 방지하기 위해 RACI 기반 역할 구분이 절대적으로 필요하며, 복잡한 다층 구조를 가진 건설조직에서 명확한 책임체계는 곧 실행력의 핵심 요건이 된다.

### 5) RACI 매트릭스를 반영한 실무 절차 설계

RACI는 단순한 표로 끝나지 않고, 실제 업무 흐름에도 반영되어야 한다. 다음은 RACI를 기반으로 한 업무 흐름 설계 방식이다:

**① BCP 프로세스 전체를 기능 단위로 분해**

- 위험분석, 복구전략 수립, 훈련 등 단계별 세분화

**② 각 기능에 대한 R/A/C/I를 지정**

- 실명 지정 (예: 김대리 – R, 박이사 – A)

**③ 보고서, 회의체, 훈련표 등에 RACI 명시**

- 모든 문서에 "A: 누구, R: 누구"를 삽입

**④ 정기 리뷰**

- 분기별로 RACI 구조가 유효한지 점검하고 보완

BCP는 위기 속에서도 기능을 멈추지 않기 위한 '행동 전략'이다. 그러나 행동은 '누가 움직일 것인가'가 명확할 때만 가능하다. RACI는 조직의 실행력을 설계하는 가장 실용적이고 효율적인 도구이며, 조직문화가 '책임 회피'가 아닌 '역할 기반 실행'으로 바뀌는 전환점이 될 수 있다. BCP가 효과를 발휘하려면, 계획보다 먼저 역할이 명확해야 한다.

## 2.3 건설업 특화 조직 설계의 고려 요소

: 프로젝트 기반 산업의 복잡성을 반영한 유기적 구조 설계

BCP 수립과 실행을 위한 조직은 산업의 구조에 따라 매우 다르게 설계되어야 한다. 특히 건설업은 제조업, 금융업, 정보통신업 등과 비교할 때 다음과 같은 독특한 운영 방식과 사업 구조를 갖고 있어, 타 산업의 표준형 BCP 조직 구조를 그대로 적용하기 어렵다.

이 절에서는 건설업 특유의 프로젝트 단위 운영, 현장 중심 조직, 다단계 협력체계, 그리고 외부 이해관계자와의 복합적 연결 구조를 반영한 특화된 조직 설계 요소를 다룬다.

### 1) 프로젝트 단위 조직 운영 : 정태가 아닌 '유동형' BCP 조직 필요

건설업의 가장 핵심적인 특성은 기업의 고정적 조직 구조 외에도 현장 단위의 프로젝트 조직이 독립적으로 운영된다는 점이다. 본사 전략기획실이나 안전관리팀이 아무리 정교한 계획을 수립하더라도, 실제 업무는 각 공사 현장 소장과 팀이 직접 수행한다. 이는 BCP 추진조직이 '본사 중심 고정형'만으로는 부족하며, 프로젝트별, 지역별, 공정별 맞춤형 실행 조직이 함께 설계되어야 함을 의미한다.

- 조직 설계 고려 포인트 :
  - 전사 차원의 기본 BCP 프레임워크는 본사 주도로 수립하되, 프로젝트 단위로 별도 실행계획을 수립
  - 현장 BCP 책임자 지정(예: 공사소장, 안전팀장) → 복구 우선순위와 자원 배정권한 명확화

• 각 프로젝트 착공 전 BIA 수행 → 공정단계에 따른 중단위험 예측 및 대응 시나리오 설계

**2) 다단계 협력사 구조** : BCP는 외부조직까지 포함한 조직계획이다

건설업은 하도급이 전 산업 중 가장 일반화된 업종이다. 실제 공정의 60~80%가 협력업체에 의해 수행되며, 주요 장비 운용, 인력 운영, 자재 조달까지 대부분 외부에 의존한다.

즉, BCP 조직 설계 시 단지 자사 임직원만이 아니라, 주요 협력업체까지 포함하는 '확장형 조직' 모델이 필요하다.

- 조직 설계 고려 포인트 :
  - 전략적 협력업체(예: 레미콘 업체, 가설재 업체 등)와 공동 BCP 훈련 구성
  - 계약서에 '재난 시 의무 협력조항' 삽입 → 책임 범위 사전 설정
  - 주요 하도급사 대상 기능 영향도 설문조사 → 복구 우선순위 조정 반영
- 예시 :
  - 서울의 A건설사는 각 현장별 주요 하도급 5개사에 대해 BCP 사전 설문을 시행하고, 대체 인력 확보계획 및 예비 장비 확보 계획서를 받도록 표준화하였다.

**3) 공정 중심 운영** : BCP는 기능이 아니라 '공정 흐름'을 따라야 한다

건설업은 시간과 자원, 인력의 연쇄 흐름이 결정적인 산업이다. 따라서 하나의 공정 중단이 다음 전체 공정에 치명적인 파급효과를 가져온다. 이에 따라 BCP 조직도 기능 중심 조직에서 공정 흐름 중심의 연계형 조직으로 재설계되어야 한다.

- 조직 설계 고려 포인트 :
  - 공정계획 담당자가 BCP TF에 반드시 포함 → 복구 전략과 공정 흐름 조율
  - 공정표(Gantt chart) 기반의 중단 영향도 시뮬레이션 도입
  - 공정 흐름 중단 시 대체 작업 순서 또는 병렬 공정 설계권한 부여

**4) 지역 분산 및 현장 특성** : 조직 구조에 '지리적 변수'를 반영하라

건설사는 전국 또는 해외에 여러 프로젝트를 동시에 운영하고 있으며, 각 현장은 지형, 기후, 민원, 인허가 등 서로 다른 위험요소를 갖고 있다. 이는 BCP의 중앙 집중적 조직 구조가 아니라, 지역별 책임조직과 현장 자율조직이 결합된 유연한 체계를 요구한다.

- 조직 설계 고려 포인트 :
  - 본사는 'BCP 표준 가이드라인' 제공 + 각 현장은 이를 참조해 자체 실행계획 작성
  - 위험분석 결과를 기반으로 지역별 대응 시나리오 차등 적용
  - 지방 현장 간 BCP 대응 공유 체계 운영(예: 인근 현장 자원 상호지원)

### 5) 외부 이해관계자 통합 : 조직 경계를 넘어 '연결 구조'로 확장하라

BCP는 내부 실행 조직만으로는 완결되지 않는다. 실제 재난 상황에서는 발주처, 감리단, 지자체, 소방서, 인허가 기관 등과의 연계와 협조가 결정적이다. BCP 조직은 이들과의 소통 채널을 사전에 갖추고 있어야 하며, 경우에 따라 조직 외부의 핵심 파트너를 조직도상에 '협력 파트너'로 명시할 필요가 있다.

- 조직 설계 고려 포인트 :
  - 감리단 또는 발주처 담당자와 연 1회 이상 'BCP 공동 모의훈련' 시행
  - BCP 실행 시 필요한 인허가 간소화 방안 사전 협의(예: 우회도로 사용)
  - 조직 내 '외부협의 담당자' 지정 → 위기 시 커뮤니케이션 일원화

BCP 추진조직은 단지 '누가 복구계획을 작성할 것인가'를 정하는 것이 아니다. 어떤 공정을 언제까지 어떤 자원을 이용해 누구와 복원할 것인지를 체계화하는 연결 구조를 설계하는 일이다.

건설업은 변화무쌍한 프로젝트 산업이며, 수많은 협력조직과 외부 이해관계자, 시시각각 달라지는 공정 흐름 속에서 운영된다. 따라서 BCP 조직 설계는 고정된 조직도보다, 변화에 반응할 수 있는 유연한 설계가 우선되어야 하며, 이는 조직의 생존력을 결정짓는 핵심이 된다.

## 2.4 실행을 위한 내부 협업 메커니즘

: 조직을 움직이게 하는 실행력은 협력 구조에서 나온다

BCP 수립은 기획만으로 완성되지 않는다. 전담조직이 아무리 잘 구성되어 있어도, 구성원 간 역할이 유기적으로 연결되지 않거나, 협력 없이 각자 독립적으로 움직인다면, BCP는 문서로만 존재하는 '서랍 속 계획'이 될 수밖에 없다.

특히 건설업처럼 다기능·다부서 협업이 필수인 산업에서는 정교하게 설계된 협업 메커니즘이 곧 실행력이다.

이 절에서는 BCP가 실제로 작동하기 위한 내부 협업 체계와 실행 메커니즘, 그 설계 원칙과 사례를 중심으로 설명한다.

### 1) 협업은 '조직의 결'에 맞게 설계되어야 한다

협업은 단순히 많은 사람을 한 회의에 부르는 것이 아니라, 조직의 의사결정 흐름과 업

무 프로세스의 구조를 따라 계획적으로 설계된 작동 체계여야 한다.

- 실행 가능한 협업 구조의 전제조건 :
  - 전담 TF의 리더와 부서 간 책임자 간 정기 소통 창구 확보
  - 실무 단위의 '문서 상 협조자'가 아니라, 행동 중심의 공동 책임 설계
  - 상·하위 조직 간 권한 위임 체계 구축

예컨대 본사 전략기획실이 전체 BCP를 이끌고 있지만, 실제 현장 단위에서 자재팀이나 장비팀, 하도급팀이 어떻게 움직이는지가 복구 속도를 좌우한다면, 이들 실무자가 TF에 정기적으로 정보를 제공하고 전략에 반영되는 회의 구조가 필수적이다.

### 2) 협업 메커니즘 설계 요소

다음은 실질적인 협업 메커니즘을 구성하기 위한 네 가지 핵심 구성 요소이다:

**① 회의 구조 (Meeting Mechanism)**

| 구분 | 목적 | 주기 | 참여 대상 |
|---|---|---|---|
| 전략조정회의 | 전체 일정·정책 논의 | 분기 1회 | 경영진, TF 총괄, 본부장 |
| 실무운영회의 | 단계별 실행 계획 점검 | 월 1회 | TF 실무자, 각 부서 실장 |
| 현장중심 협의체 | 프로젝트 단위 실행 공유 | 격월 | 현장소장, 공정·안전 책임자 |
| 피드백 회의 | 훈련 결과·과제 도출 | 훈련 직후 | 훈련 책임자, 교육담당, 감사 |

특징 : 각 회의에는 목적별 안건·의사결정 항목·보고 체계를 사전에 문서화하고, 회의 결과는 반드시 실행계획에 반영한다.

**② 정보공유 체계 (Reporting & Sharing)**

- BCP 관련 업무는 별도 공유 서버 또는 전용 시스템(예: 사내 BCP 게시판, 메신저 채널 등)을 통해 정보가 축적되고 공유되어야 한다.
- 보고서는 모든 담당자가 접근 가능한 디지털 문서 기반으로 관리하며, 누가 언제 어떤 내용을 등록했는지 추적 가능해야 한다.
- 정기적으로 공유되는 문서 :
  - 복구자원 현황표
  - 위험분석 결과 요약본
  - 훈련 일정표 및 피드백 요약

• 문서 개정 이력

**③ 커뮤니케이션 루트**

효과적인 협업은 비공식적 소통 루트와 공식 보고 라인의 균형 속에서 작동한다. 다음과 같은 커뮤니케이션 전략이 필요하다:

- 보고 체계는 "단순한 위계보고"가 아니라, 실행 정보가 교환되는 경로여야 한다.
- 주요 책임자 간 비공식 정례 통화/간담회를 통한 수평 연결 유지
- 팀 간 갈등이나 충돌은 TF 리더가 중재자 역할을 수행하도록 설계

**④ 일정·성과관리 메커니즘**

BCP 실행은 시계열에 따라 작동하는 시스템이다. 따라서 다음 요소들이 반드시 포함되어야 한다:

- 연간 실행 캘린더 : 분석 → 전략수립 → 문서화 → 훈련 → 평가의 흐름을 시간 단위로 구조화
- 성과지표(KPI) : 훈련 횟수, 복구 자원 확보율, 훈련 참여율 등 수치 기반 성과 관리
- 감사 체계 : 내부 감사팀 또는 외부 자문기관을 통한 연 1회 점검 필수화

### 3) BCP 협업의 장애요인과 개선 방안

아래는 실제 건설사 BCP 도입 시 협업 체계 구축에서 자주 발생하는 문제와 개선 방안이다:

표 6-6 협업체계시 문제와 개선방안

| 문제 유형 | 사례 | 개선 방안 |
|---|---|---|
| 부서 간 협조 부족 | 자재팀이 훈련 일정과 충돌 이유로 참여 거부 | 경영진 주관 강제 배정 + 실무 부담 최소화 |
| 정보 단절 | TF가 수립한 전략이 현장 공정팀에 전달 안됨 | 공정팀을 TF의 필수 구성원으로 지정 |
| 역할 불명확 | 위험분석 결과에 대한 책임소재 불분명 | RACI 매트릭스 내 반영 및 내부 공지 |

### 4) 협업은 시스템이 아니라 관계로 움직인다

협업 메커니즘은 문서와 도표로 설계되지만, 실제로 조직이 움직이는 동력은 '관계'와 '신뢰'다. 특히 위기상황에서는 부서 간 공식 경계를 넘어서 실무자가 지발적으로 행동할 수 있어야 하며, 이는 기존의 신뢰 기반 협업 경험이 있어야 가능하다.

따라서 BCP 실행조직은 일상 업무에서도 유사한 협업 구조로 운영되도록 유도해야 하

며, 다음을 실현해야 한다:

- 업무평가에서 협업성과를 반영하는 제도 설계
- 교육 및 훈련을 통한 협업 경험의 축적
- TF 회의 외에도 비정기적 협력 사례 공유 문화 조성

BCP는 전체 조직이 일관되게 움직여야 효과가 있다. 그러나 이를 위해 '협업이 중요하다'는 선언만으로는 부족하다. 실행 가능한 구조, 지속적인 정보공유, 역할이 명확한 회의 체계, 성과와 연결된 평가제도가 모두 갖추어져야 한다.

실제 위기가 닥쳤을 때, BCP 계획서보다 먼저 떠오르는 것은 **"누구에게 연락하고 무엇을 공유해야 하는가?"**라는 질문일 것이다. 이 질문에 당황하지 않기 위한 해답은 바로 지금 설계하는 협업 메커니즘 안에 있다.

## 2.5 외부 이해관계자(협력사 등) 연계 조직화 방안

: 조직의 경계를 넘는 연속성 확보 전략

BCP(업무연속성계획)는 조직 내부만으로는 완성될 수 없다. 특히 다단계 협력구조와 복잡한 대외 행정환경 속에서 운영되는 건설업에서는 발주처, 감리단, 하도급 협력사, 지방자치단체, 소방 및 경찰 등 외부 이해관계자의 협조 없이 위기 대응과 복구를 실현하기 어렵다.

그럼에도 불구하고 많은 건설사가 BCP를 '내부 운영 매뉴얼' 수준으로만 수립하고, 외부 이해관계자와의 연계 구조는 별도로 설계하지 않는 경우가 많다이는 위기 상황 발생 시 다음과 같은 문제로 이어질 수 있다:

- 협력사가 현장 상황에 대한 정보를 공유받지 못해 복구 대응 실패
- 감리단·발주처의 승인 절차 지연으로 인해 복구 일정 지체
- 지자체의 재난 대응 시스템과의 비호환성으로 행정 혼선 발생

BCP는 단지 조직 내부를 위한 체계가 아니라, '연결 가능한 외부 대응 시스템'을 구축하는 과정이어야 한다. 따라서 전담조직은 외부 이해관계자를 내부 계획의 일부로 명시하고, 사전 협의·계약·훈련 구조까지 함께 포함하는 조직화를 수행해야 한다.

### 1) 협력사와의 BCP 연계 구조

건설업에서 가장 핵심적인 외부 이해관계자는 다름 아닌 **협력사(하도급, 자재 납품, 장비 임대 등)**이다. 이들의 복구 협력 없이는 복구계획은 실행력을 가질 수 없다.

표 6-7 협력사 연계 조직 설계 방법

| 항목 | 구성 방안 |
|---|---|
| 협력사 분류 | 핵심공정 협력사, 자재/장비 협력사, 유틸리티(통신·전력 등) 협력사로 구분 |
| 협력 의무 계약화 | 계약서에 "위기 시 BCP 협조 의무" 명문화, 대체 자원 확보 시 협력사 책임 범위 규정 |
| 실무 연결자 지정 | 각 협력사에 'BCP 담당자' 1인 지정 요청, 현장 TF와 정기 소통 채널 확보 |
| 사전 훈련 운영 | 협력사 담당자 대상 연 1회 이상 모의훈련 또는 설명회 실시 |

- 예시 :

한 중견 건설사는 10대 주요 협력사와 '재난 시 복구 지원 협약서'를 별도 체결하고, 장비 임대·자재 수급·인력 투입 우선권과 사전 조건 등을 계약서에 포함함으로써 신속 대응 체계를 구축하였다.

### 2) 발주처·감리단과의 연계

BCP가 효과를 발휘하기 위해서는 발주처와 감리단이 복구 시점, 우선순위, 승인체계 등을 사전에 공유하고 이해하고 있어야 한다. 특히 정부·공공기관 발주 사업에서는 복구조치가 '계약 위반'으로 간주되지 않도록 협약서 수준에서 명시적인 조율이 필요하다.

**@ 조직화 방안**

- BCP 내용 일부 공개 : 발주처에 전체 BCP는 아니더라도 RTO, 복구전략, 자원계획 등의 요약 보고
- 정기 협의체 운영 : 공정회의 시 BCP 관련 안건 포함, 연간 1회 이상 복구 시나리오 브리핑
- 감리단 대응 시나리오 반영 : 감리단의 승인 절차를 반영한 복구절차 흐름도 제작
- 주의 : 복구 계획이 실제 실행되는 시점에 감리단이 복구 순서나 자재 대체 방식에 이의를 제기하면, 현장은 오히려 더 큰 중단을 겪게 된다. 따라서 BCP 실행 전에 반드시 감리단의 절차와 승인을 구조화해야 한다.

### 3) 지자체 및 공공기관과의 협업 구조

현장 중심 BCP는 대개 지역 행정기관, 소방서, 경찰서, 환경청, 주민센터 등의 대외 행정기관과 직접적 연결이 요구된다. 특히 다음과 같은 상황에서는 사전 협업이 필수다:

- 침수 시 대체 진입로 허가
- 발전기 사용 시 소음 민원 및 환경 기준 적용
- 작업 중지 후 재개 시 관할청 인허가 절차 간소화

표 6-8 협업 설계 방법

| 대상 | 역할 | 조직화 방안 |
| --- | --- | --- |
| 지자체 재난안전과 | 복구 인력 이동 동선 승인, 임시 시설 허가 | 업무협약(MOU), 응급계획 공유 |
| 소방서 | 화재 시 초기 대응 및 복구 조건 확인 | 현장 모의훈련 시 참여 요청 |
| 경찰서 | 출입통제·도로 차단 승인 | 비상 연락망 구축 및 사전 협조 요청 |

### 4) 외부 이해관계자 통합 구조도 예시

```
[BCP TF 조직도]
├─ 내부 실행 조직 (본사 + 현장)
│   ├─ 전략기획실
│   ├─ 안전관리팀
│   └─ 공정관리팀
└─ 외부 연계 조직
    ├─ 주요 협력업체 (10개사 BCP 담당자)
    ├─ 감리단 담당자 (월간 회의체 연계)
    ├─ 발주처 계약 담당자 (연 1회 보고)
    └─ 지자체 재난협력 담당자 (공문 연락망)
```

### 5) 문서화와 협약을 통한 법적·계약적 정당성 확보

외부 이해관계자와의 연계는 구두 약속이나 회의 내용으로 끝나서는 안 된다. 다음과 같은 문서화를 통해 실질적 협력 체계의 정당성과 법적 근거를 확보해야 한다:

- 복구 협조 협약서 (MOU)
- 협력사 BCP 체크리스트 (별도 제출 문서)
- 공정 중단 및 대체공정 조치 사전 양해각서
- 지자체와의 업무협조 공문 또는 회신 서신

이러한 문서는 위기 발생 시 책임 소재와 실행 우선순위 판단의 기준선이 되며, 외부 기관으로부터 BCP의 실효성을 인정받는 근거가 된다.

건설업에서의 BCP는 '내부 매뉴얼'이 아니라 '현장 대응 시스템'이다. 그러나 현장은 단지 자사 직원만으로 움직이지 않는다. 협력사, 발주처, 감리단, 행정기관 등 수많은 외부 연결고리와 함께 움직이는 시스템이다.

따라서 BCP의 전담조직은 외부 이해관계자를 단지 보고 대상이 아니라, 공동 실행 파트너로 명시하고 문서화하고 협업 구조를 제도화해야 한다. 이것이 실행되는 BCP의 가장 강력한 기반이 된다.

# 3 BCP 실행 역량 확보 : 훈련, 교육, 피드백 체계

## 3.1 실행역량 확보의 전제

: BCP는 반복성과 학습을 전제로 한다

업무연속성계획(BCP)은 문서로만 존재할 때는 조직의 위기를 막을 수 없다. 실행 가능한 계획이 되기 위해서는 구성원이 그 내용을 이해하고, 실제 상황에서 몸에 익히고, 반복적으로 점검하며 개선하는 체계를 갖춰야 한다.

그 핵심이 바로 "반복성과 학습"이다.

BCP는 '위기를 견디는 회복력(resilience)'을 목표로 한다. 그리고 회복력은 지시서에 적혀 있는 것이 아니라, 위기상황에서 조직 구성원들이 자동적이고 자율적으로 움직일 수 있는 실행력 속에 존재한다. 실행력은 하루아침에 만들어지지 않는다. 반복적인 훈련과 학습을 통해 체화될 때, 조직은 위기에도 흔들리지 않는 복원력을 갖추게 된다.

### 1) 실행력은 훈련을 통해 검증된다

BCP 계획은 수립 자체가 목적이 아니라, 위기 발생 시 실제로 작동하는지를 점검하고 개선하기 위한 출발점이다. 이 실행 가능성을 검증하는 가장 직접적인 도구가 훈련이다. 훈련은 다음 세 가지 측면에서 조직의 회복 능력을 강화한다:

표 6-9 훈련의 조직회복 능력

| 측면 | 설명 |
|---|---|
| ① 검증 기능 | 계획서상 복구 절차, 연락망, 의사결정 체계가 현실에서 작동하는지 테스트 |
| ② 숙련화 기능 | 구성원이 절차를 이해하고, 반복 참여를 통해 행동에 익숙해짐 |
| ③ 점검·보완 기능 | 계획의 허점 발견 → 다음 전략 보완 및 문서화 |

특히 건설업과 같은 현장 중심·외부 의존·공정 연계형 산업에서는 실제 복구 절차가 수립되어 있다 하더라도, 훈련을 통해 역할과 흐름을 체득하지 못하면 실전에서 대응력이 떨어질 수밖에 없다.

### 2) 훈련은 간단히 말해 "조직의 리허설"이다

훈련은 실제 재난이 오기 전 조직이 해볼 수 있는 유일한 위기 대응 리허설이다. 따라서 실전처럼 설계하되, 실행 부담은 낮추는 방식으로 설계되어야 하며, 다음과 같은 훈련 유형이 있다:

- 탁상훈련(Tabletop) : 회의실에서 시나리오를 놓고 대응전략을 토론
- 기능훈련(Functional) : 특정 기능(예: 자재 조달, 연락 체계)만 실행
- 전면훈련(Full-scale) : 전체 부서·현장이 실제처럼 행동하는 훈련

훈련의 구체적 설계 및 운영 방법은 이후 장에서 다루겠지만, 여기서 중요한 것은 훈련이 '정답'을 맞히는 시험이 아니라, '현실'을 점검하고 개선하기 위한 실험이라는 점이다.

따라서 계획된 훈련이라도 항상 '의외의 변수'가 포함되어야 하며, 참가자의 대응 유연성과 조직의 협업 능력이 훈련의 핵심 평가 기준이 되어야 한다.

### 3) 반복은 체화의 조건이다

BCP 실행역량은 반복이 없으면 축적되지 않는다. 조직의 이동, 인사이동, 프로젝트 교체 등으로 사람과 환경이 바뀌는 건설업에서는 더욱 그렇다.

훈련과 교육은 일회성 이벤트가 아니라, 지속적으로 반복되어야 하는 경영 관리 프로세스이다.

다음은 반복성을 기반으로 한 실행역량 축정 방법이다:

표 6-10 훈련의 반복

| 구분 | 실행 요소 |
|---|---|
| 주기적 훈련 | 연 1~2회 훈련 → 시나리오 다양화, 현장 상황 반영 |
| 교육 내재화 | 신입사원 오리엔테이션, 협력업체 연간 교육 계획 포함 |
| 문서화 시스템 | 훈련 결과 기록 → 문제점 반영 → 문서 개정 및 축적 |

반복이 조직문화로 자리잡게 되면, 재난이 발생했을 때 구성원들은 '절차를 외워서'가 아니라, '이전에 해봤기 때문에' 움직일 수 있게 된다.

### 4) 건설업 조직의 실행역량 강화를 위한 핵심 조건

건설업 특성상 다음과 같은 실행역량 강화 방안이 유효하다:

- 현장 단위 훈련 중심 : 본사 중심 훈련보다, 각 프로젝트 현장별 훈련이 효과적
- 협력사 포함 교육·훈련 설계 : 자재업체, 장비운영사 등 외부 조직과의 훈련 참여 구조화
- 계절별·공정별 시나리오 개발 : 폭우, 폭염, 동절기 등 시기적 요소 반영

- 복구 우선순위 중심 설계 : 공정 흐름에서 치명적 단절을 야기할 수 있는 기 능에 집중

이러한 방식은 실행 가능성과 실행 속도를 높이며, 단순 계획 수준에서 실제 "움직이는 조직"으로의 전환을 가능케 한다. BCP는 계획만으로 위기를 막을 수 없다. 실행 역량이 없다면, 아무리 정교한 복구 시나리오도 단지 문서에 불과하다. 그리고 실행 역량은 한 번의 훈련이나 교육으로 만들어지지 않는다.

반복과 학습, 이 두 단어가 BCP를 실현 가능하게 만드는 조건이다.

## 3.2 내부 교육·인식 제고 전략

: BCP는 지식이 아니라 '조직문화'로 체화되어야 한다

BCP는 복잡한 문서와 전략이 아닌, 결국 사람에 의해 실행된다. 어떤 계획도, 그것이 구성원의 인식 속에 자리잡고 있지 않다면 행동으로 이어지지 않는다. 따라서 BCP의 성공적 수립과 운영을 위해서는 교육과 인식 개선이 단순한 '연수 프로그램'이 아닌 조직문화로 작동할 수 있도록 전략화되어야 한다.

많은 조직들이 BCP 교육을 법적 준수나 문서상 절차 이행 정도로 여기고 형식적으로 운영하지만, 실질적으로 조직의 위기 대응 능력을 높이기 위해서는 지속적이고 계층별 맞춤형 교육 체계와 전사적 인식 전환 프로그램이 병행되어야 한다.

### 1) 교육은 실행의 사전조건이다

교육은 단순히 정보를 전달하는 수단이 아니다. 구성원들이 "무엇을 해야 하는가"를 이해하고, "왜 해야 하는가"를 공감하며, "어떻게 해야 하는가"를 익히게 만드는 과정이다.

특히 BCP 교육은 다음과 같은 목적을 지닌다:

표 6-11 BCP교육의 목적

| 교육 목적 | 설명 |
| --- | --- |
| 개념 정립 | BCP의 필요성과 위기 대응의 전략적 중요성 인식 |
| 역할 인식 | 각자의 업무가 복구 전략과 어떻게 연결되어 있는지 이해 |
| 절차 숙지 | 위기 발생 시 취해야 할 행동과 복구 순서를 학습 |
| 실행 자율화 | 훈련 외 실제 상황에서 자율적으로 대응할 수 있는 기반 구축 |

### 2) 대상별 교육 설계 전략

효과적인 BCP 교육은 대상자에 따라 교육의 내용, 방식, 주기가 달라야 한다. 건설업 특성상, 고정된 조직보다 프로젝트 단위 구성원이 많기 때문에 표준 콘텐츠와 함께 유동적 대상에 대응 가능한 유연한 구조가 요구된다.

**① 최고경영진 및 임원 교육**

- 목적 : BCP를 조직의 전략으로 이해하고 리더십을 갖추게 함
- 방식 : 전략 워크숍, 정책 브리핑, 위기 대응 시나리오 기반 토론
- 주기 : 연 1회 이상

**② 실무 책임자 교육 (본사 및 현장 부서장)**

- 목적 : 복구 우선순위 설정, 자원 배정, 현장 대응 역량 강화
- 방식 : 실무 매뉴얼, 시나리오 실습, 내부 사례 공유 중심 교육
- 주기 : 반기 1회

**③ 일반 직원 및 현장 인력 교육**

- 목적 : 위기 시 행동 요령 숙지, 보고 체계 이해
- 방식 : e-러닝, 모바일 교육, 매뉴얼 기반 교육
- 주기 : 연 1~2회 또는 신규 배치 시

**④ 협력업체 대상 교육**

- 목적 : 외부 자원도 복구 전략의 일부로 포함되도록 훈련
- 방식 : 설명회, 공동 훈련 참여, 계약 연계형 교육
- 주기 : 연 1회 이상 또는 공정 투입 전

### 3) 교육의 제도화 : 인사제도 및 계약과의 연계

BCP 교육은 선택이 아닌 조직 제도 내 필수 항목으로 편입되어야 한다. 다음과 같은 방식으로 교육 참여를 제도화할 수 있다:

표 6-12 BCP교육참여 제도화

| 연계 항목 | 설명 |
|---|---|
| 성과평가 반영 | BCP 교육 참여율 및 이해도 점수를 KPI에 반영 |
| 승진요건 연계 | 관리자 승진 시 BCP 기초 교육 이수 필수화 |
| 협력업체 계약 기준화 | BCP 교육 이수 업체에 입찰 가점 부여 또는 의무화 |
| 프로젝트 착공 조건 | 착공 전 현장 인력 BCP 교육 이수 의무화 |

### 4) 디지털 기반 교육 자료 운영 방안

현대 건설조직은 시간과 공간의 제약을 극복하기 위해 디지털 콘텐츠 중심의 교육 시스템을 병행해야 한다.

**@ 주요 구성 요소:**

- 인트라넷 BCP 교육 포털 : 시나리오 소개, FAQ, 학습자료, 퀴즈 모음 탑재
- 모바일 훈련 앱/웹 : 공정 중에도 접속 가능한 응급조치 요령, 복구 순서 매뉴얼
- 교육 콘텐츠 유형 다양화 : 동영상(애니메이션 포함), 인포그래픽, 퀴즈형 콘텐츠, 시뮬레이션 기반

### 5) 조직 전체를 대상으로 한 인식 제고 캠페인

BCP가 조직문화로 작동하려면 구성원들이 위기와 연속성의 개념을 '자기 업무의 일환'으로 받아들여야 한다. 이를 위해 캠페인이나 메시지 중심 홍보가 효과적이다.

표 6-13 인식개선활동예시

| 활동 | 설명 |
|---|---|
| 위기 대응 주간 운영 | 연 1회 전사 위기 대응 메시지 강조 기간 운영 (이메일, 배너, 사내뉴스) |
| 우수 대응자 포상 | 훈련 성과 및 실제 위기 대응에 대한 실명 포상 제도 |
| 체험형 워크숍 | 시나리오 기반 문제해결 워크숍 개최, 부서 간 협력 기반 |
| BCP 사내 퀴즈 | 이메일, 인트라넷 등을 통한 퀴즈형 캠페인 진행 |

BCP는 누구나 아는 계획이 되어야 하며, 누구나 움직일 수 있는 지식이 되어야 한다. 그리고 이 모든 실행력은 교육을 통한 체화, 그리고 인식을 통한 문화화에서 시작된다.

단순한 교양강의나 형식적인 e러닝이 아니라, 조직의 언어와 행동 속에 BCP가 스며들도록 설계하는 것이 실행 조직으로 가는 가장 확실한 길이다.

## 3.3 피드백과 개선체계

: 계획의 완성은 학습으로 보완된다

BCP는 수립 그 자체로 완결되는 계획이 아니다. 실행과 점검, 피드백과 개선이라는 순환구조 속에서 반복적으로 보완되어야만 조직의 진정한 회복 전략이 된다. 계획과 실제 사이에는 언제나 차이가 존재하며, 이를 줄이기 위한 유일한 방법은 조직이 학습하고 축적하는 피드백 시스템을 구축하는 것이다.

건설업처럼 외부 환경과 공정 변화가 잦고, 조직 구성원이 프로젝트 단위로 유동적인 산업에서는 지속적인 평가와 문서화, 개선 루틴이 생존 전략의 핵심이다. 이 절에서는 실무적으로 실행 가능한 피드백 수집 방법, 평가 체계, 개선 절차에 대해 다룬다.

### 1) 피드백은 실행 조직의 '자기 점검 기제'다

피드백은 단순히 훈련 참여자 설문이나 회고 정도에 그치는 것이 아니다.

피드백 체계는 BCP 실행의 모든 단계에서 무엇이 작동했는가, 무엇이 실패했는가, 왜 그랬는가, 다음에 어떻게 개선할 것인가를 분석하는 조직의 학습 장치다.

표 6-14 피드백의 핵심 목적

| 목적 | 설명 |
|---|---|
| 실행 진단 | 훈련 또는 실제 대응 시 절차, 자원, 커뮤니케이션의 실효성 점검 |
| 인식 확인 | 구성원의 역할 이해도, 참여도, 자율성 수준 평가 |
| 전략 개선 | 복구 우선순위, 시간 기준(RTO), 자원 배분 방식의 실현 가능성 재검토 |
| 문서화 및 기록 | 조직지식화 → 다음 계획 수립의 기준 자료화 |

### 2) 피드백 수집의 주요 방법

피드백 수집은 계획적으로 구성되어야 하며, 다음과 같은 다양한 도구를 활용할 수 있다.

표 6-15 피드백 도구

| 방식 | 특징 | 활용 시점 |
|---|---|---|
| 설문조사 | 전 참여자 대상, 익명 응답 가능 | 훈련 직후 |
| 구조화된 인터뷰 | 부서장 및 핵심 담당자 중심 | 훈련 주간 이후 |
| 워크숍 방식 | 실패 요인 도출 및 아이디어 공유 | 연간 점검 시 |
| 기록 분석 | 복구 로그, 복구 시간, 자원 사용 기록 등 | 실행 종료 직후 |

**@ 설문 예시 항목 :**

- BCP 절차를 명확히 이해하고 있었는가?
- 위기 상황 판단과 보고는 신속히 이루어졌는가?
- 복구 자원 확보는 원활했는가?
- 현장과 본사 간 협조는 원활했는가?
- 대응 후 문제점은 무엇이며, 대안은 무엇이라 생각하는가?

### 3) 실행 성과 지표 설계

피드백이 정량적 개선으로 이어지기 위해서는 지표화된 성과 기준이 필요하다. 이를 통해 반복 측정과 비교, 추세 분석이 가능하다.

표 6-16 실행 성과 지표

| 지표 항목 | 측정 방식 |
|---|---|
| RTO 달성률 | 실제 복구 완료 시간 ÷ 설정된 RTO 기준 |
| 훈련 참여율 | 예정 인원 대비 실제 참여자 비율 |
| 피드백 회수율 | 피드백 제공자 수 ÷ 전체 참여자 수 |
| 수정 조치 이행률 | 도출된 개선과제 중 실행 완료 항목 비율 |

이러한 지표는 단지 숫자를 위한 것이 아니라, 조직 내 실행력의 정량적 진단 도구로 활용된다.

### 4) 개선계획 수립과 문서화 프로세스

피드백의 핵심은 단지 '문제 발견'이 아니라, 그 문제를 어떻게 개선하고 다음 전략에 반영할 것인가에 있다. 이를 위해 다음과 같은 단계별 개선 절차가 필요하다:

- 문제 도출 : 설문 및 인터뷰 결과를 통해 대표적 실패 요인 정리
- 우선순위 분류 : 재현 가능성, 피해 규모, 시급성 기준으로 분류
- 개선과제 도출 : 실질적으로 적용 가능한 해결안 설계
- 이행계획 수립 : 책임부서, 기한, 자원 배정 등 설정
- 문서화 및 시스템 반영 : BCP 문서 개정, 조직공지, 교육 내용 반영

이 과정은 훈련이나 실행 후 2주 내 완료되는 것을 기준으로 하며, 연간 점검 시 다시 검토하여 개선 효과를 평가하는 체계를 갖춰야 한다.

### 5) 피드백 시스템 자동화 및 축적 방안

지속 가능한 피드백 체계를 위해서는 데이터와 기록을 축적하고 활용하는 시스템이 필요하다.

표 6-17 피드백 시스템 구성요소

| 시스템 구성요소 | 기능 |
|---|---|
| 훈련관리 DB | 훈련 참여이력, 피드백, 개선결과 기록 |
| BCP 개정 이력관리 | 문서 개정일, 사유, 반영 범위 자동 관리 |
| 내부 통계 대시보드 | 부서별 복구 소요시간, 훈련 참여율 등의 통계 시각화 |
| 자동 보고서 템플릿 | 훈련 결과 요약, 평가 및 개선안 자동 출력 |

이러한 시스템은 중소기업의 경우 간단한 엑셀 기반으로도 구현 가능하며, 중장기적으로는 기업 정보관리 시스템(ERP)과 연동하는 방식이 권장된다. 계획은 사람을 지키는 것이 아니라, 사람이 계획을 작동시켜야 한다. 피드백과 개선체계는 조직이 스스로를 점검하고, 약점을 보완하며, 실행력을 강화하는 유일한 방법이다. 훌륭한 계획보다 중요한 것은 학습하는 조직이며, 실행 이후를 기록하고 반성하고 축적하는 구조야말로 회복 탄력성이 있는 조직의 필수조건이다.

## 참고문헌


- Supriadi, L. S. R., & Pheng, L. S. (2018). Business continuity management in construction: Perspectives and case studies. Springer.
- Alfalasi, A. A. (2016). Developing a framework for improving business continuity management success (BCM) in UAE construction industry.
- Steen, R., Haug, O. J., & Patriarca, R. (2024). Business continuity and resilience management: A conceptual framework. Journal of Contingencies and Crisis Management.
- Sawalha, I. H. (2021). Views on business continuity and disaster recovery. International Journal of Emergency Services, 10(1), 50–65.
- Hiles, A. (2014). Business continuity management: Global best practices. Rothstein Publishing.
- Ghandour, A. (2014). Identifying dimensions of business continuity plan from common expressions among professionals. International Journal of Business Administration, 5(6).
- Phillips, B. D., & Landahl, M. (2020). Business continuity planning: Increasing workplace resilience to disasters. CRC Press.
- Blyth, M. (2009). Business continuity management: Building an effective incident management plan. Gildan Media.
- Will, M., & Brauweiler, J. (2020). Business continuity planning. In Sustainable Cities and Communities. Springer.
- Bajgorić, N., Turulja, L., & Alagić, A. (2022). Business continuity management and disaster recovery planning: Compliance in practice. In Always-On Business. Springer.
- Maina, S. M. (2012). Business continuity planning as a strategy for building resilience among microfinance institutions in Kenya.
- Paton, D. (2009). Business continuity during and after disaster: Building resilience through continuity planning. ASBM Journal of Management.
- Fani, S. V., & Subriadi, A. P. (2019). Business continuity plan: Examining a multi-usable framework. Procedia Computer Science, 161, 117–124.
- Okuno, I. (2023). BCP for SMEs in Japan's construction sector. IOP Conf. Series: Earth and Environmental Science, 1195(1), 012047.
- Dey, M. (2011). Business continuity planning (BCP) methodology—Essential for every business. IEEE GCC Conference.

- RIGLIETTI, G. (2023). Building supply chain resilience capacity: A business continuity management perspective. Politecnico di Milano.
- Petrenko, S. (2022). Developing an enterprise continuity program. CRC Press.
- Heng, G. M. (2004). Managing your business continuity planning project. McGraw-Hill.
- Ono, T. (2024). An effective business continuity planning and financing. In All-Hazards Approach: Towards Resilience Building. Springer.
- ISO. (2019). ISO 22301:2019 - Security and resilience — Business continuity management systems — Requirements. International Organization for Standardization.

제7장

# 건설회사의 업무영향분석(BIA) 수립 실무

## 1 업무영향분석(BIA)의 개요와 의의

업무영향분석(BIA: Business Impact Analysis)은 비즈니스 연속성계획(BCP)을 실질적으로 작동하게 만드는 핵심 분석 도구이자, 모든 복구 전략의 출발점이다.

조직이 위기를 겪을 때, "어떤 기능을 언제까지 복구해야 하는가?", "무엇이 전략적 판단은 모두 BIA의 결과를 기반으로 내려진다.

건설업의 BCP에서 BIA는 단순한 기능 목록 작성이 아니라, 프로젝트의 흐름, 공정 간 연계성, 협력사 의존도, 계약상의 시간 민감성 등을 종합적으로 고려한 전략적 분석 작업이다.

따라서 이 장에서는 일반적인 BIA 개념을 바탕으로, 건설업에 특화된 BIA의 필요성과 의의, 특징, 그리고 접근 방법을 우선적으로 정리한다.

### 1.1 BIA란 무엇인가?

ISO 22317은 BIA를 다음과 같이 정의한다:

"업무연속성 관리체계(BCMS)의 일부로, 조직의 핵심 활동 중단이 조직에 미치는 재정적·운영상·평판상의 영향을 식별하고, 복구 우선순위와 시간 목표를 설정하기 위한 체계적 절차"

즉, BIA는 단순히 '위험'을 평가하는 것이 아니라,

- 조직 내부의 핵심 기능을 식별하고,
- 각 기능의 중단이 가져올 영향을 정량·정성적으로 분석하며,
- 복구 우선순위와 자원 배분 전략의 기준을 수립하는 도구다.

## 1.2. 왜 BIA가 중요한가?

BCP는 전사적 관점에서의 복구 전략이므로, 모든 기능을 동시에 복구할 수는 없다. 복구 자원(인력, 장비, 예산 등)은 항상 한정되어 있으며, 시간 역시 위기 상황에서는 가장 귀한 자원이다.

BIA가 없다면 다음과 같은 문제가 발생할 수 있다:

표 7-1 BIA 부재시 문제점

| 문제 | 설명 |
|---|---|
| 자원 배분 혼란 | 모든 기능이 중요하다는 주장 → 복구 우선순위 설정 불가 |
| 실행력 저하 | 실제로 복구해야 할 핵심 기능이 늦게 복구되거나 누락 |
| 조직 갈등 | 부서 간 중요도 인식 차이 → 협조 부족 및 책임 회피 |
| 계약 리스크 | 납기 미준수, 공정 지연에 따른 손해배상 발생 가능성 증가 |

반면, BIA가 잘 수행된 조직은 한정된 자원으로도 가장 중요한 기능을 최단 시간 내에 복구할 수 있어, 위기 이후 빠른 정상화가 가능해진다.

## 1.3. 건설업에서 BIA가 특히 중요한 이유

**- 계약, 공정, 협력사 구조 속에서 '무엇을 복구할 것인가'를 결정해야 한다**

업무영향분석(BIA, Business Impact Analysis)은 비즈니스 연속성계획(BCP)의 실질적 출발점이자, 가장 전략적인 의사결정 단계다.

그렇다면 왜 특히 건설업에서 BIA는 더욱 중요하게 작동해야 하는가? 그 이유는 건설업의 운영 방식, 조직 구조, 사업 특성 자체가 BIA 없이 복구전략을 제대로 수립할 수 없을 만큼 복잡하고 민감하기 때문이다. 다음 다섯 가지 관점은 건설업에서 BIA가 특히 중요한 이유를 실무적으로 설명해준다.

### 1) 공정 연계성과 납기 중심 계약 구조

건설 프로젝트는 고도로 시간 기반(time-sensitive) 구조로 설계되어 있다.

각 공정은 일련의 흐름(flow)을 따라 배치되어 있고, 하나의 공정이 지연되면 그 이후의 공정 전체가 지체된다. 이를 **공정 연계성(process interdependency)**이라고 한다.

예를 들어 철근 배근이 완료되어야만 콘크리트 타설이 가능하고, 콘크리트가 충분히 양생되어야 마감 공정이 들어갈 수 있다. 이러한 순차 구조 속에서는 어느 하나의 기능 중단도 전체 일정 지연으로 확산될 가능성이 높다.

게다가 건설업의 대다수 프로젝트는 **'낙찰가 계약 + 납기 이행 조건'**으로 구성되며, 일정 지연 시 지체상금, 계약 해지, 신뢰도 하락 등 직접적 리스크가 발생한다.

이처럼 일정 준수가 조직의 성과와 직결되는 산업에서는 "무엇을 먼저 복구해야 하는가"를 명확히 분석하고 판단하는 BIA가 필수적이다.

### 2) 복구 자원이 제한된 상황에서의 의사결정

건설업은 자연재해, 노동분쟁, 장비고장, 자재 수급 차질 등 다양한 요인에 의해 현장 기능이 일시적으로 마비되는 상황이 잦다. 하지만 이런 위기상황에서도 복구에 투입할 수 있는 자원은 항상 제한되어 있다.

예를 들어 폭우로 인해 현장의 일부 기능이 중단된 상황에서,

- 인력은 일부만 현장 투입 가능하고,
- 장비는 고장 또는 진입 불가이며,
- 자재는 공급 지연 중일 수 있다.

이런 상황에서 복구 우선순위를 정하지 않고 "전부 빨리 하자"는 전략은 자원의 분산과 낭비로 이어지며, 결국 전체 복구 속도를 늦춘다. BIA는 이러한 복잡한 조건 속에서도,

- 어떤 기능을,
- 언제까지,
- 어떤 수준으로,
- 어떤 자원으로 복구해야 하는지를 전략적으로 구조화하는 데 도움을 준다.

### 3) 외주·협력사 중심의 기능 운영 구조

건설 프로젝트의 실질적인 공정 수행 주체는 대부분 외주업체와 협력사다. 시공사는 전체 일정과 품질을 총괄하는 역할을 하지만, 실제 작업은 철근업체, 거푸집업체, 전기설비사, 자재공급업체 등의 다수 협력사에 의해 진행된다.

이러한 구조는 BIA를 단지 '사내 부서'의 기능 분석으로 끝낼 수 없게 만든다. 즉, 시공사의 회계팀이나 구매팀만 분석해서는 안 되고, 프로젝트별 주요 공정 수행 협력사까지 포

함한 기능 식별과 영향 분석이 필요하다.

특히 협력업체의 인력 확보 상황, 장비 보유 여부, 대체 가능성 등은 위기 발생 시 복구 전략의 핵심 변수가 된다. 따라서 협력사를 포함한 확장형 BIA 구조를 통해 실질적인 연속성 확보 전략이 가능해진다.

#### 4) 이동형 조직 구조와 프로젝트 단위 분산 운영

건설업은 하나의 본사 조직이 아닌, 다수의 분산된 현장 조직(Project-Based Structure)으로 구성된다. 각 현장은 고유의 지리적 환경, 협력사 구성, 공정 흐름, 행정 조건 등을 갖고 있어, 본사에서 수립한 하나의 BCP가 모든 현장에 적용되기 어렵다.

예컨대,

- 제주도의 해안가 리조트 공사 현장과
- 수도권 아파트 신축 현장은

재난 유형도 다르고, 복구 자원 확보 방식도 다르며, 협력업체 구성도 전혀 다를 수 있다.

따라서 프로젝트별로 현장 맞춤형 BIA 수행이 필요하며, 이를 통해 각 현장 조직이 독립적으로 연속성 계획을 수립하고 실행할 수 있는 기반을 갖추게 된다.

#### 5) 실무 대응력을 확보하기 위한 체계적 기준 제시

건설업은 급변하는 현장 상황에 따라 즉각적인 판단과 복구가 요구되는 산업이다. 하지만 위기 상황에서는 판단 기준이 모호해지고, 부서 간 책임 전가 또는 협력사의 소극적 대응으로 실행력이 떨어지기 쉽다.

이때 BIA는 현장의 실무자에게 "이럴 때는 이 기능부터 복구하라", "이 공정은 24시간 내 복원하지 않으면 전체 일정에 치명적이다"와 같은 전략적 기준을 제시해준다. 이는 단지 관리계획이 아니라 현장 실행계획의 뼈대가 되며, 프로젝트 리더십의 의사결정을 구조화하고 설득 가능하게 만든다.

건설업은 프로젝트 단위, 납기 준수 중심, 다단계 외주 구조, 자원 제약 산업이다. 이런 산업 특성 속에서 BIA는 단순한 '업무 목록 작성'이 아니라, 기업 생존을 위한 전략적 복구 기준 설정 도구로 작동해야 한다.

BIA는 건설업 조직이 위기에 대비할 수 있게 해주는 핵심 장치이며,

"무엇을, 언제까지, 어떻게 복구할 것인가?"라는 질문에 가장 정교한 해답을 제공하는 실천 도구이다.

## 1.4. 다른 산업의 BIA와의 차이점

업무영향분석(BIA)은 산업을 불문하고 BCP 수립의 핵심 절차로 작동하지만, 각 산업의 운영 구조에 따라 분석 대상, 분석 방식, 복구 전략의 형태는 뚜렷하게 달라진다.

건설업이 속한 프로젝트 기반 산업(Project-Based Industry)은 전통적인 고정형 생산 산업(Fixed-Operation Industry)과는 매우 다른 방식으로 기능이 조직되고 운영되기 때문에, BIA의 분석 프레임과 실행 전략도 차별화되어야 한다.

이 절에서는 제조업, 금융업, 정보통신업 등의 일반적인 BIA 구조와 비교해, 건설업 BIA의 특수성과 차별성을 항목별로 정리하고 실무상 유의사항을 제시한다.

### 1) 분석 대상의 구조 : 기능 vs 공정

| 항목 | 일반 산업 | 건설업 |
|---|---|---|
| BIA 대상 | 고정된 기능/부서 | 공정 흐름 및 프로젝트별 기능 |
| 예시 | 생산팀, 물류팀, IT 운영팀 | 골조 타설, 설비 배관, 외벽 마감 |

제조업이나 금융업에서는 각 부서별로 수행하는 **고정된 기능(function)**을 기준으로 BIA를 수행한다. 예를 들어 생산부서의 라인 중단, 물류센터의 출고 지연, 고객센터의 서비스 장애 등이 대표적 분석 대상이다.

반면 건설업은 부서가 아닌 **공정 단위(process unit)**로 업무가 전개된다. 기능이 아닌 공정 흐름의 순서와 의존성이 복구 전략의 중심이 되므로, 분석 관점도 단순 부서별 중요도에서 벗어나야 한다.

### 2) 업무 위치와 자원의 고정 여부

| 항목 | 일반 산업 | 건설업 |
|---|---|---|
| 자원 위치 | 고정형 시설(공장, 본사, 서버실) | 이동형 현장 구조물, 이동식 장비 |
| 운영 기반 | 중앙 집중형 | 다수 현장 분산형 |
| 데이터 위치 | 사내 네트워크 통합 | 현장 중심 수기·이중화 필요 |

대부분의 산업은 고정된 위치에서 업무가 이뤄지며, 핵심 자원(사람, 장비, 정보)은 일정한 공간 내에서 보관·운영된다. 그러나 건설업은 현장 중심으로 자원이 이동하며, 조직도 프로젝트 단위로 분산되어 운영된다.

이로 인해 건설업 BIA는 '누가 무엇을 하는가'보다 '어디에서 어떤 자원이 필요한가'를 중심으로 분석해야 한다. 복구 대상이 위치에 따라 다르며, 데이터 백업 방식과 훈련 전략도 달라진다.

### 3) 복구 시간 기준(RTO, MAO 등)의 설정 방식

일반 산업에서는 복구 시간 기준(RTO, MAO 등)을 정할 때, IT 시스템의 다운타임, 고객 불만 처리 시간, 생산 중단 손실액 등을 정량화하는 방식이 주를 이룬다. 수치화가 용이하고 반복 구조가 많기 때문에, 수년치 데이터 분석도 가능하다.

하지만 건설업은 다음과 같은 이유로 정량화에 한계가 있다:

- 프로젝트 단위로 구조가 바뀌며, 과거 사례가 현재와 직접 비교 불가
- 협력사의 수행 품질·자원 규모가 상이하여 복구 속도 예측이 어려움
- 공정 단위 손실은 매출이 아닌 지체상금, 계약 해지, 재공사 등 비계량 리스크로 발생

따라서 건설업 BIA에서는 정량 수치보다 복구 우선순위 체계와 공정 연계 시나리오 기반 정성 분석이 강조된다. 정량·정성 혼합형 접근이 필요하며, 자재 대체 가능 여부, 협력사 이탈 시 대체업체 확보 가능성 등을 주요 기준으로 반영해야 한다.

### 4) 외부 이해관계자 분석 범위의 차이

| 항목 | 일반 산업 | 건설업 |
|---|---|---|
| 외부 연계 분석 | 공급망(SCM), 고객사, 물류 업체 | 하도급업체, 발주처, 감리단, 공공기관 등 |
| 분석 목적 | 수요 예측 및 공급 안정화 | 계약 이행 및 재난 대응 연계 체계 확립 |

제조업에서는 주로 고객 납품 일정이나 원자재 수급과 관련된 공급망 리스크가 외부 요소로 분석된다. IT기업의 경우 클라우드나 통신망 운영사의 장애도 주요 분석 대상이 된다.

반면 건설업은 발주처, 감리단, 설계사무소, 지방자치단체, 하도급 협력사 등 '계약 기반 이해관계자'의 영향력이 매우 큼. 이들은 단순 외부 기관이 아니라, 복구 승인과 공정 진행 자체를 통제할 수 있는 실질적 권한을 갖고 있다. 따라서 건설업 BIA는 반드시 외부 이해관계자를 연계된 복구 프로세스 내에 명시해야 하며, 복구 실행 시점에 이들과 사전 협의된 절차가 없다면 전체 연속성이 무너질 수 있다.

### 5) 계획 수립 방식의 차이 : 시스템 기반 vs 시나리오 기반

많은 대기업은 ERP, WMS, SCM 등 정보 기반 시스템을 통해 연속성 관리 요소를 자동 연계한다. 하지만 건설업은 현장 상황, 날씨, 인력 수급, 민원 등 비정형 변수가 많아 시

스템화가 어렵다.

따라서 건설업의 BIA는 정형화된 시스템 계획보다, 실제 위기 시나리오 중심의 시뮬레이션 기반 계획이 효과적이다. 예를 들어 "A공정이 장마로 3일 중단되면?" → "대체 순서는?", "자재 지연 시 가설작업으로 전환 가능 여부는?" 등의 시나리오 기반 대응 판단 훈련이 BIA 설계의 핵심이 된다.

BIA는 모든 산업에서 필요한 연속성 관리 도구이지만, 그 설계와 실행 방식은 산업의 특성에 따라 달라진다. 건설업은 유동적 자원 구조, 공정 연계, 외주 중심 수행, 현장 단위 복잡성이라는 고유의 특성상, 고정형 기능 분석 중심의 일반 BIA 방식만으로는 실효성 있는 복구 전략 수립이 어렵다.

따라서 건설업에서는 공정 흐름 중심, 협력사 연계 구조, 시나리오 기반 의사결정 체계를 바탕으로 BIA를 재설계해야 하며, 이를 통해 실행 가능한 복구전략과 자원 배분 기준이 현실에서 작동하게 된다.

## 1.5. 건설업 BIA의 구성요소 개요

**- 기능, 시간, 연계성으로 복구 전략의 설계 기반을 마련하라**

업무영향분석(BIA)은 단순히 '무엇이 중요하다'를 정하는 작업이 아니다.

BCP 전체를 설계할 때 BIA는 복구 전략, 자원 배정, 훈련 시나리오, 실행 시점 결정 등 모든 연속성 활동의 기준값과 우선순위를 제공하는 전략적 인프라다.

건설업에서의 BIA는 특히 공정 중심, 협력사 연계, 프로젝트 분산 운영이라는 특성을 반영해 기능 - 시간 - 연계성이라는 세 축을 중심으로 구성된다.

이 절에서는 건설업 BIA의 대표적 분석 항목과 각 단계의 실무적 구성요소들을 소개하고, 이후 장에서 다룰 세부 분석 절차의 구조를 사전에 정리한다.

### 1) 구성요소

#### ① 핵심 기능 식별

BIA의 출발점은 조직 또는 프로젝트 내 핵심 기능(Critical Functions)을 식별하는 것이다. 건설업에서는 이 기능이 부서나 업무 단위가 아니라, 대부분 공정 단위로 정의된다.

@ 핵심 기능 식별 절차 :

- 공정 흐름 분석 (Work Breakdown Structure)
- 납기·계약상 중단 허용 여부 검토

- 대체 공정 존재 여부 분석
- 외부 수행(협력사) 여부 파악
- 기능별 정지 시 예상 손실 정량·정성 분석

예시 : 철근 배근 → 콘크리트 타설 → 설비 배관 → 내부 마감 → 검사

이 중 콘크리트 타설이 지연될 경우 전체 공정이 무기한 밀릴 수 있다면, 이 기능은 '핵심'으로 분류된다.

## 2) 구성요소

### ② 시간 기반 복구 목표 설정 (RTO / MAO / MBCO)

핵심 기능이 식별되었다면, 다음 단계는 그 기능이 언제까지 복구되어야 하는지를 수치로 설정하는 것이다. 이 값들은 프로젝트 팀, 협력사, 발주처와 협의하여 설정되며, 복구 전략 수립의 핵심 조건으로 사용된다.

표 7-2 시간기반 복구 목표

| 지표 | 정의 | 설명 |
|---|---|---|
| RTO (복구시간목표) | 기능이 복구되어야 할 최대 허용 시간 | 예: 24시간 이내 타설 재개 |
| MAO (최대허용중단시간) | 조직이 중단을 견딜 수 있는 절대 한계 시간 | 예: 타설 공정 3일 이상 중단 시 계약 해지 우려 |
| MBCO (최소연속성유지수준) | 완전 복구 전 유지 가능한 최소 운영 상태 | 예: 장비 2대 중 1대만으로도 시공률 60% 확보 가능 |

## 3) 구성요소

### ③ 기능별 복구 우선순위 결정

식별된 기능과 시간 목표를 기반으로, 모든 기능을 한 번에 복구할 수 없다는 현실적인 제약을 고려하여 우선순위를 설정해야 한다.

@ 우선순위 판단 기준 예시 :

- 공정 연계성(선행공정 여부)
- 대체 자원의 존재 여부
- 계약상 납기·패널티 조건
- 안전·품질상 치명성 여부
- 외부 이해관계자(발주처, 협력사) 영향도

복구 우선순위는 일반적으로 다음과 같이 분류된다:

| 등급 | 설명 |
|---|---|
| 1순위 | 24시간 이내 복구 없이는 전체 공정 지연 발생 (예: 주요 구조체 타설) |
| 2순위 | 48~72시간 내 복구 필요, 대체 공정 가능성 존재 (예: 보조 자재 공급) |
| 3순위 | 일정 기간 내 복구되면 전체 일정에 큰 영향 없음 (예: 부대시설 설치) |

### 4) 구성요소

#### ④ 자원·인력·시스템 의존성 분석

각 기능을 복구하기 위해 필요한 자원을 사전에 명확히 분석하는 것도 BIA의 핵심이다.

| 범주 | 항목 | 예시 |
|---|---|---|
| 인력 | 특정 기술 인력, 외주 인력 | 철근 기술자, 크레인 기사 |
| 장비 | 필수 공정 장비 | 콘크리트 펌프, 크레인, 발전기 |
| 자재 | 대체 불가 또는 납기 긴 자재 | 고강도 철근, 외벽 패널 |
| 시스템 | 설계도면, 시공이력, 공정 관리 시스템 | ERP, AutoCAD, BIM 서버 |

이 분석을 통해 자원 확보 전략, 사전 계약, 재고 보유 계획 등 복구 실행 전략이 연계 수립될 수 있다.

### 5) 구성요소

#### ⑤ 외부 협력자 및 이해관계자 연계 분석

건설업의 복구 전략에서 간과할 수 없는 요소는 협력사 및 외부 이해관계자의 복구 역량과 대응 가능성이다. 실제 핵심 기능의 상당수가 하도급 또는 외주 형태로 운영되기 때문에, BIA 수행 시 이들의 기능 수행 가능 여부, 대체 가능성, 계약상 조건 등을 함께 분석해야 한다.

@ 예시 :

- 골조 공정을 담당하는 협력사에 타사 대체계약이 없는 경우 → 복구 우선순 위 1순위로 지정

- 주기적 교육과 훈련이 없는 업체 → 복구 실패 가능성 반영

이를 통해 복구 전략 수립 시 협력사 대응력에 기반한 시나리오별 자원 할당이 가능해진다.

BIA는 단지 계획을 위한 전 단계가 아니라, 실행 전략의 설계도이다. 건설업에서는 기능–시간–자원–협력 구조를 유기적으로 연결하여, 복구 가능성과 우선순위를 정교하게 설계해야만 실제로 작동 가능한 복구 전략이 수립된다. 이러한 구성요소는 이후 각 항목에서 상세히 다룰 내용의 기본 설계 프레임이며, 현장 중심의 복원 전략 수립을 위한 전략적 언어로 기능한다.

## 2 건설회사의 핵심기능 식별 절차

건설회사에서 BCP를 수립하고 실행 가능한 복구 전략을 설계하기 위한 첫걸음은 **핵심 기능(critical functions)**을 정확히 식별하는 것이다.

모든 기능이 중요해 보이지만, 위기 상황에서 한정된 자원으로 무엇을 먼저 복구할 것인가를 판단하려면 각 기능의 상대적 중요도를 구조적으로 이해해야 한다. 업무영향분석(BIA)의 가장 기초적이자 가장 전략적인 절차가 바로 이 기능 식별 단계다. 이 절에서는 건설업의 조직 구조와 공정 운영 특성에 맞춘 핵심기능 식별 절차를 체계적으로 정리한다.

### 2.1 핵심 기능이란 무엇인가?

: 복구 전략의 기준이 되는 기능의 실질적 정의

업무영향분석(BIA)을 수행하는 가장 첫 단계이자 가장 중요한 단계는 핵심 기능(Critical Function)을 정의하는 일이다. 이는 단순히 "우리가 하는 일 중에서 중요한 것"을 정하는 것이 아니라, 조직 또는 프로젝트가 위기 상황에 직면했을 때 중단되었을 경우 사업의 지속성과 생존에 중대한 영향을 주는 기능을 식별하는 전략적 분석 작업이다.

건설회사의 경우, 이 핵심 기능은 일반적인 기업처럼 부서 업무나 고정 프로세스에 국한되지 않는다. 오히려 공정의 흐름, 협력사 운영, 자재 수급, 인허가 일정 등 복합적인 조건을 고려해 정의되어야 하며, 단순히 관리자가 '중요하다고 느끼는 일'을 나열하는 것이 아니라, 객관적인 기준에 따라 기능의 위계와 의존성을 분석하는 과정이다.

#### 1) 핵심 기능의 개념 정의

심 기능이란, 위기나 재해 등의 상황에서 해당 기능이 일정 시간 이상 중단될 경우, 조직 전체 또는 프로젝트가 실질적인 손실을 입거나 복구가 불가능한 수준의 장애를 겪게 되는 기능 또는 활동을 의미한다.

ISO 22317(BIA 국제 표준)은 핵심 기능을 다음과 같이 설명한다:

"조직의 목표 달성에 결정적 영향을 주는 활동으로, 중단될 경우 허용 가능한 수준 이상의 재정적, 운영상, 평판상의 피해를 발생시키는 기능."

이 정의를 바탕으로 건설업에 적용할 경우, 핵심 기능은 다음과 같은 특징을 갖는다:

- 시간 민감성 : 정해진 납기 내에 반드시 수행되어야 하는 기능
- 공정 연계성 : 중단 시 후속 공정 전체에 영향을 주는 선행작업
- 복구 어려움 : 대체공정, 대체자원, 대체인력 확보가 어려운 기능
- 계약 리스크 : 지체상금 또는 계약 해지 요건에 해당하는 기능
- 외부 영향도 : 발주처, 감리단, 협력사 등 외부 이해관계자와 연결된 기능

### 2) 핵심 기능을 구분하는 기준

실무적으로 "무엇이 핵심 기능인가?"를 판단할 때는 조직 구성원 간 의견이 갈릴 수 있다.

많은 부서가 "우리 일은 다 중요하다"고 말하지만, 실제로는 위기 상황에서 모든 기능을 동시에 복구할 수 없기 때문에, 자원의 우선 배정 기준을 위해 기능의 상대적 중요도를 명확히 해야 한다.

다음은 핵심 기능 판단을 위한 대표적 평가 기준이다:

표 7-3 핵심기능 평가 기준

| 평가 기준 | 설명 | 예시 |
|---|---|---|
| 시간 민감도 | 복구가 지연될수록 손실이 커지는가 | 콘크리트 타설 지연 → 골조 전면 차질 |
| 공정 연계성 | 후속 공정이 이 기능에 의존하는가 | 전기배선 지연 → 내부마감 일정 밀림 |
| 계약 위반 가능성 | 납기 미준수 시 벌칙이 존재하는가 | 준공 지연 시 지체상금 부과 |
| 대체 가능성 | 해당 기능을 다른 방식으로 임시 수행할 수 있는가 | 가설도로 시공 지연 → 대체 통로 가능 여부 |
| 인력·자재 희소성 | 해당 기능 수행에 필요한 자원이 확보 가능한가 | 고강도 철근, 특수설비 인력 부족 |

이러한 기준은 BIA 수행팀, 프로젝트 관리자, 본사 전략팀이 함께 검토하며 점수를 부여하거나 순위를 정하는 방식으로 활용할 수 있다.

### 3) 핵심 기능은 '부서'가 아니라 '공정 단위'로 정의된다

일반 기업에서는 핵심 기능이 마케팅, 생산, 회계, 고객지원 등 부서 단위의 기능으로 정의되는 경우가 많다. 하지만 건설회사는 대부분 프로젝트 중심으로 업무가 배치되며, 각 프로젝트는 수십 개의 공정이 단계적으로 또는 병렬로 수행되는 구조다.

따라서 건설업의 핵심 기능은 '건축팀'이 아니라 '3층 골조 타설', '엘리베이터 설치', '외벽 패널 부착' 등 공정 중심의 단위로 식별되어야 한다. 이와 같은 공정 단위 기능 정의는 다음과 같은 이유로 중요하다:

- 자원의 투입과 스케줄이 공정 단위로 관리되기 때문
- 실제 복구 우선순위 판단은 '작업 순서'와 '현장 상황'에 따라 결정되기 때문
- 복구계획 수립 시 구체적인 실행 단위로 연결되기 때문

### 4) 실무에서 오해하기 쉬운 핵심 기능 판단 사례

| 기능 | 일반적 오해 | 실질적 판단 |
|---|---|---|
| 회계 보고 | "매월 마감이 중요하니 핵심이다" | 복구가 3일 지연되어도 프로젝트 일정에는 큰 영향 없음 |
| 자재 발주 | "매일 자재를 주문하니 중요하다" | 주요 자재 확보는 미리 완료되었고, 대체 발주 가능 |
| 타설 공정 | "하루 정도 미뤄도 된다" | 후속 마감 공정 전체에 연쇄 지연 → 실제로는 핵심 기능 |

이처럼 핵심 기능은 일상적 빈도나 중요도가 아니라, 위기 상황에서 중단이 가져오는 파급력을 중심으로 판단해야 한다.

### 5) 핵심 기능은 복구 전략의 기준점이다

BIA의 다음 단계에서는 복구 시간 목표(RTO), 최대 허용 중단시간(MAO), 최소 연속성 유지 목표(MBCO) 등을 설정하게 되며, 이 모든 기준은 핵심 기능을 중심으로 설계된다.

핵심 기능이 명확하게 정리되어 있지 않으면,

- RTO가 실제로 도달 불가능한 수치로 설정되거나
- 자원이 잘못된 기능에 분산되어 복구 실패로 이어지거나
- 훈련 시나리오가 현실과 동떨어진 방향으로 설계될 수 있다.

결국 핵심 기능의 식별은 단지 분석 단계의 일부가 아니라, 전체 BCP 실행 전략의 출발점이자 기준점이 된다.

건설회사의 업무영향분석은 "어떤 일이 중요한가"를 명확히 정리하는 것에서 시작된다. 핵심 기능을 식별하지 못한 BIA는 실효성 없는 복구계획으로 끝나며, 자원은 분산되고 대응력은 약화된다. 핵심 기능은 수치가 아니라 우선순위의 언어이며, 복잡한 위기 속에서도 조직이 무엇을 먼저 움직여야 할지를 말해주는 복구 전략의 나침반이다.

## 2.2 건설회사의 기능 식별 구조

: 공정 흐름과 현장 조직의 실제 작동방식을 기준으로 분석하라

건설회사의 BIA는 일반 제조업이나 금융업과는 달리, 부서 단위가 아닌 공정 흐름 중심으로 기능을 식별해야 한다.

일반적인 기업에서는 마케팅팀, 회계팀, 인사팀 등 부서의 고정된 기능이 조직 구조를 구성하지만, 건설업은 프로젝트 단위로 재구성되는 유동적 조직이며, 기능도 정태적이 아니라 시간에 따라 변화하는 공정 단위로 구성된다.

본 절에서는 건설업의 기능 구조를 실무적으로 분해하고, 핵심 기능 식별을 위해 어떤 방식으로 구조를 도식화할 수 있는지를 제시한다.

### 1) 고정형 조직이 아닌 공정 중심 유동 조직

건설회사의 조직은 본사의 기능 조직과 현장의 프로젝트 조직으로 이원화되어 있다 그 중 BIA의 대상이 되는 조직은 대부분 프로젝트 현장이며, 이 현장에서는 다음과 같은 유동적 조직 구조가 운영된다:

이때 핵심 기능은 '철근콘크리트 공정'처럼 시간 단위로 수행되는 기능을 기준으로 식별해야 하며, 조직도보다는 공정 일정표(Gantt Chart)나 공정흐름도(Process Flow)가 기준이 된다.

표 7-4 본사와 현장의 조직 비교

| 본사 기능조직 | 현장 유동조직 |
|---|---|
| 기획실, 재무팀, 인사팀 | 공사소장, 공무팀, 시공팀, 안전팀, QA팀 |
| 고정 업무 중심 | 프로젝트 공정 중심 |
| 전략적 관리 기능 | 현장 실행 기능 |

### 2) 건설업 기능 범주 분류 예시

현장에서 수행되는 모든 업무를 다음과 같은 6개 범주로 나누어 보면, 각 범주 내에 기능 단위가 존재하며, 이 중 일부가 '핵심 기능'으로 식별된다.

표 7-5 건설업 기능분류

| 기능 범주 | 대표 기능 항목 | 기능 예시 |
|---|---|---|
| 구조 공정 | 기초, 슬래브, 철근, 콘크리트 | 지하 1층 기초 타설, 3층 슬래브 거푸집 해체 |
| 마감 공정 | 창호, 도장, 타일, 내장 | 15층 욕실 방수, 외벽 석재 시공 |
| 설비 공정 | 급수, 배수, 환기, 소방 | 저층 급수 배관 연결, 옥상 소방밸브 설치 |
| 전기 공정 | 배선, 조명, 정보통신 | 분전함 설치, CCTV 배선 작업 |
| 공무·관리 | 도면 검토, 자재 발주, 협력사 계약 | 전기 자재 승인, 협력사 계약 변경 |
| 안전·품질 | 점검, 시험, 감리, 시운전 | 방수 시험, 비상벨 작동 시험 |

### 3) 기능 식별의 단위와 도구

핵심 기능을 식별하기 위해서는 다음 두 가지 관점을 함께 고려해야 한다:

**① 시간 단위 기능 분해**

- 전체 공정 일정을 주간/일간 단위로 분해
- 주요 작업 구간에 배정된 기능 항목 정리
- 공정표 상 선행·후속 관계를 기준으로 식별

**② 자원 단위 기능 분해**

- 기능별로 사용되는 장비, 인력, 자재, 외주 여부 식별
- 고위험 자원(대체 불가, 희소 자원)이 포함된 기능 우선 검토
- 협력사 담당 여부 확인 → 복구 가능성 분석

예를 들어, "철근콘크리트 타설"이라는 기능은 시간적으로는 특정 주차 내 수행되어야 하고, 자원적으로는 펌프카, 레미콘, 철근공, 협력사 계약에 따라 좌우되므로 복구 난이도가 높고 핵심 기능으로 판단할 수 있다.

### 4) 공정 흐름 기반 기능 도식화 (FBA: Functional Breakdown Analysis)

기능을 공정 흐름 기반으로 분해하고 도식화하기 위해 사용할 수 있는 가장 실무적인 도구는 기능 분해도(Functional Breakdown Diagram) 또는 **공정 흐름도(Process Flowchart)** 이다.

예시 - 공동주택 시공 프로젝트 기능 분해 흐름:

착공 → 기초 공사
- → 골조 공사
  - 철근 배근
  - 거푸집 설치
  - 콘크리트 타설
- → 마감 공사
  - 외벽 석재
  - 창호 설치
- → 설비 공사
  - 급수 배관
  - 소방 설비
- → 시운전 및 준공

이 흐름을 기반으로, 각 세부 작업이 실제로 '언제', '누가', '어떤 자원으로' 수행되는지를 기준으로 기능 목록을 작성하고, 이 중 영향도·복구 가능성을 기준으로 핵심 기능을 추출한다.

### 5) 실무 적용 : 기능 식별표 양식

| 공정명 | 세부 기능 | 담당부서/협력사 | 주요 자원 | RTO | 대체 가능 여부 | 핵심 기능 여부 |
|---|---|---|---|---|---|---|
| 구조 공정 | 3층 슬래브 타설 | A건설, B콘크리트 | 펌프카, 레미콘 | 24시간 | 불가 | ● |
| 마감 공정 | 욕실 타일 시공 | C타일 | 타일, 타일공 | 3일 | 대체 가능 | ○ |
| 설비 공정 | 지하1층 배관 연결 | D설비 | PVC관, 배관공 | 48시간 | 불가 | ● |
| 공무 | 설계 변경 협의 | 공무팀 | 도면, 계약서 | 1주 | 가능 | △ |

아래는 현장에서 기능을 식별할 때 사용할 수 있는 실무용 양식 예시이다:

이를 통해 전체 기능 중 핵심 기능(●)과 보완 기능(○), 일반 기능(△)을 구분할 수 있으며, 이후 BIA 분석과 복구 전략 수립의 기준으로 활용된다.

건설회사의 BIA는 고정된 조직도를 기반으로 분석해서는 안 된다. 실제 현장에서 기능은 공정 흐름에 따라 배치되며, 자원과 협력사에 따라 복구 가능성이 결정된다. 따라서 복구 전략의 실효성을 확보하기 위해서는, 조직의 기능 구조를 '공정 중심-자원 연계형' 구조로 재설계하는 기능 식별 작업이 반드시 선행되어야 한다.

## 2.3 기능 분해와 핵심성과지표(KPI)의 연계

: '실행 가능한 기능'과 '측정 가능한 성과'로 핵심 기능을 구체화하라

핵심 기능을 식별하는 것은 단지 '중요해 보이는 일'을 정하는 작업이 아니다. 건설회사의 BIA가 실질적으로 작동하기 위해서는, 각 기능을 복구 실행 단위로 세분화하고, 동시에 그것이 조직의 핵심성과지표(KPI)에 어떤 영향을 주는지 판단할 수 있어야 한다. 이 절에서는 기능 중심 분해(FBA)와 KPI 연계를 통해 핵심 기능을 어떻게 구체화하고 우선순위를 정할 수 있는지 살펴본다.

### 1) 왜 기능을 분해하고 KPI로 연결해야 하는가?

일반적으로 BIA를 수행할 때 가장 흔한 오류 중 하나는, 기능을 부서 단위 또는 직무 범위로만 구분하고, 복구 우선순위에 대한 정량적 기준 없이 '감'으로 판단하는 것이다. 그러나 이러한 방식은 자원 배분의 혼선을 유발하고, 위기 상황에서 복구 순서를 결정할 수 있는 합리적 근거를 제공하지 못한다.

기능 중심 분해(FBA)는 기능을 복구 가능한 최소 단위로 나누는 과정이며, KPI 연계는 기능의 복구가 조직 성과에 미치는 영향을 정량적으로 구조화하는 방법이다. 이 둘을 결합하면, BIA는 '무엇이 중요해 보인다'가 아니라 '무엇이 실제로 조직의 성과에 영향을 주는가'에 근거한 분석으로 바뀐다.

### 2) 기능 중심 분해(FBA)의 단계

건설업의 프로젝트는 공정 단위로 구성되며, 각 공정 내에는 다수의 작업이 존재한다. FBA는 이러한 작업 흐름을 분해하여, 복구 전략 수립이 가능한 수준으로 기능을 정의하는 기법이다.

@ 절차 요약 :

- 1단계 : 전체 공정 흐름 확인 (예: 기초 → 골조 → 마감)
- 2단계 : 공정별 작업 세부 단위 도출 (예: 골조 → 콘크리트 타설)

- 3단계 : 각 기능별 자원, 시점, 협력사 의존성 정리
- 4단계 : 대체 가능성, 복구 시간, 손실 영향도 평가
- 5단계 : 복구 우선순위 지정 및 핵심 기능 도출

이 분석 결과는 이후 RTO, MAO, MBCO 설정 및 복구 전략 수립의 기준이 된다.

### 3) KPI 기반 기능 중요도 평가

핵심 기능은 반드시 조직 또는 프로젝트의 KPI와 연계되어야 한다. 복구하지 않으면 매출 손실, 공정 차질, 납기 위반, 신뢰도 하락 등 정량적 손실로 이어지는 기능만이 진정한 핵심 기능이다.

표 7-6 KPI와 기능의 연계 예시

| 기능 | 연계 KPI | 복구 우선순위 예시 |
|---|---|---|
| 콘크리트 타설 | 납기 준수율, 계약이행률 | 1순위 |
| 방수 작업 | 품질 불량률, 하자율 | 2순위 |
| 자재 발주 | 예산 소진율, 자재 도착율 | 3순위 |
| 설계 변경 협의 | 감리 승인율, 설계적합성 | 상황에 따라 우선 지정 |

### 4) KPI 연계를 위한 평가표 활용

핵심 기능을 식별하고 KPI와 연결하기 위해 다음과 같은 기능 평가표 양식을 활용할 수 있다

표 7-7 KPI 연계 평가표

| 기능명 | KPI 연계 항목 | 정지 시 영향 | 복구 시간 목표(RTO) | 대체 가능성 | 핵심 여부 |
|---|---|---|---|---|---|
| 콘크리트 타설 | 납기, 공정률 | 공정 전면 중단 | 24시간 | 없음 | ● |
| 외장 석재 시공 | 감리 승인 | 경관 영향, 준공 지연 | 72시간 | 있음 | ○ |
| 전기 배선 | 하자율, 안전 | 시운전 실패 | 48시간 | 조건부 | ● |

※ ● = 핵심 기능 / ○ = 중요 기능

이런 방식으로 기능과 KPI를 정리하면, 복구 우선순위는 설득 가능한 기준을 갖게 되며, BCP의 실행력도 크게 향상된다.

### 5) 기능 분해 + KPI 연계 = 전략적 복구 우선순위

기능 중심 분해와 KPI 연계를 결합한 BIA 분석은 다음과 같은 장점이 있다:

- 복구 우선순위를 객관적 지표 기반으로 설계할 수 있다.
- 기능별 복구 전략이 성과와 직접 연결되어 실행력을 갖는다.
- 훈련 시나리오나 의사결정 기준이 조직 내부 설득력을 가진다.
- 자원 배정, 협력사 통제, 의사결정 구조와 유기적으로 연동된다.

건설회사의 복잡한 공정 구조 속에서 '무엇이 핵심인가'를 판단하려면 기능을 분해해야 한다. 그리고 그 기능이 정말 중요한지를 판단하려면 성과지표와의 연결이 필요하다. FBA는 복구 전략의 구조를, KPI는 복구 전략의 방향을 제공한다. 두 도구를 함께 활용할 때, BIA는 실행 가능한 복구 계획으로 연결되며, 건설 프로젝트의 연속성을 확보하는 전략 도구로 기능한다.

## 3 복구 시간(RTO), 최대 허용 중단시간(MAO), 연속성 목표(MBCO)
: 기능 복구의 기준선을 설정하는 핵심 시간 지표

업무영향분석(BIA)의 궁극적인 목적은 조직의 핵심 기능이 위기 상황에서 중단되었을 때, 이를 언제까지, 어떤 수준으로 복구해야 할지 명확한 기준을 수립하는 것이다. 하지만 "가능한 빨리 복구하라"는 식의 추상적인 지시는 실전에서 아무런 도움이 되지 않는다.

복구 전략이 실행 가능하려면, 복구 시간 목표(RTO), 최대 허용 중단시간(MAO), 최소 연속성 유지 기준(MBCO)과 같은 시간 기반의 수치화된 지표가 명확하게 설정되어야 한다. 건설업은 특히 공정 중심의 복잡한 흐름, 납기 기반 계약 구조, 다단계 협력사 시스템 등으로 인해 복구 시간 기준이 전략적 자원 배분과 계약 이행을 좌우하는 산업이다.

따라서 각 기능별로 '얼마나 빨리 복구되어야 하는지(RTO)', '언제까지는 반드시 복구되지 않으면 안 되는지(MAO)', '복구가 지연될 경우 어느 수준까지는 임시로 운영 가능한지(MBCO)'를 체계적으로 분석하는 것이 매우 중요하다.

본 절에서는 이 세 가지 시간 지표의 개념과 상호 관계, 건설업에 적용하는 실무적 해석 방법, 그리고 이를 통해 복구 우선순위와 전략 실행력을 확보하는 방법을 단계적으로 다룬다. 이 시간 기준은 단지 분석 도구가 아니라, 훈련, 자원 설계, 의사결정, 예산 책정 등 모든 연속성 활동의 핵심 기준선이 된다.

### 3.1 개념 정의와 상호 관계

- 복구 전략을 수치화하는 세 가지 핵심 시간 지표

업무영향분석(BIA)의 목적은 핵심 기능이 중단되었을 때 이를 어떤 순서로, 어떤 시간 안에, 어떤 수준으로 복구할지를 전략적으로 판단하는 것이다.

이를 위해서는 막연한 직관이나 경험에 의존하지 않고, 객관적이고 수치화된 시간 기준을 설정해야 하며, 이 역할을 수행하는 지표가 바로 RTO, MAO, MBCO이다.

건설업 BCP에서는 이러한 시간 기준들이 공정 연계성과 납기 중심 구조, 협력사 의존도, 자원 제한 상황 등 복잡한 현실적 변수와 맞물려 더욱 중요한 판단 기준으로 작동한다.

이 절에서는 각 지표의 정의와 개념, 서로 간의 관계, 건설업 특유의 상황에서의 적용방식까지 실무 관점에서 설명한다.

### 1) RTO, MAO, MBCO란 무엇인가?

**① RTO (Recovery Time Objective)** - 복구 시간 목표

- 기능이 중단된 이후 정상 상태로 복구되기까지 허용되는 최대 시간을 의미다
- RTO를 초과할 경우, 계약 위반, 생산 손실, 평판 저하 등의 심각한 피해가 발생할 수 있다.
- 예 : 콘크리트 타설 기능의 RTO가 24시간이라면, 24시간 내 복구되지 않으면 전체 공정이 지연되고 손해가 발생함.

**② MAO (Maximum Acceptable Outage)** - 최대 허용 중단시간

- 해당 기능이 중단되더라도 조직이 감내할 수 있는 최대 한계 시간을 의미
- MAO는 RTO보다 항상 크거나 같으며, 이를 초과하면 회복 불가능하거나 치명적인 결과를 야기한다.
- 예 : 콘크리트 타설의 MAO가 48시간이면, 그 이상 중단 시 양생 실패, 재시공 필요 등으로 복구 자체가 어려워짐.

**③ MBCO (Minimum Business Continuity Objective)** - 최소 연속성 유지 기준

- 기능이 완전 복구되지 않더라도 최소한의 수준으로 운영 가능한 기준선을 의미한다.
- 예 : 타워크레인이 고장났을 때, 예비 장비 또는 수동 크레인으로 70% 수준의 작업은 지속 가능하다는 판단.

### 2) 세 지표의 상호 관계

이 세 지표는 복구 전략 수립의 논리적 순서를 구성하며, 다음의 수학적/논리적 관계를 갖는다:

**@ MBCO ← RTO ← MAO**

- MBCO : 언제부터 최소 수준으로든 작동할 수 있는가?
- RTO : 언제까지 완전 복구해야 하는가?
- MAO : 언제까지 버틸 수 있는가?

즉, 기능이 중단된 순간부터 다음과 같은 시간이 흐른다고 가정할 때 :

| 시간 구간 | 의미 |
|---|---|
| 0 ~ MBCO | 비상 상태, 완전 중단 → 운영 불가능 |
| MBCO ~ RTO | 임시 운영 가능 상태 → 예비 장비, 수동 대체, 협력사 대응 |
| RTO ~ MAO | 복구 가능하나 조직 위험에 노출 → 품질 저하, 일정 지연 |
| 이후 | MAO 초과 → 복구 불가 상태, 계약 위반, 재시공 등 발생 |

이러한 관계는 각 기능별 복구 전략을 수립할 때 반드시 반영되어야 하며, 특히 RTO는 훈련 목표와 자원 배분의 핵심 기준, MAO는 위기 상황의 임계점, MBCO는 비상 시 단계적 복귀 전략으로 활용된다.

### 3) 건설업에 적용할 때의 해석 방법

건설업에서는 다음과 같은 구조적 특성이 RTO, MAO, MBCO의 해석에 영향을 준다:

| 특성 | 영향 설명 |
|---|---|
| 공정 연계성 | 한 기능의 지연이 연쇄적 파급을 가져오므로 RTO 기준이 엄격해짐 |
| 계약 납기 중심 | MAO 초과 시 계약 위반 및 지체상금 발생 가능성 큼 |
| 자원 제한성 | 예비 자원 확보 여부에 따라 MBCO 설정 범위가 달라짐 |
| 외부 승인 | 감리단 승인, 지자체 인허가 일정은 MAO를 절대적으로 제한함 |

예를 들어, 감리단이 참여하는 "방수 테스트" 기능의 경우,

- RTO는 48시간(내부 일정 기준),
- MAO는 72시간(계약 조건),
- MBCO는 "사전 점검 및 시험지 일부 확보로 50% 수행 가능" 등의 방식으로 해석할 수 있다.

### 4) ISO 기준과 국내 가이드라인 참고

ISO 22301:2019에서는 복구 전략 수립의 전제 조건으로 RTO, MAO, MBCO 설정을 명시하고 있으며, ISO 22317:2015 (BIA 가이드라인)에서는 각 지표의 정의와 활용 방법을 다음과 같이 제시하고 있다:

- "RTO는 복구 전략 및 자원 계획의 기준이며, MAO는 경영 판단의 경계선이고, MBCO는 회복 가능성을 수치화한 실무 기준이다."【ISO 22317†source】
- 국내 가이드라인(재해경감활동 실무과정)에서도 기능별 RTO/MAO 기준 도출 → 자원 배분 및 시나리오 설계 → 문서화 및 훈련 반영 순서를 권장하고 있다 (재해경감활동 실무과정1)

### 5) 기능별 지표 설정 예시

| 기능명 | MBCO 수준 | RTO | MAO | 비고 |
|---|---|---|---|---|
| 콘크리트 타설 | 30% 인력과 펌프카로 부분 타설 가능 | 24시간 | 48시간 | 양생 전 완료 필수 |
| 전기 배선 | 일부 수동 조명 연결로 시공 가능 | 48시간 | 72시간 | 마감공정 전 복구 필요 |
| 자재 입고 | 예비 자재로 임시 공정 가능 | 72시간 | 96시간 | 공사 일정 2일 유예 존재 |

RTO, MAO, MBCO는 그 기준을 수치화하는 도구이며, BIA를 전략으로 전환하기 위한 핵심 축이다. 건설 프로젝트의 성공은 계획이 아니라 '제시간에 회복할 수 있느냐'에 달려 있다.

- RTO를 설정하지 않은 복구 전략은 방향 없는 나침반과 같고,
- MAO를 고려하지 않은 자원 계획은 위기를 키우는 촉매가 된다.
- MBCO를 도입한 조직만이 단계적 복귀 전략과 회복 탄력성을 확보할 수 있 다.

## 3.2 복구 시간 목표(RTO) 설정 실무

: 기능별 복구 우선순위와 자원 배분을 이끄는 핵심 수치

복구 시간 목표(RTO: Recovery Time Objective)는 업무영향분석(BIA)의 가장 핵심적인 산출물 중 하나로, BCP가 실행 가능한 전략으로 전환되는 데 필요한 시간 기반의 우선순위 판단 기준이다.

특히 건설업은 공정 흐름이 밀접하게 연계되어 있어, 한 기능의 복구 지연이 전체 프로젝트에 연쇄적인 영향을 미친다. 따라서 기능별로 언제까지 복구되어야 하는지를 명확히 수치화하지 않으면, 복구 자원이 분산되고 전체 일정이 무너질 위험이 있다. 이 절에서는 RTO의 의미를 정리하고, 건설업의 특성에 맞게 RTO를 실무적으로 설정하는 절차와 판단 기준, 활용 방식에 대해 설명한다.

### 1) RTO의 개념과 역할

RTO란 위기 상황에서 특정 기능이 중단된 후, 조직이 해당 기능을 복구하기 위해 허용할 수 있는 최대 시간을 의미한다. 이 시간 안에 복구가 이루어지지 않으면, 중대한 재무적 손실, 일정 지연, 계약 위반, 평판 훼손 등이 발생할 수 있다.

표 7-8 RTO 개념

| 구분 | 설명 |
|---|---|
| 정의 | 기능 중단 후 허용 가능한 최대 복구 시간 |
| 단위 | 시간(예: 12시간, 48시간 등) |
| 기준 | 기능 중요도, 공정 연계성, 납기, 계약조건 등 |
| 목적 | 복구 전략 수립의 기준선 제시 |

### 2) 건설업에서 RTO가 중요한 이유

건설업의 복구 전략 수립에서 RTO가 중요한 이유는 다음과 같다:

- 공정 연계성 : 하나의 공정이 늦어지면 후속 공정 전체가 지연됨 (예: 콘크리 트 타설 지연 → 마감 작업 지연)
- 계약상 납기 절대성 : 일정 미이행 시 지체상금, 계약 해지 등의 리스크 존재
- 현장 자원 한정성 : 복구를 위한 인력, 장비, 자재가 제한적이므로 우선순위가 필요
- 협력사 대응성의 한계 : 하도급업체의 복구 능력이 제한되어 대체 자원의 확보가 중요

RTO는 이러한 문제를 예방하고 대응 전략을 구조화하는 시간 기준으로 기능한다.

### 3) RTO 설정을 위한 판단 기준

RTO는 모든 기능에 대해 일괄적으로 설정할 수 없다. 각 기능의 성격과 공정상 위치, 영향 범위 등을 고려해 개별적으로 판단해야 한다. 일반적으로 다음과 같은 기준이 활용된다:

표 7-9 RTO 설정 판단기준

| 판단 기준 | 설명 |
|---|---|
| 기능의 중요도 | 기능이 중단될 경우 조직 또는 프로젝트 전체에 미치는 영향 |
| 공정 연계성 | 해당 기능이 선행 공정인지, 병렬 공정인지에 따른 영향력 |
| 복구 난이도 | 복구에 필요한 자원의 종류, 확보 가능성 |
| 계약 조건 | 납기 위반 시의 손해배상, 발주처와의 신뢰도 저하 등 |
| 법적·관리적 리스크 | 안전, 품질 관련 기능의 지연 시 행정적 불이익 발생 여부 |

예를 들어, 감리단 승인을 받아야 하는 방수공정이 지연되면 후속 공정이 모두 멈추므로, RTO를 짧게 설정해야 한다.

#### 4) RTO 설정 절차

실무적으로 RTO를 설정하는 절차는 다음과 같다:

**① 핵심 기능 식별** (FBA 기반)

→ 공정표와 작업 흐름도를 활용해 기능 단위로 정리

**② 중단 시 영향 분석**

→ BIA를 통해 각 기능이 중단될 경우 발생하는 손실 분석

**③ 기능별 복구 가능 시간 추정**

→ 자원 가용성, 복구 난이도, 협력사 대응력 고려

**④ RTO 수치 설정 및 정당화**

→ "왜 이 기능은 24시간 이내에 복구되어야 하는가?"에 대한 근거 확보

**⑤ 문서화 및 복구 전략 연계**

→ RTO 기준을 기반으로 복구 시나리오, 훈련계획, 예산 편성

#### 5) 건설업 기능별 RTO 설정 예시

| 기능명 | 기능 설명 | 설정 RTO | 근거 |
|---|---|---|---|
| 콘크리트 타설 | 골조 형성 핵심공정 | 24시간 | 양생시간 고려, 지연 시 전 공정 차질 |
| 타워크레인 운용 | 고층 작업 핵심 장비 | 12시간 | 장비 렌탈 계약 유무, 장비 대체 불가 |
| 자재 입고 | 설비 자재 도착 지연 | 72시간 | 예비 자재 보유 여부, 공급 대체 가능 |
| 배관 점검 | 중간공정 품질관리 항목 | 48시간 | 감리 승인 필수, 후속 마감 지연 방지 |

이러한 수치는 프로젝트별로 조정되며, 표준화된 기준표가 아닌 '프로젝트 맞춤형 RTO 테이블'로 정리되는 것이 바람직하다.

### 6) 실무 적용 양식 예시

기능명 : 외벽 마감 공정
RTO : 72시간
근거 : 감리 일정과 연결 / 발주처 요구사항 있음 / 대체 작업 불가
복구방안 : 석재 예비 확보, 외주 시공팀 대기
리스크 : RTO 초과 시 준공 승인 지연 → 입주 일정 지연

이러한 형태의 RTO 설정은 단순 숫자 기입이 아니라, 복구 전략의 설계 도면 역할을 한다.

### 7) RTO 초과 리스크와 대응 전략

RTO가 초과되었을 경우 다음과 같은 리스크가 발생한다:

표 7-10 RTO 초과 리스크

| 위험 | 설명 |
|---|---|
| 계약 위반 | 납기 지연 → 지체상금, 계약 해지 가능성 |
| 비용 증가 | 재시공, 장비 재배치 등으로 추가 예산 발생 |
| 평판 훼손 | 발주처, 입주민, 언론 등 외부 신뢰도 하락 |
| 안전사고 증가 | 일정 압박으로 무리한 시공 발생 가능성 |

이러한 사태를 방지하기 위해, RTO가 짧은 기능일수록 예비 자원 확보, 협력사 계약 조항 보완, 복구 매뉴얼화가 사전에 필요하다.

복구는 언제까지 되어야 하는가? 이 질문에 대한 대답이 바로 RTO다.

RTO는 단지 복구 목표 시간이 아니라, 우선순위 결정, 자원 배분, 의사결정 타이밍의 기준선이다. 건설업처럼 일정에 민감하고, 계약 조건이 복잡하며, 자원이 제한된 산업에서는 RTO 없이 복구 전략을 수립할 수 없다. RTO를 수치로 정의하고, 기능별로 구체화할 수 있을 때, BCP는 비로소 '실행 가능한 계획'으로 완성된다.

## 3.3 최대 허용 중단시간(MAO)의 판단 기준

: 건설업 복구 전략의 '한계선'을 수치화하라

복구 시간 목표(RTO)가 "언제까지 복구해야 하는가"에 대한 전략적 목표라면, 최대 허용 중단시간(MAO: Maximum Acceptable Outage)은 그보다 상위 개념으로서, "해당 기능이 얼마나 오랫동안 중단되어도 조직이 생존할 수 있는가"를 판단하는 절대 한계 시간이다.

MAO는 BIA에서 매우 중요한 역할을 한다. RTO가 실제 복구 실행 시간의 기준이라면, MAO는 경영진 또는 프로젝트 리더가 복구 불가능 상태를 방지하기 위해 반드시 고려해야 하는 마지노선이기 때문이다. 특히 계약, 납기, 안전이 직접 연결된 건설업에서는 MAO 초과 시 물리적 손해와 신뢰 손실이 동시에 발생할 수 있다.

### 1) MAO의 정의와 역할

ISO 22301에서 MAO는 다음과 같이 정의된다:

"기능이 중단된 상태로 조직이 수용할 수 있는 최대 시간. 이를 초과하면 조직의 존속, 고객 신뢰, 법적 책임 등 핵심 가치가 훼손된다."

표 7-11 MAO 개념

| 항목 | 설명 |
| --- | --- |
| 정의 | 조직 또는 프로젝트가 기능 중단을 견딜 수 있는 최대 시간 |
| 역할 | 복구 실패를 절대적으로 피해야 할 시간 기준 제시 |
| 관계 | RTO ≤ MAO (RTO는 전략적 목표, MAO는 절대 임계값) |

### 2) 왜 건설업에서 MAO는 더욱 중요한가?

건설업은 공정 연계성과 계약 기반 운영 구조 때문에, 하나의 기능이 장시간 중단되었을 때 회복 불가능한 손해로 이어질 수 있다.

표 7-12 MAO 초과 시 발생할 수 있는 영향

| 구분 | 주요 영향 사례 |
|---|---|
| 계약 리스크 | 준공 납기 위반 → 지체상금, 계약 해지 |
| 물리적 손실 | 양생 실패, 자재 손상, 시공 품질 저하 |
| 재시공 비용 | MAO 초과로 인해 전 공정 철거 및 재시공 필요 |
| 안전 문제 | 구조물 불안정, 감리 승인 거부 |
| 평판 훼손 | 발주처·언론·입주자 등 이해관계자 불신 초래 |

예를 들어, 콘크리트 타설 후 양생 시간이 지나면 구조물 전체를 철거해야 하며, 이는 수천만 원 단위의 손실로 이어진다. 이처럼 MAO는 '사업 지속 가능성'을 가늠하는 시간 기준이다.

### 3) MAO 설정 기준

실무에서 MAO를 설정할 때는 다음과 같은 기준들을 종합적으로 고려해야 한다:

표 7-13

| 평가 기준 | 판단 요소 |
|---|---|
| 기능의 중요도 | 해당 기능이 중단될 경우 발생하는 최악의 결과 |
| 시간 민감도 | 복구가 지연될수록 손해가 기하급수적으로 증가하는가 |
| 계약 조건 | 납기 초과, 안전 점검 누락 등 법적 위반 여부 |
| 대체 가능성 | 대체 자원이나 공정이 없는 기능일수록 MAO는 짧게 설정 |
| 외부 승인 | 감리, 발주처 승인 요건이 연결되어 있는가 |

이러한 기준은 BIA 인터뷰, 프로젝트 계약서 검토, 공정표 분석 등을 통해 도출할 수 있다.

### 4) MAO 설정 절차

MAO는 RTO보다 추상적이고 경영 판단이 개입될 여지가 많지만, 다음과 같은 절차를 거쳐 합리적으로 도출할 수 있다:

① 핵심 기능 도출 : FBA 결과를 기반으로 주요 기능 선정

② 복구 목표(RTO) 설정 : 현실적인 복구 가능 시간 산정

③ 리스크 영향 분석 : RTO 초과 시 발생 가능한 피해 시나리오 도출

④ 계약 조건 검토 : 계약서, 발주조건, 지체상금 조건 등 확인

⑤ 경영 판단 반영 : 프로젝트 총괄 책임자의 수용 한계 시간 설정

⑥ MAO 수치 확정 및 문서화 : BCP 문서와 복구 전략에 반영

### 5) 건설업 적용 사례

| 기능명 | 설정 MAO | 초과 시 영향 | 대체 수단 |
|---|---|---|---|
| 콘크리트 타설 | 48시간 | 양생 실패 → 철거 재시공 | 없음 |
| 전기 배선 | 72시간 | 시운전 지연, 인허가 불가 | 일부 우회 배선 가능 |
| 가설전력 복구 | 12시간 | 현장 전체 작업 중단 | 임시 발전기 계약 |
| 설계도면 승인 | 5일 | 공정 지연 → 협력사 일정 재조정 | 없음 (감리 승인 필수) |

이와 같이 기능별로 RTO와 MAO를 나란히 설정하면, 복구 시점 판단 기준과 복구 실패 방지 전략을 동시에 수립할 수 있다.

### 6) MAO와 경영 의사결정

MAO는 단순히 복구 전략 수립의 기준일 뿐만 아니라, 비상 상황에서 의사결정권자가 개입해야 할 시점을 가리킨다. MAO가 임박하거나 초과되었을 때는, 아래와 같은 결정이 필요하다:

- 프로젝트 일정 변경 통보 여부
- 협력사 교체 또는 추가 자원 투입 여부
- 발주처와 계약 조정 또는 유예 요청 여부
- BCP 내 복구 전략 긴급 수정

따라서 MAO는 실무진뿐만 아니라 프로젝트 리더, 경영진의 판단 기준선으로 작동해야 한다.

### 7) MAO 문서화 및 관리 방식

MAO는 다음과 같은 형태로 문서화되고, 복구 전략에 반영되어야 한다:

기능명 : 기초 구조물 콘크리트 타설
RTO : 24시간
MAO : 48시간
MBCO : 타설 구간 분할 시, 부분 진행 가능
초과 시 리스크 : 양생 실패 → 철거, 재시공
결정권자 : 현장소장, 기술본부장

정기적인 점검을 통해 MAO의 현실성은 검토되어야 하며, 협력사 일정, 기후 변화, 설계 변경 등에 따라 유동적으로 조정 가능한 체계가 필요하다.

복구 전략은 실행을 위한 것이지만, 실행이 실패할 경우의 경계선을 미리 정해놓는 것이 MAO다. RTO가 목표라면, MAO는 "최악을 피하기 위한 경영의 판단 기준"이다. MAO를 명확히 설정하고 이를 조직적으로 공유하고 있다면,

위기 상황에서도 무엇을 포기하고, 무엇을 지켜야 하는지를 명확히 판단할 수 있다. 건설업의 복잡한 프로젝트 속에서, MAO는 생존과 실패를 가르는 결정적 기준이 된다.

## 3.4 연속성 유지 최소 기준(MBCO)의 설정

: 완전한 복구가 아니더라도 프로젝트를 '살리는' 전략

업무영향분석(BIA)은 '무엇이 중요한가'를 식별하는 것에서 시작하지만, 복구 전략의 실행 가능성을 높이기 위해서는 "복구가 늦어질 때 최소한 어느 정도 수준까지는 운영이 되어야 한다"는 기준이 필요하다. 이를 수치화한 지표가 바로 MBCO(Minimum Business Continuity Objective)이다.

MBCO는 위기 상황에서도 핵심 기능이 완전 복구되기 전까지 허용 가능한 '임시 운영 수준'을 정의하는 것으로, RTO나 MAO처럼 '시간'이 아니라 '기능의 수준'을 기준으로 한다.

건설업과 같이 작업환경이 현장 중심이며, 자원 접근성과 협력사 가용성이 제한적인 산업에서는 MBCO 설정이 실제 복구 전략의 현실성과 유연성을 좌우한다.

### 1) MBCO란 무엇인가?

MBCO는 기능이 완전히 복원되지 않아도 조직 또는 프로젝트가 최소한의 연속성을

유지할 수 있는 운영 수준을 말한다. 즉, 기능이 부분적으로만 작동하더라도 '전체 마비'는 피할 수 있는 임시 대응 수준의 설계 기준이다.

표 7-14 MBCO 개념

| 항목 | 내용 |
|---|---|
| 정의 | 위기 상황에서 핵심 기능의 최소 운영 가능 기준 |
| 단위 | 기능 수준(퍼센트, 단계, 인력 규모 등) |
| 예시 | 전체 타설 공정의 30%만 진행하여 공정 지연을 방지 |

ISO 22317은 MBCO를 다음과 같이 설명한다:

"업무 연속성을 위한 기능의 최소 운영 수준으로, 비상상황에서 복귀 전까지 조직이 수용할 수 있는 기능 지속 기준" 【ISO 22317†source】.

### 2) MBCO가 필요한 이유 - 건설업의 현실적 적용 필요성

건설업은 프로젝트 진행 중 여러 돌발 상황에 직면한다. 기상 악화, 장비 고장, 인력 이탈, 자재 수급 차질 등으로 인해 기능이 완전하게 작동하지 못하는 경우가 발생할 수 있다. 이때 MBCO는 다음과 같은 실무적 유용성을 가진다:

- 단계적 복귀 계획 수립 가능 : 완전 복구 이전에 부분 복귀 계획을 수립할 수 있음
- 자원 집중 운영 전략 수립 : 제한된 자원을 '완전 운영'이 아닌 '생존 운영'에 집중
- 대체 전략 및 임시 수단 설계 기준 : 대체 장비, 우회 공정, 수작업 운영 등의 기준 확보
- 훈련 및 매뉴얼 설계의 현실화 : '실전 대응력'을 갖춘 교육 및 문서 기반 마 련

예를 들어, 타워크레인이 고장났을 때 전체 복구에는 3일이 걸리지만, 소형 지게차로 50% 정도의 물량을 수작업으로 운반할 수 있다면, 그것이 MBCO가 된다.

### 3) MBCO 설정 절차

MBCO는 RTO와 MAO처럼 수치화된 기준이지만, 정해진 수학공식이 있는 것은 아니다. 조직 내 여러 부서와 이해관계자의 협의, 기능별 특성과 자원 가용성을 고려하여 설정해야 한다.

**@ 설정 절차 요약:**

1) 기능 단위 분석 : FBA를 통해 기능을 분해한 단위별로 MBCO 설정
2) 복구 시간 검토 : RTO와 MAO 사이의 운영 가능 수준 분석
3) 대체 수단 확보 여부 확인 : 예비 장비, 우회 공정, 외주 협력사 활용성 등
4) 운영 가능 수준 수치화 : 인력, 장비, 처리량 기준으로 MBCO 수준 결정

5) 조직 내 승인 및 문서화 : 기능별 MBCO 기준을 복구 전략과 연계

### 4) 실무 적용 예시 - 건설 기능별 MBCO 설정

| 기능명 | 복구 전 완전 상태 | MBCO 수준 | 대응 전략 예시 |
|---|---|---|---|
| 콘크리트 타설 | 2개 라인 동시 타설 | 1개 라인으로 분리 시공 (50%) | 공정 속도 저하 감수, 품질관리 강화 |
| 자재 입고 | 하루 4톤 입고 | 2톤 임시 보관분으로 부분 대응 (50%) | 예비 자재 보관소 활용 |
| 설비 배관 | 전체 동시 배관 | 층별 분리 시공 (30% 우선 진행) | 상층 지연 감수, 하층 우선 진행 |
| 현장 전력 | 메인 발전기 2대 가동 | 임시 발전기 1대로 필수 공정 유지 | 고전력 공정 임시 중단, 조명 최소 운영 |

MBCO는 완전한 정상 운영을 전제로 하지 않고, 최소한의 공정 연속성과 계약 이행을 위한 유지선이다.

### 5) MBCO의 문서화 및 활용 방안

기능별 MBCO를 설정했다면, 다음과 같은 방식으로 복구 전략과 연결할 수 있다:

기능명 : 철근 배근
RTO : 48시간
MAO : 72시간
MBCO : 핵심 구간(중앙부) 우선 시공 → 전체 공정의 40% 확보
대체 전략 : 외주 인력 긴급 투입, 주야간 교대 작업
비상 시, MBCO 수준으로 2일 이상 운영 가능 → 전체 프로젝트 납기 1일 유예 시 감내 가능

이러한 문서화는 다음과 같은 용도로 활용된다:

- 훈련 시나리오 설계 기준
- 자원 분배 및 예산 우선순위 결정 기준
- 발주처·협력사와의 조정 기준
- 위기 상황 시 '기능 우선 복구' 기준 제공

### 6) MBCO 설정 시 유의사항

| 항목 | 주의 내용 |
|---|---|
| 현실성 확보 | 조직이 수용할 수 없는 '과도한 축소 운영'은 MBCO가 아님 |
| 측정 가능성 | 수치화 또는 문서화가 가능한 기준이어야 함 |
| 조정 가능성 | 상황 변화(계절, 자재 수급, 협력사 등)에 따라 탄력 조정 가능해야 함 |
| 전략 연계 | 단독 활용이 아닌, RTO/MAO와 통합적으로 적용 필요 |

완전한 복구는 이상적이다. 하지만 현실은 이상보다 복잡하다. 복구가 늦어질 수 있고, 자원이 부족할 수 있고, 대체 방안이 완벽하지 않을 수 있다. 이럴 때 조직이 스스로 "최소한 이 정도는 유지하겠다"는 전략 기준이 MBCO다. MBCO는 복구 실패를 가정하는 것이 아니라, 복구 유예 상황에서도 프로젝트를 지켜내기 위한 유연한 생존 전략이다. 이 기준을 명확히 설정할 수 있을 때, 건설업 BCP는 '실제 작동하는 연속성 전략'으로 진화한다.

## 3.5 시간 기준(RTO/MAO/MBCO)의 통합적 활용 전략

: 기능별 복구 전략과 자원 배분, 실행 훈련까지 연결하는 시간 설계의 핵심

복구 시간 목표(RTO), 최대 허용 중단시간(MAO), 최소 연속성 유지 수준(MBCO)은 각각 독립된 개념이지만, BIA와 BCP 수립의 전 과정을 관통하는 전략적 시간 삼각형(time triangle)을 형성한다.

이 세 지표는 단순한 수치가 아니라, 복구 우선순위를 정하고, 자원 투입 기준을 설정하며, 훈련 시나리오와 의사결정 시점을 구체화하는 데 있어 실행을 위한 기준선이 된다. 본 절에서는 이 세 지표를 복합적으로 적용하여, 실질적인 건설업 BCP 실행력을 높이기 위한 전략적 활용 방안을 제시한다.

### 1) 통합 활용이 중요한 이유

건설업 BCP는 복구전략 수립과 동시에 다음과 같은 복잡한 질문에 직면한다:

- "이 기능은 언제까지 복구되어야 하는가?"
- "복구가 안 되면 어느 정도까지는 운영할 수 있는가?"
- "언제까지 복구되지 않으면 치명적인 손해가 발생하는가?"

이 질문에 각각 답하는 것이 MBCO, RTO, MAO이며, 이를 별개로 취급하면 복구 전

략 간 우선순위 충돌이 발생한다. 따라서 세 지표를 동시에 고려하는 통합적 접근이 필요하다.

### 2) 세 지표의 시간 흐름 상 위치 관계

시간 기준은 다음과 같은 연속선 위에서 기능별로 구성되어야 한다:

| 지표 | 의미 | 조직 반응 |
|---|---|---|
| MBCO | 최소 운영 수준 확보 시점 | 응급 대응 시작, 임시 운영 체계 가동 |
| RTO | 완전 복구 목표 시간 | 복구 완료 마감 시점, 훈련 기준 |
| MAO | 복구 실패 시 치명적 손해 발생 시점 | 경영 판단 필요, 전략 변경 또는 계획 실패 |

### 3) 통합 활용을 위한 실무 전략

#### ① 기능별 시간 기준 통합표 작성

건설 프로젝트에서는 수십 개의 기능이 병렬 또는 연속적으로 진행되므로, 각 기능별로 세 지표를 통합 정리한 시간 기준표를 작성하는 것이 실무적으로 유용하다.

표 7-15 통합활용 예시표

| 기능명 | MBCO | RTO | MAO | 비고 |
|---|---|---|---|---|
| 콘크리트 타설 | 40% 구간만 우선 시공 | 24시간 | 48시간 | 양생 실패 시 전면 재시공 |
| 타워크레인 운용 | 크레인 수동 조작 60% 가능 | 12시간 | 24시간 | 대체 장비 계약 존재 |
| 전기 배선 점검 | 일시 중단 가능 | 72시간 | 96시간 | 시운전 일정에 영향 |

#### ② 전략 수립 기준으로 활용

- 자원 우선 배분 : RTO가 짧고 MAO가 좁은 기능에 자원을 최우선 배치
- 훈련 시나리오 설계 : MBCO만 유지 가능한 상황을 가정한 훈련, RTO/MAO 임계점 테스트
- 복구 전략 설계 : 세 지표를 기반으로 '대체 방안'과 '복구 실행 경로'를 설계

#### ③ 의사결정 시점 기준으로 활용

- RTO 도달 전 : 기술팀 주도 복구 실행
- RTO~MAO 사이 : 중간 관리자 이상 판단 개입
- MAO 임박 시 : 경영진 또는 PM단 의사결정 필요 (외주 변경, 일정 수정 등)

#### 4) 훈련 및 평가에의 통합 적용

건설 프로젝트에서 BCP 훈련은 실전 대응력 확보를 위한 핵심 활동이며, 이때 시간 기준은 훈련의 시나리오와 평가 기준이 된다.

표 7-16

| 훈련 구성 요소 | 시간 기준 활용 |
|---|---|
| 훈련 시나리오 | 각 기능이 MBCO 수준만 유지되는 위기 상황 설정 |
| 복구 실행 훈련 | RTO 내 복구 가능성 실습, 대체 수단 가동 테스트 |
| 리더십 대응 훈련 | MAO 임계점 임박 시 경영 판단 시뮬레이션 훈련 |
| 평가 기준 | RTO 초과 여부, MBCO 달성률, MAO 회피 성공 여부 |

훈련의 목표는 단지 '절차를 연습하는 것'이 아니라, 기능별 시간 기준에 따라 자원 배분과 의사결정을 시간 내에 올바르게 내릴 수 있는 체계를 만드는 것이다.

#### 5) 사례 : 통합 시간 기준 기반 복구 전략 수립

- **상황** : 수도권 A건설 현장 - 지하 주차장 구조 공사
  - 기능 : 기초 콘크리트 타설
  - MBCO : 전체 면적 중 핵심 지지 구간(30%) 우선 타설
  - RTO : 24시간 (타설 완료 후 즉시 양생 필요)
  - MAO : 48시간 (양생 실패 시 전면 재시공 필요)
  - 복구 전략 :

    예비 타설팀 대기

    2개 타설라인 → 1개 라인 우선 운영

    협력사 인력 재배치 및 주야간 교대

이 사례는 RTO와 MAO 사이의 간격이 좁고, MBCO에 따라 단계적 타설 전략이 적용되었으며, 시간 기준이 복구 전략의 중심축으로 작동한 예다.

### 6) 시스템적 연계 : 시간 기준과 BCP 각 구성요소의 연결성

| BCP 구성요소 | 시간 기준과의 연결 방식 |
|---|---|
| BIA | 기능별 RTO/MAO/MBCO 설정 기반 |
| 복구 전략(RS) | RTO 기준으로 실행 계획 수립 |
| 훈련(Testing) | MBCO 기준으로 단계적 훈련 설계 |
| 문서화(Documentation) | 시간 기준 포함된 기능 우선순위표 작성 |
| 모니터링(Monitoring) | RTO 달성률, MAO 초과 여부 추적 지표화 |

복구 전략은 의사결정과 실행을 위한 기준선이 있어야 실현 가능하다. RTO, MAO, MBCO는 그 기준을 시간 단위로 수치화하며, 기능별 복구 전략을 논리적으로 설계할 수 있도록 돕는 핵심 도구다. 이 세 지표를 단절된 수치가 아닌 서로 유기적으로 연결된 전략 시간 체계로 통합하면, 건설업 BCP는 보고서가 아닌 실행 매뉴얼로서의 가치를 가지게 된다. 현장 상황이 변해도, 자원이 부족해도, 결정은 내려져야 한다. 그 결정을 시간 기준으로 뒷받침하는 것이 BCP의 힘이며, 시간 설계의 핵심이다.

## 4 위험 분석과 BIA의 연계 전략
: 위기를 예측하고, 영향을 구조화하는 이중 분석 체계

건설업의 비즈니스 연속성계획(BCP)을 수립할 때, 핵심 분석 도구로서 반드시 고려해야 할 두 가지는 바로 위험 분석(Risk Assessment)과 업무영향분석(BIA)이다.

이 둘은 서로 다른 출발점을 가지고 있지만, 복구 전략의 실효성을 확보하기 위해서는 반드시 서로 연결된 체계로 통합되어야 한다.

- 위험 분석은 "어떤 위협이 기능 중단을 야기할 수 있는가?"라는 질문에 답함
- BIA는 "기능이 중단되면 어떤 피해가 발생하는가?"라는 질문에 답한다.

따라서 위험 분석은 '원인' 중심의 사전 경고 체계, BIA는 '결과' 중심의 전략 설계 체계라고 할 수 있다. 이 절에서는 이 두 분석 도구를 어떻게 통합적으로 운용하여 복구 전략의 실행력을 높일 수 있는지를 건설업의 실무 관점에서 설명한다.

### 4.1 위험 분석과 BIA의 상호 보완적 관계

위험 분석(Risk Assessment)과 업무영향분석(BIA)은 BCP 수립에서 가장 핵심적인 두 축이다. 위험 분석은 "무엇이 우리 조직을 위협하는가"에 대한 원인 기반 분석이며, BIA는 "무엇이 중단되면 안 되는가"에 대한 기능 중심 분석이다. 각각의 분석은 독립적으로 수행될 수 있지만, 실질적인 복구 전략을 설계하려면 두 분석이 유기적으로 결합되어야 한다.

#### 1) 분석 목적의 차이점과 상호보완성

- 위험 분석의 목적 : 조직의 취약점과 위협 요인을 사전에 파악하여 대응 조치를 마련
- BIA의 목적 : 핵심 기능이 중단되었을 때 조직에 미치는 영향을 분석하고, 복구 우선순위를 설정

이 두 분석은 서로 다르지만 다음과 같이 보완된다:

표 7-17 RA와 BIA의 보완

| 구분 | 위험 분석 | 업무영향분석 |
|---|---|---|
| 초점 | 위협(위기)의 발생 가능성과 규모 | 기능 중단 시의 피해 규모 |
| 질문 | "어떤 일이 발생할 수 있는가?" | "무엇이 중단되면 안 되는가?" |
| 접근 | 외부 요인 중심 | 내부 기능 중심 |
| 결과 | 위험 목록, 위험 시나리오 | 기능 우선순위, 복구 목표(RTO 등) |

예를 들어, "폭우"는 위험 분석의 주요 위협 항목이지만, 그로 인해 "콘크리트 타설 공정이 중단되는 것"은 BIA의 분석 대상이 된다.

#### 2) 건설업에서의 연계

건설업은 공정의 흐름과 자원 배분이 유기적으로 얽혀 있는 구조다. 특정 위험이 한 기능만 영향을 주는 것이 아니라, 공정 전체에 파급되는 연쇄적인 영향을 가져온다. 따라서 위험 분석 결과를 바탕으로 BIA 대상을 조정하거나, BIA 분석을 통해 위험 요소의 중요도를 다시 평가하는 쌍방향 보완 구조가 필요하다.

- 위험 분석 결과는 BIA 대상 기능을 우선순위화하는 데 사용된다.
- BIA 결과는 위험별 복구 전략을 구체화하는 데 활용된다.
- 두 분석이 따로 작동할 경우, 복구 시나리오가 현실과 동떨어지게 된다.

결국, 위험 분석은 "무엇이 위기인가"를 예측하고, BIA는 "그 위기가 일어났을 때 우리는 무엇을 복구해야 하는가"를 결정한다. 이 둘을 연결하지 않으면 위기 대응은 단발성 대처로 끝나지만, 연계하면 지속 가능한 복원력 확보 전략으로 발전하게 된다.

### 4.2 연계가 필요한 이유 - 건설업의 복잡성과 불확실성

#### 1) 건설업의 구조적 특성은 복합적 리스크와 공정 민감성을 동반한다

건설산업은 일반 제조업이나 사무 기반 서비스업과는 전혀 다른 형태의 프로젝트 지향형 산업이다. 현장 중심의 조직 운영, 다수의 협력사와의 공정 연계, 외부 환경에 대한 민감한 노출, 지역적·시간적 특이성은 건설업이 복합 리스크 다발 산업이라는 것을 보여준다. 이러한 특성은 위험 분석과 BIA를 통합적으로 연계할 필요성을 더욱 강하게 만든다.

표 7-18 건설업 구조적 특성과 대응분석 필요성

| 건설업의 구조적 특성 | 대응 분석의 필요성 |
|---|---|
| 외부 환경 민감성 (기후, 지형 등) | 위험 분석을 통해 현장 맞춤형 위협 파악 필요 |
| 공정의 흐름성과 상호 의존성 | 기능 간 연계된 BIA 수행 필요 |
| 납기 중심 계약구조 | RTO/MAO 기준 수립 시 위험 요인 고려 필수 |
| 협력사 중심 운영 | 외부 위협이 내부 기능 중단으로 연결됨 |

예를 들어, 지하 구조물 시공 중 발생하는 '침수'는 기상 리스크이자 현장 조건 리스크이며, 동시에 구조 공정 전체에 영향을 주는 기능 연계 리스크이기도 하다. 이처럼 하나의 위협이 단순한 원인 분석만으로 해결되지 않으며, 실질적인 영향과 복구 경로를 함께 고려한 대응 체계가 필요하다.

### 2) 불확실성과 복합 재난 시대의 패러다임

우리는 단일 재난이 아닌 복합 위기(multihazard) 시대를 살고 있다. 지진이 발생하면 도로가 끊기고, 자재 수급이 마비되며, 전력 장애가 동반되는 등의 복합 위협 시나리오는 건설업에서 특히 위협적이다. 이러한 상황에서는 개별 리스크 분석으로는 대응 전략을 세울 수 없다.

이때 BIA는 복합 위협이 미치는 영향을 구조화하고, 복구 시간과 자원의 우선순위를 도출해낸다. 즉, 위험 분석은 위기의 '지도'를 제공하고, BIA는 복구 전략의 '설계도'를 그린다.

### 3) 공정 관리 시스템으로서의 연계 전략

건설 프로젝트는 수십 개의 기능과 공정이 선후 관계를 가지고 얽혀 있다. 예를 들어 철근 배근이 지연되면, 콘크리트 타설이 늦어지고, 이후 마감 공정과 인허가가 줄줄이 지연된다.

- 위험 분석은 이 중 어느 지점이 '취약한가'를 알려주고,
- BIA는 그 취약 지점이 중단되었을 때 '얼마나 치명적인가'를 판단한다.

즉, 공정 전체를 보호하기 위한 취약 지점 기반 복구 전략 설계에는 두 분석의 연계가 반드시 필요하다.

### 4) 협력사·하도급 기반 구조의 불확실성

건설업은 프로젝트마다 다수의 하도급업체와 협력사가 관여하며, 이들의 리스크는 본

사 또는 시공사의 직접 통제 밖에 있는 경우가 많다. 그러나 현실에서는 이들의 기능 중단이 전체 프로젝트 일정에 치명적 영향을 준다.

예를 들어, 외주 설비팀이 코로나 확진으로 일시 중단되었을 때:

- 위험 분석은 "외부 인력 이탈"이라는 위협을 식별하고,
- BIA는 "설비 공정이 3일 이상 지연되면 MAO 초과"라는 결과를 보여준다.

이러한 경우 사전 연계가 없었다면 RTO 기준이 수립되어 있지 않아 대체 인력 투입, 계약 변경 등 실질적인 복구 조치가 늦어질 수 있다.

건설업은 고정된 조직이 아니라 매 프로젝트마다 재구성되는 복합 흐름형 산업이다. 따라서 하나의 분석만으로는 불확실성과 리스크를 관리할 수 없고,

위험 분석과 BIA의 유기적 연결을 통해서만 선제 대응 + 실질 복구 전략을 수립할 수 있다. 이는 단지 효율성의 문제가 아니라, 사업 존속성과 계약 이행의 핵심 조건이 되는 시대적 요구다.

## 4.3 분석 절차의 통합 - 실무 기준

: 위험과 영향, 두 분석을 한 흐름으로 연결하라

BCP의 핵심 분석 도구인 위험 분석(Risk Assessment)과 업무영향분석(BIA)은 각기 다른 관점에서 조직의 위기 대응 능력을 진단하지만, 실행 가능한 복구 전략을 수립하기 위해서는 두 분석을 통합적으로 연계해야 한다.

실무에서는 시간과 자원의 한계로 인해 두 분석을 분리 수행하거나, 위험 분석만으로 BCP를 구성하는 경우가 많지만, 이는 전략 설계의 불완전성을 초래한다.

이 절에서는 위험 분석 → 영향 분석(BIA) → 복구 전략 설계까지의 통합 절차를 6단계로 정리하고, 건설업 실무 적용 방식과 체크포인트를 제시한다.

### 1) 1단계 : 리스크 식별 - 위험 목록화

ISO 31000, ISO 22301, 국내 BCP 가이드라인을 참조하여, 자연재해, 인재, 기술적 사고, 공급망 리스크, 외부 민원 등 위험요소를 체계적으로 목록화한다.

**@ 건설업 특화 항목 예시 :**

- 기상 리스크(폭우, 강풍)

장비 고장(타워크레인, 펌프카)

자재 공급 지연

인력 이탈(노조파업, 감염병)

민원, 인허가 차질

→ 위험요소는 단순 나열이 아니라, 기능 연계성을 고려하여 식별해야 한다.

**2) 2단계** : 기능 매핑 - 위험 요소와 기능 연결

- 각 리스크가 어떤 기능(공정 또는 업무)을 위협하는지를 매핑한다.
  예 : "폭우" → "콘크리트 타설", "배수 설비 시공", "자재 운송"
- 이 과정에서 하나의 리스크가 다수 기능에 영향을 미칠 수 있음을 주의해야 하며, 복합 연결성을 문서화한다.

→ 위험별 영향 기능 매트릭스 작성이 유효 (Risk-Function Matrix)

**3) 3단계** : 영향도 분석 - BIA 실행

- 각 기능이 중단될 경우 발생 가능한 영향도를 분석
- 분석 요소 : 재무적 손실, 납기 지연, 계약 위반, 품질 저하, 안전사고 가능성, 대외 신뢰도 손상 등
- 영향 분석 결과를 바탕으로 기능별 RTO, MAO, MBCO 수치 설정

→ 기능별 영향 분석 결과는 복구 전략 우선순위 판단의 기준이 된다.

**4) 4단계** : 복구 우선순위 도출

- 기능별 영향도와 복구 시간 기준을 기반으로 복구 우선순위를 설정
- 다기준 평가 방식(중요도, 시간 민감도, 대체 가능성, 위험 노출도 등) 사용

예시:

"콘크리트 타설" → 중요도 5, RTO 24h, 위험 노출도 4 → 우선순위 1

"전기 배선" → 중요도 3, RTO 72h, 위험 노출도 3 → 우선순위 3

→ 시각화된 복구 우선순위표 활용 권장

**5) 5단계** : 복구 전략 설계

- 각 핵심 기능에 대해 대체 자원, 인력, 장소, 장비 등을 포함한 복구 시나리오 수립
- 위험 발생 → 기능 중단 → 영향도 평가 → 복구 전략 실행의 흐름을 반영
- 협력사 포함 기능에 대해서는 복구 계약 조항 또는 별도 대응 지침 포함

→ 복구 전략은 단순한 대응 시나리오가 아니라, 분석 결과 기반의 실행 설계도여야 한다.

**6) 6단계** : 문서화 및 연계 점검

- 위 1~5단계를 정리하여, BCP 문서와 훈련 매뉴얼, 시나리오 설계 자료로 활용

- 정기적인 점검을 통해 위험 목록 업데이트 및 RTO/MAO 조정

→ 실무에서는 각 단계별 문서 연계성과 갱신 주기를 명확히 설정해야 한다.

표 7-19 실무적용 팁

| 항목 | 실무 팁 |
|---|---|
| **리스크 목록** | ISO 기준 + 현장 경험 반영하여 프로젝트별 맞춤형 구성 |
| **기능 목록** | 공정표, 작업 흐름도, 자원 흐름도 기반 작성 |
| **분석 도구** | Risk Matrix, Impact Table, Function Flowchart 병행 활용 |
| **협력사 리스크** | 협력사 대상 간단한 기능 영향도 설문 시행 |
| **훈련 연계** | 통합 분석 결과를 기반으로 Tabletop 훈련 시나리오 설계 |

위험 분석과 BIA는 계획 수립 도구가 아니라, 복구 전략을 현실화시키기 위한 구조적 분석 기법이다. 분석을 위한 분석이 아니라, 실행을 위한 분석이 되기 위해서는 두 분석이 다음과 같이 통합되어야 한다:

- 위험 분석 → 위협 시나리오 예측
- 기능 매핑 → 영향 기능 도출
-BIA → 시간 기준과 우선순위 정리
- 전략 설계 → 자원과 복구 흐름 구조화

이 절차는 건설업의 복잡성과 변화성에 대응하기 위한 최소 분석 프레임이며,

이 통합 절차 위에서만 BCP는 보고서가 아닌 실행 가능한 복구 전략으로 완성될 수 있다.

## 4.4 위험 기반 영향도 분석 예시

: 위협과 기능의 연결을 통해 복구 전략을 설계하는 법

위험 분석과 업무영향분석(BIA)을 통합적으로 수행하는 데 있어 가장 핵심이 되는 단계 중 하나는 바로 위험 요소가 실제 어떤 기능에 영향을 주는지를 구체적으로 매핑하고, 그 영향을 기준으로 복구 전략을 설계하는 것이다.

이 절에서는 건설업 현장에서 발생 가능한 위협을 기준으로, 핵심 기능에 어떤 영향을 미치고, 이를 어떻게 전략화할 수 있는지를 실무 중심으로 설명한다.

**1) 분석 기본 구조** : 위험 → 기능 → 영향 → 복구 전략

아래의 흐름은 위기 발생 시 실질적인 복구 전략 설계를 위한 기본 골격이다:

[1] 위협 요소 발생
→ [2] 영향을 받는 기능 식별
→ [3] 기능 중단 시 조직에 미치는 영향 평가
→ [4] RTO/MAO 설정
→ [5] 복구 자원/전략 설계

이 절에서는 이 구조를 기반으로 한 실제 사례와 분석 예시를 제시한다.

**2) 사례 1** : 집중호우로 인한 침수

| 항목 | 내용 |
|---|---|
| 위험 요소 | 집중호우 (자연재해) |
| 영향 기능 | 콘크리트 타설 (골조 공정 핵심 기능) |
| 예상 영향 | 양생 실패, 시공품질 저하, 공정 지연 |
| RTO | 24시간 이내 복구 필요 |
| MAO | 48시간 초과 시 재시공 필요 |
| MBCO | 핵심 구간만 부분 타설하여 40% 기능 유지 |
| 복구 전략 | 고지대 예비 작업장 이동, 우기 대응 타설 순서 변경, 예비 양생 장비 확보 |

→ 이 예시는 기후 리스크가 핵심 기능에 어떤 영향을 주고, 그에 따라 시간 기준과 대체 전략을 어떻게 설계할 수 있는지를 보여준다.

### 3) 사례 2 : 장비 고장 - 타워크레인 정지

| 항목 | 내용 |
|---|---|
| 위험 요소 | 기계적 결함, 정비 미흡 |
| 영향 기능 | 자재 상층 운반 기능 (현장 핵심 장비 기능) |
| 예상 영향 | 골조 및 마감 공정 병목 발생, 전반적인 일정 지연 |
| RTO | 12시간 (예비 장비 투입 필요) |
| MAO | 24시간 (초과 시 자재 적치, 품질 리스크 증가) |
| MBCO | 수동 장비(지게차)로 일일 물량 30% 임시 대응 |
| 복구 전략 | 렌탈 장비 사전 계약 체결, 예비 기사 대기 체계 구축, 중층 작업 우선 배치 |

→ 이 사례는 장비 고장이 공정 흐름에 어떻게 영향을 주며, 사전 위험 분석을 통해 BIA의 시간 기준과 우선순위를 도출할 수 있음을 보여준다.

### 4) 사례 3 : 자재 공급 지연

| 항목 | 내용 |
|---|---|
| 위험 요소 | 자재 업체 납기 지연, 운송 문제 |
| 영향 기능 | 배관공정(설비 공정의 중간 기능) |
| 예상 영향 | 후속 마감 지연, 감리 승인 일정 차질 |
| RTO | 72시간 |
| MAO | 96시간 |
| MBCO | 예비 자재 창고를 활용해 50% 시공 가능 |
| 복구 전략 | 공급업체 다변화, 자재 예비 비축 계획 수립, 운송 계약 이중화 |

→ 공급망 리스크는 내부 기능보다 외부 요인에 더 취약하므로, 위험 분석 단계에서 반드시 협력사 정보와 계약 조건을 함께 분석해야 한다.

### 5) 예시 매트릭스를 활용한 전략 설계

복수의 위험 요소와 다수의 기능이 연결되는 상황에서는 위험-기능 영향도 매트릭스를 사용하면 복구 전략의 구조화에 도움이 된다.

표 7-20 위험-기능 영향도

| 위험 요소 | 기능1 (콘타설) | 기능2 (전기배선) | 기능3 (배관설치) | 전략 메모 |
|---|---|---|---|---|
| 집중호우 | ● (중대 영향) | ○ (경미) | ○ (지하 침수 우려) | 상층부 시공 전환 고려 |
| 장비 고장 | ● (타설 지연) | ● (자재 운반 불가) | ○ | 렌탈 장비 및 기사 대기 필요 |
| 자재 지연 | ○ | ● (주요 자재) | ● | 예비자재 확보, 공급처 이중화 |
| 노조 파업 | ○ | ○ | ● | 외주 인력 대체 조항 활용 |

※ ● : 중대 영향 / ○ : 경미 영향

건설업의 BCP는 단순한 재난 대응 계획이 아니다. 위험 분석과 BIA의 통합적 적용, 그리고 실질적인 영향도 분석이 이루어져야 복구 전략은 "실제로 작동하는 시나리오"가 될 수 있다. 각 기능별로 "어떤 위협이 언제 발생할 수 있고, 어떤 영향을 주며, 얼마의 시간 안에 어떻게 대응할 것인가"를 분석하고 전략화하는 것, 그것이 바로 실행력 있는 연속성 계획 수립의 핵심이다.

### 6) 실무 적용 시 주의사항

| 항목 | 설명 |
|---|---|
| RTO와 MAO 구분 | 복구 가능한 시간과 치명적 손해 발생 시간은 반드시 분리 설정 |
| 영향도 정량화 | 가능한 한 손실 비용, 납기 지연일수, 계약상 손해배상 등 수치화 필요 |
| 협력사 정보 포함 | 협력사의 복구 역량도 기능 영향도 분석에 반영해야 함 |
| 문서화 | 분석 결과는 전략 수립뿐 아니라 훈련 시나리오와 훈련 평가 기준으로도 활용 가능 |

## 4.5 건설공정에 맞는 우선순위 설정

: 공정 연계성과 위험도 기반 복구 순위 결정

업무영향분석(BIA)의 결과가 실제로 유효하기 위해서는, 분석된 각 기능에 대해 구체적이고 실행 가능한 복구 우선순위가 설정되어야 한다.

건설업은 단일 공정의 중요성보다는 공정 간 '연계성과 흐름'이 중요하게 작용하기 때문에, BCP 상의 복구 전략 또한 공정의 흐름과 위험 노출 구조를 반영한 우선순위 결정 방식을 가져야 한다.

이 절에서는 공정 간 연계성과 리스크 기반 평가 기준, 협력사/외주공정의 평가 포함, BIA 결과와 복구 전략의 유기적 연결 방식을 통해, 건설 프로젝트에 적합한 우선 복구 순위 결정 체계를 제안한다.

### 1) 공정 연계성과 위험도 기반 복구 순위 결정

건설 프로젝트의 모든 기능은 독립적으로 존재하지 않는다. 기초공정 → 골조공정 → 마감공정 → 설비공정과 같이 일정표 상에서 선행·후속 관계를 갖는 흐름을 이루며, 하나라도 중단되면 전체 프로젝트에 영향을 준다.

#### ① 공정 연계성 평가 기준

- 선행 공정 여부 : 해당 기능이 후속 공정의 전제 조건인지
- 의존성의 폭 : 몇 개의 후속 기능이 이에 종속되는가
- 지연 전파 시간 : 중단 시 후속 작업에 지연이 얼마나 빨리 전이되는가

#### ② 위험도 기반 우선순위 도출

위험 분석 결과와 BIA 영향도를 종합하면, 복구 우선순위 매트릭스를 구성할 수 있다.

표 7-21 복구우선순위 선정

| 기능명 | 공정 위치 | 영향도(BIA) | 위험 노출도 | 복구 우선순위 |
|---|---|---|---|---|
| 콘크리트 타설 | 골조공정 | 매우 높음 | 높음 | 1순위 |
| 배관 설치 | 설비공정 | 중간 | 높음 | 3순위 |
| 창호 시공 | 마감공정 | 높음 | 중간 | 2순위 |
| 설계 변경 검토 | 행정지원 | 낮음 | 중간 | 4순위 |

→ 공정 흐름의 단절 가능성 + 위험 노출 강도 + BIA 영향도를 종합하여 우선순위를 설정

### 2) 협력사·외주공정의 평가 포함

건설업의 다수 기능은 하도급 또는 외주 형태로 운영되며, 실제 복구 실행력을 결정짓는 핵심 요소는 협력사의 대응 능력이다. 따라서 복구 우선순위 설정 시 협력사의 복구 역량을 고려하지 않으면 전략이 실행되지 않을 수 있다.

**@ 협력사 포함 평가 기준**

- 계약 상 복구 책임 유무 : BCP 조항 포함 여부
- 대체 인력/자재 확보 계획 존재 여부
- 복구 시간(RTO) 내 실행 가능성
- 이전 프로젝트 복구이력 또는 대응 경험

@ 예 :

주요 배관 설치가 외주 A사에 맡겨졌고, 해당 업체는 이전에 RTO 기준을 준 수하지 못한 이력이 있다면, 복구 전략상 우선 예비 계약 업체 확보 및 재조 정 필요

표 7-22 협력사별 기능 영향도 평가표 예시

| 협력사 | 주요 공정 | RTO | MAO | 복구 실행력 평가 | 비고 |
|---|---|---|---|---|---|
| A사 | 배관 설치 | 72h | 96h | 중간 (외주 인력 부족) | 예비 인력 필요 |
| B사 | 방수 공정 | 48h | 72h | 높음 (상시 대기팀 보유) | 우선 계약 지속 |

### 3) BIA 분석 결과의 복구 전략 반영 방법

BIA는 단지 기능의 중요도를 분석하는 데 그치지 않고, 복구 전략의 설계와 실행 흐름을 구체화하기 위한 출발점이다. 복구 전략은 BIA에서 설정된 다음 정보를 기준으로 설계된다:

- 기능별 RTO/MAO : 복구 마감 시점과 복구 불가능 임계점
- MBCO : 완전 복구 이전에 가능한 최소 운영 수준
- 영향도(금액, 일정, 계약상 리스크) : 우선 순위 결정의 정량적 기준

**@ BIA 결과 → 복구 전략 반영 흐름**

- 기능 식별 (공정 기반 FBA 결과)
- 기능별 RTO/MAO 수치 정리
- 영향도에 따른 복구 우선순위 설정
- 복구 전략 시나리오 도출 (예비 자원, 대체 공정, 협력사 활용 포함)
- BCP 문서 및 훈련 시나리오에 통합

### 4) 실무 적용 예시

표 7-23 복구 전략 우선순위표

| 기능명 | RTO | MAO | MBCO | 협력사 | 우선순위 | 복구 전략 요약 |
|---|---|---|---|---|---|---|
| 콘크리트 타설 | 24h | 48h | 타설구간 30% | 자체 운영 | 1 | 예비 인력/장비 확보 |
| 방수 시공 | 48h | 72h | 핵심 구간 시공 | B사 | 2 | 대체 시공팀 확보 |
| 설계 검토 | 72h | 96h | 대체안 사전 협의 | 내근 부서 | 4 | 설계 변경 프로세스 자동화 |

복구 전략의 실행력은 단지 '기능의 중요성'이 아니라, 공정 흐름상 선후관계, 리스크 노출도, 협력사 복구 역량, BIA 분석 결과의 반영 등 복합 요소를 체계적으로 고려해 설정된 우선순위 체계 위에서만 작동할 수 있다. 건설업의 복잡한 공정을 운영하면서 BCP를 실현 가능한 전략으로 발전시키기 위해, 기능 중심이 아닌 공정 중심 + 위험 중심의 복구 우선순위 설정이 필수적이다.

## 4.6. BIA 결과 기반 복구 전략 수립의 실제

: 기능, 시간, 자원을 통합한 실행 중심의 복원 계획

업무영향분석(BIA)은 단순한 평가 절차가 아니다. 그것은 복구 전략의 기초 설계도이며, 실행 전략의 출발점이다. 특히 건설업에서 BIA의 핵심 결과인 핵심 기능의 우선순위, 복구 시간(RTO/MAO), **최소 연속성 수준(MBCO)**은 실제 복구 전략을 구성할 때 가장 중요한 실무 기준이 된다.

이 절에서는 BIA 결과를 활용해 실질적인 복구 전략을 어떻게 구성할 수 있는지를 설명하고, 건설공정 특성에 맞춘 전략 수립 방식과 적용 사례를 함께 소개한다.

### 1) BIA 결과에서 무엇을 전략에 반영할 것인가?

BIA에서 도출된 다음 네 가지 항목은 복구 전략 수립 시 반드시 반영되어야 한다:

표 7-24 전략반영방식

| 항목 | 전략 반영 방식 |
| --- | --- |
| 핵심 기능 | 복구 대상과 범위 설정 |
| 복구 시간(RTO/MAO) | 복구 계획 수립 및 실행 시간 제한 |
| MBCO | 부분 복구 운영 방안 수립 |
| 영향도 | 자원 우선 배분 및 의사결정 기준 설정 |

예 :

- RTO가 24시간인 기능은 그 시간 내 복구할 수 있는 자원 확보 필수
- MAO 초과 시 법적 리스크 발생 가능성이 있는 경우, 복구 우선순위 최상위로 지정

### 2) 전략 수립의 핵심 원칙

복구 전략을 수립할 때는 다음 세 가지 원칙이 지켜져야 한다:

#### ① 기능 중심 전략

복구 단위는 '조직'이 아니라 '핵심 기능'이어야 한다.

예 : "현장소장 업무 복구"가 아닌, "콘크리트 타설 공정 복구"처럼 기능 단위 로 설계

#### ② 시간 기준 전략

RTO, MAO를 기준으로 복구 전략을 설계해야 한다.

예 : RTO가 12시간인 경우, 초기 6시간 내 필수 조치, 12시간 내 복구 완료 플랜 구성

#### ③ 자원 실현 전략

실제 확보 가능한 자원을 기반으로 복구 방안을 구성한다.

예 : 예비 인력, 대체 장비, 우회 공정 등 실행 가능한 수단만 반영

### 3) 복구 전략 구성 요소

하나의 복구 전략은 다음과 같은 구성요소를 포함해야 한다:

표 7-25 복구전략 구성요소

| 구성 항목 | 설명 |
|---|---|
| 복구 대상 기능 | BIA로 식별된 핵심 기능 |
| 복구 목표 시간 | RTO와 MAO 수치 기반 |
| 운영 지속 수준 | MBCO 설정 기준 |
| 복구 실행 책임자 | 기능 담당자 또는 복구 TF |
| 복구 시나리오 | 단계별 복구 흐름 및 행동 지침 |
| 대체 자원 계획 | 예비 자재, 장비, 외부 업체 등 |
| 보고 체계 | 의사결정 및 상황 보고 흐름도 |
| 예산·자원 배분 | 복구 자금 및 투입 순서 설정 |

### 4) 건설업 적용 예시 : 골조공정 복구 전략

| 항목 | 내용 |
|---|---|
| 기능명 | 콘크리트 타설 (골조공정 핵심) |
| RTO | 24시간 |
| MAO | 48시간 |
| MBCO | 주요 구간(30%)만 시공해 순연 구조 방지 |

**복구 전략**

- 타설 인력 외주 2개 업체 확보
- 펌프카 및 양생 장비 예비 계약 체결
- 우기 대비 고지대 작업 전환 시나리오 수립
- 긴급 보고 체계 : 현장소장 → 본사 기술본부장

→ 이 전략은 단일 기능 기준으로, 시간·자원·의사결정이 통합된 실행 방안

### 5) 실무 적용 팁

| 전략 요소 | 실무 팁 |
|---|---|
| 시나리오 설계 | 단순 시나리오가 아닌 복수 상황을 상정하여 변형 가능하게 구성 |
| 협력사 대응 | RTO 내 복구 가능한 협력사 목록을 사전에 확보하여 전략에 포함 |
| 자원 사전 확보 | 예비 자재/장비/인력의 계약은 복구 전략의 사전 조건 |
| 문서화 | 복구 전략은 표준 양식 기반으로 매뉴얼화하고 정기 검토 필요 |
| 훈련 연계 | 복구 전략에 기반한 훈련 시나리오와 점검 리스트 작성 |

### 6) BIA 결과와 전략 설계 연동 흐름 요약

[1] BIA 수행 → 핵심 기능, RTO/MAO, MBCO 도출
→ [2] 기능별 우선순위 결정
→ [3] 복구 자원 및 시나리오 구성
→ [4] 실행 전략 및 문서화
→ [5] 훈련 및 정기 검토

이 흐름이 BCP가 실행 가능한 전략으로 작동하는 골격이 된다.

BIA는 '분석'이고, 복구 전략은 '실행'이다. 분석 결과를 문서에 담고 끝나는 것이 아니라, 현장에서 작동할 수 있는 실행 계획으로 구체화해야 BCP가 완성된다. 건설업의 복구 전략은 공정 흐름, 자원 제약, 계약 조건, 협력사 상황 등 복잡한 현실 요소 속에서 수립되어야 하며, 이를 가능하게 하는 단 하나의 출발점은 정확한 BIA 결과에 기반한 전략적 설계이다.

## 참고 문헌

- Supriadi, L. S. R., & Pheng, L. S. (2018). Business continuity management in construction: Perspectives and case studies. Springer.

- Bajgorić, N., Turulja, L., & Alagić, A. (2022). Business continuity management and disaster recovery planning: Compliance in practice. In Always-On Business (pp. 57–74). Springer.

- Alfalasi, A. A. (2016). Developing a framework for improving business continuity management success (BCM) in UAE construction industry.

- Dey, M. (2011). Business continuity planning (BCP) methodology

—Essential for every business. IEEE GCC Conference and Exhibition.

- Nakazawa, K., Ohtomo, S., & Kimura, R. (2024). Study on the implementation status of BCP trainings and exercises in companies.

- Will, M., & Brauweiler, J. (2020). Business continuity planning. In Sustainable Cities and Communities. Springer.

- Steen, R., Haug, O. J., & Patriarca, R. (2024). Business continuity and resilience management: A conceptual framework. Journal of Contingencies and Crisis Management.

- Hiles, A. (2014). Business continuity management: Global best practices. Rothstein Publishing.

- Paton, D. (2009). Business continuity during and after disaster: Building resilience through continuity planning and management. ASBM Journal of Management.

- Phillips, B. D., & Landahl, M. (2020). Business continuity planning: Increasing workplace resilience to disasters. CRC Press.

- ISO. (2019). ISO 22317:2015 - Security and resilience — Business continuity management systems — Guidelines for business impact analysis (BIA). International Organization for Standardization.

- Fani, S. V., & Subriadi, A. P. (2019). Business continuity plan: Examining a multi-usable framework. Procedia Computer Science, 161, 117–124.

- Ghandour, A. (2014). Identifying dimensions of business continuity plan from common expressions among professionals. International Journal of Business Administration, 5(6).

- Dakic, V., Premuzic, K. M., & Petrunic, R. (2024). Business continuity planning and disaster recovery planning (DRP). Annals of DAAAM & Proceedings.

- Blyth, M. (2009). Business continuity management: Building an effective incident management plan. Wiley.

- Ono, T. (2024). An effective business continuity planning and financing. In All-Hazards Approach: Towards Resilience Building. Springer.
- Sawalha, I. H. (2021). Views on business continuity and disaster recovery. International Journal of Emergency Services, 10(1), 50–65.
- Okuno, I. (2023). BCP for SMEs in Japan's construction sector. IOP Conf. Ser.: Earth and Environmental Science, 1195(1), 012047.
- Heng, G. M. (2004). Managing your business continuity planning project. McGraw-Hill.
- Petrenko, S. (2022). Developing an enterprise continuity program. CRC Press.

제8장

# 건설회사 위험 분석과 시나리오 설계

## 1 건설회사 위험 유형 분류

BCP 수립의 첫 단계는 조직이 직면할 수 있는 다양한 위험을 식별하고, 이를 체계적으로 분류하는 일이다. 특히 건설업은 프로젝트 단위의 운영 특성과 다양한 외부 변수에 크게 노출되어 있어, 단순한 위험 목록 나열만으로는 실질적인 대응이 어렵다. 어떤 위험이 조직의 핵심 기능을 중단시킬 수 있으며, 어떤 순서로 자원을 배분하고 복구를 진행해야 할지를 결정하기 위해서는 위험을 유형별로 정리하고 구조화하는 작업이 선행되어야 한다.

이 장에서는 건설업의 특수성을 반영한 맞춤형 위험 분류 체계를 제안하고, 각 유형이 실무에서 어떤 영향을 주며 어떻게 대응 전략으로 연결될 수 있는지를 실제 사례 중심으로 설명한다. 명확한 분류는 곧 실행 가능한 대응전략의 출발점이며, 혼란 속에서도 신속한 판단을 가능하게 해주는 기준이 된다.

### 1.1 위험 유형 분류의 목적

**1) 들어가며** : 왜 위험을 분류해야 하는가?

비즈니스 연속성 계획(BCP) 수립에서 가장 먼저 부딪히는 질문은 “무엇이 우리 조직을 멈추게 할 수 있는가?”이다. 이 질문에 답하기 위해서는 조직이 직면할 수 있는 모든 ‘위험

요소'를 파악하고, 그것을 구조화해야 한다. 이 작업이 바로 위험 유형 분류이다.

건설업의 경우, 작업 현장이 분산되어 있고, 공정과 인력·장비·자재가 복잡하게 연결되어 있기 때문에, 어떤 위험이 어디서 발생할지 예측이 어렵다. 따라서 건설업에 적합한 위험 유형 분류는 효율적인 대응, 자원 우선 배분, 복구 전략 설계, 훈련 시나리오 구성 등 BCP 전 과정의 기반이 된다.

이 절에서는 위험 유형을 분류하는 이유와 그 전략적 가치를 실무 중심으로 설명한다.

### 2) 위험 분류가 실무에 필요한 이유

#### ① 자원 배분의 기준

건설현장에서 위험이 발생했을 때 가장 먼저 결정해야 할 것은 '어디에 얼마의 자원을 투입할 것인가'이다. 예를 들어, 태풍이 예보된 상황과 협력업체의 파업이 발생한 상황은 각각 전혀 다른 대응을 요구한다. 전자는 현장 장비 고정, 대피로 확보, 공정 중단 기준 등이 필요하고, 후자는 인력 대체, 공정 재조정, 법적 검토가 선행되어야 한다.

이처럼 위험의 유형을 미리 분류해 두면, 자원을 낭비하지 않고 우선순위에 따라 배분할 수 있으며, 대응도 체계적으로 이루어진다.

#### ② 업무영향분석(BIA)과 연결

업무영향분석(Business Impact Analysis, BIA)은 조직의 핵심 기능이 중단될 경우, 그 영향이 무엇인지 정량·정성적으로 분석하는 과정이다. 그런데 핵심 기능을 위협하는 '위험'이 명확히 정리되어 있지 않으면, BIA는 방향을 잃게 된다.

예컨대, 본사 서버가 중단되면 현장 시공에 영향을 줄까? 자재 수급 지연은 어떤 공정에 얼마나 영향을 줄까? 이 질문에 답하기 위해서는 위험 유형과 핵심 기능 간의 연결 구조가 정립되어야 한다. 위험 분류는 BIA의 실효성을 높이는 전제 조건이다.

#### ③ 훈련 시나리오와 대응 매뉴얼 설계에 활용

위험이 유형별로 명확히 정리되어 있어야 훈련과 대응 매뉴얼이 구체화된다. 예를 들어, 타워크레인 전복, 자재 입고 지연, 노조 집회로 인한 출입 통제 등은 각기 다른 대응 조직과 절차를 요구한다. 이러한 훈련 시나리오를 설계하려면, 사전에 '어떤 종류의 위험이 있는지'가 정리되어 있어야 한다.

#### ④ 조직 내 커뮤니케이션과 교육이 용이해진다

"이런 상황은 인재형 위험, 이런 상황은 기술적 위험입니다."라고 설명하면, 각 부서가 담당할 위험 유형을 명확히 인식할 수 있다. 위험 분류는 전사적인 역할 분장, 매뉴얼 설계, 부서 간 협업 체계를 효율적으로 정리하는 데 큰 도움이 된다.

예를 들어, 안전관리팀은 인재형 위험을, 공무팀은 조직적 위험을, 자재팀은 공급망 위험을 담당한다는 식의 역할 분장이 가능해진다. 이는 매뉴얼 작성, 훈련 설계, 실제 위기 대응 시에도 즉각적인 대응력을 높여준다.

### 3) 건설업에 특화된 위험 분류 체계의 필요성

건설업은 위험이 고정되어 있지 않다. 현장이 매번 바뀌고, 참여자와 기술, 지형과 기후도 달라지기 때문이다. 따라서 일반적인 BCP 기준서에서 제시하는 단순한 '물리적·기술적·인적' 구분만으로는 실질적 대응이 어렵다. 건설업에 특화된 위험 분류 체계는 다음과 같은 조건을 갖춰야 한다:

- 현장 중심의 가시성 : 현장 직원이 '이 리스크가 어떤 유형에 해당하는지'를 즉시 이해할 수 있어야 함
- 공정 중심 연결성 : 각 위험이 어떤 공정에 영향을 미치는지 매칭할 수 있어 야 함
- 협력업체 대응성 : 위험 유형별로 협력사와 연계된 대응 전략이 수립 가능해 야 함
- BIA와의 연계성 : 각 유형이 핵심 기능에 어떤 영향을 주는지 분석 가능해야 함

### 4) 위험 분류 실패와 성공의 실제 사례

| 구분 | 사례 | 결과 |
|---|---|---|
| 분류 성공 | 수도권 A현장: 기후 위험과 노조 갈등을 구분하여 별도 대응 시나리오 운영 | 태풍 대비 매뉴얼 가동 → 장비 손실 없음 / 노조 협상 병행 운영 |
| 분류 실패 | 남부 B현장: '모든 외부 요인은 예외사항'으로 분류 | 태풍 대응 부재 → 타워크레인 전도 / 일정 지연과 민원 발생 |

### 5) 위험 유형 분류의 전략적 가치

| 목적 | 세부 내용 | 기대 효과 |
|---|---|---|
| 대응 전략 설계 | 위험 유형별 대응 방식과 자원 배치 기준 정립 | 대응속도 향상, 혼란 최소화 |
| 복구 우선순위 설정 | BIA와 연결하여 핵심업무 복구 순위 도출 | 자원 효율화, 조직 회복력 강화 |
| 훈련 시나리오 개발 | 유형별 가상상황 설계 가능 | 실전 대응력 강화 |
| 외부 커뮤니케이션 | 언론, 발주처, 주민 등에 명확히 설명 가능 | 신뢰 확보, 분쟁 예방 |
| 교육·매뉴얼화 | 각 유형별 대응 매뉴얼 정립 가능 | 조직 내 역할 명확화 |

건설현장은 리스크의 집합소이다. 하지만 모든 위험에 동일한 방식으로 대응할 수는 없다. 위험 분류는 '무엇을, 어떻게, 누구와 함께' 대응할지를 결정하는 핵심이다. 정확한 위험 분류 없이는 대응 전략은 모호해지고, 훈련은 비현실적이며, 복구는 지연될 수밖에 없다. 따라서 BCP 수립의 첫 단계는 위험을 분류하는 것이며, 이 분류 작업의 완성도가 곧 건설사 조직의 회복력 수준을 결정짓는다.

## 1.2 건설업 맞춤형 위험 분류 체계

### 1) 왜 '건설업 맞춤형' 분류가 필요한가?

BCP 표준(예: ISO 22301, ISO 31000)에서 제시하는 일반적 위험 분류 체계는 산업 전반에 공통으로 적용될 수 있도록 추상적이고 포괄적인 범주를 사용한다. 예를 들어, "물리적 위험", "기술적 위험", "사이버 위험" 등의 범주는 큰 틀에서는 유효하지만, 건설업 현장에서는 실질적인 대응을 설계하기에 다소 부족한 감이 있다.

건설업은 다음과 같은 특수성을 가진다:

- 고정된 생산 설비가 아닌, 이동형·현장 중심 사업 구조
- 다수의 외주업체 및 협력사와 함께 작업하는 분산형 인력 구조
- 자연환경, 지형, 기후에 따라 작업 여건이 급변
- 프로젝트별로 기술, 인허가, 자재 수급 체계가 다름

이러한 특성에 기반하여, 건설업에 맞는 위험 분류 체계를 재구성할 필요가 있다.

### 2) 건설업 맞춤형 4대 위험 유형

건설업에 최적화된 BCP 수립을 위해 다음과 같은 네 가지 위험 유형으로 분류할 것을 제안한다:

**① 자연재해형 위험** (Natural Hazards)

- 정의 : 기상·지질 등 인간의 통제를 벗어난 자연현상에서 발생하는 위험.
- 주요 사례 :
  - 태풍으로 인한 크레인 전도
  - 집중호우에 따른 토사 붕괴
  - 폭염에 의한 근로자 열사병
  - 지진으로 인한 구조물 손상
- BCP 적용방식 :

- 기상청 연계 자동경보 체계
- 우기·동절기 공정 스케줄링 기준 수립
- 현장 단위의 기상재난 대응 매뉴얼 구축
- 토사유출 방지시설, 배수로, 고정 장비 사전 점검

**② 인재형 위험 (Human-Induced Hazards)**

- 정의 : 작업자의 실수, 고의, 부주의 또는 인적 갈등 등 인적 요인으로 발생 하는 사고.
- 주요 사례 :
  - 작업자 추락, 전기감전, 화재
  - 협력업체 실수로 인한 공정 지연
  - 야간 작업 중 기계 오작동에 따른 인명 사고
  - 근로자 간 폭행, 도난, 무단이탈
- BCP 적용방식 :
  - 행동 기반 안전관리(HOP) 프로그램 운영
  - 작업 전 위험성 평가(작업허가제, Permit to Work)
  - 야간 감시 및 출입통제 시스템
  - 안전교육 정례화 및 적격 협력사 평가

**③ 기술적 위험 (Technical Hazards)**

- 정의 : 설계, 장비, ICT 시스템 등 기술 기반 요소의 결함 또는 오작동에서 비롯된 위험.
- 주요 사례 :
  - 전력 장애로 인한 작업 중단
  - 스마트기기(드론, 센서, 측량장비) 통신 오류
  - 설계오류로 인한 구조물 재시공
  - 장비 노후화로 인한 고장 및 지연
- BCP 적용방식 :
  - 설계 검토 프로세스 강화 (Design Review)
  - 주요 장비 정기 점검 및 이중화
  - 클라우드 기반 도면 백업 체계
  - 스마트기기 오류 대응 매뉴얼 및 예비장비 확보

**④ 조직적·사회적 위험 (Organizational/Social Hazards)**

- 정의 : 조직 내부의 관리 리스크, 외부 이해관계자와의 갈등, 제도 변화 등 구조적·환경적 요인에서 발생하는 위험.

- 주요 사례 :
  - 노조 파업으로 인한 공사 중단
  - 인허가 지연, 공법 변경 요구
  - 발주처의 설계 변경 지시
  - 악성 민원으로 인한 작업 제한
  - 중대재해처벌법 적용으로 인한 경영 리스크 증가
- BCP 적용방식 :
  - 협력사 BCP 연계 관리 체계 구축
  - 법률 및 제도 변화 모니터링 전담조직 지정
  - 공공기관·지자체와의 커뮤니케이션 매뉴얼 수립
  - 리스크 전가 방지를 위한 계약서 내 조항 삽입

### 3) 확장형 분류 : 하위 유형 예시

아래는 각 분류에 속할 수 있는 세부 위험 유형의 예시이다. 이를 참고하여 현장 상황에 맞게 변형이 필요하다.

표 8-1 위험유형

| 분류 | 하위 유형 예시 |
|---|---|
| 자연재해형 | 태풍, 홍수, 폭설, 산사태, 폭염, 지진 |
| 인재형 | 추락, 감전, 붕괴, 화재, 고의적 방해, 인력 충돌 |
| 기술적 위험 | 전력 장애, 네트워크 오류, 장비 고장, 설계 오류 |
| 조직/사회적 위험 | 파업, 정책 변경, 민원, 인허가 지연, 법령 강화 |

### 4) 건설업 적용 시 주의점

- 단일 사건이 여러 유형에 걸칠 수 있음 : 예를 들어, 태풍으로 인한 장비 고장은 자연재해형이자 기술적 위험일 수 있다.
- 협력업체 포함 여부 고려 : 위험 유형 분류 시, 외주 인력이나 외부 장비 공급망을 포함할 것인지 사전에 결정해야 한다.
- 공정별 리스크 매핑 필요 : 각 공정(파일 시공, 콘크리트 타설, 마감, 준공 등) 단계마다 어떤 위험이 더 빈번한지를 분류체계와 연결해야 한다.

건설업의 BCP는 복잡하고 예측 불가한 현장 상황에 신속히 대응할 수 있어야 한다. 이를 위해서는 추상적인 범주가 아니라, 실무자가 이해하고 판단할 수 있는 분류 체계가 필요하다.

건설사의 위험 분류 체계는 다음과 같은 기준을 만족해야 한다:

- 현장 가시성 : 실무자들이 쉽게 이해하고 사용할 수 있어야 함
- 공정 연결성 : 위험과 공정 흐름 간 연계성이 있어야 함
- 실행 매뉴얼화 가능성 : 유형별로 대응 매뉴얼 설계가 가능해야 함
- 협력업체 연계 가능성 : 외부 이해관계자와의 공동 대응이 가능해야 함

이상과 같은 기준을 바탕으로 4대 유형 중심의 분류 체계를 수립하고, 각 프로젝트와 지역 현장 특성에 따라 하위 유형을 커스터마이징함으로써, 실질적인 BCP 실행력을 확보할 수 있다.

## 1.3 위험 유형별 사례와 적용 전략

### 1) 왜 사례 중심의 이해가 필요한가?

BCP 수립 과정에서 가장 현실적인 단계는 "우리 조직에서는 실제 어떤 일이 일어날 수 있는가?"에 대한 고민이다. 아무리 체계적인 분류 체계를 갖췄더라도, 구체적인 상황에서 어떻게 작동해야 할지에 대한 사례 기반의 전략화가 없다면 실무에 적용되기 어렵다.

특히 건설업은 각 프로젝트 현장이 독립된 성격을 가지기 때문에, 실제 사례를 바탕으로 유형별 대응 전략을 현장에 맞게 응용하는 능력이 필요하다. 본 절에서는 네 가지 위험 유형별로 실제 현장에서 발생했던 사건들을 정리하고, 이를 통해 도출할 수 있는 전략적 시사점을 제시한다.

### 2) 유형별 사례와 대응 전략

#### ① 자연재해형 위험

- 사례 1 : 2022년 중부지방 집중호우 – 대형 토목현장 토사 붕괴
  - A건설은 장마철에도 공정을 지연시키지 않기 위해 임시 배수로만 설치한 채 고속도로 토공 작업을 강행했다. 갑작스러운 폭우로 인해 비탈면이 무너졌고, 가설 구조물이 붕괴되며 장비 일부가 매몰되었다.
  - 공정은 2주 이상 중단되었으며, 복구 비용과 손해배상으로 수억 원의 추가 지출이 발생했다.

- 적용 전략
  - 계절별 기상 분석에 따른 공정 스케줄 조정 (우기·동절기 공정 제한 기준 마련)
  - 가설구조물 및 장비의 고정 기준 설정
  - 위험 예보 체계(기상청 연계 알림, 경고 단계별 대응표)
  - 침수 취약지역별 현장 안전계획서 첨부 의무화

**② 인재형 위험**

- 사례 2 : 고소작업 중 추락 - 안전벨트 미착용으로 인한 중상 사고
  - B건설의 협력업체 소속 작업자가 외벽 석재 시공 중 추락해 중상을 입는 사고가 발생했다. 조사 결과, 해당 작업자는 당일 안전교육을 받지 않았으며, 안전벨트도 미지급된 상태였다. 이후 고용노동부의 특별감독이 실시되었고, 하도급 계약 전면 재검토 및 과징금이 부과되었다.
- 적용 전략
  - 일일 안전교육 이수자 서명제 및 이력관리 시스템 도입
  - PPE(개인 보호장비) 지급 및 확인 절차 문서화
  - 행동 기반 안전관리(HOP) 프로그램 도입 → 작업자 스스로 위험 감지 역량 강화
  - 하도급사별 안전이행 수준 평가제 운영 및 평가결과 계약 반영

**③ 기술적 위험**

- 사례 3 : 설계 오류로 인한 구조물 붕괴 위기 - 긴급 재시공
  - C건설은 아파트 단지의 기초 구조물 시공 중 콘크리트 부위의 철근 배근이 설계도와 맞지 않다는 현장 보고를 받았다. 확인 결과, 구조설계 도면이 최신 버전으로 반영되지 않았고, 일부 철근 간격이 기준보다 좁았다. 결국 해당 부위를 철거하고 재시공하면서 전체 공정은 3주 이상 지연되었다.
- 적용 전략
  - 설계 검토(Design Review) 프로세스 의무화 및 이력관리 강화
  - 설계 변경 시 현장 공유체계 자동화(BIM 기반 협업 시스템)
  - 고위험 공정(기초, 구조, 기계설비 등) 품질관리 다단계 체크리스트 운용
  - 기술적 오류 발생 시 복구 우선순위 지정 및 보완인력 배치 기준 마련

**④ 조직적·사회적 위험**

- 사례 4 : 하도급사 파산 - 공정 중단 및 인력 재배치 지연
  - D건설은 주거복합건물 프로젝트에서 방수공사를 맡은 하도급 업체가 도산하며 공정이 전면 중단되었다. 대체 업체를 확보하는 데 2주가 소요되었고, 자재 계약도 다시 체결해야

했다. 이로 인해 전체 프로젝트 준공 일정이 한 달 이상 지연되었다.

- 적용 전략
  - 중요 협력업체에 대한 재무 건전성 정기 평가
  - 계약서 내 BCP 연계 조항 삽입 (예: 위기 시 대체 조치 조항, 응급 연락체계 등)
  - 핵심 협력업체 리스트 사전 확보 및 정기 갱신
  - 자재 및 인력 공급망의 다중화 및 계약 보완체계 수립

### 3) 사례 기반 대응 전략 수립의 프로세스

유형별 사례를 단순히 나열하는 데 그치지 않고, 이를 실제 대응 전략으로 연결하기 위해 다음의 4단계 프로세스를 활용할 수 있다.

① **단계 1** : 위험 식별(Identify)
- 어떤 위험 유형에 해당하는가?
- 이전 유사 사례가 있었는가?

② **단계 2** : 영향도 분석(Analyze)
- 어떤 공정에 영향을 주는가?
- 핵심 기능(BIA 대상 업무)과의 연계는?

③ **단계 3** : 대응 전략 설계(Plan)
- 예방 : 어떤 사전 조치를 통해 발생을 줄일 수 있는가?
- 완화 : 사고 발생 시 피해를 줄이기 위한 방안은?
- 대체 : 작업 재개를 위한 대체 인력·장비·자재 확보 계획은?

④ **단계 4** : 훈련 및 테스트(Exercise)
- 위 사례를 기반으로 한 시나리오 훈련이 가능한가?
- 대응 매뉴얼과 연계된 실전 모의훈련을 실시할 수 있는가?

위험은 이론이 아니라 현실이다. 특히 건설업은 위험이 자주 발생하고, 파급력이 크며, 예측이 어렵다. 그렇기 때문에 실무자들은 유형 분류만으로는 부족하며, 구체적인 사례를 통해 '이럴 땐 이렇게'라는 대응 근거를 습득할 필요가 있다. 본 절에서 제시한 사례와 전략은 완성된 해답이 아니라, 각 건설사가 자기 현장과 조직 특성에 맞게 수정·확장할 수 있는 실천적 기준점이다.

## 1.4 위험 유형별 대응전략 수립 프로세스

### 1) 단순 분류를 넘어서 실행 가능한 전략으로

이전 절들에서는 위험 유형을 분류하고, 건설업에 특화된 위험 사례와 적용 전략을 소개하였다. 그러나 BCP의 목적은 단지 위험을 인지하거나 유형화하는 것에 그치지 않는다. 각 위험 유형이 실질적인 대응전략으로 전환되고, 실제 상황에서 작동 가능한 시스템으로 구현되어야 한다.

이를 위해 본 절에서는 위험 유형별로 실행 가능한 전략을 수립하기 위한 4단계 프로세스(Identify → Analyze → Plan → Exercise)를 제시하며, 외부 이해관계자(협력사, 발주처, 유관기관)와의 연계 방안, 실행조직과의 역할 정렬 방법까지 함께 다룬다.

### 2) 4단계 위험 대응 전략 수립 프로세스

① **1단계** : Identify – 위험 식별

- 핵심 질문 :
  - "우리 조직은 어떤 위험에 노출되어 있는가?"
- 주요 활동 :
  - 건설업 맞춤형 위험 분류체계(자연재해형, 인재형, 기술적, 조직적 등)에 따라 위험 항목 나열
  - 과거 유사사례, 사고 기록, 작업 전 위험성 평가(JHA) 활용
  - 협력업체, 발주처, 공공기관 등 외부 이해관계자의 리스크 공유 요청
  - 각 공정, 장소, 계절, 장비, 인력 단위로 위험 분류 적용
- 산출물 예시 :
  - 위험 식별 리스트
  - 공정별 위험 유형 매핑표
  - 협력사 리스크 체크리스트

② **2단계** : Analyze – 위험 분석

- 핵심 질문 :
  - "이 위험은 조직에 얼마나 큰 영향을 미칠 수 있는가?"
- 주요 활동 :
  - 위험의 발생 가능성과 영향도를 정성적 또는 정량적으로 평가
  - 핵심 기능(BIA)과의 연계성 분석: 어떤 기능이 중단될 가능성이 있는가?
  - 자원 손실, 인력 공백, 시간 지연, 신뢰도 하락 등의 영향을 계량화
  - 하도급사, 공급업체 리스크도 포함하여 전체 체계적 분석

- 산출물 예시 :
  • 위험 매트릭스 및 등급화 결과표
  • BIA 연계 영향도 분석 시트
  • 정성·정량 통합 리스크 평가표

③ **3단계** : Plan – 대응 전략 수립

- 핵심 질문 :
  • "위험이 현실화될 경우, 우리는 어떻게 대응할 것인가?"
- 주요 활동:
  • 위험 유형별로 예방(Prevention), 완화(Mitigation), 대체(Alternative), 복구 (Recovery) 전략 설계
  • 역할 분장 : 누가, 언제, 무엇을, 어떻게 수행할 것인지 매뉴얼화
  • 협력업체 연계 방안 포함 : 위기 발생 시 자재·인력 대체 플랜, 연락체계, 계약서 내 의무사항 등 정리
  • 발주처 및 유관기관 공유 체계 구축 : 주요 리스크 및 대응 전략을 사전 공유
- 산출물 예시 :
  • 위험 유형별 대응 매뉴얼
  • 실행조직 역할 분장표 (예: 본사 안전팀, 현장소장, 외주사 등)
  • 대체조치 프로토콜, 연락체계 문서
  • 발주처 보고용 요약 시나리오

④ **4단계** : Exercise – 훈련 및 검증

- 핵심 질문 :
  • "설계된 전략이 실제로 작동하는가?"
- 주요 활동 :
  • 위험 유형별 시나리오 기반 모의훈련 실시 (예: 장비 고장, 납품 지연, 폭우시 대응 등)
  • 훈련 후 피드백 회의 및 개선 사항 반영
  • 협력사, 발주처, 지역 공무원 등과의 합동 대응 훈련 실시
  • 훈련 결과를 실행조직 KPI 및 평가 체계와 연동
- @ 산출물 예시 :
  • 훈련 시나리오 시트
  • 대응 결과보고서 및 개선안
  • 재훈련 계획표 및 연간 일정표
  • 평가표 및 조직 학습 피드백 정리 문서

### 3) 실행조직 및 외부 이해관계자와의 연계 전략

위험분석과 시나리오 설계에 있어 이해관계자와의 연계 전략도 중요하다. 건설산업은 외부 협력업체 및 이해관계자와 연계되어 있어 이들의 연계전략이 없이는 실질적인 진행이 어렵다. 외부 이해 관계자와의 연계방안을 정리하면 다음과 같다.

표 8-2 외부 이해관계자와 연계방안

| 구성 요소 | 연계 방안 | 예시 |
| --- | --- | --- |
| 협력업체(외주사) | 리스크 공유, 대체계획 계약화 | 계약서에 '위기시 대체조치 이행 조항' 삽입 |
| 발주처 | BCP 주요내용 사전 공유, 의사소통 루트 구축 | 정기 간담회, 위기 발생 시 즉시 보고체계 |
| 유관기관(지자체, 소방, 경찰 등) | 훈련 시 참여 요청, 자원 요청 루트 명시 | 소방서와 화재 시 대피 경로 공유 |
| 내부 실행조직 | 역할 명확화, 교육 및 KPI 연계 | '위험 유형별 담당자표', 연간 대응 목표 설정 |

### 4) 실무 적용 예시 : 타워크레인 전복 위험에 대한 4단계 전략

고층 건물이나 대형 복합시설을 시공하는 건설현장에서 타워크레인 전복은 매우 치명적인 사고로 분류된다. 수십 미터 높이에서 운용되는 대형 장비의 구조적 불안정은 인명 피해뿐 아니라 대규모 장비 손실, 일정 지연, 민원 및 신뢰도 하락 등 복합적인 결과를 초래할 수 있다.

이러한 위험에 대해, BCP 체계에서 제시하는 4단계 전략 수립 프로세스(Identify → Analyze → Plan → Exercise)를 실제로 어떻게 적용할 수 있는지 하나의 사례로 정리하면 다음과 같다.

**① Identify** - 위험 식별

첫 단계에서는 작업 현장의 특성과 사용 중인 장비, 기후 조건 등을 고려하여 타워크레인 전복 위험을 식별한다.

예를 들어, 풍속 20m/s 이상일 경우 구조적 안전성이 급격히 떨어지며, 특히 강풍이 예고된 고층 시공 현장에서는 전복 가능성이 매우 높아진다. 이처럼 기상 조건과 작업 공정 사이의 연계를 통해 구체적 위험이 드러난다.

표 8-3 위험식별 입력표

| 구분 | 입력 항목 | 설명 / 예시 |
|---|---|---|
| 1. Identify | 위험명 | 위험의 명칭 또는 식별 코드<br>예: 타워크레인 전복, 자재 납기 지연, 태풍 내습 |
| | 위험 유형 분류 | 자연재해형 / 인재형 / 기술적 / 조직적(사회적) 중 선택 |
| | 위험 설명 | 위험이 발생할 수 있는 상황 또는 조건에 대한 설명<br>예: 풍속 20m/s 이상 시 타워크레인 구조 불안정 |
| | 관련 공정 | 위험이 영향을 미치는 공정<br>예: 골조공사, 외장공사 등 |
| | 발생 위치 / 지역 | 해당 위험이 발생할 수 있는 구체적 장소 또는 영역 |

**② Analyze - 영향도 및 가능성 분석**

다음으로 이 위험이 조직과 공정에 얼마나 큰 영향을 미치는지 분석한다.

실제 유사 사고가 3년간 2건 발생했고, 그중 한 건은 인명 피해와 타워크레인 전면 교체로 이어진 사례였다면, 이 위험은 발생 가능성은 '중', 영향도는 '매우 높음'으로 평가할 수 있다. 이 분석을 통해 본사는 이 위험에 우선 대응 전략을 수립해야 한다는 판단을 내릴 수 있다.

표 8-4 분석 입력표

| 구분 | 입력 항목 | 설명 / 예시 |
|---|---|---|
| 2. Analyze | 발생 가능성 | 높음 / 보통 / 낮음 또는 점수(1~5점) |
| | 영향도(Impact) | 인명피해, 장비손실, 공정지연, 비용 등 항목별 점수화 또는 등급화 |
| | 위험 등급 | 위험등급 매트릭스(Risk Rating Matrix) 기반 평가 결과<br>예: 중간(Medium), 높음(High) 등 |
| | 핵심기능영향 여부 | BIA 대상 업무에 영향을 미치는지 여부(예/아니오) |

**③ Plan - 대응 전략 수립**

분석 결과에 따라, 실제 위험 발생에 대비한 예방·완화·대체 전략을 구체적으로 설계한다.

예를 들어, 풍속이 15m/s를 넘기 시작하면 **작업을 중단하고 크레인 회전 잠금장치를 작동시키는 표준작업절차(SOP)**를 마련할 수 있다.

또한, 구조적으로 약한 구간을 중심으로 타워크레인 고정 장비를 강화하고, 유사한 작업을 위한 우회 장비(모바일 크레인 등)를 사전에 확보해 두는 것이 복구 전략의 일부가 된다.

표 8-5 대응전략 입력표

| 구분 | 입력 항목 | 설명 / 예시 |
|---|---|---|
| 3. Plan | 예방 전략 | 위험 발생을 사전에 차단하기 위한 조치<br>예: 고정장비 강화, 위험기상 예보 공유 |
| | 완화 전략 | 위험 발생 시 피해를 줄이기 위한 조치<br>예: 크레인 회전제한 장치 설치, 공정 순서 조정 |
| | 대체 전략 | 발생 후 즉시 복구를 위한 대체 방안<br>예: 예비 장비 확보, 대체 공급사 사전 계약 |
| | 역할 분장 | 위험 대응 주체 및 담당자 지정<br>예: 본사 BCP팀, 현장소장, 외주업체 담당자 등 |
| | 연계 대상 | 외주업체, 발주처, 유관기관 등과의 연계 계획<br>예: 지자체 재난센터, 장비 렌탈사 등 |

#### ④ Exercise – 훈련 및 검증

마지막으로 설계된 대응전략이 실제로 작동하는지 정기적으로 훈련을 통해 검증한다.

현장에서는 연 1회 이상 타워크레인 사고 발생 시나리오에 기반한 모의훈련을 시행하고, 본사 BCP 전담조직과 협력업체가 공동으로 훈련에 참여한다. 훈련 후에는 시나리오별 대응시간, 대응자 협조 체계, 자원 가동성 등을 평가하고 피드백을 반영한다.

표 8-6 훈련 및 검증 입력표

| 구분 | 입력 항목 | 설명 / 예시 |
|---|---|---|
| 4. Exercise | 훈련 유형 | 시나리오 기반 모의훈련 / 단위 공정별 훈련 등 |
| | 훈련 빈도 | 연 1회 / 반기 1회 / 공정 전 실시 등 |
| | 훈련 내용 요약 | 훈련 시나리오 및 수행 절차 개요<br>예: 타워크레인 전복 시 대피 절차와 복구 준비 절차 |
| | 피드백 계획 | 훈련 결과에 따른 보완 계획<br>예: 대응시간 단축 목표 설정, 장비 점검 주기 강화 등 |

이와 같이, BCP에서 제시하는 4단계 접근 방식은 타워크레인과 같은 고위험 장비를 체계적으로 관리하고 대응력을 확보하는 데 매우 유용한 틀이 된다.

이러한 사례는 다른 장비(굴삭기, 콘크리트 펌프카), 다른 위험(홍수, 화재, 납품 지연 등)에도 동일한 구조를 적용하여 확장할 수 있다.

표 8-7 사례 예시표

| 단계 | 내용 |
|---|---|
| Identify | 고층 작업 중 풍속 20m/s 이상 시 전복 위험 식별 |
| Analyze | 과거 3년간 유사 사고 2건, 전복 시 인명·장비 피해 심각 |
| Plan | 풍속 15m/s 이상 시 작업중지, 크레인 고정강화, 우회 장비 확보 |
| Exercise | 연 1회 이상 타워크레인 사고 대응 모의훈련, 협력사 공동 실시 |

위험을 유형별로 정리하는 것만으로는 BCP의 실행력이 보장되지 않는다.

각 위험이 실제로 발생했을 때 누가, 어떤 기준으로, 어떤 방식으로 대응할 것인지를 단계적으로 설계하고, 그것을 반복 훈련을 통해 조직에 내재화하는 것이야말로 진정한 회복력을 만드는 길이다.

Identify → Analyze → Plan → Exercise의 4단계는 BCP 수립을 위한 논리적 구조이자, 현장의 혼란을 줄이고 신속한 대응을 가능하게 하는 실행 시스템이다.

# 2 건설회사 위험평가

## 2.1 위험 평가의 목적과 개요

### 1) 왜 위험을 계량화해야 하는가?

위험 요소를 분류하는 것만으로는 충분하지 않다. BCP의 핵심은 "어떤 위험이 우리 조직에 얼마나 심각한 영향을 줄 수 있는가"를 판단하고, 그 결과에 따라 대응의 우선순위와 전략을 수립하는 데 있다. 이를 위해 필요한 과정이 바로 위험 평가(Risk Assessment)이다.

위험 평가는 각 위험의 발생 가능성(Likelihood)과 영향도(Impact)를 수치화 또는 등급화하여 계량적으로 분석하는 활동이다. 이 분석을 통해 조직은 무엇을 먼저 복구할지, 어느 영역에 더 많은 자원을 투입할지, 어떤 훈련을 강화할지 결정할 수 있다.

건설업은 고위험 산업으로 분류되며, 프로젝트마다 조건과 위험 요소가 다르기 때문에 위험 평가의 체계화 없이는 대응 전략도 실행력을 가질 수 없다. 따라서 이 절에서는 위험 평가의 목적, 핵심 원칙, 평가 체계의 구성 요소, 그리고 건설업에 적합한 접근 방식을 소개한다.

### 2) 위험 평가의 목적

#### ① 복구 우선순위 결정

위험 평가의 가장 실질적인 목적은, 조직이 제한된 자원 속에서 무엇을 먼저 복구해야 하는지를 판단할 기준을 제공하는 것이다. 예를 들어, 전력공급 차단과 자재 입고 지연 중 어떤 문제가 더 큰 영향을 미칠지 판단하기 위해서는 각 위험이 핵심 기능에 미치는 영향을 분석해야 한다.

- 예 :
  - 발생 가능성 낮고 영향도 높은 사건 : 대체 전략 필요
  - 발생 가능성 높고 영향도 낮은 사건 : 사전 예방조치 강화

#### ② 자원 및 예산 배분의 전략화

조직이 모든 위험에 동일하게 대응할 수는 없다. 정성적·정량적 평가 결과는 자원과 예산을 우선순위에 따라 배분하는 합리적 근거가 된다.

- 예 :
  - 폭설 위험 : 자재 창고 이중 보온, 예비 장비 확보
  - 데이터 유출 위험 : 클라우드 보안강화 투자

• 각 위험의 수준에 따라 투자 결정을 최적화할 수 있다.

#### ③ 대응 전략 수립의 정교화

정량화된 위험 수준은 각 유형별로 적절한 예방(Prevention), 완화(Mitigation), 대체(Alternative), 복구(Recovery) 전략을 설계하는 데 도움을 준다.

- 예 :
  - 장비 고장 → 예방 전략: 정기점검 / 완화 전략 : 예비 장비 구비
  - 설계 오류 → 예방 전략 : 설계검토 프로세스 / 복구 전략: 긴급 수정 인력 배치

#### ④ 훈련 시나리오 및 KPI 설정

위험 등급이 정해지면, 각 등급에 맞는 시나리오 기반 훈련과 성과지표(KPI)도 설정할 수 있다.

- 예 :
  - 고등급 위험 → 연 1회 이상 모의훈련, 대응시간 목표 2시간 이내
  - 중등급 위험 → 정기 교육 및 리더급 대응책만 마련

### 3) 위험 평가의 핵심 요소

위험 평가에서는 일반적으로 다음의 두 가지 축을 중심으로 분석이 진행된다.

#### ① 발생 가능성 (Likelihood)

- 특정 위험이 일정 기간 내에 발생할 확률 또는 빈도수
- 정량적 기준 : 연간 발생 횟수, 과거 데이터
- 정성적 기준 : "자주 발생함", "가끔 발생함", "드물게 발생함" 등

#### ② 영향도 (Impact)

- 해당 위험이 조직의 핵심 기능, 재무, 인명, 평판 등에 미치는 부정적 영향의 크기
- 평가 항목 : 금전적 손실, 인명 피해, 작업 중단 시간, 계약 위반 등
- 정량적 또는 등급화 : "치명적", "심각", "보통", "경미" 등
- 위험 수준(Risk Level) = 발생 가능성 × 영향도

→ 이를 기반으로 우선 대응 순서 결정표(Risk Rating Table) 구성 가능

### 4) 평가 체계의 국제 기준

위험 평가(Risk Assessment)는 단순히 직관이나 경험에만 의존해서는 안 된다. 효과적인 위험 관리는 국제적으로 검증된 표준과 체계적인 절차에 기반해야만 실제 위기 상황에서도 일관되고 객관적인 대응을 가능하게 한다. 특히 BCP 수립을 목적으로 하는 위험 평가는

ISO(국제표준화기구)에서 제시하는 다음의 세 가지 표준을 중심으로 이해하고 적용하는 것이 바람직하다.

**① ISO 31000** - 리스크 관리 원칙과 프레임워크의 기준

ISO 31000은 리스크 관리의 전반적인 철학, 원칙, 절차, 조직 내 도입 방법에 대한 기준을 제공하는 가장 기본적인 국제표준이다.

이 표준은 위험을 '조직의 목표에 영향을 미치는 불확실성'으로 정의하며, 조직이 위험을 체계적으로 식별하고 평가한 뒤, 관리 및 대응 전략을 수립하도록 유도한다.

건설업에서는 이 표준을 바탕으로 위험관리 체계를 구축하면 다음과 같은 효과를 기대할 수 있다.

- 프로젝트별로 동일한 평가 기준과 문서 체계를 적용 가능
- 경영층의 위험 인식과 실무자의 실천을 연결하는 정책적 기반 마련
- 조직 전체의 의사결정 과정에 위험요소를 반영하는 구조 확립

즉, ISO 31000은 "어떻게 조직 전체가 리스크를 바라보고 관리해야 하는가"에 대한 상위 개념의 운영 기준이다.

**② ISO 31010** - 다양한 리스크 평가 기법 소개

- ISO 31010은 ISO 31000의 하위 문서로, 실무자가 실제로 활용할 수 있는 리스크 평가 도구와 기법을 소개한다. 이 문서에는 30개 이상의 평가 기법이 수록되어 있으며, 대표적으로 다음과 같은 방식들이 있다.
- 리스크 매트릭스(Risk Matrix) : 발생 가능성과 영향도를 조합하여 위험 수준 을 등급화
- 시나리오 분석(Scenario Analysis) : 특정 위험이 발생했을 때의 영향을 가상 의 시나리오로 구성
- FMEA(고장모드 및 영향분석) : 설비나 시스템의 결함이 어떻게 기능을 멈추 게 하는지를 분석
- SWIFT(구조적 워크숍 기반 기술) : 짧은 시간 내에 전문가 그룹이 구조적으로 위험을 도출

건설업에서는 현장 조건에 따라 정성적·정량적 기법을 병행하거나, 협력사와 함께 평가에 참여하는 등 유연한 적용이 필수이며, ISO 31010은 그러한 실무적 판단에 유용한 기초자료가 된다.

**③ ISO 22301** - 비즈니스 연속성 관리 체계 기준

ISO 22301은 BCP 자체에 대한 국제 표준이다. 이 표준은 조직이 비즈니스 연속성을 확보하기 위해 어떤 시스템을 구축하고, 어떤 방식으로 위험을 분석하고, 어떤 방식으로 복구 전략을 마련해야 하는지를 제시한다.

특히 다음과 같은 부분이 건설업의 BCP 수립에 있어 중요하게 작용한다.

- 위험요소 분석과 **업무영향분석(BIA: Business Impact Analysis)**의 연계
- 복구 목표시간(RTO), 복구 수준(RPO) 등의 기준 설정
- 위험 발생 시 문서화된 대응 체계 및 실행 책임자 명시

건설사 입장에서는 ISO 22301을 기준으로 한 BCP 시스템 구축은 발주처의 요구사항 대응, 공공 입찰 우대, ESG 평가 대응 등에도 효과적이다.

또한 협력사에게도 표준화된 요구사항을 전달하고 관리할 수 있어, 위험 대응 체계가 조직 전체로 확장된다.

국제 표준에 기반한 위험 평가는 단순히 외부 인증을 위한 형식적 수단이 아니다. 이는 조직 내부의 위험 인식 수준을 끌어올리고, 각 부서와 협력사, 외부 이해관계자들과 공통된 언어와 절차로 소통할 수 있는 기반이 된다.

건설업의 특성상 각 프로젝트는 고유한 리스크를 가지고 있지만, 평가 기준과 대응 체계를 국제적으로 검증된 프레임워크에 맞춰 일관되게 적용한다면, BCP의 실행 가능성과 신뢰도는 획기적으로 향상될 수 있다.

표 8-8 여러 ISO의 리스크 평가

| 표준명 | 주요 내용 |
|---|---|
| ISO 31000 | 리스크 관리의 원칙과 구조 제시 (정책, 책임, 절차 포함) |
| ISO 31010 | 다양한 리스크 평가 기법 소개 (FMEA, 시나리오 분석 등) |
| ISO 22301 | BCP 기반의 리스크 관리 접근 강조 (영향도, 복구 목표 등 명시) |

### 5) 건설업 특화 위험 평가의 접근 방향

건설업은 단일 조직의 고정된 시설에서 운영되는 일반 제조업과는 근본적으로 다른 위험 구조를 가지고 있다.

현장이 바뀌면 위험도 바뀌고, 공정이 바뀌면 리스크의 양상도 달라진다.

그뿐만 아니라 협력업체 중심의 운영 방식, 공정의 계절적 특성, 지역사회와의 이해관계 등 다양한 외부 요소가 리스크에 직접적인 영향을 준다.

따라서 건설업의 위험 평가는 산업 특성에 맞춘 유연하고 입체적인 접근 방식이 필수적이다.

표 8-9 건설업 리스평가 특성

| 기준 | 일반 산업 | 건설업 특화 위험 평가 접근 |
|---|---|---|
| 위험 단위 | 본사 기능 중심 | 현장 단위 평가 + 본사 통합 평가 병행 |
| 평가 시점 | 연 1회 또는 정기 | 착공 전 + 주요 공정 전 + 계절별 위험 점검 |
| 분석 방법 | 주요 프로세스 기반 | 공정 기반 + 위치 기반 + 협력사 기반 병합 분석 |
| 자료 수집 | 내부 기록 중심 | 현장 보고 + 외부 데이터(기상, 지질, 법제도)활용 |

**① 현장 단위의 평가와 본사 수준의 통합 병행**

건설회사의 본사는 통합적 위험관리 방침을 세우고 평가 체계를 제공하지만, 실제로 위험이 발생하는 공간은 각 시공 현장이다.

현장은 위치, 지형, 공정 특성, 작업 인력 구성 등이 모두 다르며, 위험 발생 가능성과 영향도 역시 현장마다 상이하다.

따라서 평가 체계는 **"현장 단위의 위험 진단"**을 중심으로 작동해야 하며, 이를 바탕으로 본사는 위험 프로파일을 취합해 "전사 통합 BCP 전략"을 수립하는 구조가 바람직하다.

- 예 : 강원도 고산지대 현장의 폭설 위험, 수도권 도심지 현장의 민원 위험 등
  → 현장별 위험 매트릭스를 작성하고 본사에서 통합분석 수행

**② 공정 흐름 중심의 평가 기준 필요**

건설업은 일반 업무 흐름이 아닌 공정 기반의 프로젝트 운영 구조를 가진다.

각 공정은 고유한 리스크를 내포하고 있으며, 공정 간 선후관계와 종속성이 높기 때문에, 위험 평가 시 업무 기능이 아닌 공정 단위의 흐름에 기반한 분석이 필요하다. 예를 들어,

- 기초 공정에서는 토사 붕괴와 침수 위험
- 골조 공정에서는 고소 작업 사고와 크레인 전도
- 마감 공정에서는 협력사 이탈이나 설계 변경 리스크가 중심이 된다

이러한 흐름을 고려하지 않고 조직 기능 중심으로만 평가하면 위험의 실제 위치와 영향력을 놓치기 쉽다. 따라서 공정별 위험 유형 매핑, 단계별 대응전략, 병렬 공정 간 연계성 분석 등이 함께 이루어져야 한다.

**③ 계절성과 지역성에 따른 평가 주기 조정 필요**

건설업은 계절적 영향을 강하게 받는 산업이다. 우기·동절기에는 침수, 결빙, 장비 부식, 인력 이탈 등이 빈번하며, 폭염과 한파로 인한 인명 사고도 증가한다. 또한 지역별로도

지질, 기후, 사회적 환경(예: 민원 발생 빈도, 지역 반발 등)이 다르기 때문에 위험 평가의 주기는 고정형이 아닌 유동형으로 운영되어야 한다.

- 예 : 여름철 착공 예정 현장은 우기 이전에 위험 평가 우선 실시
- 예 : 중동 공사 등 해외 프로젝트는 계절이 다르므로 맞춤 평가 필요

이처럼 "계절/지역/공정 시점"에 따라 평가 주기를 맞춤형으로 조정하는 유연성이 필요하다.

**④ 협력업체와 외부 이해관계자의 위험요소까지 통합해야 한다**

현장 위험의 상당수는 외부 이해관계자와 관련된 위험에서 비롯된다. 하도급사의 자재 납품 지연, 협력사의 안전관리 미흡, 발주처의 설계 변경 요구, 민원으로 인한 작업 중단 등은 모두 평가 대상에 포함되어야 한다.

즉, 평가 범위는 단순히 시공사 내부의 기능과 자산에 한정하지 않고, 협력사, 공급사, 발주처, 지역사회 등 '건설 생태계 전반'에 걸친 위험요소를 아우르는 방식으로 확장되어야 한다.

- 하도급사 재무 안정성 평가 포함
- 민원 다발 지역의 주민 의견 모니터링 항목 포함
- 설계변경 위험에 대비한 발주처 의사결정 지연 가능성 고려

**⑤ 정성·정량 기법의 복합적 적용이 바람직하다**

건설업 현장에서는 수치화가 어려운 정성적 평가가 필요한 경우가 많다. 예를 들어, 설계 변경 가능성이나 현장 근로자의 숙련도, 민원 발생 우려는 데이터보다는 경험과 현장의 판단을 통해 도출된다. 반면, 자재 입고 지연으로 인한 비용 손실, 장비 고장률, 과거 사고 빈도 등은 수치 기반의 정량적 분석이 효과적이다.

따라서 정성적 분석을 통해 리스크를 포착하고, 정량적 분석으로 우선순위와 대응 시급도를 결정하는 복합형 평가 방식이 건설업에 가장 적합하다.

건설업은 고정된 공간에서 반복되는 업무를 수행하는 조직이 아니다.

각기 다른 시간, 장소, 사람, 기술, 조건 속에서 매번 새롭게 프로젝트를 수행하는 산업이다. 그렇기 때문에 표준화된 틀만으로는 대응할 수 없는 위험이 많으며, 그만큼 현장 맞춤형 평가 체계와 유연한 적용 방식이 필수적이다.

예시: 공정단계별 위험 평가항목 구성표 (Construction Risk Assessment Matrix by Project Phase)

| 공정 단계 | 주요 위험 유형 | 주요 평가 항목 | 체크 포인트 예시 |
|---|---|---|---|
| 1. 착공 전 | 조직적 / 자연재해형 | - 인허가 지연 가능성<br>- 인접 민원 리스크<br>- 지형·지질 조건 위험성 | ☐ 민원 다발지역 여부<br>☐ 침수지역 / 급경사지 여부<br>☐ 설계 변경 가능성 |
| | 인재형 | - 협력사 선정의 적정성<br>- 초도 안전교육 계획 | ☐ 하도급사 평가 점수<br>☐ 안전관리 조직 구성 여부 |
| 2. 가설 공사 | 자연재해형 / 기술적 | - 가설 구조물의 내풍·내설 기준 충족 여부<br>- 임시 배수시설 설치 상태 | ☐ 태풍 대비 고정장치 확인<br>☐ 침수 대비 배수펌프 유무 |
| | 인재형 | - 출입자 관리 및 감시 체계 | ☐ CCTV 작동 상태<br>☐ 외부인 출입통제 절차 |
| 3. 기초 공사 | 자연재해형 / 기술적 | - 토사 붕괴 위험<br>- 파일 시공 품질 오류 | ☐ 사면 보호 조치 여부<br>☐ 시공 전 설계 검토 회의 여부 |
| | 인재형 | - 장비 충돌·전도 위험<br>- 야간작업 안전 | ☐ 장비 반경 이격거리 확보<br>☐ 야간 조명 설치 기준 충족 여부 |
| 4. 골조 공사 | 기술적 / 인재형 | - 타워크레인 사고 가능성<br>- 고소작업 추락 사고 위험 | ☐ 풍속 기준 초과 시 작업중지 지침 존재<br>☐ 고소 작업자 PPE 착용 관리 |
| | 자연재해형 | - 고층 작업 시 기상 변화 대응력 | ☐ 기상 알림 시스템 수신 여부<br>☐ 고소 대피계획 수립 여부 |
| 5. 외장·창호 공사 | 기술적 / 조직적 | - 자재 납품 지연<br>- 설계변경 반영 지연 | ☐ 협력사 공급 일정 안정성<br>☐ 변경도면 현장 반영일시 확인 |
| | 인재형 | - 고소 작업 전도·낙하 사고 | ☐ 낙하물 방지망 설치 상태<br>☐ 근로자 숙련도 확인 기록 |
| 6. 내부 마감공사 | 조직적 / 인재형 | - 다층 협력사 간 작업 간섭<br>- 소방·전기 안전사고 | ☐ 동시작업 구간 조정표 존재 여부<br>☐ 감전 예방 교육 이수 |
| | 기술적 | - 마감재 품질 불량<br>- 시공오류로 인한 재작업 | ☐ 자재 검수체계 운영 여부<br>☐ 품질검수 체크리스트 운영 |
| 7. 설비·전기·통신 공사 | 기술적 / 인재형 | - 시스템 오류, 감전사고<br>- 배관 누수, 시공 미정합 | ☐ 각종 설비 시운전 전 검증 계획<br>☐ 시공도면 일치율 사전 점검 |

| 8. 준공 및 검수 단계 | 조직적 / 사회적 | - 발주처 요구 반영 부족<br>- 법규 위반 사항 발생 | □ 설계변경 이력 관리표 확인<br>□ 준공검사 전 체크리스트 운영 |
|---|---|---|---|
| | 인재형 | - 작업자 무단 퇴출, 유휴 인력 발생 | □ 작업완료 보고체계 정비<br>□ 계약 만료 인력 대기관리 계획 |

### ✔ 사용 방법 제안

- 현장 BCP 리스크 평가시트로 활용 : 공정 시작 전 이 표를 기준으로 위험 점검
- 공정별 위험요소 도출 회의 자료로 활용 : 각 단계별로 협력사와 공동 검토
- 정성적 위험 매트릭스 작성 기준으로 변환 가능
- 정기 위험 재점검 일정 수립시 기준 템플릿으로 사용

예시 : 건설 현장 위험 평가용 체크리스트(BCP 대응체계 사전 점검표 - 실무자용)

| 평가 항목 | 확인 내용 | 점검 방식 | 확인 (✔/✘) |
|---|---|---|---|
| 1. 위험 식별 체계 | 주요 위험 유형(자연재해, 인재, 기술, 조직적 위험 등)이 분류되어 있는가? | 위험유형 분류표 확인 | |
| | 과거 유사사례 또는 사고 이력 자료를 확보하고 있는가? | 문서 또는 보고서 확인 | |
| | 공정별 주요 위험이 사전 매핑되어 있는가? | 공정리스크 매트릭스 | |
| | 외주업체 및 협력사 리스크도 식별 대상에 포함되는가? | 계약서, 협력사 점검표 확인 | |

| 평가 항목 | 확인 내용 | 점검 방식 | 확인 (✔/✘) |
|---|---|---|---|
| 2. 위험 분석 수준 | 위험 발생 가능성과 영향도를 등급화 또는 수치화하였는가? | 위험 평가표 확인 | |
| | 영향도 분석에 인명·공정·예산·신뢰도 등 항목이 포함되어 있는가? | BIA 연계 문서 확인 | |
| | 공정별 복구 우선순위가 정해져 있는가? | 복구전략 문서, 공정재조정안 | |

| 평가 항목 | 확인 내용 | 점검 방식 | 확인 (✓/✕) |
|---|---|---|---|
| 3. 대응 전략 수립 여부 | 위험 유형별 대응전략 (예방, 완화, 대체, 복구)이 수립되어 있는가? | 대응전략 매뉴얼 | |
| | 각 전략별 역할 분담표가 존재하며, 담당자가 지정되어 있는가? | 실행조직 리스트 확인 | |
| | 위험 대응 시 협력사 및 발주처와의 연락체계가 문서화되어 있는가? | 비상연락망 확인 | |
| | 자재, 장비, 인력의 대체자원 확보 방안이 포함되어 있는가? | 대체조치 계획표 | |

| 평가 항목 | 확인 내용 | 점검 방식 | 확인 (✓/✕) |
|---|---|---|---|
| 4. 훈련 및 테스트 | 위험 유형별 훈련 시나리오가 존재하는가? | 훈련계획서 | |
| | 연간 훈련 계획 및 실적이 기록되어 있는가? | 훈련 결과 보고서 | |
| | 외주업체 또는 유관기관과 합동 모의훈련을 실시한 적이 있는가? | 훈련참여 명단, 서명부 | |
| | 훈련 후 개선사항이 실행조직에 반영되고 있는가? | 피드백 정리 문서 | |

**✔ 활용 방법**

- 월간 또는 분기별 정기 점검 체크
- 착공 전 또는 주요 공정 전 사전 위험 검토용 진단 시트
- 안전보건총괄책임자 보고용 요약 자료로 활용
- 평가 결과에 따라 "보완 필요 항목"을 정리해 BCP 개선 회의에 반영

## 2.2 정성적 위험 평가 기법

### 1) 수치로 환산하기 어려운 위험, 어떻게 다룰 것인가?

BCP 수립 시 위험을 수치로 분석하는 것이 가장 이상적이지만, 모든 위험이 정량적으로 계량 가능한 것은 아니다. 특히 건설업에서는 설계 변경 가능성, 협력사의 책임감, 주민 민원 발생 가능성, 작업자 숙련도 부족 등 수치화가 어려운 리스크가 다수 존재한다.

이러한 영역에서 유효한 접근 방식이 바로 정성적 위험 평가(Qualitative Risk Assessment)이다. 정성적 평가는 판단력 있는 전문가 또는 실무자가 경험, 관찰, 인터뷰, 브레인스토밍 등을 통해 위험의 가능성과 영향을 평가하고, 상대적 우선순위와 대응 방향을 정하는 방식이다.

### 2) 정성적 평가의 특징과 장점

정성적 위험 평가는 수치나 통계가 부족하거나, 계량화가 어려운 위험 요소를 판단하고 대응 우선순위를 정하는 데 매우 유용한 방식이다. 특히 건설업처럼 다양한 현장 조건, 비정형 리스크, 복합적인 이해관계자가 얽혀 있는 산업에서는 정성적 접근이 실질적인 판단 도구로 자주 활용된다.

이 평가 방식의 가장 큰 특징은 경험과 직관, 전문가의 의견, 실무자 간 협의를 바탕으로 위험의 가능성과 영향을 상대적으로 평가한다는 점이다. 이를 통해 공정 흐름 상 어느 부분이 취약한지, 무엇을 우선 보호해야 할지를 빠르게 파악할 수 있다.

정성적 평가는 간단한 등급화, 브레인스토밍, 워크숍, 인터뷰 등을 통해 실행 가능하며, 데이터 기반 평가가 어려운 초기 단계나 현장 조율 단계에서 매우 효과적이다.

또한 조직 내부의 위험 인식 수준을 정비하고, 부서 간 커뮤니케이션을 활성화하는 도구로도 기능한다. 즉, 수치보다 사람과 조직을 기반으로 한 평가이기에, 대응 전략의 실행력을 높이는 데 큰 장점이 있다. 정성적 평가는 단지 수치의 대안이 아니라, 현장을 이해하고 조직을 움직이게 하는 실천적 판단 기법이라 할 수 있다.

정성적 기법은 다음과 같은 상황에서 특히 효과적이다:

- 정량 데이터가 부족하거나 신뢰하기 어려울 때
- 의사결정의 속도가 중요한 초기 대응 전략 수립 시
- 현장의 감각이나 경험이 더 정확한 리스크 판단을 가능하게 할 때
- 다수의 이해관계자 의견을 반영해야 할 때

표 8-10 정성적 평가 특징

| 항목 | 정성적 평가 특징 |
|---|---|
| 접근 방식 | 서술형/등급화/관찰 기반 평가 |
| 장점 | 빠르고 직관적이며, 이해 관계자 설득에 유리 |
| 단점 | 주관성이 개입되며 평가자의 수준에 따라 편차 발생 |
| 보완 필요성 | 정량적 분석과 병행 시 효과 극대화 |

### 3) 주요 정성적 평가 기법

정성적 위험 평가는 수치나 확률보다는 전문가의 경험, 팀의 판단, 조직의 인식 등을 기반으로 위험의 수준을 등급화하거나 서술하는 방식이다. 정량 데이터가 부족한 환경, 긴급하게 위험을 판단해야 하는 상황, 현장 중심의 유연한 대응 전략이 필요한 경우 등에서 가장 효과적인 접근법으로 활용된다. 아래에서는 건설업 현장에서 실제로 활용할 수 있는 주요 정성적 평가 기법을 상세히 설명한다.

#### ① 리스크 매트릭스 (Risk Matrix)

리스크 매트릭스는 가장 널리 사용되는 정성적 평가 도구로, 위험의 발생 가능성과 영향도를 각각 등급화한 후 이를 조합하여 **위험의 수준(Risk Level)**을 도출한다. 보통 3단계 또는 5단계 척도를 사용하여 위험을 "매우 낮음"에서 "매우 높음"까지 구분한다.

- 예시 : 발생 가능성
  - 낮음 (1) : 드물게 발생
  - 중간 (2) : 가끔 발생
  - 높음 (3) : 자주 발생
- 예시 : 영향도
  - 낮음 (1) : 경미한 손실, 복구 쉬움
  - 중간 (2) : 일정 지연, 인력 재배치 필요
  - 높음 (3) : 대규모 피해, 인명 손실, 장기 복구

이 두 값을 곱하거나 교차시켜 위험 수준을 시각적으로 분류한 표가 리스크 매트릭스이다.

표 8-11 리스크 매트릭스

| 영향도 \ 발생 가능성 | 낮음 | 보통 | 높음 |
|---|---|---|---|
| 높음 | 중간 | 높음 | 매우 높음 |
| 보통 | 낮음 | 중간 | 높음 |
| 낮음 | 매우 낮음 | 낮음 | 중간 |

- 건설업 적용 예 : "장마철 콘크리트 타설 중 품질저하"
  - 발생 가능성 : 높음
  - 영향도 : 중간

→ 위험 수준 : 높음(Red Zone) → 대체 공정 검토 및 스케줄 조정 필요

- 장점 :
  - 빠르고 이해하기 쉬움
  - 시각화하여 보고서에 활용 가능
  - BCP 우선순위 결정에 유리

### ② 브레인스토밍 및 워크숍 기반 평가

이 기법은 다양한 실무자들이 참여하는 집단 토론을 통해 위험을 도출하고, 발생 가능성과 영향도를 논의하며 정성적으로 등급화하는 방식이다.

특히 건설현장처럼 다양한 부서와 협력사가 존재하는 환경에서는 현장의 목소리와 경험을 반영할 수 있는 현실적 방법이다.

- 실행 절차 :
  - 워크숍 구성 (현장소장, BCP 담당자, 협력사 관리자 등 포함)
  - 공정 또는 위치별로 발생 가능한 위험요소를 자유롭게 나열
  - 각 위험에 대한 발생 가능성 / 영향도를 토론을 통해 상대적으로 평가
  - 도출된 위험을 리스크 등급(낮음, 중간, 높음)으로 정리
  - 상위 위험에 대해 대응책 아이디어 도출
- 건설업 적용 예 :
  - 타워크레인 운용팀, 안전관리자, 설비팀이 공동으로 참여한 워크숍에서 "강풍 시 전도 가능성"을 상위 위험군으로 도출하고, 크레인 고정장치 점검 절차를 강화함
- 장점 :
  - 다양한 시각 반영 가능
  - 실무자 참여를 통해 실행력 있는 결과 도출
  - 평가뿐만 아니라 대응 아이디어도 함께 도출 가능
- 유의사항 :
  - 토론이 길어질 수 있으므로 진행자(Facilitator)의 역할이 중요
  - 기록 정리가 중요하며, 회의록 또는 정리표를 반드시 남겨야 함

### ③ 전문가 인터뷰 기반 평가

전문가의 경험적 판단을 중심으로 위험의 성격과 심각도를 평가하는 방식이다. 이는 내부 기술자뿐 아니라 **외부 자문가(기상, 법률, 설계, 환경 등)**의 의견을 통해 정량적으로는 측정하기 어려운 리스크를 정성적으로 진단하는 데 유용하다.

- 예시 질문 항목 :
  - "현재 공사 지역의 지질 구조는 집중호우 시 어떤 위험을 가지는가?"

• "설계 변경 가능성이 있는 요인은 무엇이며, 발생 시 영향도는?"
• "최근 3년간 민원 발생 유형은 어떤 경향을 보였는가?"

- 건설업 적용 예 :
  • 외부 구조기술사와의 인터뷰를 통해 특정 지반에서 침하 위험이 높다는 의견을 반영, 기초 공법을 조정하고 복구 시간 확보
- 장점 :
  • 복잡하고 민감한 위험에 대한 전문적 의견 확보
  • 없는 현장의 잠재 리스크를 사전 식별 가능
- 유의사항 :
  • 전문가의 평가기준과 신뢰도를 점검할 필요
  • 주관성 보완을 위해 복수 전문가 의견 수렴 권장

#### 4) SWOT 기반 위험 평가

SWOT 분석은 원래 전략 수립 도구이지만, 이를 위험 분석에 활용하면 조직 내부의 강점과 약점, 외부의 기회와 위협 요인을 종합적으로 판단할 수 있다.

특히 'Threats(위협요소)'를 중심으로 정성적 리스크를 구체화할 수 있다.

표 8-12 건설업 활용 사례

| 항목 | 내용 예시 |
|---|---|
| Strengths (강점) | 숙련된 시공팀, 고품질 장비 보유 |
| Weaknesses (약점) | 일부 협력사의 안전관리 수준 미흡 |
| Opportunities (기회) | 지역주민 협조 분위기, 발주처와 원활한 협의 |
| Threats (위협요소) | 설계 변경 요청 가능성, 악성 민원, 태풍 진입 예상 |

→ 이를 바탕으로 대응 전략을 종합적으로 설계하고, 리스크 발생 가능성 및 대응력을 가늠할 수 있다.

- 장점 :
  • 전략적 대응과 연계
  • 내부·외부 리스크 통합 분석 가능
  • 경영진 또는 발주처 보고용 도구로도 활용 가능

정성적 위험 평가는 단순히 수치 대신 말로 설명하는 방식이 아니다.

이는 다양한 이해관계자가 참여하여 위험을 함께 인식하고, 실행 가능한 전략을 협의하는 과정 자체이자, 실행 조직이 실질적인 준비를 시작하는 출발점이다.

## 2.3 정량적 위험 평가 기법

### 1) 수치로 말할 수 있는 위험, 계산으로 대비하라

건설업의 위험 관리에서 정성적 판단은 빠르고 직관적인 대응에 유리하지만, 보다 정확하고 신뢰도 높은 의사결정을 위해서는 **정량적 위험 평가(Quantitative Risk Assessment)**가 반드시 필요하다.

정량적 평가는 위험의 발생 가능성과 영향도를 수치로 계량화하고, 결과를 수학적으로 분석함으로써 자원 투입, 손실 추정, 대응 우선순위 설정 등에 객관적인 기준을 제공한다.

특히 프로젝트 규모가 크거나 이해관계자가 많고, 복구비용이 큰 위험군에 대해 우선 적용하면, BCP의 신뢰성과 실행력을 높이는 데 결정적인 역할을 한다.

### 2) 정량적 평가의 기본 구조

정량적 위험 평가는 위험을 수치적으로 계량하여 객관적인 비교와 우선순위 설정이 가능하도록 하는 분석 방식이다. 그 기본 구조는 정성적 평가와 유사하게 발생 가능성(Likelihood)과 영향도(Impact)라는 두 축을 중심으로 한다. 그러나 정성적 평가가 "낮음, 보통, 높음"과 같은 등급을 사용하는 반면, 정량적 평가는 이 요소들을 실제 수치로 환산하여 분석의 정밀도를 높인다.

예를 들어, 발생 가능성은 연간 사고 발생 횟수나 발생 확률(%)로 표시되며, 영향도는 사고 발생 시의 손실금액, 작업 중단 시간, 인명 피해 수 등으로 나타낼 수 있다. 이러한 요소를 결합하면 기대 손실(Expected Loss)이나 위험 등급 점수를 산출할 수 있으며, 이는 자원 배분, 복구 우선순위 결정, 보험 한도 설정, 계약 조건 수립 등에 실질적인 기준이 된다.

정량적 평가의 구조는 통계 기반이기 때문에 평가자가 누구이든 결과의 재현성과 설득력이 높고, 보고용 수치자료로도 활용이 가능하다. 특히 발주처나 외부 이해관계자에게 전략을 설명할 때 수치 기반 결과는 신뢰도와 명확성을 동시에 제공한다.

정량적 평가의 기본 구조는 결국, "얼마나 자주 발생하고, 얼마나 큰 손실을 야기하는가"에 대한 수치적 해답을 제시하는 것이다.

표 8-13 정량적 평가 구성요소

| 구성 요소 | 측정 방법 예시 |
|---|---|
| 발생 가능성 | 연평균 사고 발생 횟수, 확률 값(%) |
| 영향도 | 예상 손실 금액, 일정 지연 일수, 사망자 수 등 |
| 위험 수준 | 기대 손실(Expected Loss) = 발생 가능성 × 손실 규모 |

- 정량적 위험 평가의 기본 구조 (시각 요약표)

| 평가 요소 | 정의 | 계량 방식 (예시) | 활용 목적 |
|---|---|---|---|
| 1. 발생 가능성 (Likelihood) | 특정 위험이 발생할 확률 또는 빈도 | - 연간 발생 횟수<br>- 발생 확률 (%)<br>- 위험 점수 (1~5) | 위험의 노출 수준 판단 |
| 2. 영향도 (Impact) | 위험이 조직에 미치는 손실 규모 또는 피해 정도 | - 금전적 손실 (₩)<br>- 공정 지연 시간<br>- 인명 피해 수<br>- 계약 위반 손해 | 조직 기능에 대한 파급력 측정 |
| 3. 위험 수준 (Risk Level) | 발생 가능성과 영향도의 결합으로 도출된 위험 점수 | Expected Loss = 발생 확률 × 손실 금액<br>위험 점수 = 점수A × 점수B | 대응 우선순위 결정<br>자원 및 예산 배분<br>복구 전략 설정 |

-시각적 표현 예: 위험 수준 평가 매트릭스 (정량 기반)

| 발생확률(%) / 영향도(₩) | 1% | 5% | 10% | 20% |
|---|---|---|---|---|
| ₩10백만 | ₩0.1백만 | ₩0.5백만 | ₩1백만 | ₩2백만 |
| ₩50백만 | ₩0.5백만 | ₩2.5백만 | ₩5백만 | ₩10백만 |
| ₩100백만 | ₩1백만 | ₩5백만 | ₩10백만 | ₩20백만 |

→ 위험 수준이 높을수록 색상 강조(예: 붉은색)하여 대응 우선순위를 시각적으로 구분 가능

### 3) 주요 정량적 평가 기법

#### ① 기대 손실(Expected Loss) 분석

기대 손실(Expected Loss, EL)은 정량적 위험 평가 기법 중에서도 가장 널리 쓰이는 방식으로, 특정 위험이 발생했을 때의 금전적 손실을 사전에 추정하는 데 목적이 있다. 기본 원리는 단순하다. 위험이 발생할 **확률(P)**과 실제 발생 시 예상되는 **손실금액(L)**을 곱하여 **예상 평균 손실액(EL)**을 산정하는 방식이다.

Expected Loss = 발생 가능성 (P) × 손실 금액 (L)

이 방식은 단위가 명확하고, 손실 예측이 가능한 리스크에 대해 매우 직관적이고 실용적인 결과를 도출할 수 있다. 이 방식의 분석 절차는 다음과 같다

(1) 위험 항목 선정

: 예상 가능한 위험 중, 계량 가능한 손실과 발생 데이터를 가진 항목을 선택 한다.

(예: 장비 고장, 자재 납품 지연, 협력사 계약 위반 등)

(2) 발생 가능성(P) 설정

: 과거 사고 기록, 내부 보고서, 유사 프로젝트 사례를 바탕으로 위험의 연간 또는 공정별 발생 확률을 수치화한다.

(예: 과거 10개 현장 중 3건 발생 → P = 0.3)

(3) 손실 금액(L) 산정

: 해당 위험 발생 시 추정되는 직접 손실 비용과 간접 손실(공기 지연, 신뢰 도 하락 등)을 포함하여 금액으로 계산한다.

(예: 타워크레인 고장 시 복구비 ₩1,000만 + 공정 지연 ₩3,000만 = ₩4,000만)

(4) 기대 손실(EL) 계산 및 비교

: P × L 계산을 통해 복수의 리스크 중 대응 우선순위가 높은 항목을 선정

- 예시 1 : 자재 납품 지연

| 항목 | 내용 |
|---|---|
| 위험 | 외주 협력사의 자재 납품 지연 |
| 발생 가능성(P) | 0.25 (연 4회 중 1회 발생) |
| 손실금액(L) | 납품 지연 3일 × 일손실 500만 원 = 1,500만 원 |
| 기대 손실(EL) | 0.25 × 1,500만 원 = **375만 원** |

- 예시 2 : 장비 고장

| 항목 | 내용 |
|---|---|
| 위험 | 콘크리트 펌프카 고장 |
| 발생 가능성(P) | 0.10 (작업 10건 중 1건 꼴) |
| 손실금액(L) | 장비 수리 500만 원 + 공정 지연 2,000만 원 |
| 기대 손실(EL) | 0.10 × 2,500만 원 = **250만 원** |

→ 이 결과에 따라 자재 납품 지연은 장비 고장보다 우선 대응 전략이 필요한 리스크로 판단된다.

실무 활용 팁을 제공한다면

@ 복수의 위험을 비교하는 데 매우 효과적이다.

→ 예상 손실이 큰 위험에 대해 선제적 자원 배분, 예비비 설정 가능

@ 보험 가입이나 계약 위약금 한도 설정 시 참고 자료로 활용

→ 보험료 대비 기대 손실이 작으면 자체 대응 전략 수립을 고려

@ 협력업체 평가에도 적용 가능

→ 하도급 계약 위험에 대한 EL을 평가해 위험도별 등급화

표 8-14 기대손실분석의 한계

| 한계점 | 보완 방법 |
|---|---|
| 발생 확률(P)의 정확도 확보 어려움 | 내부 데이터 축적, 외부 통계 활용 |
| 손실금액(L)의 산정 범위 불명확 | 직접비·간접비 항목 구분, 전문가 자문 활용 |
| 인명·법적·평판 리스크는 금액화 어려움 | 정성적 평가와 병행 적용, 시나리오 분석 보완 |

### ② 민감도 분석(Sensitivity Analysis)

민감도 분석은 특정 변수의 변화가 전체 결과에 어떤 영향을 미치는지를 평가하는 정량적 기법이다. 건설업과 같이 다수의 위험 요소가 동시에 존재하는 산업에서는, 어떤 요소가 가장 프로젝트에 큰 영향을 미치는지를 파악하는 것이 중요하다. 민감도 분석은 이를 하나의 변수 변화와 결과의 반응 관계로 단순화하여 비교할 수 있게 한다.

건설 프로젝트는 자재비, 인건비, 장비비, 일정, 기상, 규제 등 수많은 변수의 복합적 영향 아래 진행된다. 이 중 어느 하나가 변화했을 때, 어떤 결과에 얼마나 영향을 주는지를 미

리 확인하면, 자원 배분, 공정 조정, 예산 계획에 있어 선제적 결정을 할 수 있다. 민감도 분석은 다음과 같은 목적에 활용된다:

- 주요 위험 요소 식별 : 프로젝트 전체 영향에 민감한 변수 선별
- 투자 또는 대응 우선순위 설정 : 가장 효과적인 개입 지점 파악
- 시나리오 기반 전략 보완 : 특정 변수 변화에 대한 전략적 유연성 확보

민감도 분석의 절차는 다음과 같다

**(1) 분석 대상 변수 설정**

: 비용, 일정, 공정별 작업일수, 자재 단가, 환율, 연료비, 법규 변경 등 프로젝트 주요 변수 중 하나를 선택

**(2) 기준값(Base Value) 설정**

: 현재 또는 계획 기준이 되는 수치를 설정 (예: 자재비 단가 100만 원)

**(3) 변동 시나리오 구성**

: ±5%, ±10%, ±20% 등의 변화폭을 설정하여 시나리오 수립

**(4) 결과 영향 분석**

: 변수 변화에 따라 총공사비, 공기, 수익률 등이 어떻게 변동하는지 계산

**(5) 그래프/표로 시각화**

: 변화량 대비 반응 결과를 비교하여 민감도가 높은 항목을 시각적으로 도출

- 예시 : 철근 자재비 변화에 따른 총공사비 영향 분석

| 변화율 | 철근 단가(₩/톤) | 총공사비 영향(%) |
|---|---|---|
| -10% | 900,000 | -1.5% |
| 0% | 1,000,000 | 기준 |
| +10% | 1,100,000 | +1.5% |
| +20% | 1,200,000 | +3.2% |

→ 자재비가 총공사비의 15~20%를 차지하는 프로젝트라면, 10%만 변동해도 전체 예산에 중대한 영향을 줄 수 있다는 것을 의미한다.

- 예시 2 : 작업일수 지연에 따른 간접비 증가
  - 기준 작업일수 : 150일
  - 작업지연 1일당 간접비 : 1,200만 원
  - ±5일 변화 시 : 최대 6,000만 원 손실 예상

  → 공정 관리 강화의 경제적 효과 확인 가능

건설업은 대규모 자본이 투입되고 수많은 변수가 복합적으로 작용하는 고위험 산업이다. 자재 단가 변동, 인력 부족, 기상 악화, 정책 변화 등 다양한 불확실성이 존재하며, 이러한 상황에서 경영진과 현장 실무자는 어떤 요인이 프로젝트 전체에 가장 큰 영향을 미치는지를 파악해야 한다.

민감도 분석은 바로 이러한 목적에 적합한 도구로, 하나의 변수 변화가 결과(비용, 일정 등)에 얼마나 영향을 주는지를 수치로 비교할 수 있게 해준다. 이를 통해 '무엇이 가장 중요한가'를 식별하고, 자원 배분 및 우선 대응 전략을 설정할 수 있다.

(1) 우선 보완해야 할 변수 식별

→ 민감도가 높은 변수에 자원 집중 투자 (예: 장비 예비 부품 확보, 주요 자 재 선구매 등)

(2) 계약 조건 협상 시 유리

→ 발주처와의 계약에서, 높은 민감도를 가진 항목에 대한 변경 시 리스크 클 레임 가능

(3) 위험 관리 전략 수립의 방향성 제공

→ 단기적인 리스크가 아닌, 장기적 추세 변화에 대한 민감도 분석으로 미래 대응 전략 확보

(4) 공정별 KPI 설정 기준 마련

→ 일정 지연의 영향이 큰 공정에 대해 목표 작업일수와 허용 범위 명확화

민감도 분석은 장점과 한계가 있다. 먼저 장점을 살펴보면 표와 같다.

표 8-15 민감도 분석 장단점

| 장점 | 설명 |
|---|---|
| 간단하고 직관적 | 복잡한 수학 모델 없이 변수 간 관계 확인 가능 |
| 투자 우선순위 결정에 유용 | 예산이나 자원 투입의 타당성 확보 가능 |
| 다양한 시나리오 적용 가능 | '만약에'에 대한 대안 전략 구상에 적합 |

민감도 분석의 한계와 보완점을 살펴보면, 민감도 분석은 프로젝트 결과에 가장 큰 영향을 미치는 변수를 식별하는 데 유용한 도구다. 그러나 이 기법의 가장 큰 한계는 복수 변수 간 상호작용을 반영하지 못한다는 점이다. 실제 건설 프로젝트에서는 자재비 상승과 일정 지연, 협력사 리스크 등이 동시에 발생하며, 이들이 서로 영향을 주고받는 경우가 많다. 하지만 민감도 분석은 하나의 변수만을 변화시켜 결과를 비교하는 방식이기 때문에, 이런 복합적인 위험 구조를 포착하는 데에는 한계가 있다.

또한 분석 결과는 기준값과 변화폭 설정에 크게 의존하기 때문에, 이들 설정이 주관적이거나 부정확할 경우 결과의 왜곡이 발생할 수 있다. 분석에 사용된 시나리오가 현실적이지 않다면, 실제 위험보다 과소 또는 과대 평가될 가능성도 있다.

이러한 한계를 보완하기 위해서는 몬테카를로 시뮬레이션과 같은 다변수 기반의 고급 분석 기법을 병행하거나, 정성적 평가 결과 및 전문가 의견과 함께 해석하는 방식이 필요하다. 이를 통해 보다 균형 있고 신뢰성 있는 의사결정을 내릴 수 있다.

표 8-16 민감도 분석의 보완

| 한계점 | 보완 방법 |
|---|---|
| **발생 확률(P)의 정확도 확보 어려움** | 내부 데이터 축적, 외부 통계 활용 |
| **손실금액(L)의 산정 범위 불명확** | 직접비·간접비 항목 구분, 전문가 자문 활용 |
| **인명·법적·평판 리스크는 금액화 어려움** | 정성적 평가와 병행 적용, 시나리오 분석 보완 |

민감도 분석은 단순히 "무엇이 변할 수 있는가"를 묻는 것이 아니라, "무엇이 변하면 가장 큰 손실을 가져오는가"를 파악하는 도구이다. 건설업처럼 수많은 리스크가 존재하는 산업에서는, 모든 것을 완벽히 대비하는 것이 불가능하기 때문에, 가장 먼저 대응할 항목을 선별하는 민감도 분석이 실무적 가치가 크다.

### ③ 몬테카를로 시뮬레이션 (Monte Carlo Simulation)

- 개요 : 불확실성을 수치로 예측하는 확률 기반 분석 기법
  - 몬테카를로 시뮬레이션은 복잡하고 예측이 어려운 변수들에 대해 확률적으로 수천~수만 번의 시뮬레이션을 수행하여 결과의 분포와 확률을 분석하는 기법이다. 위험 요소들이 여러 개이고, 각 변수 간 상호작용과 불확실성이 클 때, 단일 시나리오나 평균값만으로는 현실적인 판단을 내리기 어렵다.
  - 이때 몬테카를로 기법은 다양한 조합과 확률 분포를 고려하여 "무엇이 얼마나 자주 발생할 수 있는가", "최악의 경우는 어떤가"를 시뮬레이션 결과로 도출해준다.

- 분석 절차

  • 몬테카를로 시뮬레이션(MCS)은 단순히 하나의 값이나 평균을 계산하는 것이 아니라, 여러 변수의 불확실성을 반영하여 수천 번의 시뮬레이션을 반복 수행한 뒤, 그 결과의 분포와 확률을 분석하는 기법이다.
  • 건설업과 같이 복합적이고 예측이 어려운 프로젝트에서는, 이를 통해 보다 정밀하고 현실적인 위험 예측과 의사결정이 가능해진다. 다음은 몬테카를로 시뮬레이션을 실무에서 적용하기 위한 6단계 분석 절차이다.

### (1) 1단계 : 분석 목표 및 대상 정의

가장 먼저, 시뮬레이션의 분석 목적과 대상 변수를 명확히 정의해야 한다.

예를 들어 분석 목적이 "총공사비 예측"인지 "공정 지연 위험 예측"인지에 따라 모델링 방식이 달라진다.

- 실무 예시 :
  • "총공사비의 변동 범위를 예측하고 95% 신뢰수준을 확보할 것"
  • "타워크레인 설치 일정의 지연 확률을 추정하고, 공정 전체에 미치는 영향 평가"

### (2) 2단계: 변수 식별 및 불확실성 범위 설정

다음으로, 시뮬레이션에 포함할 주요 변수를 식별한다. 이는 프로젝트 결과에 큰 영향을 미치면서도 불확실성이 높은 요소들이다.

- 예시 변수 :
  • 자재 단가
  • 작업 일수
  • 기상에 따른 작업불가일 수
  • 인건비
  • 장비 가동률

각 변수에 대해 변화 범위(min~max)와 중심값(mean 또는 median), 확률 분포 형태를 설정한다.

- 확률 분포 종류 :
  • 정규분포(Normal) : 자연 변동에 적합 (예: 공정일수)
  • 삼각분포(Triangular) : 최소~최대 추정치가 있는 경우 유용
  • 균등분포(Uniform) : 모든 값의 발생 가능성이 같을 때
  • 로그정규분포 : 편향되거나 극단값 가능성이 큰 경우

### (3) 3단계: 수학적 모델 수립

변수들을 이용하여 수식 모델을 구성한다. 즉, 각각의 입력 변수들이 결과값에 어떻게 영향을 미치는지를 표현하는 논리를 작성한다.

- 예시 :

총공사비 = ∑ (자재단가 × 수량) + ∑ (인건비 × 작업일수) + 예비비

• 이 모델은 시뮬레이션이 각 변수의 조합을 바꿨을 때 결과값을 자동 산출할 수 있도록 설계해야 한다.

### (4) 4단계: 시뮬레이션 실행

설정된 모델에 따라 수천 회(보통 1,000~10,000회 이상)의 시뮬레이션을 실행한다. 각 반복마다 변수 값들은 지정된 확률 분포에서 랜덤으로 추출된다. 이를 통해 다양한 가능성의 조합을 반영한 결과값들이 생성된다.

- 실행 방법 :

• Excel 기반 툴(@Risk, Crystal Ball 등 Add-in 사용)

• Python, R 등의 통계 프로그래밍

• BIM 기반 프로젝트 일정 관리 시스템과 연동

### (5) 5단계: 결과 분석

시뮬레이션 결과는 하나의 평균이 아닌 값들의 분포로 나타난다. 이를 통해 다음과 같은 통계 지표들을 해석할 수 있다.

표 8-17 몬테카를로 시뮬레이션 분석

| 분석 지표 | 설명 |
|---|---|
| 평균값 | 예측된 결과의 평균 (예: 평균 총공사비) |
| 최솟값 / 최댓값 | 가능한 결과 범위 |
| 신뢰구간 (Confidence Interval) | 예: 80% 확률로 비용이 95억 원 이내일 것이다 |
| 발생확률 | 특정 상황이 발생할 확률 (예: 일정이 120일 초과할 확률 12%) |

- 시각화 도구 :

• 히스토그램(분포 그래프)

• 누적 확률 그래프(Cumulative Distribution Function, CDF)

#### (6) 6단계: 결과 해석 및 대응 전략 도출

마지막으로, 시뮬레이션 결과를 바탕으로 대응 전략을 수립하거나 보고용 자료를 구성한다.

- 실무 활용 예시 :
  - 일정 지연이 10% 이상 발생할 확률이 높음 → 공정 병렬화 전략 수립
  - 총공사비가 120억 원 초과할 확률이 5% 미만 → 예산 확보 안정성 확보
  - 리스크가 큰 공정에 예비자재, 추가 장비 확보 → BCP 대응전략 반영

이 단계에서는 기획, 예산, 계약, 안전, 품질 부서와 협력하여 결과를 공유하고, 실행 계획에 반영하는 것이 중요하다.

복잡한 프로젝트일수록 반복 기반의 확률 시뮬레이션이 필요하다. 몬테카를로 시뮬레이션은 단일 수치에 의존하지 않고, 다양한 변수의 조합을 수천 번 실험함으로써 현실적으로 발생 가능한 모든 시나리오를 검토할 수 있게 한다.

이는 예측 불가능성을 예측 가능한 형태로 전환해 주며, 건설업의 복잡성과 위험성을 통제 가능한 수준으로 끌어올리는 핵심 도구가 된다.

### ④ 수명주기 비용 분석 (Life Cycle Costing, LCC)

- 개요 : 위험의 진짜 비용은 '지금'이 아니라 '전체 과정'에 숨어 있다
  - 수명주기 비용 분석(Life Cycle Costing, LCC)은 단순히 사고나 리스크가 발생했을 때의 즉각적인 직접 손실만을 따지는 것이 아니라, 해당 사건이 전체 프로젝트 또는 자산의 생애주기에 걸쳐 미치는 모든 비용을 총합산하는 방식의 정량적 분석 기법이다.
  - 이는 단기적 시야에 머무는 일반 손실 계산과 달리, 초기 투자비용, 운영·유지관리 비용, 위험 대응비, 복구비, 이미지 손실까지 포함한 장기적 영향을 종합적으로 고려한다는 점에서 BCP와 매우 밀접하게 연결된다.
- 분석 대상과 범위

수명주기 비용 분석은 다음과 같은 리스크 평가 또는 투자 의사결정에서 활용된다:

  - 특정 위험(예: 장비 고장, 협력사 부도)이 전체 프로젝트 비용에 미치는 장기적 파급 효과 분석
  - 재난 발생 시 단기 복구 외에 장기 운영 영향, 품질 저하, 신뢰도 하락 등을 포함한 손실 추정
  - BCP 투자(예: 백업 서버 구축, 자동화 설비 도입 등)의 경제성 분석

- LCC 분석 구성 항목

수명주기 비용은 일반적으로 다음 네 가지 항목으로 구성된다.

표 8-18 LCC분석 구성

| 항목 | 설명 | 건설업 적용 예 |
|---|---|---|
| ① 초기비용 | 최초 도입, 설치, 준비 단계의 비용 | 장비 구입비, 시공설계비, 안전 교육비 |
| ② 운영비용 | 일상적 운영, 인건비, 에너지, 유지관리 | 장비 연료비, 점검비, 정기보수 |
| ③ 사고·복구 비용 | 위험 발생 시 긴급 대응 및 복구비용 | 장비 교체, 공정 재작업, 사고보상 |
| ④ 종결 및 폐기비용 | 사용 종료 후 처리 비용 | 철거, 폐기물 처리, 환경복원 비용 |

→ 이 전체 과정을 통합하여 "총 생애주기 비용(Total LCC)"을 산정한다.

- 사례 1 : 자재 납기 지연 리스크의 LCC 분석

| 손실 항목 | 비용 추정 |
|---|---|
| 공정 지연에 따른 인건비 | 3,000만 원 |
| 장비 대기시간에 따른 가동비 손실 | 1,000만 원 |
| 발주처와의 신뢰도 하락으로 인한 추후 입찰 기회 상실 | 1건당 예상 매출 5억 원 손실 가능성 |
| 총 LCC 손실 | 약 5억 4,000만 원 이상 |

→ 단순히 '3일 지연'만 보면 4,000만 원이지만, 신뢰도 하락까지 포함하면 5 억 원 이상의 잠재 손실로 확대됨

- 사례 2 : 백업 시스템 구축 투자 vs. 무대응 비교

| 항목 | 백업 시스템 없음 | 백업 시스템 있음 |
|---|---|---|
| 서버 다운 발생 확률 | 연 10% | 연 10% |
| 다운 시 업무 중단 손실 | 3억 원 | 5천만 원 |
| 시스템 구축비 | 없음 | 1억 5천만 원 |
| 수명주기 5년 기준 총비용 | 약 15억 원 | 약 4억 원 |

→ 초기 투자보다 장기적으로는 훨씬 적은 비용으로 리스크를 통제할 수 있음 을 입증

**- 수명주기 비용 분석의 실무적 활용 가치와 유의사항**

- 수명주기 비용 분석(Life Cycle Costing, LCC)은 단기 손실만이 아닌 자산 또는 프로젝트 전 기간 동안 발생할 수 있는 총비용을 계량화하여 의사결정의 기반을 제공하는 도구이다. 특히 건설업처럼 공정의 복잡성과 불확실성이 높은 산업에서는, 단순한 초기 투자비용보다 전체 생애주기에서 발생할 수 있는 리스크를 금전적으로 파악하고 대응 전략을 수립하는 것이 BCP의 핵심이다.
- 실무에서 LCC는 다음과 같은 방식으로 활용된다. 우선, 장기적인 경제성을 분석하고 투자 타당성을 평가하는 수단으로 유용하다. 예를 들어, 백업 서버 구축, 자동화 장비 도입, 고성능 자재 사용과 같은 BCP 관련 투자는 초기비용은 높지만, 장기적으로 반복적인 복구비용과 운영 손실을 크게 줄일 수 있다. 이처럼 수명주기 전체의 비용 구조를 보면, 초기 투자비가 회복 탄력성과 운영 안정성 확보를 위한 효과적인 전략임을 정량적으로 입증할 수 있다.
- 또한 LCC는 보이지 않는 손실을 가시화하는 데 탁월한 도구다. 일반적인 사고 분석에서는 직접적인 공정 지연이나 장비 교체비만 고려하는 경우가 많다. 그러나 실제로는 발주처의 신뢰 하락, 추가 입찰 기회 상실, 기업 이미지 저하, 안전사고로 인한 언론 노출 등 정량화가 어려운 간접적 손실이 더 크고 장기적인 영향을 줄 수 있다. 이러한 손실 요소를 포함한 LCC는 단순 회계적 판단이 아닌 포괄적 리스크 평가 기반의 경영 전략 수립으로 연결된다.
- 특히 발주처 보고서나 내부 제안서, 외주업체 평가 등에서도 LCC는 정량적 근거로서의 설득력을 갖춘 도구로 기능한다. 예를 들어 "안전 설비 도입 시 연간 사고 복구비 절감 효과가 얼마이며, 향후 5년간 몇 배의 비용을 회피할 수 있는가"를 수치로 제시할 수 있다면, 경영진의 승인이나 외부 이해관계자와의 협상에서도 전략적 우위를 점할 수 있다.

표 8-19 LCC분석 장점

| 장점 | 실무 활용 |
|---|---|
| 장기적 경제성 판단 가능 | BCP 투자 정당성 확보, 설비 도입 평가 |
| 숨겨진 손실까지 가시화 | 신뢰, 평판, ESG 영향 등도 비용화 가능 |
| 계약 및 제안서 설득력 강화 | 발주처 대상 보고서에 활용 가능 |
| 복구 후 운영 안정성까지 고려 | 단순 복구가 아닌 '회복 탄력성' 확보 판단 기준 |

하지만 수명주기 비용 분석이 가지는 명확한 한계도 존재한다. 가장 큰 어려움은 비용 산정 기준을 명확히 정의하기 어렵다는 점이다. 예를 들어, 수명주기를 5년으로 할지 10년으로 할지, 할인율은 몇 퍼센트를 적용할지, 간접비 항목은 어느 범위까지 포함할지를 결정하는 것은 평가자의 판단에 크게 의존하게 된다. 이로 인해 동일한 현장이라도 평가 주체에 따라 결과가 크게 달라질 수 있다.

또한 정량화가 어려운 요소들, 예컨대 기업의 평판 손실, 인력 유출, 내부 사기 저하 등은 비용으로 환산하기 어렵기 때문에, 보수적으로 추정하거나 정성적 평가와 함께 병행해야 한다. 이에 따라 정량 데이터뿐 아니라 현장 실무자의 경험, 외부 전문가 자문, 유사 프로젝트 사례 기반의 추정치 활용이 중요하다.

데이터 수집의 어려움도 주요 과제 중 하나다. 대부분의 중소형 건설사는 자재, 장비, 인력의 장기적 운영 및 유지관리 비용 데이터를 체계적으로 기록하지 않기 때문에, LCC 분석을 위한 기반 자료가 부족한 경우가 많다. 따라서 LCC를 성공적으로 적용하기 위해서는 사전 설계단계부터 위험 데이터의 구조적 수집 체계를 마련하는 것이 필요하다.

결론적으로, LCC는 단기적 손익이 아닌 장기적 회복력 확보를 위한 전략적 판단 도구이다. 그것은 단순히 얼마를 아끼는가가 아니라, 리스크에 강한 시스템을 구축하고 지속가능한 운영 기반을 확보하기 위한 경영적 투자 판단으로 연결된다. 특히 BCP 관점에서는 위험 대응 전략이 단기 복구에 머물지 않고, 조직의 전체 수명주기 안에서 경제성과 안정성을 확보하는 기반으로 기능해야 한다. LCC는 이러한 전략을 실현하기 위한 가장 강력한 수치 기반 설득 도구이자 분석 프레임이다.

## 2.4 건설업 현장 적용 전략

### 1) 들어가며 : 분석에서 실천으로, 평가의 실효성을 확보하는 전략

위험 식별과 평가 단계에서 아무리 정교한 분석이 이뤄졌다 하더라도, 그것이 실제 현장에서 작동하지 않는다면 BCP의 목적은 달성되지 않는다. 특히 건설업은 프로젝트 단위로 운영되며, 현장마다 위치, 규모, 공정 특성, 인력 구조가 다르기 때문에 표준화된 평가 기법을 현장 맞춤형 실행전략으로 전환하는 체계적인 작업이 필요하다.

이 절에서는 그간 소개된 정성적·정량적 위험 평가 기법을 건설 현장에 실제로 적용하기 위한 전략을 제시하고자 한다. 핵심은 세 가지다. 첫째, 정성적 판단과 정량적 분석의 병행 접근. 둘째, 평가 기준의 매뉴얼화와 체크리스트 구성. 셋째, 협력업체와의 연계 평가 체계 구축이다.

### 2) 정성·정량 병행 접근 전략

건설현장에서 발생하는 리스크는 모두 수치화할 수 있는 것이 아니며, 직관이나 경험이 더 효과적인 판단 근거가 되는 경우도 많다. 따라서 실질적인 위험 평가는 정성적·정량적 기법의 병행 적용이 필수다.

#### ① 병행 적용이 필요한 사례

- 기상재해 :
  - 정량 분석 : 기상청 데이터 기반 풍속, 강우량, 빈도 추정
  - 정성 분석 : 지형 특성, 물 빠짐 속도, 주변 건물에 의한 풍압 영향 등
- 협력사 계약 리스크 :
  - 정량 분석 : 하도급 계약 불이행률, 이행보증금 환수 사례
  - 정성 분석 : 담당자의 신뢰도, 과거 커뮤니케이션 경험 등

#### ② 병행 분석 적용 방식

- 리스크 평가 시트에 정성·정량 항목을 병렬 구성
- 우선 정성적으로 도출된 위험을 선별하고, 그 중 정량화 가능한 항목을 수치로 분석
- 정량 분석의 결과가 애매하거나 해석이 어려운 경우, 전문가 의견 또는 워크숍을 통해 정성적 보완 판단 실시

이런 방식은 현장의 유연성과 본사의 정책 일관성을 동시에 충족할 수 있으며, 특히 경험 기반이 강한 건설업 실무자들에게 수용성이 높다.

### 3) 평가 기준의 매뉴얼화 및 체크리스트 구성

위험 평가 결과가 실무에서 반영되기 위해서는 현장에서 즉시 적용 가능한 형식으로 가공되어야 한다. 이는 곧 매뉴얼화와 체크리스트 구성으로 구체화된다.

#### ① 매뉴얼화 전략

- 정성·정량 평가 항목을 공정별, 위치별, 시기별로 분류하여 기준화
- 예 : "여름철 고소작업 시 정성적 점검 항목 5가지 + 강풍 수치 기준 10m/s 이상"
- 평가 등급별로 대응 방안 사전 지정 (예: '높음' = 공정 연기 검토)

#### ② 체크리스트 유형

- 착공 전 점검표 : 해당 공정 또는 위치에 따라 기본 위험 요인 확인
- 정기 리스크 진단표 : 월간/주간 위험 재평가 수행용
- 협력사 자가 진단표 : 하도급사 제출용 체크 시트
- 비상 대응 전 체크리스트 : 기상특보 발령 시 즉시 점검 사항 정리

**③ 사용자 중심 구성**

- 현장소장, 공무팀, 품질안전팀 등 각 사용 주체별로 체크리스트 항목 가변화
- 예: "안전팀용 고소작업 위험 체크리스트" vs. "자재팀용 납품 리스크 평가 표"

이러한 구조는 BCP 평가 결과를 문서화하고, 반복 가능한 형태로 축적하게 해주며, 현장 간 비교 및 데이터 기반 의사결정이 가능하게 한다.

### 4) 협력사 및 외주업체 연계 평가체계 구축

건설업은 본사만으로는 절대 운영되지 않는다. 외주와 협력업체가 대부분의 공정과 자원을 공급하며, 이들의 리스크 대응 수준이 곧 전체 프로젝트의 회복력과 직결된다. 따라서 위험 평가는 협력사까지 포함하는 연계형 체계로 확대되어야 한다.

**① 협력사 리스크 평가 연동 방식**

- 하도급 계약 시점에 BCP 수준 평가 포함 (예: 재해 대응 계획서 제출 의무)
- 분기별로 협력사 위험관리 등급 평가표 작성 → 시공 현장 반영
- 위험도가 높은 협력사에는 현장점검 강화, 계약금 보증 확대 등 조치 적용

**② 공동 대응 프로세스 설계**

- 공용 자재 보관소, 예비장비 공유 체계
- 위험 발생 시 공동 연락 체계(비상 연락망, 알림 시스템)
- 공동 훈련 실시 : 정기적으로 협력사와 함께 모의훈련 운영

**③ 협력사 자가 진단 및 보고 체계**

- 간단한 자가 점검표 또는 설문형 체크리스트 작성 후 현장 보고
- 예 : "우리 회사의 최근 3개월 내 납품 지연 사례는 있었습니까?", "대응 조치 는 무엇이었습니까?"

이러한 접근은 단지 협력사의 리스크를 관리하는 것이 아니라, 건설사 전체의 위기 대응력을 외연적으로 확장하는 구조이다.

위험 분석은 단지 분석자만의 업무가 아니라, 현장에서 직접 대응하는 실무자의 언어로 번역되어야 실효성을 가진다. 정성·정량의 병행 분석, 매뉴얼과 체크리스트 중심의 표준화, 그리고 협력사까지 확장된 연계형 평가체계를 통해서만, 위험 평가는 "보고서용 자료"가 아니라 현장을 멈추지 않게 하는 실행 시스템으로 작동할 수 있다.

- 공정별 리스크 체크리스트 예시

대상 공정 : 골조공사 (RC 구조 기준)

| 점검 항목 | 세부 내용 | 확인 여부(✔/×) |
|---|---|---|
| 1. 고소 작업 위험 | 고소작업자 안전벨트 착용 확인 | |
| 2. 기상 위험 | 풍속 10m/s 이상 시 작업중지 지침 확인 | |
| 3. 장비 안전 | 타워크레인 고정상태 및 안전검사 이력 확보 | |
| 4. 구조물 안정성 | 양중물 부착 위치 및 하중 기준 일치 여부 확인 | |
| 5. 자재 낙하 방지 | 낙하물 방지망, 가설 방호 설비 설치 상태 | |
| 6. 협력사 대응력 | 협력 인력의 안전교육 이수 여부 확인 | |

→ 활용 시기 : 매일 작업 전 점검, 기상특보 발령 시 추가 확인

- 협력사 평가표 예시

대상: 자재 납품 협력사

| 평가 항목 | 기준 | 평가 점수 (5점 만점) |
|---|---|---|
| 1. 납기 준수율 | 최근 3개월 내 납기 지연 사례 1건 이하 | |
| 2. 품질 불량률 | 반품률 2% 이하 | |
| 3. 위기 대응계획 보유 여부 | 긴급 납품차량 확보, 공급망 이중화 여부 | |
| 4. BCP 문서 보유 | 자체 위기 대응 프로세스 문서화 유무 | |
| 5. 커뮤니케이션 응답성 | 요청 대응 평균 24시간 이내 회신 여부 | |

→ 종합 점수에 따라 위험도 등급(A~C)부여 및 계약 재검토 또는 보완 협의가 능

# 3 건설업 중심의 시나리오 개발

## 3.1 시나리오 설계의 목적

건설업은 정해진 매뉴얼대로만 대응할 수 없는 복합적 리스크 환경을 가지고 있다. 공정은 연쇄적으로 이어지고, 기상, 자재, 인력, 장비 등 수많은 변수가 실시간으로 영향을 주기 때문에, BCP가 단순히 문서상의 대응 전략으로 머무른다면 위기 시에 제대로 작동하지 않는다.

이러한 상황에서 핵심이 되는 것이 바로 현장 중심의 시나리오 기반 대응 체계이다.

시나리오 설계란 단순한 "가능한 사건 나열"이 아니라, 특정 공정이나 자산에 발생할 수 있는 위협을 구체적인 상황 흐름으로 재현하고, 이에 따라 조직이 어떤 순서와 방식으로 대응할지를 사전에 그려보는 활동이다. 이는 "상상에 기반한 실제 훈련용 시나리오"로도 활용되며, 각 역할자의 행동, 대응 자원의 배분, 외부기관과의 연계까지 포함한 종합적 위기 대응 시뮬레이션의 뼈대가 된다. 특히 건설업에서는 다음과 같은 이유로 시나리오 설계가 중요하다.

### 1) 공정 흐름과 위험 분석의 연결 고리

건설업의 위험은 단독적으로 발생하는 것이 아니라, 각 공정의 흐름 안에서 연쇄적으로 발생하거나 상호작용하는 방식으로 나타난다. 예를 들어 기초 공사에서 지반 침하가 발생하면, 이는 구조물 시공 일정 전체를 지연시키고, 인접 공정의 작업자 투입 계획이나 장비 배치에도 영향을 미친다. 이처럼 하나의 위험은 공정 전체에 파급되는 도미노 효과를 유발할 수 있다.

하지만 대부분의 위험 분석 결과는 '유형별'로 분류된 상태로 존재하며, 공정 흐름과의 연결성이 명확히 드러나지 않는다. 예를 들어 "풍속 15m/s 이상 시 크레인 전도 위험 존재"라는 분석 결과는 있지만, 그것이 "외장재 설치 공정 중 고소작업 대기 → 장비 배치 차질 → 일정 재조정 → 하도급사 간 작업 간섭" 등으로 연결된 실제 공정 흐름상의 영향은 드러나지 않는다.

따라서 시나리오 설계는 위험 요소를 단순 나열하는 차원을 넘어, 이를 공정의 시작부터 완료까지 시간 흐름에 따라 재배치하고, 각 위험이 어떤 지점에서 발생할 수 있으며, 어떤 공정과 자산에 영향을 미치는지를 구조화하는 작업이 되어야 한다. 이를 통해 위험에 대한 예측뿐 아니라 대응 시점과 대응 책임의 명확화가 가능해진다.

즉, 위험 분석 결과는 시나리오를 통해 공정 흐름 위에 다시 그려짐으로써 비로소 "누가, 언제, 무엇을, 어떻게 대응해야 하는가"라는 실행 전략으로 발전하게 된다. 이는 BCP의 실행력을 높이고, 현장의 이해도를 높이는 핵심 과정이다.

### 2) "가장 가능성 있는 사건"에 대비한 실전형 접근

시나리오 설계는 모든 위험을 다루기 위한 것이 아니다. 한정된 자원과 시간 속에서 실제로 발생할 가능성이 높고, 발생 시 조직의 핵심 기능에 큰 영향을 미치는 위험에 우선 대응하기 위한 전략 수립 도구이다. 따라서 시나리오는 단순히 이론상 가능한 모든 재난을 다루기보다, "무엇이 가장 현실적으로 일어날 수 있는가?"와 "그 상황에서 어떻게 빠르게 대응할 것인가?"에 초점을 맞춘 실전형 접근이어야 한다.

예를 들어, 중부지방에 위치한 아파트 신축 공사 현장은 장마철에 콘크리트 타설이 집중될 가능성이 높고, 우천으로 인한 시공 지연과 품질 저하가 반복되는 위험이 상존한다. 이런 경우, "장마철 집중호우로 인해 콘크리트 타설이 중단되는 상황"을 실제 시나리오로 설정하고, 이에 따른 자재 재배치, 품질 유지 대책, 대체 공정 가동 등 현실적인 대응 흐름을 사전에 설계하는 것이 중요하다.

이러한 접근은 이론적인 위협을 열거하는 대신, 빈도와 파급력을 기준으로 위험을 우선순위화하고, 가장 시급하고 실질적인 대응이 필요한 리스크부터 대비할 수 있도록 해준다. 특히 실전형 시나리오에는 상황 발생의 '트리거(trigger)'와 그에 따른 직접 영향, 확산 경로, 복구 자원 배분 계획까지 포함되어야 한다.

결국, 시나리오 설계는 건설사로 하여금 "우리가 지금 당장 준비하지 않으면 실제로 큰 문제가 될 수 있는 상황은 무엇인가?"에 답하게 하며, 그로부터 구체적인 복구 전략과 역할 분담을 도출하도록 유도한다. 이는 BCP가 단순한 위기 대응 매뉴얼을 넘어, 예측 가능한 현실에 기반한 복원력 있는 실행 체계로 발전하는 출발점이 된다.

### 3) 실제 행동 기반 대응 전략의 정렬

시나리오 설계의 핵심 목적 중 하나는 위기 발생 시 현장에서 '누가, 언제, 무엇을, 어떻게 행동해야 하는지'를 사전에 정렬해두는 것이다.

BCP 문서가 아무리 정교하게 구성되어 있어도, 실제 상황에서 실행 주체들이 자신의 역할과 행동 절차를 정확히 알지 못하면 계획은 작동하지 않는다. 많은 경우 위기 대응이 실패하는 이유는 계획 부재보다는 실행 미비, 즉 행동의 혼선 때문이다.

건설업의 경우, 공정 특성상 여러 부서와 협력사가 동시다발적으로 참여하고 있으며, 외부 이해관계자(발주처, 감리, 지자체 등)와의 커뮤니케이션도 빠르게 이루어져야 한다. 이처럼 복잡한 인력·조직 구조 속에서 효과적인 대응을 하기 위해서는 역할 분장과 행동 흐름의 정렬이 필수다.

시나리오 설계 과정에서는 각 단계별로 발생 가능한 상황에 대해

- 트리거(Trigger) : 무엇이 문제의 시작점인가?
- 즉각 대응자 : 누가 가장 먼저 움직여야 하는가?
- 보고·전달 체계 : 누구에게 어떤 방식으로 알릴 것인가?
- 보조 대응조직 : 어떤 팀이, 어떤 자원을 가지고, 어떤 수단으로 조치할 것인 가?
- 복구 책임자 : 정상화를 위한 최종 의사결정자는 누구인가?

이 모든 질문에 대한 답을 사전에 정의하고, 문서화하며, 훈련을 통해 내재화해야 한다.

예를 들어, 콘크리트 타설 중 우천으로 인해 작업이 중단되었을 경우,

- 현장소장은 즉시 공무팀과 품질팀에 작업 중단을 보고하고
- 품질팀은 이미 설정된 우천 시 품질관리 기준에 따라 보양 조치를 취하고
- 공무팀은 발주처에 상황 통보와 공정 변경 일정을 보고하고
- 예비 타설 계획이 존재하는 경우, 시공팀은 대체 일정에 맞춰 장비를 재배치 한다.

이러한 흐름이 명확하게 정렬되어 있어야 실제 대응력이 생긴다. 즉, 시나리오 설계는 행동 전략을 "매뉴얼에서 머무는 문장"이 아닌, 현장에서 작동하는 시스템으로 전환하는 도구이며, 각 조직 구성원이 자신의 행동을 명확히 인지하게 만드는 실행 기반이다. 이는 결국 조직 전체의 대응 속도와 복구 효율성을 결정짓는 가장 실질적인 요소다.

#### 4) 훈련과 평가를 위한 기반 마련

BCP의 효과는 위기가 닥쳤을 때가 아니라, 그 전에 얼마나 반복적으로 훈련하고 대응 전략을 점검했는가에 달려 있다. 이러한 훈련과 평가의 핵심이 되는 것이 바로 시나리오 기반 모의훈련 시나리오 구성이다.

시나리오는 단지 대응 전략을 구체화하는 데서 그치지 않고, 그 전략이 실제로 작동하는지, 실행 주체들이 계획대로 움직이는지를 점검하는 훈련과 검증의 기준 틀이 된다.

건설현장은 공정 흐름이 일정에 따라 빠르게 변화하고, 그에 따라 리스크도 시시각각 달라진다. 따라서 현장 실정에 맞는 시나리오가 없다면 훈련은 형식에 그치고, 실제 위기 상황에서 대응의 우선순위와 판단이 흐려질 수밖에 없다. 이에 따라 공정 단계별로 현실적이고 구체적인 시나리오를 마련하고, 이를 훈련 시나리오북으로 활용하는 체계가 필요하다.

예를 들어, "타워크레인 전기 계통 이상으로 오전 작업 중지"라는 시나리오가 있다면, 훈련에서는 다음과 같은 항목을 점검할 수 있다:

- 초동 대응자의 인지 및 보고 체계 작동 여부
- 크레인 인근 작업자 대피 조치의 실행 속도
- 대체 장비 및 공정 가동 여부

- 발주처와의 커뮤니케이션 적정성
- 상황 종료 후 복구 의사결정 과정과 보고라인의 신속성

이처럼 시나리오가 존재하면 훈련의 기준이 명확해지고, 모든 행동이 목표 중심으로 정렬될 수 있다. 또한 훈련 후에는 실제 수행 결과를 바탕으로 대응 매뉴얼을 수정·보완하고, 부족한 역할이나 자원 분장도 조정할 수 있다.

뿐만 아니라, 이러한 시나리오는 향후 외부기관 감사, ESG 평가, 투자자 설명회, 주민 대응 등에서도 실질적인 리스크 대응력의 증거자료로 활용될 수 있다.

즉, 시나리오 설계는 훈련만을 위한 도구가 아니라, 위기 대응 능력을 조직 전체에 전파하고 검증하는 플랫폼의 역할을 한다. BCP 시나리오 설계의 목적은 결국 다음 한 문장으로 요약된다. "가장 가능성 있는 사건에, 가장 빠르게 복구할 수 있는 대응안을 미리 그려보는 것"이다. 건설업의 복잡성과 속도감 있는 대응 요구를 고려할 때, 시나리오 기반 접근은 단순한 서류를 넘어 실제 조직을 움직이게 만드는 실천 전략이다.

## 3.2 시나리오 설계 절차

### 1) 개요 : 실행 가능한 시나리오는 단계적 설계에서 시작된다

시나리오 설계는 단지 '가상의 상황을 설정하는 것'만이 아니라, 실제 발생 가능한 위험을 중심으로 공정, 자산, 인력, 자원 흐름, 의사결정 체계, 외부 연계 구조를 포괄하여 종합적으로 계획하는 작업이다. 이를 통해 시나리오는 BCP의 핵심 실행 단위이자, 복구 전략의 실천 도구로 기능한다.

건설업에서 시나리오 설계는 다음과 같은 5단계 절차를 따라 전개하는 것이 효과적이다.

#### ① 1단계 : 핵심 공정 및 자산 식별

시나리오 설계의 시작은 무작위 사건이 아닌, 핵심 공정이나 자산에 주목하는 것이다. 모든 상황을 다루기보다는, 중단 시 전체 프로젝트에 직접적인 타격을 주는 중요 대상을 선별해야 한다.

- 실무 적용 예
  - 핵심 공정 : 타설, 기초, 마감, 전기배관 등 병렬 의존도가 높은 공정
  - 핵심 자산 : 타워크레인, 콘크리트 펌프카, 서버 및 도면 저장 시스템
  - 핵심 인력 : 공무팀 책임자, 장비 오퍼레이터, 외주 품질검수팀

→ 이러한 핵심 항목은 시나리오에서 '리스크 중심점'으로 작용하며, 이후의 상황 흐름과 대응

전략의 시작점이 된다.

**② 2단계** : 관련 위험 유형 매칭

식별된 공정 및 자산에 대해 해당 시점 또는 환경에서 예상 가능한 위험 유형을 매칭한다. 이때는 앞서 8.1절에서 정리한 건설업 위험 분류 체계를 활용한다.

표 8-20 위험유형 매칭

| 공정/자산 | 예상 위험 유형 |
|---|---|
| 타워크레인 운용 | 강풍(자연재해), 전기계통 고장(기술적), 작업자 부주의(인재형) |
| 자재 납품 일정 | 운송 차질(기후), 협력사 파업(조직적), 계약 미이행(외주 리스크) |
| 콘크리트 타설 | 폭우(자연재해), 품질 관리 미흡(기술적), 장비 지연(조직적) |

이 단계에서 위험의 복합성(예: 한 사건이 여러 위험 유형에 걸칠 수 있음)을 고려해 중첩된 분석을 진행하고, 가장 가능성이 높은 사건을 시나리오 설계 대상 사건으로 선정한다.

**③ 3단계** : 상황 흐름 구성 (트리거 → 영향 → 대응 → 복구)

이 단계는 시나리오 설계의 핵심이다. 단순히 위험이 발생했다는 전제로 끝나는 것이 아니라, 그 사건이 어떤 영향을 주고, 이에 대해 어떤 대응이 이뤄지며, 어떤 방식으로 복구될 수 있는지를 시간 순서 흐름으로 설계해야 한다.

시나리오 구성 요소는 4가지를 들 수 있다

(1) Trigger (유발요소)

- 위험 상황을 유발하는 계기
- 예 : “오전 09시 기상청 강풍 특보 발령”

(2) Impact (직접 영향)

- 공정, 인력, 자산에 미치는 1차 영향
- 예 : “타워크레인 가동 중지, 외벽 작업 전면 중단”

(3) Response (초기 대응)

- 인명 보호, 자산 안전 확보, 작업 중단 지시 등 즉각 조치
- 예 : “작업자 대피, 본사 보고, 발주처 통보”

(4) Recovery (복구 프로세스)

- 대체 공정 전환, 장비 정비, 일정 조정 등 복구 절차

- 예 : "대체 장비 투입, 작업 재개일 발주처 승인 획득 후 확정"

이 흐름을 시간 단위 또는 단계별로 명확히 구성하면, 훈련과 평가 시 명확한 기준이 될 뿐 아니라, 실제 상황 발생 시 매뉴얼로 바로 작동할 수 있다.

### ④ 4단계 : 역할 분장, 자원 흐름, 외부 연계 시뮬레이션

이 단계에서는 앞서 설계된 흐름에 대해 누가 어떤 역할을 맡고, 어떤 자원을 어떻게 배분하며, 외부기관 또는 협력사와는 어떤 방식으로 연계할지를 구체화한다.

표 8-21 역할분장

| 역할 | 담당 부서/조직 | 세부 책임 |
|---|---|---|
| 초기 보고 | 현장소장 | 트리거 발생 시 본사 및 외부 보고 |
| 인명 대피 | 안전팀 | 현장 인력 대피 및 현황 확인 |
| 장비 대응 | 시공팀 | 타워크레인 점검 및 대체 조치 결정 |
| 발주처 대응 | 공무팀 | 일정 조정 보고 및 복구 일정 협의 |

- 자원 흐름
  - 대체 장비 확보 여부 및 투입 시기
  - 비상 예산 사용 권한 및 프로세스
  - 예비자재 저장소 위치 및 접근 절차
- 외부 연계
  - 지자체 비상대응 연락망
  - 감리단과의 의사결정 회의 일정
  - 협력사 작업 순서 변경 안내 시스템

### ⑤ 5단계 : 모의훈련 및 피드백 적용

설계된 시나리오는 단순 문서로 남겨서는 안 되며, 정기적인 훈련을 통해 실행력을 검증하고 개선해야 한다.

- 훈련 계획 수립 : 연간 또는 분기 단위, 공정 전 단계별 훈련 계획
- 훈련 진행 : 시나리오 흐름에 따라 모의훈련 실시, 대응 시간 기록
- 피드백 수집 : 각 부서별 개선의견, 반응성, 커뮤니케이션 문제 분석
- 시나리오 보완 : 훈련 결과를 반영하여 시나리오 업데이트 및 매뉴얼 개정

이 단계를 반복하면 시나리오는 단순한 "문서 기반 계획"을 넘어, 조직의 반복 학습과 대응 체계 정착을 위한 실전형 훈련 틀로 진화한다.

건설업의 BCP 시나리오 설계는 "서식에 맞춰 만드는 리스크 문서"가 아니다.

그것은 위기 발생 시 실제로 조직이 살아서 움직일 수 있도록 만드는 행동 전략 설계의 뼈대이며, 각 부서의 판단과 조치를 정렬하는 시간 기반 실행 시나리오다. 이러한 구조가 명확히 수립될 때 비로소 시나리오는 훈련되고, 평가되며, 위기에 강한 조직으로 발전할 수 있다.

## 3.3 시나리오 사례

이 절에서는 건설업에서 실제 발생 가능성이 높고, 발생 시 공정 전체에 영향을 줄 수 있는 상황을 중심으로 3가지 실전형 시나리오를 제시한다. 각 시나리오는 "트리거 → 영향 → 대응 → 복구" 흐름을 기준으로 정리되며, 훈련, 대응 매뉴얼, 발주처 보고, 협력사 조치 계획 등에 그대로 활용할 수 있다.

### 1) 시나리오 1

: 장마철 콘크리트 타설 중단 및 품질 확보 대응 시나리오

| 구분 | 내용 |
|---|---|
| 상황 트리거 | 콘크리트 타설 당일 오전 8시, 3시간 내 강우량 30mm 이상 예보 수신 (기상청 특보) |
| 1차 영향 | 타설 중단 → 레미콘 차량 회차 지연 → 타설 계획 변경 필요 |
| 2차 영향 | 타설 구간 강도 불균일, 물-시멘트 비 초과 위험, 타설 구간 재조정으로 인한 장비 대기 손실 |

**- 즉각 대응**

① 공무팀 : 발주처에 타설 중단 사유 및 공정 변경 요청

② 품질팀 : 타설 중단 시 보양계획 가동 (천막, 보양매트 등)

③ 시공팀 : 레미콘 차량 순차 회차 조정, 타설 순서 재설계

④ 협력사 : 장비 기사 및 근로자 재배치 조정

**- 복구 조치**

- 우천 종료 후 타설 가능 시간대 확보
- 보양 상태 확인 후 강도 시험
- 전체 공정 일정 조정 (크리티컬 패스 기준 재계산)
- 품질 보고서 작성 및 감리단 공유

▶ 적용 포인트

- 시나리오 매뉴얼은 공사계획서, 발주처 보고체계, 품질관리계 획서와 연계 가능.
- 훈련 시 "기상 특보 수신 → 타설 중단 결정"의 판단 기준 명확히 점검.

## 2) 시나리오 2

: 타워크레인 고장 발생 시 긴급 대응 → 대체 장비 투입 → 일정 보완

| 구분 | 내용 |
|---|---|
| 상황 트리거 | 고층 골조 공정 중 타워크레인 전기 계통 이상 발생, 오전 10시부터 조작 불능 상태 |
| 1차 영향 | 자재 양중 불가 → 현장 근로자 대기 → 작업 구간 공정 중단 |
| 2차 영향 | 다음 날 철근 배근 및 타설 공정 지연, 크리티컬 경로 공정 1일 이상 밀림 |

### - 즉각 대응

① 현장소장 : 안전팀과 협조해 인근 고소작업 대피 지시

② 장비 담당 : 즉시 외주 정비업체 연락, 고장 원인 진단

③ 공무팀 : 발주처에 일정 조정 보고, 대체 장비 투입 여부 사전 협의

④ 공사팀 : 작업 순서를 조정해 고소작업을 마감 구간으로 대체 운영

### - 복구 조치

- 오후 4시 대체 지게차 투입 → 2개 구간 공정 정상화
- 타워크레인 정비 완료 후 재가동 점검 수행
- 보완 조치 보고서 작성 → 감리단 및 본사 보고
- 전체 일정 재정비 및 추가 대체계획 수립 |

▶ 적용 포인트

- 타워크레인 단일 장애가 공정 전반에 미치는 영향을 훈련으로 실감할 수 있음.
- 정비 시간, 대체 장비 확보 여부, 발주처 대 응 속도가 복구 시점에 결정적 영향을 줌.

### 3) 시나리오 3

: 협력사 납품 지연 시 자재 대체 흐름 → 발주처 통보 → 공정 재조정

| 구분 | 내용 |
|---|---|
| 상황 트리거 | 마감 공사에 사용될 수입 석재 납품 4일 지연 통보 수신 (해외 운송 차질) |
| 1차 영향 | 석재 부착 작업 중단 → 마감 공정 전체 지연 → 후속 공정 차질 |
| 2차 영향 | 발주처 요구 공정 준수 실패 위험 → 감리단과 협의 일정 어긋남 |

**- 즉각 대응**

① 자재팀 : 예비 대체 자재 확보 여부 확인 및 발주

② 공무팀 : 발주처 및 감리단에 사전 상황 공유 및 협의 요청

③ 시공팀 : 후속 마감 공정 중 자재 무관 작업 우선 배치

④ 협력사 : 다음 납기 일정 재조정 및 물류 보완 계획 수립

**- 복구 조치**

- 예비 자재 승인 후 대체 시공 시작
- 일정 보완안 확정 → 발주처 승인 후 적용
- 감리 요청으로 시공계획서 정정
- 향후 동일 위험 재발 방지 위한 자재 납품 이중화 검토

▶ 적용 포인트

- 자재 납품 지연은 단일 리스크로 보이지만, 감리 승인, 설계 조건, 발주처 일정 등 연쇄 효과가 큼.
- 예비자재 확보와 발주처 커뮤니케이션이 시나리오 실행의 핵심 성공 요소.

위 세 가지 사례는 건설업에서 매우 흔하게 발생할 수 있는 위기 상황을 바탕으로 구성되었으며, 각각 핵심 공정, 장비, 자재, 외부 이해관계자 대응까지 포괄하고 있다. 실전형 시나리오는 단순 대응 전략이 아니라, 훈련 → 실행 → 피드백 → 개선의 순환 구조 안에서 반복되며, 조직의 회복 탄력성을 높이는 데 직접적으로 기여한다.

## 3.4 시나리오 활용 방안

시나리오는 위기 대응 전략을 효과적으로 준비하고 전개하기 위한 핵심 도구다. 하지만 많은 조직에서 시나리오를 단순한 훈련용 문서나 보고서 부속자료로만 취급하는 경우가 많다.

실제로는 시나리오가 훈련, 매뉴얼 작성, 리스크 재평가, 내부 교육, 외부 소통까지 다양하게 활용될 수 있어야 비로소 BCP의 진정한 실행력으로 연결된다.

가장 기본적인 활용 형태는 정기적 모의훈련의 시나리오 자료로 활용하는 것이다. 시나리오는 단순히 가상의 상황을 상정한 것이 아니라, 실제로 가장 자주 발생하거나, 발생 시 파급력이 큰 상황을 중심으로 구성되어야 한다. 이를 통해 훈련은 단순한 절차 숙지가 아니라, 실전 대응 능력 향상을 위한 반복 시뮬레이션이 된다.

**- 모의훈련 시나리오 활용 방법 :**

- 주요 공정 전 정기 훈련 시, 상황 카드 형태로 시나리오 제시
- 각 부서별 대응 전개 방식 기록 및 비교
- 대응 시간, 의사결정 정확성, 역할 분장 수행도 등 지표화
- 훈련 후 피드백 회의 및 시나리오 업데이트 수행

**- 효과 :**

- 역할자 간 대응 이해도 향상
- 판단 시간 단축, 자동 반응 시스템 형성
- 위험 인식 공유 기반 조성

많은 기업들이 위기 대응 매뉴얼을 작성할 때 '일반론적' 접근에 머무른다. 하지만 시나리오 기반으로 구성된 매뉴얼은 훨씬 더 실효성이 높다. 시나리오는 구체적인 상황 흐름을 기반으로 하기 때문에, 그에 기반한 매뉴얼은 행동 중심, 순서 중심, 조직 간 연계 중심의 실천 전략으로 구성될 수 있다.

**- 대응매뉴얼 작성 기반으로 활용 방법 :**

- 트리거 발생 → 역할별 조치 흐름을 도식화
- 점검 항목, 보고 체계, 자원 배분 기준 등 시나리오 기반 정리
- 매뉴얼 내 유사 사건군별 대응 표준 마련

**- 장점**

- 훈련과 연동성이 높아짐
- 현장 적용 가능성이 증가
- 조직 간 협조 방식 표준화

시나리오는 단순 대응 훈련 도구가 아니라, 리스크 평가 체계 내에서 실효성 검증 도구로도 활용된다. 실제로 대응이 어려웠던 시나리오일수록, 그 위험 유형은 "고위험 우선 관

리 항목"으로 분류할 수 있다. 반대로 반복 훈련 결과 대응 능력이 충분히 확보된 시나리오의 리스크는 상대적으로 낮은 등급으로 관리할 수도 있다.

- 연 1회 훈련 후 시나리오별 대응 성과 평가
- '대응 실패율', '회복 소요시간', '보고 오류 빈도' 등 정량지표 도출
- 리스크 평가표에 시나리오 평가결과 반영

→ 이 과정을 통해 정량·정성 평가를 실전 기반으로 보완하고, 우선 대응 리스 크를 전략적으로 조정할 수 있다.

또한 시나리오를 교육, 감사, 민원관리, 투자자 대응 등 다목적으로 사용할 수 있다.

**① 신입 및 협력사 교육용**

- 시나리오를 활용한 교육은 단순 지침 교육보다 훨씬 효과적이다.
- 예 : "자재 납품이 3일 지연되었을 때, 자재팀, 공무팀, 현장소장은 각각 무엇 을 해야 하는가?"

→ 역할 기반 사고 교육, 즉시 대응력 향상

**② 외부 감사 및 인증 대응**

- ISO 22301, ISO 45001 등 대응 평가 시 시나리오 기반 대응 절차는 핵심 검증 항목
- 감사자에게 "BCP가 실제로 훈련되고, 작동 가능한 상태"임을 입증하는 수단

**③ 민원 및 발주처 대응**

- 실제 이슈 발생 시 시나리오 기반 복구 계획을 근거로 설명 가능
- 발주처와의 신뢰 회복 및 대응역량 어필 가능

**④ 투자자 또는 ESG 평가 대응**

- 리스크 대응 시나리오가 잘 갖춰져 있고, 반복 훈련되고 있음을 공개자료나 평가서에 반영
- 위기관리 능력 및 회복탄력성 기업 이미지 제고

시나리오는 가상의 상황을 통한 시뮬레이션이지만, 그것이 반복되고 문서화되며 조직 내 체계로 내재화될 때, 그것은 '상상된 대응'이 아닌 '작동하는 대응 시스템'으로 전환된다. BCP는 단순한 리스크 목록이 아니라, 그 리스크에 대해 '어떻게 움직일 것인가'를 증명하는 일련의 실행력이다. 그리고 시나리오는 그 실행력을 만드는 가장 실효성 높은 기반이 된다.

## 참고문헌

- Ono, T. (2024). An effective business continuity planning and financing. In All-Hazards Approach: Towards Resilience Building. Springer.
- Dey, M. (2011). Business continuity planning (BCP) methodology—Essential for every business. IEEE GCC Conference and Exhibition.
- Ghandour, A. (2014). Identifying dimensions of business continuity plan from common expressions among business continuity professionals. International Journal of Business Administration, 5(6). -Supriadi, L. S. R., & Pheng, L. S. (2018). Business continuity management in construction: Perspectives and case studies. Springer.
- Steen, R., Haug, O. J., & Patriarca, R. (2024). Business continuity and resilience management: A conceptual framework. Journal of Contingencies and Crisis Management.
- Bajgorić, N., Turulja, L., & Alagić, A. (2022). Business continuity management and disaster recovery planning: Compliance in practice. In Always-On Business. Springer.
- Sawalha, I. H. (2020). Business continuity management: Use and approach's effectiveness. Continuity & Resilience Review, 2(2), 98–112.
- Hiles, A. (2014). Business continuity management: Global best practices. Rothstein Publishing.
- Tracey, S., O'Sullivan, T. L., Lane, D. E., & Guy, E. (2017). Promoting resilience using an asset-based approach to business continuity planning. SAGE Open, 7(2).
- Dakic, V., Premuzic, K. M., & Petrunic, R. (2024). Business continuity planning (BCP) and disaster recovery planning (DRP). Annals of DAAAM & Proceedings.
- Fani, S. V., & Subriadi, A. P. (2019). Business continuity plan: Examining a multi-usable framework. Procedia Computer Science, 161, 117–124.
- Phillips, B. D., & Landahl, M. (2020). Business continuity planning: Increasing workplace resilience to disasters. CRC Press.
- N-akazawa, K., Ohtomo, S., & Kimura, R. (2024). Study on the implementation status of business continuity plan (BCP) trainings and exercises in companies.
- Will, M., & Brauweiler, J. (2020). Business continuity planning. In Sustainable Cities and Communities. Springer.
- Paton, D. (2009). Business continuity during and after disaster: Building resilience through continuity planning. ASBM Journal of Management.
- Alfalasi, A. A. (2016). Developing a framework for improving business continuity management

success in UAE construction industry.

- Blyth, M. (2009). Business continuity management: Building an effective incident management plan. Gildan Media.
- Okuno, I. (2023). BCP for SMEs in Japan's construction sector. IOP Conf. Series: Earth and Environmental Science, 1195(1), 012047.
- Petrenko, S. (2022). Developing an enterprise continuity program. CRC Press.
- ISO. (2018). ISO 31010: Risk management – Risk assessment techniques. International Organization for Standardization.

제9장

# 건설회사 연속성 전략수립 및 자원확보

## 1 연속성 전략 수립의 기준과 절차

비즈니스 연속성 계획(BCP)의 궁극적인 목적은 '복구'에만 머무르지 않는다. 실질적으로는 업무 중단 상황 속에서도 핵심 기능이 멈추지 않도록 하는 '연속성(continuity)'을 확보하는 것이 목표이다.

건설업에서는 특히 공정 흐름과 외주 의존도가 높기 때문에, 공정이 일부 중단되거나 핵심 자원이 확보되지 않으면 전체 일정과 계약, 품질에 치명적인 영향을 줄 수 있다.

따라서 연속성 전략은 위험이 발생했을 때 단순히 복구를 기다리는 것이 아니라, 공정 중단을 최소화하고, 가능한 대체방안을 활용하며, 핵심 기능을 유지할 수 있도록 설계된 체계적인 대응전략이어야 한다.

### 1.1 연속성 전략의 수립 기준

연속성 전략은 단순히 복구 절차를 나열하는 것이 아니라, 예기치 못한 중단 상황에서도 핵심 기능을 지속적으로 운영할 수 있도록 준비하는 전략적 사고의 산물이다. 건설업의 BCP에서 가장 중요한 핵심은 "복구"가 아닌 "지속"이며, 이를 실현하기 위해서는 건설현장의 특성을 고려한 연속성 전략 수립이 필수적이다. 본 절에서는 연속성 전략을 수립하기 위한 네 가지 기준을 제시한다.

### 1) 핵심 기능 중심 접근

BCP의 목적은 조직의 모든 기능을 복구하는 것이 아니라, 제한된 자원과 시간 속에서 반드시 유지되어야 할 핵심 기능(Critical Functions)을 우선 보호하고 복원하는 데 있다. 건설업에서는 전체 공정 중 크리티컬 패스에 해당하는 작업, 특정 장비나 자산이 반드시 필요한 공정, 대체가 불가능한 시공 요소 등이 이에 해당한다. 예를 들어 타설 일정이 지연되면 골조 공정 전체가 밀리며, 이는 전체 준공 일정에도 영향을 준다. 이러한 핵심 기능을 식별하고 이를 기준으로 전략을 구성하는 것이 연속성 전략의 시작점이다.

### 2) RTO 및 MAO 기반 설계

연속성 전략은 시간이라는 변수에 기반하여 구체화되어야 하며, 이를 위해 RTO (Recovery Time Objective)와 MAO(Maximum Acceptable Outage) 개념이 활용된다.

- RTO : 해당 기능이 중단된 후, 고객이 포기하기 전까지 반드시 복구되어야 하 는 시간 범위.
- MAO : 해당 기능이 중단되어도 조직이 감내할 수 있는 최대 한계 시간.

RTO는 전략의 실현 가능성과 우선순위를 판단하는 기준이 되며, MAO는 BCP가 반드시 성공해야 하는 시간의 마지노선을 의미한다. 예를 들어 공정 지연 시 감리 승인 일정이 어긋나는 경우, 감리단과의 관계 악화 및 계약 위반으로 이어질 수 있으므로, 타설 공정의 RTO는 감리 협의 일정 이전이 되어야 한다. 이처럼 시간적 제약을 명확히 설정해야 연속성 전략이 실행력 있는 체계로 기능할 수 있다.

### 3) 전략 다변화

복구 전략은 하나의 방식으로 수립되어서는 안 된다. 건설현장에서는 동일한 위험이라도 시점, 위치, 인력 상황에 따라 적용 가능한 전략이 달라질 수 있으므로 복수의 전략을 조합하여 다층 방어 구조를 구축해야 한다. 대표적인 전략 유형은 다음과 같다:

① **보호 전략** (Preventive Strategy) : 위험이 발생하지 않도록 사전에 예방하 는 전략. 예비 자재 비축, 장비 정비 주기 강화, 기상 감시 시스템 운용 등 이 이에 해당된다.

② **대체 전략** (Alternative Strategy) : 동일한 기능을 다른 방식이나 자원으로 대체하여 수행하는 전략. 예: 크레인 고장 시 지게차 대체 투입, 자재 수급 지연 시 대체 자재 활용.

③ **이전 전략** (Relocation Strategy) : 기능 수행 위치나 공간을 이동하여 업무 연속성을 확보하는 전략. 예: 타 현장의 예비 장비 활용, 인근 현장 자재 공동 보관소 이용.

④ **순차 복구 전략** (Phased Recovery Strategy) : 복구 우선순위에 따라 단계적으로 기능을 복귀시키는 전략. 공정 간 선후 관계를 반영하여 계획을 수 립함.

이러한 전략은 단일 혹은 복합적으로 설계되며, 각 상황에 따라 전략 간 우선순위를 조정하는 유연성이 필요하다.

#### 4) 실현 가능성과 실행 용이성

모든 전략은 현장 실무자가 이해하고 즉시 적용할 수 있는 수준으로 구체화되어야 한다. 아무리 논리적으로 우수한 전략이라도 실행 가능하지 않다면 무용지물이다. 따라서 전략 수립 시 다음을 고려해야 한다:

- 해당 전략을 수행할 인력과 장비가 실제로 확보 가능한가?
- 비상 상황에서도 쉽게 접근 가능한 위치에 자원이 배치되어 있는가?
- 현장 관리자와 협력사도 동일한 전략을 공유하고 있는가?

실현 가능성과 실행 용이성을 고려한 전략은 평상시 훈련을 통해 체득되어야 하며, 비상 시에도 자동적으로 작동할 수 있어야 한다. 이를 위해 전략은 체크리스트, 행동 매뉴얼, 훈련 시나리오와 연동되어야 하며, 주기적인 검토를 통해 항상 최신 상태로 유지되어야 한다.

연속성 전략은 건설업의 복잡성과 고위험 특성을 고려할 때, '복구'가 아닌 '유지'의 관점에서 접근해야 하며, 핵심 기능 중심의 전략 구상, 시간 기반 목표 설정, 전략의 다변화, 실행 가능성을 중심으로 체계적으로 수립되어야 한다. 이러한 전략이 실무에 뿌리내릴 때, 조직은 진정한 의미의 회복탄력성을 갖추게 된다.

## 1.2 위험별 시나리오 구성 및 영향 분석

#### 1) 개요 : 왜 시나리오 기반 분석이 필요한가?

위험 분석과 업무영향분석(BIA)을 통해 핵심 기능과 리스크 요소를 식별했다면, 이제는 실제 상황을 가정한 "시나리오 기반 분석"을 통해 대응 전략의 현실성을 검증해야 한다. 시나리오 구성은 단순히 '무엇이 위험한가'를 넘어서, '어떤 상황에서 어떻게 발생하며, 이에 따라 조직이 어떤 영향을 받고 무엇을 우선적으로 대응해야 하는가'를 시간 흐름에 따라 구조화하는 과정이다.

건설업과 같이 공정이 복잡하고 다수의 협력사가 얽혀 있는 산업에서는 특히 시나리오 기반 접근이 효과적이다. 같은 '콘크리트 타설 지연'이라는 사건이라도, 그 원인이 장비 고장인지, 기상 악화인지, 자재 지연인지에 따라 대응 방법은 완전히 달라진다. 이렇듯 시나리오는 실제 공정 흐름을 반영하여 구성되어야 하며, 연속성 전략(9.1.3절) 수립을 위한 사전 작업으로 기능한다.

### 2) 핵심 기능별 우선 대응 리스크 매칭

BIA 결과에 따라 핵심 기능(Critical Functions)을 도출한 후, 해당 기능을 위협할 수 있는 주요 리스크를 식별하고 연결해야 한다. 이때 정성적·정량적 위험 평가 결과(8.2절)를 연계하여, 각각의 핵심 기능이 어떤 위험에 가장 취약한지를 도출하는 것이 중요하다.

#### ① 핵심 기능 예시와 위험 유형 연결

표 9-1 핵심기능과 위험유형

| 핵심 기능 | 주요 위험 유형 | 상세 설명 |
| --- | --- | --- |
| 콘크리트 타설 | 자연재해 (폭우),<br>장비 고장, 품질 미확보 | 기상 악화로 타설 중단 시<br>구조물 강도 저하 위험 발생 |
| 자재 입고 및 검수 | 공급망 장애, 납품 지연,<br>계약 불이행 | 자재 미도착으로 인한 작업 지연 및<br>후속 공정 중단 |
| 타워크레인 운용 | 기술적 결함, 정전, 풍속 초과 | 양중 불가 → 고층 공정 전체 정지 가능 |
| 발주처 보고 및 일정 승인 | 커뮤니케이션 장애,<br>문서 전송 지연 | 감리단 일정 미준수 → 공정 지연 벌점 발생 |
| 인력 투입 및 외주 관리 | 인력 이탈, 협력사 계약 해지 | 기술자 부재로 작업 지연, 안전사고 증가 가능성 |

이러한 방식으로 핵심 기능별 대표 위험 유형을 도출한 후, 우선순위를 설정한다. 이때 중요도는 BIA 영향도 점수 × 위험 발생 가능성 점수의 곱으로 산정하는 방식이 일반적이다.

#### ② 리스크 매핑을 위한 실무적 질문

- 이 기능이 멈추면 어떤 공정이 중단되는가?
- 이 기능은 다른 공정의 선행 조건인가?
- 이 기능의 중단은 발주처, 감리단, 인허가 등 외부 이해관계자와 직결되는가?
- 자원(인력·장비·자재)을 우선 배정해야 할 만큼 중요한가?

이와 같은 질문을 통해 핵심 기능별 위험도를 가시화하고, 이후 시나리오 흐름을 설계하는 데 기반 자료로 활용한다.

### 3) 공정 중단 유형별 시나리오 분류

건설업의 업무 중단은 그 양상과 범위에 따라 전혀 다른 대응 전략을 요구한다. 따라서 시나리오 분석을 위해서는 공정 중단의 유형을 명확히 분류하고, 각 유형에 적합한 시나리오 프레임을 마련해야 한다. 일반적으로 다음과 같은 네 가지 기준으로 시나리오를 분류한다.

**① 전면중단 vs. 부분중단**

- 전면중단 : 특정 공정 또는 기능이 전체적으로 완전히 중단된 상태. 예: 타워 크레인 전력 계통 고장으로 전체 양중작업 정지.
- 부분중단 : 기능 일부가 제한적으로 수행되며 전체 공정은 축소 운영. 예: 일 부 자재만 입고되어 부분 작업 진행.

→ 전면중단 시에는 대체 전략 또는 임시 이전 전략이 요구되며, 부분중단 시 에는 공정 병렬화 또는 일정 조정 전략이 적합.

**② 단기 vs. 장기 중단**

- 단기 중단(1~3일) : 기상 변화, 단순 장비 고장 등 비교적 빠른 복구가 가능한 경우.
- 장기 중단(4일 이상 ~ 수주) : 협력사 계약 해지, 장비 고장 후 부품 미입고, 대규모 자연재해 등.

→ 단기 중단에는 예비자원 활용, 일정 조정이 효과적이며, 장기 중단 시에는 복합 전략 또는 외부 지원 협력이 필요.

**③ 내부 요인 vs. 외부 요인**

- 내부 요인 : 조직 내부의 관리 부실, 장비 미점검, 작업자 부재 등.
- 외부 요인 : 자재 납품 지연, 기상 특보, 인허가 지연, 외부 민원 등.

→ 외부 요인에 대해서는 계약 조건, 발주처 협의, 공급망 다변화 전략이 중요 하며, 내부 요인은 조직 역량 강화와 훈련을 통해 대비 가능.

**④ 병목공정 중심 시나리오 설정**

BIA 분석 결과에서 도출된 크리티컬 패스상의 공정(예: 기초 콘크리트 타설, 철근 배근, 양중작업 등)에 대해서는, 병목 현상이 발생할 경우 전체 프로젝트 일정에 파급적 영향을 줄 수 있으므로 핵심 시나리오 우선 대상으로 선정한다.

→ 병목공정 중심의 시나리오 설계는 BCP의 실행력을 높이고 자원 우선 배정 판단 기준을 제공한다.

### 4) 시나리오 흐름 구성 방법론

효과적인 시나리오 분석을 위해서는 단순한 사건 나열이 아닌, 시간의 흐름에 따라 구조화된 시나리오 흐름을 설계해야 한다. 이를 위해 가장 널리 사용되는 구조는 다음과 같다:

Trigger(유발요소) → Impact(영향) → Response(대응) → Recovery(복구)

이 구조는 시나리오의 원인, 파급효과, 대응조치, 복구방안까지 포괄적으로 설명할 수 있어 실무에서 매우 유용하다.

**① Trigger** : 위험 유발 요인 식별

- 기상 특보 발령, 장비 고장, 자재 미납품, 민원 제기 등
- 실제 작동 조건(예: 풍속 15m/s 이상)이 명확해야 하며, 조기 경보 시스템과 연계 가능한 정보여야 한다.

**② Impact** : 기능 및 공정에 미치는 영향

- 어떤 기능이, 어떤 범위로, 얼마나 중단되는가?
- 정량화 가능 시 일정 지연일, 비용 증가액, 인력 대기시간 등으로 표현

**③ Response** : 초동 대응

- 인명 보호, 장비 정지, 보고 체계 가동, 자원 재배치 등
- 대응 주체(소장, 품질팀, 공무팀 등)와 역할이 명확히 분장되어야 함

**④ Recovery** : 복구 및 재개

- 대체 공정 가동, 예비 자원 투입, 발주처 협의 후 일정 변경 등 복구 기준과 완료 조건을 명확히 설정

이러한 흐름은 시나리오별로 반복 구성되며, 대응 시간(Time to Act), 자원 확보 시간, 보고 체계 반응 시간 등을 수치화하면 더욱 실효성 있는 전략 기반 자료로 활용할 수 있다.

### 5) 영향도 평가 지표 구성 및 시각화

시나리오 기반의 분석은 단지 상황을 가정하는 것에 그쳐서는 안 되며, 각 시나리오가 조직과 프로젝트에 미치는 영향을 정량적 또는 정성적으로 평가할 수 있어야 한다. 이를 위해 다음과 같은 영향도 평가 지표를 설정하고, 가능한 경우 시각적 자료(행렬, 위험지도 등)로 구성한다.

**① 영향도 평가 항목**

- 공정 지연 시간 (일, 시) : 복구가 늦어질 경우 전체 프로젝트 일정에 미치는 영향
- 비용 손실 추정 (₩) : 장비 대기비, 인건비 추가, 계약 벌점, 재시공 비용 등
- 품질 저하 가능성 : 타설 보양 미흡, 자재 보관 조건 미준수 등으로 인한 품질 리스크
- 안전 사고 유발 가능성 : 작업자 대피 지연, 장비 오작동 등
- 신뢰도/명성 하락 : 발주처와의 신뢰 저하, 감리단과의 관계 영향

**② 영향도 등급화**

각 항목은 3~5단계 등급으로 평가할 수 있으며, 예를 들면

- 일정 지연 : 경미(01일), 보통(2-3일), 중대(4일 이상)
- 비용 손실 : 저(500만원 미만), 중(500만~2천만), 고(2천만 이상)
- 품질 저하 : 없음, 보완 가능, 전면 재시공 필요

**③ 시각화 방식**

- 영향도 행렬(Risk Impact Matrix) : 발생 가능성(Probability) × 영향도 (Impact)를 2축으로 한 매트릭스 구성
- 시나리오별 영향 프로파일 표 : 각 시나리오별로 위의 항목을 열거하고 영향 정도를 한눈에 비교
- 우선대응 리스크 지도 : BIA와 연계하여, 가장 대응 우선순위가 높은 시나리 오를 색상 등으로 구분

이러한 시각 자료는 내부 의사결정뿐 아니라, 발주처 보고, 훈련 계획 수립, 계약서 협상 시에도 매우 효과적인 설명 도구로 활용된다.

### 6) 시나리오 기반 평가 결과의 전략 반영 방안

시나리오 기반 분석의 최종 목표는 수립된 전략이 실행 가능한 수준으로 구체화되는 데 있다. 각 시나리오에서 도출된 영향도, 중단 유형, 대응 흐름은 곧 연속성 전략(9.1.3절) 수립의 핵심 판단 기준이 된다. 이 항목에서는 시나리오 분석 결과를 전략적 의사결정에 통합하는 방법을 설명한다.

**① 시나리오별 전략 옵션 설정**

- 각각의 시나리오에 대해 가능한 복수의 연속성 전략(보호, 대체, 이전, 순차 복구 등)을 구성한다.
- 예 : '콘크리트 타설 지연' 시, 보호(보양 강화), 대체(타설 순서 변경), 이전(근 처 현장 타설장 이용) 전략 도출 가능

**② 비교 기준 설정 및 전략 평가 준비**

- 각 시나리오별 영향도 결과를 기준으로 전략 비교 항목을 정리
- 주요 비교 항목 : 실행 가능성, 효과성(RTO 달성 가능성), 자원 소요, 외부 의 존성 등

**③ 전략 우선순위 도출을 위한 사전 행렬화**

- 시나리오별 영향도 결과를 행렬 또는 표로 정리하고, 그에 따른 전략 대안을 수치화하거나 등급화하여 비교한다.

- 예 : 시나리오 A의 전략 1은 총점 22점, 전략 2는 18점 → 전략 1 우선 선택

**④ 실행 전략 설계 및 문서화 연계**

- 선택된 전략을 기반으로 실행 흐름도, 대응 매뉴얼, 역할 분장표, 자원 리스트 등을 설계한다.
- 이후 9.1.4절에서 설명할 실행 전략 문서화 단계로 연계 가능

**⑤ 훈련, 검토, 지속 개선**

시나리오 기반 전략은 훈련 시나리오로 전환되어야 하며, 훈련 결과를 통해 전략의 실효성을 지속적으로 평가하고 개선해야 한다.

→ 이는 BCP의 순환 구조(Plan → Do → Check → Act)의 실현 기반이 된다.

## 1.3 연속성 전략 대안 비교

### 1) 개요 : 전략은 선택이 아닌 비교로 완성된다

연속성 전략은 단 하나의 해답으로 구성되지 않는다. 특정 핵심 기능이 중단되었을 때, 이를 복구하거나 우회하는 방법은 여러 가지가 존재할 수 있으며, 그중에서 가장 실행력 있고 자원효율적인 방안을 선택하는 것이 중요하다.

따라서 시나리오별로 가능한 복수의 연속성 전략을 설정한 후, 이를 효과성, 실행가능성, 자원 소요, 외부 협조 의존도 등 다양한 기준에 따라 비교 분석하는 절차가 반드시 필요하다.

이 과정은 단순한 이론적 평가가 아닌, 실제 현장에서 적용 가능한 실용적 판단을 위해 수행되며, 전략 선택의 투명성과 설득력을 높이는 데도 기여한다.

### 2) 비교 대상이 되는 연속성 전략 유형

건설업의 핵심 기능에 대해 적용 가능한 연속성 전략은 일반적으로 다음과 같이 분류된다. 실제 상황에서는 이 전략들을 혼합적으로 활용할 수도 있으며, 각 전략에는 고유의 장단점이 존재한다.

표 9-2 전략유형 비교

| 전략 유형 | 설명 | 예시 |
|---|---|---|
| ① 보호 전략 (Preventive) | 핵심 기능이 중단되지 않도록 사전 대응 | 예비 자재 확보, 이중 전력 시스템, 협력사 사전 계약 |
| ② 대체 전략 (Substitute) | 동일 기능을 다른 방식이나 공정으로 수행 | 임시 장비 대체, 공정 병렬 전환 |
| ③ 이전 전략 (Relocate) | 동일 기능을 다른 장소 또는 조직에서 수행 | 인근 현장 자재 공동 활용, 예비 창고 가동 |
| ④ 순차 복구 전략 (Tiered Recovery) | 우선순위에 따라 단계별 복구 | 고위험 공정 → 저위험 공정 순서 복귀 |

이 네 가지 전략은 각 상황에 맞춰 조합해 적용할 수 있으며, 이에 따라 복구 속도, 비용, 안정성이 달라진다.

### 3) 전략 비교 항목과 평가 기준

전략을 비교 평가하기 위해서는 사전에 명확한 비교 항목을 설정해야 한다.

건설업 특성에 맞춘 전략 비교 기준은 다음과 같다.

표 9-3 전략평가 비교기준

| 평가 항목 | 비교 기준 내용 |
|---|---|
| ① 실행 가능성 | 현장 조건에서 실제로 적용 가능한가? (기술력, 인력, 장비 등) |
| ② 효과성 | 복구 목표 시간(RTO) 내 기능 수행이 가능한가? |
| ③ 자원 소요 | 인력, 장비, 자재, 비용 등 필요한 자원이 적절한가? |
| ④ 외부 의존성 | 발주처, 협력사, 공공기관 등의 협조 없이 독립 실행 가능한가? |
| ⑤ 지속 가능성 | 일회성 대응이 아닌, 일정 기간 지속 운용이 가능한가? |
| ⑥ 비용 효율성 | 대비 효과에 비해 자원 투입이 적절한가? |

위 항목을 기준으로 각 전략을 15점 척도로 정량 평가하거나, AC 등급으로 정성 평가할 수 있다.

### 4) 전략 비교 및 의사결정 프로세스

이제 실제 비교 절차를 다음 5단계로 정리할 수 있다.

#### ① 전략별 대안 도출

- 시나리오별 가능한 전략을 모두 나열
- 예 : 콘크리트 타설 중단 시 →
  - 보호 전략 : 보양 계획 수립
  - 대체 전략 : 타설 순서 변경 및 병렬 공정 가동
  - 이전 전략 : 타설 장소 변경
  - 순차 복구 전략 : 타설 구간을 2단계로 분리

#### ② 전략별 자원 요구 분석

- 각 전략에 필요한 인력, 장비, 자재, 예산 등을 구체화
- 비상 자원 목록과 연계하여 자원 조달 가능성도 판단

#### ③ 평가표 작성

앞서 제시한 평가 기준에 따라 전략별 항목별 점수를 산출

| 전략 | 실행 가능성 | 효과성 | 자원 소요 | 외부 의존성 | 지속 가능성 | 총점 |
|---|---|---|---|---|---|---|
| A(보호 전략) | 5 | 4 | 3 | 5 | 4 | 21 |
| B(대체 전략) | 4 | 5 | 4 | 3 | 5 | 21 |
| C(이전 전략) | 3 | 3 | 2 | 2 | 2 | 12 |

→ 총점과 가중치를 반영하여 우선 순위 결정

#### ④ 시나리오별 우선 전략 확정

- 가장 점수가 높은 전략을 기본 전략으로 확정
- 필요 시 보완 전략을 병행하여 다중 전략 구성 가능

#### ⑤ 실행계획서 반영

- 선택된 전략을 기반으로 실행 흐름도, 책임자, 자원 배치계획을 문서화
- 훈련 시나리오, 발주처 보고서, 협력사 대응 계획 등과 연계 작성

### 5) 전략 비교의 실무적 효과

**① 전략 선택의 투명성 확보**

모든 전략을 동일한 기준으로 비교하고 수치화함으로써, 어떤 이유로 특정 전략이 선택되었는지를 명확히 설명할 수 있다. 이는 내부 보고서뿐 아니라 발주처, 감사기관, 투자자 대상 대응 자료로도 활용 가능하다.

**② 자원 낭비 방지**

효과는 작지만 자원이 많이 드는 전략은 과감히 제외하고, 최소 자원으로 최대 효과를 낼 수 있는 전략 중심으로 계획을 구성할 수 있다.

**③ 훈련 연계성 제고**

선택된 전략은 그대로 훈련 시나리오로 전환할 수 있으며, 복수 전략을 훈련을 통해 검증하고 보완하는 반복 프로세스 운영이 가능하다.

전략의 사례로 타워크레인 고장의 전략을 비교하면 다음과 같다.

표 9-4 전략비교 사례

| 전략 | 내용 | 비교 결과 |
|---|---|---|
| 보호 전략 | 정기 점검 주기 단축, 예비 부품 확보 | 효과 높음, 실행 용이 |
| 대체 전략 | 지게차 등 임시 장비 대체 투입 | 일정 보완 가능, 운영 지속성 높음 |
| 이전 전략 | 인근 현장 장비 이동 → 양중 작업 진행 | 비용·시간 소요 큼, 외부 협조 필요 |
| 복구 전략 | 고장 크레인 정비 후 복귀 대기 | RTO 초과 위험, 수동 대기 필요 |

→ 대체 전략 + 보호 전략 병행 선택 → 자원 확보 계획 및 실행 매뉴얼 작성

연속성 전략 수립에서 가장 중요한 것은 단지 계획을 세우는 것이 아니라, 가장 실행력 있는 전략을 선택하고 문서화하여 실제로 작동하도록 준비하는 것이다. 비교 절차는 이러한 전략 선택이 객관적, 정량적, 실현 가능성 중심으로 이루어질 수 있도록 하며, 이후 모든 훈련과 실행의 기준이 된다.

## 1.4 실행 전략의 구체화 및 문서화

전략은 문서에 머무르면 의미가 없다. 9.1.3절을 통해 도출된 연속성 전략은 실행력 있게 구체화되고, 현장에서 누구나 이해하고 작동시킬 수 있는 문서로 전환되어야 한다. 이를 위해 복구 흐름, 역할 분장, 자원 배분, 커뮤니케이션 구조 등 각 실행 요소를 구체적으로 설계하고 문서화하는 작업이 필요하다.

실행 가능한 연속성 전략은 다음 네 가지 핵심 요소로 구성된다:

표 9-5 연속성 전략 핵심요소

| 구성 요소 | 내용 |
|---|---|
| 대응 흐름 | 시나리오별 대응 단계(Trigger → Impact → Response → Recovery)의 구체적 행동 지침 |
| 역할 분장 | 각 단계에서 책임자, 실행자, 보고자 등의 역할 명시 |
| 자원 계획 | 필요한 인력, 장비, 자재, 예산의 확보 및 배분 방법 |
| 보고 체계 | 정보 수집, 전달, 기록의 경로 및 승인 단계 정리 |

이 네 가지 요소는 실행계획서, 훈련 시나리오, 업무 매뉴얼 등 모든 문서 기반으로 통합되어야 한다.

### 1) 실행 전략 문서화 절차

#### ① 전략 흐름도 도식화

- 시나리오 기반의 대응 흐름을 도식으로 표현 (예: A3 대응 플로우차트)
- 각 단계에 핵심 키워드(시간, 자원, 역할)를 삽입하여 직관성 강화

#### ② 역할 분장표 작성

| 단계 | 주요 조치 | 담당 조직 | 책임자 | 협조 조직 |
|---|---|---|---|---|
| 초기 대응 | 작업자 대피, 장비 정지 | 안전팀 | 현장소장 | 시공팀, 장비팀 |
| 자원 확보 | 예비 장비 요청 | 공무팀 | 부소장 | 자재팀, 협력사 |
| 공정 재설계 | 일정 변경 승인 요청 | 공무팀 | 소장 | 감리단, 발주처 |

#### ③ 자원 체크리스트 구성

- 전략 실행에 필요한 최소 자원 확보 상태를 체크리스트로 구성

- 예비 인력, 보양 자재, 임시전력설비, 예산코드 등 포함

④ **복구 완료 조건 및 기준 설정**

- 복구 완료 판단 기준 : 정상작업 재개 여부, 감리 승인 확보 여부 등
- 평가 항목 : 복구 소요 시간, 대응 일지 작성 여부, 발주처 통보 등

⑤ **문서 통합 및 저장 위치 표준화**

- 모든 전략 실행 문서는 표준 템플릿을 적용
- 현장 단위의 공유 폴더, 클라우드 시스템, 문서 코드 통일 관리

### 2) 실행 전략과 훈련/보고 체계 연계

실행 전략은 단독 문서가 아니라 훈련 시나리오 및 보고 체계와 연계되어야 한다.

- 훈련 연계 : 대응 흐름도와 역할 분장표는 정기 모의훈련 시 그대로 사용됨
- 보고 연계 : 대응 실행 후, 보고 양식(보고서/이메일/메신저)과 연결되며, 이력으로 저장

→ 이를 통해 전략은 문서에서 끝나는 것이 아니라, '작동 가능한 시스템'으로 확립된다.

계획은 실천으로 이어질 때만 조직의 회복탄력성을 높인다. 실행 전략의 구체화는 조직 구성원 모두가 공통 언어로 위험에 대응할 수 있도록 만드는 중요한 기반이다. 따라서 건설업의 복잡성과 현장 상황을 반영한 실행 중심의 문서화는 단순한 형식 정리가 아닌, 연속성의 실현을 위한 실무의 핵심이다.

# 2 자원 확보 계획과 운영 전략

연속성 전략이 실행되기 위해서는 이를 뒷받침할 수 있는 실질적인 자원의 확보와 배분 체계가 필요하다. 아무리 정교한 대응 계획이 있어도, 위기 상황에서 필요한 인력이나 장비, 자재, 공간이 제때 확보되지 않으면 전략은 무용지물이다. 특히 건설업은 장비와 자재의 이동이 어렵고, 인력은 외주화되어 있으며, 자원의 조달 시간이 공정 흐름에 치명적인 영향을 줄 수 있는 산업이다. 따라서 BCP 수립 시에는 핵심 자원을 사전에 식별하고, 확보 계획을 마련하며, 우선 배분 기준과 활용 절차를 체계적으로 설계하는 작업이 반드시 병행되어야 한다.

## 2.1 자원 확보의 개념과 중요성

자원 확보(Resource Mobilization)는 비즈니스 연속성 전략을 실제로 작동하게 만드는 실행 기반이다. 전략은 문서화되고 시나리오는 훈련을 통해 시뮬레이션되지만, 자원은 위기 발생 시 현장에서 실제로 움직여야 한다. 특히 건설업은 외주 인력에 대한 의존도, 특정 자재의 수급 리드타임, 장비 이동의 어려움, 저장 공간의 제약 등으로 인해 자원 확보 문제가 BCP의 성패를 좌우할 수 있다.

### 1) 자원 확보와 연속성 전략의 관계

BCP에서 자원 확보는 연속성 전략이 "계획"에서 "실행"으로 전환되는 연결 고리다. 예를 들어, 콘크리트 타설을 대체 공정으로 전환하는 전략을 세웠다면, 해당 공정에 필요한 자재, 양중 장비, 작업 인력, 안전 관리체계가 동원 가능한 상태여야 한다. 이처럼 전략 수립 단계에서 설정된 복구목표시간(RTO) 내에 복구를 완수하려면, 자원이 물리적으로 준비되어 있어야 하며, 그 확보 절차가 사전에 계획되어 있어야 한다.

### 2) 건설업의 자원 특성과 확보의 어려움

건설업에서 자원은 흔히 다음 네 가지 범주로 분류되며, 각각 고유한 확보 및 운영상의 어려움을 갖는다.

- 인력 자원 : 건설현장의 다수 인력은 외주 또는 협력사 소속이며, 기술 숙련도가 필요한 작업자가 많다. 이에 따라 단기 대체가 어렵고, 현장 교육 및 안전 훈련에도 시간이 소요된다.

- 자재 자원 : 주요 자재는 납기 일정에 따라 공급되며, 긴급 수급이 쉽지 않다. 특히 수입 자재, 특수 마감 자재, 장거리 운송이 필요한 자재는 재고 확보가 현실적으로 어렵다.
- 장비 자원 : 타워크레인, 펌프카, 양중기 등의 대형 장비는 설치 및 해체에 시 간이 걸리고, 보통 1대가 장기간 고정 배치되므로 예비 확보가 거의 불가능 하다.
- 공간 자원 : 임시 사무소, 자재 보관소, 응급 대피소 등은 건설현장의 공간 제 약에 따라 가용성이 낮다. 공유 공간 확보를 위해 발주처 또는 인근 현장과의 사전 협의가 필요하다.

이러한 특성은 자원 확보를 단기적인 사후 대응이 아닌, BCP 수립 단계부터 고려해야 할 '전략적 자산'으로 만든다.

### 3) 자원 부족으로 인한 연속성 실패 사례

실제 현장에서 자원 확보 실패로 인해 연속성 전략이 작동하지 못한 사례는 다양하다. 예를 들어:

- 장마철 자재 미납 : 우천으로 인한 하역 제한으로 마감 자재 입고가 지연되었으나, 대체 자재 목록이나 협력사 확보 체계가 없어 공정 전체가 5일 이상 중단됨.
- 타워크레인 고장 시 대체 장비 없음 : 예비 부품이 없고, 외주 장비 회사의 응급 복구팀과 계약이 미비하여 고장 후 3일 이상 대응 불가.
- 인력 확충 실패 : 비상 상황에서 숙련된 거푸집 작업자가 이탈했으나, 대체 인력 확보 계약이나 외주 인력 POOL이 없어 복구 지연.

이러한 사례는 '전략은 있었으나, 자원이 없었다'는 전형적인 연속성 실패 구조를 보여준다.

### 4) 자원 확보 계획 수립 시 고려 요소

자원 확보 계획은 다음과 같은 핵심 요소를 기준으로 구성해야 한다:

표 9-6 자원학보계획의 핵심요소

| 항목 | 설명 |
|---|---|
| 자원 유형 | 인력, 자재, 장비, 공간으로 구분하여 목록화 |
| 확보 우선순위 | BIA 결과 기반 핵심 기능 대응 자원을 중심으로 선정 |
| 확보 방식 | 계약 기반(예비 계약, 다중공급처), 자체 비축, 외부 연계 등 |
| 활용 기준 | 언제, 누구에 의해, 어떤 방식으로 사용할 것인지 명확화 |
| 점검 주기 | 확보 자원의 유효성 확인 및 재고 수준 관리 |

이를 통해 자원 확보는 단순한 리스트 작성이 아닌, 연속성 전략의 작동을 위한 지속가능한 운영계획으로서 기능해야 한다.

#### 5) 발주처 및 협력사와의 연계 필요성

건설업의 자원은 다수의 이해관계자와 연결되어 있으므로, 자원 확보계획은 단독으로 수립되지 않는다. 특히 다음과 같은 연계 계획이 병행되어야 한다:

- 발주처와의 협의 : 긴급 자재 변경, 대체 공정 승인, 저장 공간 활용 등을 사전 협의
- 감리단과의 승인 절차 정리 : 긴급 공정 변경 시 감리 승인 필요 여부 확인
- 협력사와의 자원 공유 협정 : 동일 지역 내 협력사 간 장비·인력 공유 체계 수립

→ 이를 통해 자원 확보 계획은 '현장 내 조달'이 아니라 '네트워크 기반 확보'로 확장되어야 한다.

이와 같이 자원 확보는 단순한 조달 리스트 작성이 아니라, 연속성 전략 전체를 작동시키는 기반이며, 조직의 회복탄력성을 실현하는 물적 토대이다. 다음 절에서는 이러한 자원을 체계적으로 분류하고 식별하는 9.2.2 "핵심 자원의 유형 분류 및 식별" 항목으로 이어진다.

## 2.2 핵심 자원의 유형 분류 및 식별

자원 확보 전략을 수립하기 위해서는 우선적으로 어떤 자원이 필요한지 체계적으로 분류하고, 그 중요성과 우선순위를 평가하여 식별해야 한다. 건설업에서의 자원은 특성상 다양하며, 복구전략의 대상이 되는 핵심 기능과 밀접한 관련을 가진다. 본 절에서는 건설업 BCP 실행을 위해 확보해야 할 주요 자원의 유형을 분류하고, 우선순위에 따라 식별하는 기준을 제시한다.

#### 1) 핵심 자원의 4대 분류

건설업에서 연속성 전략을 실행하기 위해 필요한 자원은 일반적으로 다음 네 가지 유형으로 분류된다:

**① 인력 자원 (Personnel)**

- 소장, 부소장, 공무·공사팀장, 안전관리자 등 핵심 현장 관리자
- 기능직 기술자 (예: 철근, 거푸집, 콘크리트, 방수 등 전문공)
- 외주 인력(하도급, 일용직 포함)
- 협력사 소속 정비 기사, 장비 운전원 등

**② 자재 자원** (Materials)

- 구조물 핵심 자재 (레미콘, 철근, H빔 등)
- 마감재 및 내부 설비 자재 (창호, 바닥재, 전기배선 등)
- 긴급 상황 대비용 보양 자재 (방수포, 거푸집 예비재, 양생 포장재 등)
- 공용 자재 (볼트, 몰탈, 전선, 테이프 등)

**③ 장비 자원** (Equipment)

- 고정형 장비 (타워크레인, 펌프카 등)
- 이동형 장비 (지게차, 발전기, 압축기, 고소작업대 등)
- 예비 장비 (비상 발전기, 소형 양중장비 등)
- 계측 및 안전관리 장비 (풍속계, 온도계, CCTV, 재해감지 센서 등)

**④ 공간 자원** (Space)

- 임시 사무소, 임시 창고, 자재 적치장
- 대체 작업 공간 (인접 현장, 공터 등)
- 인력 대피소, 응급조치 공간 (쉼터, 회의실 등)

이 네 가지 자원은 서로 상호 의존적이며, 하나라도 누락되거나 확보에 실패하면 전체 복구 전략이 지연될 수 있다.

### 2) 자원 유형별 확보 우선순위 평가 기준

각 자원 항목은 다음의 기준에 따라 확보 우선순위를 평가할 수 있다:

표 9-7 핵심자원 우선순위 평가

| 평가 항목 | 설명 |
|---|---|
| 복구 연관성 | 핵심 기능과 직결된 자원인지 여부 |
| 대체 가능성 | 단기 내 대체 가능 여부, 유사 자원의 확보 여부 |
| 조달 리드타임 | 공급 또는 입고에 걸리는 예상 소요 시간 |
| 보관 용이성 | 공간 제약, 환경 조건, 유지 비용 등 |
| 외부 의존도 | 협력사 또는 외부기관 의존 여부 |

예를 들어, 타워크레인과 같이 복구 연관성은 높지만 대체가 불가능하고 외부 의존도가 높은 자원은 최우선 확보 대상으로 분류된다. 반면, 일반 볼트나 실리콘은 대체 가능성이 높고 리드타임이 짧기 때문에 확보 우선순위가 낮다.

### 3) 핵심 자원 목록 작성 절차

핵심 자원 목록은 다음 절차를 따라 정리되어야 한다:

① 기능별 자원 요구 도출 : BIA 결과와 연계하여 공정별, 기능별 필요한 자원 항목 나열

② 자원 유형 분류 : 인력, 자재, 장비, 공간 4대 범주로 구분

③ 우선순위 평가 및 등급화 : 위의 평가 기준에 따라 등급(A, B, C 또는 1~5 점 등) 부여

④ 자원 확보 방안 기재 : 보유 여부, 협력사 확보 가능성, 계약 현황 등

⑤ 자원관리 담당자 지정 : 자원별 관리 책임자와 연락 체계 명시

→ 이 목록은 이후 9.2.3 자원 확보 전략 수립의 기초자료로 활용됨

실무에서 사용할 수 있는 예시를 들면 다음의 표와 같다.

표 9-8 핵심자원 목록 예시

| 자원 항목 | 유형 | 복구 연관성 | 대체 가능성 | 확보 상태 | 담당 부서 |
|---|---|---|---|---|---|
| 콘크리트 | 자재 | 매우 높음 | 낮음 | 협력사 계약 완료 | 자재팀 |
| 지게차 | 장비 | 중간 | 중간 | 1대 자체 보유 | 시공팀 |
| 철근 작업자 | 인력 | 높음 | 낮음 | 협력사 확보 불확실 | 공사팀 |
| 임시 창고 | 공간 | 중간 | 높음 | 인근 현장 협의 중 | 공무팀 |

이와 같은 목록은 자원 상태의 시각화를 가능하게 하며, 비상 상황 발생 시 즉시 대응할 수 있는 기반 정보로 활용된다.

## 2.3 자원 확보 전략 수립 방법

자원 확보 전략은 단순히 자원 리스트를 작성하거나 확보 계약을 맺는 것을 넘어, 실제 비상상황에서 신속하고 효과적으로 자원을 확보하고 배치할 수 있도록 하는 일련의 체계적 계획이다. 특히 건설업은 다양한 자원의 복합적 조합으로 공정이 진행되므로, 자원 확보 전략은 연속성 전략의 실현 가능성을 좌우하는 핵심 요소로 기능한다. 본 절에서는 건설업에서 실질적으로 적용 가능한 자원 확보 전략을 계약 기반, 내부 확보 기반, 외부 연계 기반의 세 가지 축으로 구분하고 이를 통합하는 실행형 프레임워크를 제시한다.

### 1) 자원 확보 전략의 3대 축 : 계약 기반, 내부 확보, 외부 연계

자원 확보 전략은 아래와 같이 세 가지 주요 축을 중심으로 수립되어야 한다:

**① 계약 기반 확보 전략 :**

주로 자재 및 장비와 같이 외부 공급사에 의존하는 자원에 대해 계약을 통 해 공급 안정성을 확보하는 전략이다. 예비 계약, 다중공급처 설정, 공급 우 선권 계약, 납기 지연 시 벌칙 조항 삽입 등이 포함된다.

**② 내부 자원 확보 전략 :**

자체 보유 자원(예: 예비 인력, 비축 자재, 내부 보관 장비 등)을 효과적으 로 관리하고 활용 가능한 상태로 유지하는 전략이다. 재 고 관리 체계와 사 내 인력 Pool 관리가 중심이다.

**③ 외부 연계 확보 전략 :**

협력사, 인근 현장, 공공기관 등과의 사전 연계를 통해 비상 시 자원 공유 또는 지원을 받을 수 있도록 설계하는 전략이다. 협약 체결, 공동 비축체계 구성, 공용 장비 확보 등이 포함된다.

이 세 가지 전략은 병렬적으로 운영될 수 있으며, 자원 특성에 따라 조합 전략이 요구된다. 예를 들어, 장비는 계약 기반과 내부 보유 전략이 병행되어야 하며, 인력은 외부 연계 전략이 더욱 효과적이다.

### 2) 계약 기반 확보 전략의 구성 요소

계약 기반 전략은 자재와 장비의 공급 안정성을 확보하는 데 가장 핵심적인 방식이다. 다음은 필수적으로 고려해야 할 계약 요소이다:

**① 예비 계약 체결 :**

기존 납품 계약 외에 위기 시에도 신속 납품이 가능한 예비계약을 체결 한다. 해당 계약에는 납기 기한, 수량, 가격, 품질 조건 외에도 '비상 시 우선 대응' 조항이 포함되어야 한다.

**② 다중 공급처 설정 :**

핵심 자재에 대해 2~3개 공급처를 확보하여 단일 업체의 장애에 대비한다. 동일 품목에 대한 품질 사양이 일치해야 하며, 대체 사용시 감리 승인 여부도 확인해야 한다.

**③ 공급 우선권 명시 :**

계약서에 위기 발생 시 당사 프로젝트를 우선 납품 대상으로 지정하는 내용을 명시한다. 이는 경쟁 수요 상황에서 선제 대응력을 확보하기 위한 장치다.

**④ 벌칙 조항 삽입:**

계약 불이행 시 발생하는 손해에 대한 책임 명시를 통해 공급사의 이행률을 높인다. 예: 납품 지연 시 위약금 또는 대체 비용 전가.

이러한 계약 기반 전략은 서면 계약 문서화와 함께, 계약 이행 여부를 관리하 는 시스템과도 연계되어야 한다. 주요 공급 계약은 BCP 문서 내 별도 첨부자 료로 보관하는 것이 바람직하다.

### 3) 내부 확보 기반 전략

내부 확보 전략은 기업 내부에서 확보 가능한 자원을 식별하고 이를 사전에 준비하는 방식이다.

다음은 주요 세부 요소이다:

**① 자재 재고 관리 :**

주요 소모성 자재(예: 볼트, 실리콘, 전선 등)에 대해서는 평상시보다 일정 비율(예: 20~30%)의 추가 재고를 확보하고, 회전율 기반의 입 출고 관리 체계를 갖춘다.

**② 예비 장비 확보 :**

지게차, 발전기, 소형 양중장비 등 이동형 장비는 1~2대 예비 확보해두고, 주기적으로 상태를 점검하며 긴급 시 활용 가능하도록 유지한다.

**③ 인력 Pool 운영 :**

사내 작업자, 협력사 인력, 퇴직자 등으로 구성된 예비 인력 리스트를 작성 하고, 직종별, 기술등급별로 분류하여 비상 시 호출이 가능하도록 한다. 연락처, 최근 활동 현황, 투입 가능 시간대 등을 함께 기록한다.

**④ 자원 요청 체계 마련 :**

자원 요청을 위한 표준 양식을 작성하고, 요청 - 승인 - 배정 - 사용 - 기록의 흐름이 체계화된 내부 운영 프로세스를 구축한다.

내부 자원 확보 전략은 조직 내 유휴자원을 효과적으로 활용하며, 비용 절감과 신속 대응이라는 측면에서 중요하다. 단, 내부 자원의 한계와 리스크도 함께 고려되어야 하며, 외부 확보 전략과 상호 보완적으로 설계되어야 한다.

### 4) 외부 연계 확보 전략

외부 연계 전략은 주로 인력 및 공간 자원 확보에 효과적이며, 특정 자원에 대한 상시 확보가 어려운 중소 건설사에서 특히 중요하다.

**① 협력사 간 자원 공유 협정 :**

동일 시공사 또는 연계된 네트워크 내 협력사와 상호지원 협정을 맺고, 비상 시 장비·인력 차출이 가능하도록 한다. 예: 기계장비 협동조합, 지역 건설인 협의체 등과의 협약.

② **공공기관과의 협약 :**

지자체, 소방서, 안전센터 등과 응급 상황사 장비 또 는 시설공유에 대한 MOU 체결. 예: 응급 의료장비,대피소, 임시저장공 간.

③ **공동 구매·공동 비축 체계 :**

인근 현장 간 공동 발주를 통해 자재를 대량으 로 확보하고, 비축 장소를 공동으로 사용하는 방식. 이를 통해 비용 절감과 공급 우선권 확보를 동시에 달성할 수 있다.

외부 연계 전략은 문서화된 협약뿐 아니라, 정기적인 연락 체계와 상호 훈련을 통해 실효성을 높여야 한다.

### 5) 자원별 전략 우선 적용 기준

모든 자원을 동일 전략으로 확보할 수 없기 때문에, 자원별 특성과 조달 가능성을 고려한 전략 우선순위를 설정해야 한다. 다음은 자원별 전략 적용 유형 예시이다:

표 9-9 자원 확보전략

| 자원 유형 | 권장 확보 전략 | 비고 |
|---|---|---|
| 콘크리트 | 계약 기반 | 납기 지연 방지, 품질 기준 유지 필수 |
| 양중 장비 부속 | 내부 + 계약 기반 | 예비 부품 확보, 정비 계약 병행 |
| 철근 작업자 | 외부 연계 | 숙련도 요구, 유연한 인력 운용 필요 |
| 임시 창고 | 외부 연계 | 부지 확보, 인근 현장 협조 필요 |

자원별 전략이 명확하게 설정되면, 실제 상황 발생 시 자원 요청과 대응 속도가 빨라진다.

### 6) 전략 통합 실행 프레임워크

자원 확보 전략은 단순히 나열되는 것이 아니라 다음과 같은 프레임워크로 통합 실행되어야 한다:

① 핵심 자원 목록 작성 (BIA 기반)

② 자원별 확보 전략 지정 (계약/내부/외부)

③ 확보 방법 문서화 (계약서, 협약서, 요청절차 등)

④ 담당자 및 책임 부서 지정 (실행력 확보)

⑤ 훈련 및 점검 계획 연계 (정기 모의 대응 체계화)

이 프레임워크를 통해 자원 확보 전략은 계획에서 실행으로 자연스럽게 전환되며, 조직의 회복 탄력성을 실질적으로 뒷받침할 수 있게 된다. 자원 확보 전략은 단순한 보유의 문제가 아니라, 필요한 시점에 필요한 자원을 '정확하게' 확보하고 '적시에' 배분할 수 있는 운영 체계를 만드는 것이다. 건설업의 특성상 외부 의존도가 높고, 자원 대체가 어려운 경우가 많기 때문에 계약, 내부 관리, 외부 협업을 통합한 전략 수립이 필수적이다. 이러한 전략이 문서화되고 반복적으로 점검되는 체계를 갖출 때, BCP는 실행 가능한 현실 전략으로 기능할 수 있다.

## 2.4 자원 운영 계획과 시각화 방안

### 1) 개요 : 자원은 확보 이후가 더 중요하다

자원을 확보하는 것으로 끝나는 것이 아니라, 실제로 위기 상황에서 해당 자원이 언제, 어디서, 어떤 방식으로 사용될 수 있도록 유지·관리·운영되느냐가 연속성 전략의 성패를 좌우한다. 건설업은 자재의 보관 조건, 장비의 유지 상태, 인력의 출입 가능 시간 등 현실적 제약이 매우 크기 때문에, 자원의 '상태 유지'와 '시점 대응성'이 매우 중요하다. 따라서 자원 운영은 정적(Static) 보유가 아니라 동적(Dynamic) 활용 관점에서 계획되어야 하며, 이를 체계화하기 위해서는 가시적인 시각화 도구와 운영 절차가 함께 구성되어야 한다. 본 절에서는 자원의 운영 계획 수립을 위한 관리 요소와 시각화 방안을 서술형으로 제시한다.

### 2) 자원 운영의 전략적 접근 : 단순 보관이 아닌 전략적 배분 관리

자원 운영은 '보유된 자원을 누가, 언제, 어디서, 어떻게 사용할 수 있는가?'에 대한 질문에 응답하는 체계이다. 이를 위해 다음과 같은 요소들이 종합적으로 통합되어야 한다:

- 자원의 현재 상태를 실시간 파악할 수 있어야 한다.
- 자원 요청, 승인, 사용, 반납 과정이 명확하게 정의되어 있어야 한다.
- 자원의 이동 경로와 사용 시점이 공정 흐름과 연계되어 있어야 한다.
- 책임자와 사용자 간의 커뮤니케이션 체계가 작동하고 있어야 한다.

이러한 운영 체계를 수립함으로써 확보된 자원이 '죽은 자원(dead asset)'이 아닌, '살아있는 전략적 자산(active resource)'으로 전환된다

### 3) 자원 흐름 계획과 위치 기반 관리

자원 흐름(Resource Flow)은 자원이 확보된 지점부터 실제 사용 공정에 투입되기까지의 이동 과정과 시간을 의미한다. 자원의 흐름을 설계할 때는 다음 세 가지를 고려해야 한다:

- 자원 이동 시점 : 특정 공정 시작 전 몇 시간 또는 며칠 전에 자원이 현장에 도착해야 하는가?
- 공간 배치 : 자재와 장비는 어디에 보관되어 있으며, 접근성은 어떠한가?
- 이동 동선 : 자원이 창고에서 현장으로 이동하는 동선에 장애물은 없는가?

이 정보를 종합하면, 자원 흐름도(Resource Flow Chart)를 구성할 수 있다. 흐름도에는 자원의 출발 위치, 이동 경로, 예상 도착 시간, 사용 공정, 담당자 정보가 포함된다. 특히 대형 장비나 대량 자재는 이송 시 안전 문제가 발생할 수 있으므로, 경로의 위험 요소까지 함께 표기하는 것이 바람직하다.

### 4) 자원 가용 목록 및 실시간 정보 갱신 체계

자원이 확보되었더라도 그것이 현재 사용 가능한 상태인지, 손상이나 분실은 없는지, 투입 가능한 인력인지 여부는 별도로 관리되어야 한다. 이를 위해 자원 가용 목록(Resource Availability List)을 운영하며, 항목은 다음과 같다:

표 9-10 자원 가용 목록

| 항목 | 설명 |
|---|---|
| 자원명 | 자재, 장비, 인력의 정확한 명칭 |
| 위치 | 자원이 물리적으로 보관된 장소 또는 대기 인력의 위치 |
| 수량 | 현재 확보된 수량 또는 인원 |
| 상태 | 정상, 정비 필요, 손상, 부분 사용 가능 등 상태 구분 |
| 사용 가능 시점 | 지금 즉시 또는 특정 시간 이후 |
| 담당자 | 해당 자원 담당자 및 연락처 |

자원 가용 목록은 일반적으로 스프레드시트 형태로 관리되며, 비상상황에서는 디지털 대시보드 또는 클라우드 기반 협업 도구를 활용하여 실시간으로 갱신할 수 있도록 구성한다.

### 5) 자원 요청, 승인 및 기록 절차

자원의 활용은 체계적인 요청과 승인, 사용 후 기록 절차를 통해 통제되어야 한다. 이는 자원의 오남용을 방지하고, 사용 이력 데이터를 축적하여 다음 전략 수립에 활용하기 위함이다. 자원 활용 프로세스는 다음 5단계로 구성된다:

① 요청(Request) : 현장부서 또는 담당자가 자원 필요 사항을 요청서에 기입

② **검토**(Review) : 자재팀 또는 자원 운영팀이 가용 여부 확인

③ **승인**(Approve) : 관리 책임자(소장, 부소장 등)의 승인

④ **사용**(Deploy) : 자원이 현장에 전달되어 사용됨

⑤ **반납 및 기록**(Return & Record) : 사용 후 상태 확인 및 기록 등록

이 과정은 전산시스템 또는 문서 양식으로 표준화되어야 하며, 비상 시에는 구두 승인 후 사후 문서 보완이 가능하도록 이중 체계를 마련하는 것이 바람직하다.

### 6) 자원 유지관리 : 상태 점검과 보전 전략

자원이 있어도 작동하지 않으면 아무런 의미가 없다. 특히 장비와 자재는 물리적 상태에 따라 사용 가능 여부가 달라지므로, 정기적인 유지관리 기준을 설정하여야 한다.

- 장비 : 월별 가동 테스트, 전원 및 연료 상태 확인, 부품 점검, 작동 기록 유지
- 자재 : 보관 조건 유지(습도, 온도), 유효기간 관리, 포장 상태 유지 여부 확인
- 인력 : 자격증 유효성 확인, 최근 교육 이수 여부 확인, 투입 가능 시간대
- 기록 : 창고 내 습기, 적재 안전성, 출입구 통로 확보 상태 점검

점검 결과는 기록표로 보관되며, 이상 발생 시 자원 상태를 '일시적 비가용'으로 분류하고, 대체 자원 호출 체계를 가동해야 한다.

### 7) 자원 운영의 시각화 전략

자원의 운영 상황은 수치보다 시각화가 더 직관적이고 빠른 판단을 가능하게 한다. 시각화는 아래 세 가지로 정리할 수 있다:

**① 자원 위치 지도(Resource Map) :**

현장 평면도 또는 도면 상에 자원의 위치와 이동 경로 표시. 자재창고, 장비 대기 장소, 긴급 출입구 등을 함께 명시함.

**② 공정별 자원 투입 타임라인(Gantt Chart) :**

공정 시작일 기준으로 자원이 언제 투입되어야 하는지를 간트차트 형태로 구성하여, 자원 충돌 여부 또는 누락 가능성을 사전에 확인

**③ 자원 위험도 행렬(Risk Matrix) :**

자원의 확보 상태, 대체 가능성, 리드타임 등을 기준으로 자원을 색상 또는 점수로 등급화. 예: 초록(안정), 노랑(주의), 빨강(위험)

이러한 시각화 자료는 BCP 실행계획서, 훈련 시나리오, 발주처 보고자료 등에서 적극 활용된다.

#### 8) 자원 운영과 훈련의 연계

자원 운영 체계는 훈련과도 긴밀하게 연결되어야 한다. 훈련 시 다음과 같은 요소를 포함하는 것이 바람직하다:

- 자원 요청 시나리오 연습 (예: 비상시 콘크리트 대체 자재 요청)
- 담당자 간 실제 연락 테스트
- 가용 목록에서 자원 위치 식별 시간 측정
- 승인·배분·사용까지의 시간 기록
- 상태 점검 연습 및 반납 기록 절차 연습

이러한 훈련은 자원 운영 체계가 이론에 머무르지 않고, 실제 위기 상황에서 조직이 반응할 수 있도록 훈련과 전략을 일치시키는 핵심 도구이다.

자원은 확보하는 것보다 유지하고 사용하는 것이 더 어렵다. 자원 운영 계획은 확보된 자원이 '언제든지 사용할 수 있는 상태'로 유지되도록 하고, 시점별·공정별로 적시에 공급되도록 관리하는 체계이다. 이 체계는 표준화된 절차, 실시간 가용 목록, 시각화 도구, 훈련 연계 등을 통해 더욱 효과적으로 작동할 수 있다. 건설업의 자원은 단순한 물품이 아닌 '공정 연속성의 혈관'과 같으며, 그 흐름을 통제하고 최적화하는 것이 바로 자원 운영 전략의 핵심이다.

### 2.5 자원 확보 전략의 실행 및 훈련 연계

#### 1) 개요 : 실행력을 위한 마지막 고리, 훈련

자원 확보 전략과 운영 계획이 아무리 정교하게 설계되었더라도, 실제 위기 상황에서 제대로 작동하지 않는다면 그것은 단지 문서에 불과하다. 자원 확보 전략은 현장 상황에서 반복적이고 체계적인 훈련을 통해 실행력으로 전환되어야 하며, 훈련 과정은 자원의 실효성과 사용 절차의 현실성을 검증하는 기회가 되어야 한다. 본 절에서는 자원 확보 전략을 현장 훈련과 어떻게 연계할 것인지, 훈련을 통해 어떤 효과를 기대할 수 있는지, 훈련 결과를 어떻게 전략에 반영할 것인지를 다룬다.

#### 2) 자원 훈련의 목적과 효과

자원 관련 훈련은 단순한 시나리오 연습이 아니라, 확보된 자원이 실제로 현장에서 작동 가능한지를 검증하고 구성원 간 역할 수행 능력을 향상시키는 데 있다. 그 주요 목적은 다음과 같다:

- 비상 시 자원 확보·배분 프로세스 작동 여부 점검
- 자원 상태·위치 파악 시간 단축
- 담당자 간 협조 체계 검증
- 실제 사용 및 반납 절차에 대한 이해도 향상

훈련을 통해 도출된 문제점은 자원 목록, 배분 전략, 운영 절차를 지속적으로 개선하는 피드백 기반이 된다.

### 3) 훈련 대상 자원의 우선순위 설정

모든 자원을 동일하게 훈련 대상으로 삼기보다, 다음 기준에 따라 훈련 우선순위를 설정해야 한다:

- 핵심 공정과 직접 연계된 자원
- 대체가 어려운 고위험 자원
- 리드타임이 긴 자재 및 장비
- 외부 협력 의존도가 높은 자원

예를 들어, 타워크레인 고장 시 대체 양중 장비 투입 시나리오, 콘크리트 미납 시 대체 자재 확보 및 발주 프로세스 훈련 등이 이에 해당한다.

### 4) 훈련 시나리오 유형별 자원 활용 구조

훈련 유형에 따라 자원 확보 전략을 실전처럼 적용할 수 있다:

#### ① 단순 가상 시나리오 연습

- 담당자 간 자원 요청 → 승인 → 배분 흐름을 서류 중심으로 모의 수행
- 시간, 절차, 문서 흐름 확인 목적

#### ② 실제 장비·자재 이동 훈련

- 장비 이동 또는 자재 출고, 창고 이송 등 실제 물리적 활동 포함
- 현장 내 자원 접근성, 이동 동선 검증

#### ③ 역할 분장 집중 훈련

- 자원 담당자, 승인자, 요청자 역할별 행동 시나리오 중심 구성
- 커뮤니케이션 및 협조 체계 작동 점검

#### ④ 외부 협력 연계 훈련

- 협력사, 공급사, 발주처 등과 공동 참여하여 실제 자원 요청·응답·배달 과정 모의 테스트

### 5) 훈련 결과 분석 및 전략 반영 절차

훈련 후에는 반드시 평가 회의 및 전략 재검토 절차를 거쳐야 하며, 다음과 같은 항목을 점검한다:

표 9-11 훈련 점검 항목

| 점검 항목 | 평가 기준 |
|---|---|
| 자원 호출 소요 시간 | 목표 시간(RTO 기준) 내 호출 완료 여부 |
| 배분 결정 명확성 | 승인자의 판단 기준 일관성 여부 |
| 자원 위치 정확도 | 목록과 실제 위치 간 일치 여부 |
| 자원 상태 점검 여부 | 사용 전·후 점검 체크리스트 수행율 |
| 커뮤니케이션 오류 | 보고 누락, 연락 실패 사례 유무 |

이 분석 결과는 BCP 문서, 자원 운영 매뉴얼, 훈련 시나리오에 반영되어 다음 연습 시 개선 포인트가 된다.

### 6) 훈련과 발주처·감리단 연계 전략

자원 훈련은 내부 체계 점검뿐 아니라 외부 이해관계자와의 대응 능력을 입증하는 수단으로도 활용된다. 다음과 같은 전략을 함께 추진할 수 있다:

- 발주처 보고서에 훈련 결과 및 자원 운영 개선 사항 포함
- 감리단 참여 훈련을 통해 긴급 변경 시 승인 프로세스 연습
- 협력사 대상 교육 및 공동 자원 목록 공유 훈련

이를 통해 훈련은 단지 대응 훈련을 넘어, 공신력 있는 자원 운영 역량을 보여주는 증빙 자료가 된다.

자원 확보 전략은 훈련을 통해서만 실효성을 검증할 수 있으며, 훈련은 실행력을 점검하는 유일한 리허설이다. 자원 훈련은 반복될수록 정교해지고, 반복될수록 자동화된다. 훈련을 통해 전략은 단지 지침이 아닌 행동으로 전환되며, 실무자의 체화된 역량으로 이어진다. 이는 궁극적으로 BCP가 '문서'에서 '행동 체계'로 발전하는 결정적 경로다.

# 3 협력사·외주·공급망 연계 전략

건설업은 프로젝트 수행의 상당 부분을 외부 자원에 의존하는 산업이다. 자재 납품, 장비 운영, 기능공 투입, 품질검사까지 대부분의 자원이 협력사, 하도급, 외주 인력, 외부 공급망에 의해 운영된다. 이로 인해 외부 자원의 단절은 곧바로 핵심 공정 중단과 프로젝트 지연으로 이어지는 구조적 위험을 내포하고 있다. 따라서 BCP 수립 시에는 단순한 내부 복구 전략을 넘어, 협력사와 공급망의 연속성까지 통합적으로 확보하는 전략이 필수적이다. 본 절에서는 협력사 리스크 평가, 외주인력 관리, 공급망 다변화, 외부 훈련 연계 방안을 포함한 실천 전략을 다룬다.

## 3.1 외부 자원 연계의 중요성과 건설업 특성

### 1) 개요

건설업은 그 특성상 자원의 상당 부분을 외부에 의존한다. 실제 시공 현장에서 사용하는 자재, 장비, 인력의 대부분이 내부 인프라보다는 외주 협력사와 공급망을 통해 확보되며, 이는 중소 건설사의 경우 더욱 심화되는 구조다. 따라서 비즈니스 연속성 계획(BCP)을 수립할 때는 내부 전략뿐만 아니라, 외부 자원의 연속성까지 포함한 통합 전략이 필수적이다.

외부 자원 연계 전략은 단지 비상시 지원 체계를 넘어서, 일상적 공급망 구조와 위기 시 대응체계가 통합되는 구조로 설계되어야 하며, 이를 통해 건설 프로젝트의 중단 위험을 구조적으로 완화할 수 있다.

### 2) 건설업의 구조적 외부 의존성

다음은 건설업의 외부 의존 구조를 정리한 대표 사례이다:

- 자재 : 철근, 시멘트, 콘크리트, 마감재 등 주요 자재는 외부 납품업체에 전량 의존
- 장비 : 타워크레인, 펌프카 등 주요 중장비는 렌탈 또는 외부 운영 업체 사용
- 인력 : 기능공, 일용직, 전문 기술자 대부분이 하도급·협력사 소속
- 품질검사 및 감리 : 자체 운영보다 외부 인증기관 및 감리단 운영 위주

이처럼 공급과 인력운용, 심지어 통제 기능마저 외부에 있는 구조에서는 외부 자원의 연속성 확보 없이는 BCP가 실현될 수 없다.

### 3) 외부 리스크의 전이 구조

외부 자원에 대한 의존성은 동시에 외부 리스크가 내부에 빠르게 전이되는 구조를 만든다. 다음과 같은 사례를 통해 이를 확인할 수 있다:

- 자재 납품 지연 → 콘크리트 타설 지연 → 감리 일정 차질 → 전체 공정 5일 이상 지연
- 외주 장비 고장 → 대체 불가 → 고소작업 전면 중단 → 발주처 벌점 발생
- 협력사 인력 계약 해지 → 해당 공정 투입 불가 → 병목현상 발생

이러한 구조적 취약성을 개선하기 위해, BCP는 외부 리스크를 내부 대응력으로 전환하는 연계 전략을 반드시 포함해야 한다.

### 4) BCP 내 외부 연계 전략의 위치

외부 자원 연계 전략은 BCP 내 다음과 같은 위치에서 중심축을 담당한다:

- 복구 전략 수립 단계 : 핵심 공정이 외부 자원과 연계되므로 복구 전략은 외부 리스크 조건을 함께 고려해야 함
- 자원 확보 계획 수립 단계 : 외부 자원의 계약상 대응 범위와 긴급 대체 가능 여부 판단
- 훈련 및 평가 단계 : 실제 위기 시 외부 자원이 작동하는지 검증하는 훈련이 필수

따라서 외부 연계 전략은 독립된 계획이 아니라, 전체 BCP의 축을 이루는 필수 항목으로 내재화되어야 한다.

## 3.2 협력사 리스크 평가와 복구 역량 진단

### 1) 개요 : 협력사의 연속성은 곧 건설사의 연속성이다

건설 프로젝트는 다수의 협력사 및 하도급 업체에 의해 운영되며, 그들의 납기 이행 능력, 품질 관리, 인력 운용이 전체 공정의 흐름에 직접적인 영향을 미친다. 협력사가 위기 대응 능력을 갖추지 못하면, 본사 차원의 연속성 전략은 실현되기 어렵다. 따라서 협력사 자체에 대한 리스크 평가와 복구 역량 진단은 BCP 수립의 핵심 요소다. 이 절에서는 협력사의 연속성 역량을 어떻게 진단하고, BCP 체계 안에서 어떻게 통합 관리할 것인지에 대해 설명한다.

### 2) 협력사 리스크 평가 항목

협력사를 평가할 때는 단순한 비용이나 품질뿐만 아니라, 위기 발생 시 얼마나 신속하고 유연하게 대응할 수 있는지를 평가하는 '복구역량 중심 평가 체계'가 필요하다. 주요 항목은 다음과 같다:

표 9-12 협력사 리스크 평가항목

| 평가 항목 | 세부 내용 |
|---|---|
| 납기 이력 | 과거 평균 납기 지연 일수, 긴급 상황 시 납기 준수율 |
| 품질 통제 능력 | 품질 이슈 발생률, 품질관리 담당자 존재 여부 |
| 대응 계획 보유 여부 | 자체 BCP 또는 위기대응 매뉴얼 보유 여부 |
| 인력 대체 유연성 | 근로자 이탈 시 대체 인력 확보 가능성 |
| 장비 보유 상태 | 자체 장비 보유 비율, 유지관리 이력 |
| 계약 구조 | 긴급 납품/투입 의무 조항 포함 여부 |

이러한 항목은 협력사 심사 시 정량·정성 평가 기준으로 활용되어야 하며, BCP 수립 시에는 등급화된 결과로 반영되어야 한다.

### 3) 협력사 등급화 체계 예시 (A-B-C 분류)

협력사를 BCP 대응 관점에서 A, B, C 등급으로 나누고, 각 등급에 따라 연계 전략을 차등 적용할 수 있다.

표 9-13 협력사 등급화 예시

| 등급 | 정의 | 예시 전략 |
|---|---|---|
| A등급 | 복구 역량 우수 / 자체 대응 가능 | 우선 협력사로 지정, 공동 훈련 포함 |
| B등급 | 일반 수준 / 외부 지원 필요 | 계약 시 긴급 공급 조건 강화 |
| C등급 | 복구 역량 부족 / 단기 대응 불가 | 대체 협력사 확보 필요, 공정 투입 제한 |

이와 같은 등급은 내부 기준에 따라 매년 또는 반기별로 갱신되며, 신규 계약 체결 시 기본 자료로 사용된다.

### 4) 협력사 복구 역량 진단 절차

다음은 협력사 복구 역량을 사전에 진단하는 절차이다:

a. 협력사 목록 정리 (전체 공정 기준)

b. 위기 발생 시 해당 협력사에 기대되는 대응 시나리오 도출

c. 자가 진단표 배포 및 응답 요청 (BCP 보유 여부, 대체 인력 운영 여부 등)

d. 현장 실사 및 질의응답 인터뷰 실시

e. 진단 결과 등급화 및 개선 권고사항 제공

→ 결과는 본사 BCP 실행계획서에 통합 반영된다.

#### 5) 협력사와의 연속성 협약 체결

협력사와의 계약에는 단순한 납기 및 금액 조건 외에 다음과 같은 연속성 조항을 포함해야 한다:

- 비상시 대응 시간 내 응답 및 자원 투입 의무
- 대체 자재/인력/장비의 확보 가능성 사전 명시
- 자체 위기대응 계획 수립 및 연 1회 보고 의무
- 비상 훈련 시 공동 참여 및 피드백 보고

이 조항들은 계약서의 부속 조항 또는 별도 협약서 형태로 작성되며, 본사 BCP 체계와 정합성을 갖추도록 한다.

협력사는 단순 공급처가 아니라 연속성 파트너로 인식되어야 하며, 그들의 복구 능력이 곧 본사의 회복력으로 이어진다. 체계적인 리스크 평가와 복구 역량 진단, 등급화 관리, 협약 체결을 통해 협력사와의 연계성을 강화해야만 진정한 의미의 BCP 실행이 가능하다. 다음 절에서는 외주인력의 확보와 연속성 확보 방안에 대해 다룬다.

### 3.3 외주인력 확보와 연속성 확보 방안

#### 1) 개요 : 외주인력의 단절은 곧 공정 중단이다

건설업은 숙련 기능공의 상당 부분을 외주로 운영한다. 철근, 거푸집, 마감, 설비, 전기 등 세부 공정 대부분이 전문 협력사 및 외주 인력에 의해 수행되며, 이들의 투입이 중단되면 공정 자체가 정지되는 구조적 리스크가 존재한다. 더욱이 외주 인력은 근무지 이동이 잦고, 고용 형태가 불안정하며, 비상 상황 시 이탈 가능성이 높다는 특징을 갖는다. 따라서 외주 인력을 단순 '노무 공급자'가 아닌 '핵심 자원'으로 간주하고, 이들의 연속성 확보 방안을 체계적으로 설계해야 한다.

#### 2) 핵심 외주인력의 식별

모든 외주 인력이 동일한 수준의 대응 대상은 아니므로, 다음 기준에 따라 핵심 외주인력을 선별한다:

- 특정 공정에 필수적인 기술을 보유하고 있는 기능공
- 타 인력으로 대체가 어려운 직무를 담당하는 인력 (예: 용접, 타설 등)
- 작업 특성상 특정 장비와 연동하여 작업하는 인력
- 공정 일정상 병목 구간에 배치된 인력

→ 핵심 외주인력은 BIA 분석 결과와 연계하여 공정별로 목록화되어야 한다.

### 3) 외주인력 확보 및 관리 방안

핵심 외주인력의 연속성을 확보하기 위해서는 다음과 같은 체계를 구축해야 한다:

#### ① 인력 Pool 관리

- 동일 협력사 내 다수 작업자 명단 확보
- 이탈 시 즉시 대체 가능한 예비 인력 리스트 구성
- 기술 수준, 자격증 보유 여부, 근무 가능 기간 명시

#### ② 교육 및 숙련도 점검

- 분기별 또는 입장 전 기술 테스트 실시
- 안전 교육, BCP 연계 대응 매뉴얼 공유
- 다기능 작업자 양성 프로그램 운영 (ex. 철근+거푸집 복합 숙련자)

#### ③ 외주인력 연락망 및 정보 시스템화

- 외주 인력 연락처, 기술 정보, 소속 협력사 등을 전산 DB화
- 비상 시 즉시 호출 가능한 시스템(예: 메신저, 문자 발송 프로그램 등) 운영

#### ④ 계약서 내 연속성 조항 삽입

- 비상 시 투입 의무, 대체 인력 확보 계획 보유 여부 명시
- 계약 해지 또는 이탈 시 사전 통보 의무화

### 4) 외주협력사와의 공동 대응 체계

외주 인력 확보는 개별 근로자 차원에서 해결하기 어려운 경우가 많기 때문에, 협력사 단위의 공동 대응 체계를 구축해야 한다:

- 외주협력사 대상 BCP 교육 의무화
- 비상 상황 시 공동 대체 인력 제공 협정 체결
- 정기 훈련에 외주 근로자 포함
- 감리단·발주처와의 연계 인력 승인 절차 간소화

### 5) 외주 인력 대응 시나리오 예시

**[상황] 타설 작업 직전 콘크리트 기술자 3명 이탈**

- 대응 1 : 협력사 내 예비 인력 호출 → 당일 오전 투입
- 대응 2 : 외주협력사 Pool 가동 → 인근 현장 인력 파견
- 대응 3 : 발주처 승인 후 일정 순연 → 병목 공정 조정

→ 각 대응 시나리오는 사전에 시뮬레이션되어야 하며, 역할 분장 및 자원 호출 방식이 매뉴얼화되어야 한다.

외주 인력은 건설업에서 가장 흔하면서도 가장 불안정한 자원이다. 이들의 연속성 확보는 단기적 충원보다, 구조적 인력 운영 시스템과 협력사 간 네트워크를 통해 가능하다. 따라서 외주 인력 관리 전략은 '인력 확보'에서 '연속성 설계'로 진화해야 하며, 이를 통해 공정 흐름이 중단되지 않는 회복탄력적인 현장을 만들 수 있다. 다음 절에서는 자재 및 공급망 차원의 다변화 전략을 다룬다.

## 3.4 공급망 다변화와 대체공급 전략

건설 프로젝트의 연속성은 자재의 안정적인 수급에 크게 좌우된다. 그러나 다수의 건설 현장에서는 단일 공급사에 의존하는 경향이 있으며, 이는 조달 지연·가격 급등·물류 중단 등 다양한 외부 변수에 취약한 구조를 만든다. 따라서 공급망의 다변화는 단지 조달 대안 확보를 넘어, 공정 지연 예방과 위기 대응 유연성을 확보하는 핵심 전략이 된다. 본 절에서는 공급망 구조의 리스크를 분석하고, 다변화와 대체 공급 전략 수립 방안을 제시한다.

### 1) 단일 공급망 구조의 리스크 요인

단일 공급처를 통한 자재 조달은 다음과 같은 위험 요인을 내포하고 있다:

- 납품 지연 : 특정 공급사에 문제가 생길 경우 즉시 대체가 어려움
- 가격 협상력 약화 : 단일 공급처에 대한 의존은 가격 결정권 약화를 초래함
- 품질 불량 발생 시 대체 불가 : 납품 품질 문제 발생 시 즉각적인 전환 불가
- 계약 분쟁 시 공정 중단 : 공급사와의 갈등이 전체 프로젝트 일정에 영향
- 외부 이슈 전이 : 수입 자재의 경우, 통관·운송 지연, 해외 정세 등 영향

→ BCP 관점에서 단일 공급망은 '단일 실패점(Single Point of Failure)'로 간주된다.

### 2) 공급망 다변화 전략 수립 절차

공급망 다변화는 단순히 2곳 이상의 공급사를 확보하는 것이 아니라, 기능, 지역, 시점, 계약 구조의 다양성을 함께 고려해야 한다.

**① 기능 다변화**

- 동일 자재라도 규격, 용도별로 다양한 공급사 확보
- 품목별 예비 공급처 설정 (주공급사/부공급사)

**② 지역 다변화**

- 동일 자재라도 지역 공급처와 원거리 공급처 병행 확보
- 자연재해·물류 이슈 발생 시 지리적 분산으로 리스크 분산

**③ 시점 다변화**

- 대량 발주 시 분할 납품 요청 → 일부 도착 후 사용 가능
- 도착 예상일 분산을 통한 탄력적 자재 사용 가능성 확보

**④ 계약 구조 차별화**

- 계약서에 '비상 시 우선 납품 조건', '공급 지연 시 벌칙 조항' 명시
- 복수 계약 시 가격·품질 조건 외에도 BCP 대응력 기준 반영

### 3) 대체 공급 전략과 실행방안

공급망 리스크가 현실화된 상황에서는 기존 계약망 외의 조달 대안을 즉시 가동해야 한다. 이를 위해 다음과 같은 대체 공급 전략이 필요하다:

**① 대체 자재 리스트 작성**

- 주요 공정별 대체 가능한 자재 목록 정리
- 품질 인증서, 감리단 승인 가능 여부 사전 확보

**② 긴급 공동 구매 체계 구축**

- 인근 현장 또는 동일 시공사 현장 간 공동 비축 체계
- 필요시 합동 발주 또는 공동 창고 운영

**③ 발주처·감리단 협의 구조 사전 수립**

- 대체 자재 사용 시 승인 절차 간소화 협약
- 비상 시 공정 변경·자재 교체 승인 프로세스 명확화

④ **수입 자재 대응 전략**

- 해외 자재는 선적 지연, 통관 지연을 고려한 리드타임 완충 필요
- 현지 창고 계약, 보험 가입, 추가 수입선 확보 등으로 리스크 완화

### 5) 공급망 모니터링 및 조기 경보 체계

CP 실행을 위해서는 공급망의 이상 징후를 조기에 감지할 수 있는 체계가 필요하다. 이를 위해 다음과 같은 모니터링 방안을 활용할 수 있다:

- 계약 이행율 모니터링 (예: 최근 3회 납기 지연 횟수)
- 공급사 품질 클레임 발생 비율 추적
- 해외 공급선 리스크 평가 (정치, 운송, 환율 등)
- 협력사별 BCP 보유 여부 및 연 1회 이상 평가

공급망 다변화는 위기 상황에서 공정의 중단을 방지하는 선제적 전략이다. 단일 공급망은 효율적일 수 있지만, 유연하지 않으며 치명적 실패를 초래할 수 있다. 따라서 기능·지역·계약 구조의 다변화를 통해 복수의 공급 경로를 확보하고, 위기 시 활용 가능한 대체 공급 전략을 사전에 준비함으로써 건설업 BCP의 실효성을 높여야 한다. 다음 절에서는 이러한 전략을 실제 훈련 시나리오에 어떻게 반영하고 검증할 수 있는지 살펴본다.

## 3.5 외부 연계 시나리오와 훈련 전략

건설업의 공급망, 외주, 협력사 기반 운영 구조는 외부 리스크가 언제든지 내부 공정 중단으로 이어질 수 있음을 의미한다. 따라서 외부 연계 전략의 실효성을 높이기 위해서는 현실적인 시나리오를 기반으로 한 정기적인 훈련이 필수적이다. 본 절에서는 외부 자원 연계와 관련된 훈련 시나리오 유형, 설계 절차, 실행 방법, 훈련 후 평가 체계를 설명한다.

### 1) 외부 연계 훈련의 목적

- 외부 리스크 발생 시 자원 대응 체계의 실효성 검증
- 협력사·공급사와의 커뮤니케이션 속도 및 정확도 점검
- 발주처·감리단과의 공정 변경 승인 절차 실습
- 계약상의 응답 의무 이행 여부 확인
- 외주·공급망 기반 BCP 전략의 현장 체화

### 2) 시나리오 유형별 외부 연계 훈련 예시

| 시나리오 유형 | 내용 | 훈련 목표 |
| --- | --- | --- |
| 협력사 납품 지연 | 마감재 입고 지연으로 공정 정지 위기 | 대체 자재 확보, 승인 요청 절차 실행 |
| 외주 인력 결원 | 갑작스러운 기능공 이탈 발생 | 인력 Pool 가동, 공정 재조정 |
| 장비 고장 | 외주 장비 고장으로 양중 불가 | 대체 장비 호출, 장비사와의 커뮤니케이션 |
| 납품사 파업 | 주요 자재 납품사 노조 파업 돌입 | 예비 계약 가동, 타 공급처 요청 |
| 통관 지연 | 수입 자재 통관 지연 → 일정 차질 | 현지 대체, 발주처와의 일정 조정 협의 |

### 3) 훈련 설계 절차

a. 훈련 목표 설정 : 외부 리스크 유형에 따른 전략 검증 목표 수립

b. 시나리오 세부 구성 : 사건 발생 → 영향 확산 → 전략 실행 흐름 구성

c. 참여 주체 정리 : 협력사, 공급사, 발주처, 감리단 포함 여부 결정

d. 역할 분장 : 각 단계별 책임자·실행자·보고자 지정

e. 평가 기준 정의 : 시간, 절차 정확도, 대응 결과 등

### 4) 외부 이해관계자와의 협업 체계화

- 사전 협의 : 훈련 참여에 대한 협력사·공급사 동의 확보
- 정보 공유 : 시나리오 사전 제공, 대응 매뉴얼 공유
- 현장 참여 유도 : 납품 현장, 출입절차, 대응 현장 시뮬레이션 요청
- 피드백 루프 : 훈련 후 각 이해관계자의 피드백 수렴 및 개선 반영

### 5) 훈련 결과 분석과 전략 반영

훈련 후 다음과 같은 항목을 중심으로 평가하고 전략에 반영한다:

표 9-14 훈련평가 항목

| 항목 | 점검 내용 |
|---|---|
| 대응 속도 | 시나리오 발동 후 전략 가동까지 소요 시간 |
| 자원 호출 정확도 | 자재·인력·장비 확보 요청의 적시성 및 수량 정확성 |
| 승인 절차 | 발주처·감리단 승인 요청·회신 시간 |
| 계약 이행 여부 | 외부 기관의 응답 및 계약 조건 이행 평가 |
| 커뮤니케이션 오류 | 누락, 오지연, 정보 부정확 등 사례 기록 |

→ 분석 결과는 다음 훈련 및 BCP 문서, 실행계획서에 반영

외부 리스크는 예측하기 어렵지만, 대응 전략은 반복 훈련을 통해 정형화할 수 있다. 특히 외부와의 연결 구조가 많은 건설업에서는 훈련이 곧 실행력을 의미한다. 전략은 훈련을 통해 작동성을 검증받고, 훈련은 전략의 완성도를 높이며, 반복은 궁극적으로 조직의 회복 탄력성을 실현한다. 실전과 같은 외부 연계 훈련을 통해 건설현장은 위기 속에서도 중단되지 않는 공정 운영을 확보할 수 있다.

## 참고문헌


- Dakic, V., Premuzic, K. M., & Petrunic, R. (2024). Business continuity planning (BCP) and disaster recovery planning (DRP). Annals of DAAAM.
- Alfalasi, A. A. (2016). Developing a framework for improving business continuity management success (BCM) in UAE construction industry. ProQuest Dissertations.
- Supriadi, L. S. R., & Sui Pheng, L. (2018). Business Continuity Management in Construction. Springer.
- Will, M., & Brauweiler, J. (2020). Business continuity planning. In Sustainable Cities and Communities. Springer.
- Tracey, S., O'Sullivan, T. L., Lane, D. E., Guy, E., et al. (2017). Promoting resilience using an asset-based approach to business continuity planning. SAGE Open, 7(2).
- Mukhtar, A. M., Mohd Nordin, R., & Hashim, N. (2022). Developing a resilient Crisis Management Plan (CMP) for the Malaysian construction sector. Built Environment Journal.
- Sawalha, I. H. (2021). Views on business continuity and disaster recovery. International Journal of Emergency Services, 10(1), 50–65.
- Maina, S. M. (2012). Business continuity planning as a strategy for building resilience amongst deposit taking microfinance institutions in Kenya. University of Nairobi.
- Steen, R., Haug, O. J., & Patriarca, R. (2024). Business continuity and resilience management: A conceptual framework. Journal of Contingencies and Crisis Management.
- Okuno, I. (2023). Introduction of business continuity plan for local construction companies in Japan. IOP Conf. Ser.: Earth and Environmental Science, 1195, 012047. https://iopscience.iop.org/article/10.1088/1755-1315/1195/1/012047/m
- Blyth, M. (2009). Business Continuity Management: Building an effective incident management plan. Wiley.
- Heng, G. M. (2004). Managing your business continuity planning project. Wiley.
- Assibi, A. T. (2024). The Role of Enterprise Risk Management and Business Continuity in Ghana's Public Sector. ProQuest Dissertations.
- Bankhead, Z. (2020). Contingency planning and disaster recovery evaluation. ResearchGate.
- RIGLIETTI, G. (2023). Building supply chain resilience capacity: A business continuity management perspective. Politecnico di Milano.

- Khalifa, M. (2021). A study of a business continuity role during a pandemic in the retail industry. IMBA Research Paper.

- Phillips, B. D., & Landahl, M. (2020). Business Continuity Planning: Increasing Workplace Resilience to Disasters. CRC Press.

- Hoong, L. L. (2014). Successful implementation of business continuity management in selected financial institutions. ProQuest.

- Supriadi, L. S. R., & Pheng, L. S. (2018). Business Continuity Management in Construction: Perspectives and Case Studies. Springer.

- Bankhead, Z. (2019). Evaluating contingency planning theories. Working paper.

제10장

# BCP 문서화와 실행 계획

BCP 수립은 전략의 설계에서 끝나지 않는다. 실제 위기 상황에서 현장 구성원들이 신속하고 정확하게 대응하려면, 수립된 전략이 이해하기 쉬운 문서로 정리되고, 실행 가능한 절차로 구체화되어 있어야 한다. 특히 공정 중심으로 운영되는 건설업에서는 BCP가 공정관리 문서, 자원 운영 계획, 감리보고 체계와 유기적으로 통합되어야만 실효성이 담보된다. 본 장에서는 그동안 분석하고 설계한 BCP의 모든 결과물을 문서화하는 기준과 방식, 그리고 이를 현장 실행계획으로 전환하는 절차를 제시한다.

## 1 BCP 문서구조와 체크리스트

### 1.1 BCP 문서의 목적과 역할

비즈니스 연속성 계획(BCP)은 위기 상황에서도 핵심 기능을 유지하거나, 중단 이후 신속하게 복구하기 위한 전략 체계다. 그러나 전략이 아무리 정교해도, 그 실행 방법이 조직 내 모든 구성원에게 공통된 언어와 절차로 전달되지 않는다면 실전에서는 제대로 작동할 수 없다. 바로 이 지점에서 BCP의 '문서화'가 가지는 의미가 결정된다.

BCP 문서란 단순히 전략을 요약한 보고서가 아니라, 위기 발생 시 '누가', '어디에서', '무엇을', '어떻게' 실행해야 하는지를 명확하게 지침으로 제시하는 현장 중심의 실행 도구다. 건설업은 특히 외주 인력과 자재 납품, 장비 운영 등 외부 의존도가 높고, 공정 간 연계성이 강하기 때문에 문서화는 선택이 아니라 필수이며, 문서의 설계가 곧 실행력이다. BCP 문서가 왜 필요한지, 그리고 어떤 기능을 해야 하는지를 다음 표에 정리하였다

표 10-1 BCP 문서 목적

| 구분 | 목적 | 설명 |
|---|---|---|
| 공유수단 | 현장 내 모든 부서와 협력사가 참조 가능 | 소장, 공무, 자재, 안전, 협력사 등<br>이해관계자들이 동일한 지침서 사용 |
| 실행지침 | 위기 시 '즉시 행동' 유도 | 전략이 아닌 행동 중심 문서:<br>누가/언제/무엇을/어떻게 |
| 보고자료 | 감리단·발주처에 대한 설명 근거 | 일정 변경, 자재 대체 등 발생 시<br>BCP 문서로 설득력 확보 |
| 개선도구 | 훈련 결과와 연계하여 문서 보완 가능 | 훈련 중 발견된 문제점<br>→ 문서 수정 및 절차 개선에 반영 |

특히 건설업 BCP 문서의 특징은 공정 흐름 중심 구성과 시각적 직관성 확보, 외부 협력자 반영, 훈련 활용성이라는 네 가지 키워드로 설명할 수 있다.

표 10-2 건설업 BCP 문서의 4대 특성

| 특성 | 설명 |
|---|---|
| 공정중심 구성 | 예: "타설 공정 중단 시 → 대체 전략 → 자재 확보 절차 → 감리 대응 절차"로 연결 |
| 시각적 직관성 | 텍스트 중심이 아닌 체크리스트, 흐름도, A3 한 장 요약본 등 실무 중심 서식 |
| 협력사 연계 | 자재 납품사, 장비 렌탈사, 외주 인력 등 외부 주체의 역할 포함 필요 |
| 훈련 연계성 | 문서 기반으로 훈련 시나리오 구성 가능 → 피드백 → 문서 업데이트 순환 구조 형성 |

결론적으로 BCP 문서는 전략 자체보다 그것을 현장에서 실행 가능한 형태로 번역한 결과물이다. 현장 직원이 위기 발생 시 BCP 문서를 펴보고 누구의 지시 없이도 자신의 역할을 인지하고 행동에 나설 수 있는 수준까지 문서화되어야 한다. BCP의 성공 여부는 문서화 수준과 그 활용도에 의해 결정된다고 해도 과언이 아니다.

## 1.2 BCP 문서의 구성 체계

비즈니스 연속성 계획(BCP)의 실행력을 높이기 위해서는 전략, 복구 절차, 자원 확보 계획, 훈련 계획 등의 다양한 내용을 일관된 체계로 문서화하는 작업이 필수적이다. 문서가 잘 정리되어 있지 않으면, 위기 상황에서 누구도 신속하고 정확하게 대응할 수 없다. 특히 건설업은 공정 흐름과 자원의 흐름이 복잡하게 얽혀 있는 산업이므로, BCP 문서 구성은 각 전략과 실행 요소 간의 유기적 연계를 고려하여 설계되어야 한다.

BCP 문서는 일반적으로 '전략 중심 문서', '절차 중심 문서', '지원 문서'로 구성할 수 있으며, 각 문서는 상호 참조 가능하도록 통일된 구조와 형식을 갖추어야 한다. 다음은 BCP 문서의 구성 체계를 구분한 대표적인 예시이다.

표 10-3 BCP 문서의 3단 구조

| 구분 | 내용 | 주요 문서 예시 |
|---|---|---|
| 전략 중심 문서 | 비즈니스 연속성 전략 및 정책의 전체 구조 정리 | BCP 개요, 핵심 기능 정의서, 위험 평가 결과, 복구 전략서 등 |
| 절차 중심 문서 | 위기 상황 발생 시의 구체적 실행 절차 정리 | 공정별 복구 절차서, 자원 요청 및 승인 절차서, 행동 매뉴얼 등 |
| 지원 문서 | 실제 대응 과정에서 참고하거나 보조하는 문서 | 연락망, 자원 목록, 훈련 계획서, 회의록, 훈련 결과 보고서 등 |

이러한 문서 구조는 각각 독립된 문서로 존재할 수도 있으며, 하나의 BCP 종합 파일 안에서 목차형 구성으로 통합될 수도 있다. 핵심은 '필요한 사람이 신속히 찾고 이해할 수 있어야 한다'는 점이다.

#### 1) 전략 중심 문서 : 연속성 계획의 근간

전략 중심 문서는 조직이 어떤 기능을 보호해야 하며, 어떤 방식으로 위기에 대응할 것인지에 대한 큰 그림을 제공한다. 일반적으로 다음과 같은 문서가 포함된다:

- BCP 개요 및 정책 선언문 : 최고경영자의 승인 및 BCP의 범위와 적용 대상 명시
- 핵심 기능 식별서(Critical Function List) : BIA를 통해 도출된 기능별 복구 우선순위 정리
- 위험 및 영향 분석서 : 위험 유형, 발생 가능성, 영향도, MAO/RTO 기준 등 이 포함됨
- 복구 전략서 : 기능별 복구 방식(대체, 이전, 보호 등)을 시간축과 자원 조건과 함께 정리

이 전략 문서는 발주처, 감리단, 공공기관 제출용으로도 활용되며, 일반 보고 문서와 달리 실행과 책임을 명확히 서술해야 한다.

#### 2) 절차 중심 문서 : 실행을 위한 행동 지침

절차 중심 문서는 위기 발생 시 누가, 언제, 무엇을 해야 하는가에 대한 구체적인 가이드라인을 제공한다. 이 문서는 훈련 매뉴얼로도 활용되며, 다음과 같은 항목으로 구성된다:

- 공정별 복구 절차서 : 예: 타설 공정 중단 시 → 자재 확보 → 감리 협의 → 대체 공정 착수
- 자원 요청 및 승인 절차서 : 자재/장비/인력 요청 프로세스, 승인자, 대응시간 명시

- 행동 매뉴얼 : 부서별/역할별 초기 대응 방법, 의사결정 권한자 구분, 보고 절차
- 상황 보고서 양식 : 위기 발생 시 대응상황 보고용 표준 양식, 발주처·감리 대 응용

이러한 절차 문서는 도식화와 체크리스트 형식으로 구성되며, 실제 대응 속도를 높이기 위한 실용적 형태로 제공된다.

-예시 : 자원 요청 절차 흐름도

[현장 소장] 요청서 작성 → [자재팀] 가용 자원 확인 → [소장 또는 본사] 승인 → [자재팀] 자원 배분

### 3) 지원 문서 : 실제 대응을 위한 정보 집합체

지원 문서는 실무자가 위기 대응 시 참고하거나 함께 사용해야 하는 문서들로, 다음과 같은 항목이 포함된다:

- 비상 연락망 : 소장, 부소장, 팀장, 협력사, 공급사, 감리단 연락처 일람표
- 자원 목록 및 위치도 : 확보된 자원 항목, 수량, 저장 위치, 담당자 연락처 포함
- 훈련 계획서 및 시나리오 : 연간 훈련 일정, 담당자, 시나리오별 목적 및 기대 결과 정리
- 점검표 및 체크리스트 : 문서 보완 항목, 자원 점검 일지, 대응 시간 기록지 등

이 문서들은 대응 현장에서 바로 활용되며, 전산화 또는 클라우드 기반 공유가 병행될 경우, 위치·상태 등 실시간 정보 갱신이 가능하다.

### 4) 문서 간 유기적 연계 구조 설계

각 문서는 고립된 문서가 아닌, 앞 절의 전략이 다음 절차와 연결되고, 이를 실행하는 데 필요한 도구가 지원 문서로 이어지는 형태가 되어야 한다.

예를 들어:

- [복구 전략서]의 '타설 공정 중단 시 대체 타설자재 확보' → [복구 절차서]의 'A자재 공급 요청' → [자원 요청서]의 실행 → [자원 목록]의 공급사 확인 → [상황 보고서] 작성 → [감리단 보고용 회의록]으로 정리

이처럼 문서 간 흐름이 명확히 연결되면, 위기 대응 과정에서 혼선을 줄이고 실행 속도를 높일 수 있다.

BCP 문서는 단지 보관용 문서가 아니다. 각 전략과 복구 절차, 자원 대응, 훈련 계획이 일관된 형식과 흐름으로 구성될 때, 조직은 비로소 BCP를 '이해'가 아닌 '행동'으로 전환할 수 있다. 전략 문서, 절차 문서, 지원 문서의 3단 구성을 통해 BCP 문서체계를 갖추는 것이 현장 실행력 확보의 첫 걸음이다.

## 1.3 문서 작성 기준과 형식 통일

BCP 문서는 위기 대응의 실행력을 높이기 위해 반드시 '명확하게 쓰이고, 쉽게 전달되며, 반복적으로 갱신되는' 구조로 작성되어야 한다. 건설업과 같은 실무 중심 산업에서는 형식이 너무 복잡하거나, 전문용어 중심으로 되어 있으면 실전에서는 사용할 수 없다. 또한 BCP 문서는 수많은 부서, 협력사, 외주 인력, 발주처 등 다양한 이해관계자들이 함께 사용해야 하므로, 형식의 통일성과 표현의 명료성이 필수적이다.

이 절에서는 BCP 문서 작성 시 반드시 고려해야 할 기준, 통일된 작성 형식, 문서 간 연결 체계, 디지털 기반 운영 방안까지 포괄적으로 제시한다.

### 1) 문서 작성 시 준수해야 할 5대 기준

BCP 문서는 다음 다섯 가지 기준을 중심으로 설계되어야 한다:

표 10-4 BCP.문서작성 기준

| 기준 | 설명 |
|---|---|
| 명확성 | 누구나 이해할 수 있도록 간결하고 직관적으로 작성 |
| 일관성 | 용어, 제목, 구성 형식이 전체 문서에서 일관되게 유지됨 |
| 실용성 | 현장 실무자가 상황 발생 시 즉시 사용할 수 있어야 함 |
| 추적 가능성 | 각 문서에 작성자, 작성일, 버전 기록 포함 |
| 갱신 용이성 | 정기 점검 및 수정이 가능하도록 문서 수정 이력 관리 |

### 2) 문서 형식 통일 가이드라인

모든 BCP 문서는 정해진 틀 안에서 작성되어야 하며, 이를 위해 다음과 같은 기본 형식을 권장한다:

표 10-5 문서 표준 양식 구성 예시

| 항목 | 내용 |
|---|---|
| 문서 제목 | 핵심 기능 복구 전략서 / 자원 요청 절차서 등 명확한 제목 부여 |
| 작성 부서 / 담당자 | 공무팀 / 김이사 등 책임 명시 |
| 작성일 / 버전 | YYYY-MM-DD / V1.0 형식으로 버전 관리 |
| 적용 대상 | 프로젝트 명 또는 공정명 (예: OOO현장 콘크리트 공정) |

| 항목 | 내용 |
| --- | --- |
| 문서 목적 | 해당 문서가 대응하는 시나리오 요약 |
| 문서 본문 | 도식, 절차, 체크리스트 포함한 실무형 구성 |
| 참고 문서 | 관련 문서 코드 및 링크 (예: 3.1.1 위험 평가 결과 보고서) |

이 양식은 A4용 일반 보고서 양식 외에도 A3 체크리스트형, 한눈에 보기 쉬운 흐름도형, 포스터형 문서 등으로 다양하게 확장 가능하다.

### 3) 현장 실무자를 위한 언어와 표현 기준

건설업의 현장 실무자는 복잡한 전략보다 명확한 행동 지침을 요구한다. 따라서 문서는 다음과 같은 기준에 따라 표현되어야 한다:

- '행동 중심' 문장 사용 : "자재팀은 자재요청서 양식 B-4를 작성하여 부소장의 승인을 받는다." 처럼 구체적 행동 중심으로 서술
- 용어 통일 : 동일한 개념은 문서 전체에서 같은 용어 사용 (예: '자원' vs '자 재/인력/장비' 혼용 지양)
- 지시형 문장 : "요청한다", "보고한다", "이행한다" 식의 명확한 주체와 행위 기반 서술
- 불필요한 추상 표현 배제 : '충분한 자원' → '지게차 1대, 콘크리트 작업자 3 명'처럼 구체화

### 4) 문서 간 연결성과 참조 체계 설계

BCP는 여러 문서가 유기적으로 연결되어 하나의 실행 체계를 이루는 구조다. 따라서 각 문서에는 참조 항목과 연계 문서가 명확히 표시되어야 한다.

예를 들어:

- [공정별 복구 전략서]에 나온 "자재 확보 지연 시 자재팀 대응"은 → [자재 요청 및 승인 절차서]의 절차와 담당자와 연계되어야 함
- [자원 목록표]에 기재된 공급업체는 → [비상 연락망]에 자동으로 링크되거나 번호 참조가 되어야 함
- 참조 예시
  - 참조 문서 : 6.2.3 자재 확보 전략 → 관련 문서: 8.1.4 자원 가용 목록, 9.1.2 복구 시나리오

이러한 참조 구조를 문서 하단 또는 별도 메타데이터에 정리하면 문서 활용성이 높아진다.

### 5) 전산화 및 클라우드 공유 체계 도입

BCP 문서는 변화하는 조직 상황, 프로젝트 일정, 자원 확보 현황에 따라 수시로 갱신되어야 한다. 이를 위해 문서 전산화와 클라우드 기반 공유 체계를 도입하는 것이 바람직하다. 다음은 추천 시스템 요소다:

- 파일 형식 통일 : PDF + 워드(수정용) + 엑셀(자원 목록 등) 구성
- 문서 버전 관리 시스템 : 작성일자, 작성자, 버전 기록 자동화
- 클라우드 플랫폼 연계 : Google Drive, Naver Works, Sharepoint 등 사용
- 모바일 접근성 강화 : 현장에서 휴대폰/태블릿으로 접근 가능하도록 구성
- 문서 검색 기능 : 제목/코드/키워드 검색 기능 포함한 대시보드 제공

### 6) 문서 작성자의 역할과 검토 체계

문서는 작성보다 '운영과 갱신'이 더 중요하다. 따라서 문서별로 작성 책임자, 승인자, 정기 검토자가 지정되어야 하며, 다음과 같은 관리 체계가 운영되어야 한다:

표 10-6 문서적성자 역할

| 역할 | 책임 내용 |
|---|---|
| 작성자 | 실무 내용 수집, 표준 양식 작성 |
| 부서장 | 내용의 적절성, 절차의 실현 가능성 검토 |
| BCP 총괄 | 문서 간 연계성 및 정책 일관성 검토 |
| 문서 관리자 | 최신 버전 등록, 공유체계 관리, 보안 권한 부여 |

이 체계를 통해 BCP 문서는 문서 자체보다 실행을 위한 '준비된 시스템'으로 기능하게 된다.

BCP 문서는 현장 실무자, 협력사, 외부 기관 모두가 위기 시 신속하게 의사결정하고 행동할 수 있도록 돕는 실행 매뉴얼이다. 이를 위해 문서 작성 기준, 형식, 언어, 참조 체계, 전산화 방식이 명확하고 일관되어야 하며, 문서 전체가 하나의 전략적 생태계로 연결되어야 한다. 이렇게 작성된 문서만이 실제 위기 상황에서 생명을 살리고, 기업의 생존을 가능하게 만든다.

## 1.4 BCP 문서 점검용 표준 체크리스트

BCP 문서는 일단 수립되었다고 끝이 아니다. 환경 변화, 조직 개편, 협력사 교체, 법령 개정 등 다양한 변동 요인에 따라 문서의 유효성은 계속 달라질 수 있다. 따라서 모든 BCP 문서는 정기적으로 점검되고 최신 상태로 유지되어야 하며, 그 기반은 표준화된 체크리스트다. 체크리스트는 단순한 문서 유무 확인을 넘어, 실행 가능성·책임 명시·현장 활용성·문서간 연계성까지 포함한 다차원적 점검 도구여야 한다.

### 1) BCP 문서 점검 항목의 구성 원칙

표준 체크리스트는 다음 4가지 관점에서 점검 항목을 구성한다:

표 10-7 4대 점검항목

| 관점 | 점검 요소 | 주요 내용 |
|---|---|---|
| 문서 존재 여부 | 항목별 유무 확인 | 필수 문서 리스트에 포함된 모든 문서 존재 여부 |
| 최신화 상태 | 갱신 주기 관리 | 작성일, 버전, 최근 검토일 확인 |
| 책임자 명시 | 문서 관리 체계 | 작성자, 승인자, 담당 부서 명시 여부 |
| 실행 가능성 | 실무 적용 가능성 | 내용의 구체성, 절차의 실현 가능성 평가 |

- 실무 적용형 체크리스트 양식 예시

아래는 실제 BCP 문서 점검 시 사용할 수 있는 체크리스트 양식 예시이다.

| 번호 | 문서 항목 | 존재 여부 | 최신화 여부 | 책임자 | 실행성 점수(1~5) | 비고 |
|---|---|---|---|---|---|---|
| 1 | 핵심 기능 목록 | ✔ | ✔ (2025-04-01) | 공무팀 | 5 | BIA 연동 완료 |
| 2 | 복구 전략서 | ✔ | ✕ (2024-10-20) | 시공팀 | 3 | 자재 확보 절차 미반영 |
| 3 | 자원 요청 절차서 | ✕ | - | - | - | 신규 작성 필요 |
| 4 | 감리 대응 매뉴얼 | ✔ | ✔ (2025-03-10) | 공무팀 | 4 | 승인 흐름 반영 완료 |

- **실행성 점수 기준** : 1(내용 불명확) ~ 5(현장 실행 가능)
- **비고란** : 문서 보완 필요사항 또는 업데이트 예정일 기재

이 체크리스트는 부서별 책임자 회의 또는 연 1회 이상 정기 점검 시 활용된다.

### 2) 점검 주기 및 관리 체계

BCP 문서의 유효성을 유지하기 위해서는 다음과 같은 주기와 관리 체계를 갖추어야 한다:

- 정기 점검 주기 : 연 1회 이상 (신규 프로젝트 착공 전, 인허가 전 제출 시 우 선)
- 문서 갱신 주체 : 각 작성 부서 담당자 (예: 자재 관련 문서는 자재팀)
- 중앙 관리 총괄 : BCP 담당 부서 또는 안전총괄팀이 전체 현황 취합 및 통제
- 문서 갱신 시 보고 체계 : 수정 내용 보고서 작성 → 승인자 검토 → 공유 플 랫폼 반영

이와 같은 체계를 통해 문서는 '정적인 보관자료'가 아니라, 상황에 따라 진화하는 대응 매뉴얼로 유지된다.BCP 문서는 내부 점검뿐만 아니라, 발주처, 감리단, 공공기관 등 외부 기관에 의해 감사 또는 심사를 받는 경우가 있다. 이를 대비하여 체크리스트도 용도별로 구분해야 한다.

표 10-8 용도별 구분

| 구분 | 주요 목적 | 항목 예시 | 제출 대상 |
|---|---|---|---|
| 자체 진단용 | 실무 점검 중심 | 실행성, 최신화 여부 등 | 내부 회의, 팀장 점검 |
| 외부 감사용 | 보고·증빙 중심 | 문서 코드, 승인서류 첨부 등 | 발주처, 감리단, 인허가 기관 |

→ 외부용 체크리스트는 문서 형식과 문장 표현, 승인 절차를 보다 엄격하게 맞춰야 한다.

### 3) 훈련 결과와 연계한 점검 항목 보완

훈련 이후에는 반드시 다음 항목을 추가로 점검해야 한다:

- 시나리오 수행 중 활용된 문서가 실제로 도움이 되었는가?
- 문서의 내용이 지나치게 일반적이지 않았는가?
- 훈련 참가자 피드백이 문서 수정에 반영되었는가?

이를 통해 훈련 결과는 단순 보고서가 아닌, 문서 개선의 출발점이 되며, 체크리스트 역시 동적으로 운영된다.

BCP 문서의 생명력은 '점검과 갱신'에 달려 있다. 표준화된 체크리스트는 문서의 존재 여부만 확인하는 도구가 아니라, 해당 문서가 실제로 작동 가능한지, 현장과 연결되어 있는지, 개선이 필요한지를 판단하는 기준이다. 또한 체크리스트는 담당자에게 책임을 부여하고, BCP를 조직문화로 정착시키는 실천의 출발점이 된다.

## 1.5 이해관계자별 문서 제공 및 공유 전략

건설업의 BCP 문서는 한 종류로 모든 이해관계자에게 동일하게 제공될 수 없다. 현장 실무자, 본사 관리자, 협력사, 발주처, 감리단 등 각기 다른 정보 수준과 요구 목적을 가진 주체들이 BCP 문서를 필요로 하기 때문이다. 따라서 각 이해관계자에게 제공되는 문서는 목적, 내용 범위, 표현 방식, 접근 권한 등이 차별화된 형태로 설계되어야 하며, 이를 통해 BCP 문서의 활용성과 신뢰성을 동시에 확보할 수 있다.

### 1) 주요 이해관계자 유형과 요구 문서

BCP 문서는 보안상 민감한 정보를 포함할 수 있기 때문에, 정보 보안 등급과 접근 권한에 따라 문서 제공 수준을 조절해야 한다.

표 10-9 이해관계자와 요구문서

| 이해관계자 | 문서 목적 | 요구 내용 특성 | 제공 문서 예시 |
|---|---|---|---|
| 현장 실무자 | 대응 실행 | 간결함, 행동지시 중심 | A3 대응 매뉴얼, 체크리스트, 복구 절차서 |
| 본사 관리자 | 전략 관리 | 전체 구조 파악, 책임 분장 | BCP 전략서, 자원 배분 계획서, 문서 점검표 |
| 협력사/외주사 | 역할 이해 및 연계 | 계약 조건 연계, 제한적 범위 제공 | 외주 대응지침서, 훈련 참여 매뉴얼 |
| 감리단 | 심사 및 승인 | 정합성, 이행계획 포함 | 복구 전략서, 승인 흐름도, 보고양식 샘플 |
| 발주처 | 평가 및 책임 회피 예방 | 전략 타당성, 대응 흐름, 법적 대응 논리 | 종합 BCP 보고서, 시나리오별 대응 계획서 |

표 10-10 문서 제공 수준

| 문서 등급 | 대상 예시 | 공유 수준 | 공유 방법 |
|---|---|---|---|
| 전체공개 | 현장 내 전 부서 | 전체 문서 열람 가능 | 사내 서버, 인쇄물 게시 |
| 요약공개 | 협력사, 발주처 | 필요한 항목만 발췌 제공 | 요약본 문서, 프레젠테이션 자료 |
| 사전승인형 | 감리단, 외부기관 | 요청 시 제공, 검토 후 승인 | 공유요청서 기반 제공, 암호화 파일 제공 |

### 2) 문서 공유 방식의 유형

문서 제공은 전달 수단에 따라 다음과 같은 유형으로 분류할 수 있다:

- 문서 인쇄·게시 : 대응매뉴얼, 연락망 등을 사무실 또는 자재창고 게시판에 부 착
- 클라우드 기반 공유 : Google Drive, Sharepoint 등 활용 → 실시간 접근 가 능
- 이메일 또는 메신저 전송 : 협력사 대상 비상 대응 매뉴얼, 훈련 안내문 등
- PPT/요약보고서 형식 : 발주처 및 감리단 대상 전략 설명용 문서 제작

→ 문서 내용에 따라 온라인/오프라인, 시각 자료/서식 자료의 형태를 병행 활용한다.

다음으로, 문서 공유시 주요 유의사항을 살펴보면 다음과 같다.

- 버전 관리 철저 : 모든 문서는 최신 상태의 버전만 공유되어야 하며, 문서 하단에 버전/작성일 필수 표시
- 접근 통제 설정 : 협력사 문서는 본사 BCP 전략 전체가 아닌, 역할 관련 문서로 제한하여 제공
- 비상 시 대체 공유 계획 수립 : 서버 다운 시 대체 USB 제공, 인쇄본 배포 등
- 보안 의무 명시 : 외부 기관에 제공 시 보안유지서 또는 동의서 첨부 권장

모든 BCP 문서는 동일한 형식과 내용으로 배포되어서는 안 된다. 각 이해관계자가 필요한 정보만을 빠르게 파악하고 대응할 수 있도록 목적·대상·형식·방법에 따른 차등화된 제공 전략을 수립해야 한다. 이로써 BCP 문서는 조직의 내부 실행력과 외부 신뢰도를 동시에 강화하는 전략적 자산으로 기능하게 된다.

## 2 BCP와 공정계획과의 통합

BCP는 위기 발생 시 조직의 핵심 기능을 유지하거나 복구하기 위한 전략이지만, 실제 건설현장에서는 일정관리(PMS)와 공정 흐름 안에서 이 전략이 적용되어야 실효성을 갖는다. 단절된 계획으로 존재하는 BCP는 실제 위기 대응에서 활용되기 어렵다. 따라서 본 절에서는 기존 공정계획에 BCP 내용을 통합하는 방법, 타계획(안전·품질)과의 연계, 그리고 발주처 보고용 실행계획서 작성기준까지 제시함으로써, BCP가 계획과 실행 간 '갭'을 메우는 연결 고리로 기능할 수 있도록 한다.

### 2.1 BCP와 공정계획의 통합 필요성

BCP는 위기 발생 시 핵심 기능을 지속하거나 복구하기 위한 전략이지만, 그 전략이 실제 공정관리 문서 속에 반영되지 않는다면 실행력은 급격히 떨어진다. 특히 건설업과 같이 공정이 시간 순서와 상호 의존성에 따라 구성된 산업에서는, 복구 전략이 **공정계획(Gantt Chart, PMS 등)**과 통합되어야만 의미 있는 실행이 가능하다.

과거 많은 기업이 BCP를 별도의 보고서로 수립한 후, 실제 일정 관리에서는 반영하지 않아 전략과 현실이 단절되는 오류를 범했다. 이를 해결하기 위해선 BCP 전략 요소를 공정계획 내 코드로 삽입하고, 일정 지연 발생 시 이를 기반으로 즉시 일정 재조정이 가능하도록 설계해야 한다.

건설업에서 사용하는 일반적인 공정계획(PMS 또는 Gantt Chart)은 아래와 같이 구성된다:

표 10-11 공정계획 예시

| 공정 번호 | 공정명 | 시작일 | 종료일 | 선행 공정 | 자원 | 비고 |
|---|---|---|---|---|---|---|
| 1 | 기초 굴착 | 7/1 | 7/10 | 없음 | 굴착기 1대 | |
| 2 | 기초 콘크리트 타설 | 7/11 | 7/12 | 1 | 레미콘 | |
| 3 | 거푸집 설치 | 7/13 | 7/16 | 2 | 작업자 3인 | |

문제는 위와 같은 일정표 안에 BCP에서 식별된 '위기 발생 지점', '자원 확보 지연 리스크', '대체 공정 또는 병행 공정' 등의 요소가 반영되어 있지 않다는 점이다. 이로 인해 공정 중단이 발생하더라도 BCP 전략을 실시간으로 적용할 수 있는 근거가 없고, 결국 관리자는 별도로 수작업 재조정을 해야 한다.

### 1) BCP 전략이 공정계획과 통합되어야 하는 이유

**① 공정 병목 구간 대응**

- 크리티컬 패스 상의 공정이 중단되면 전체 일정에 영향
- 복구 전략(RTO 기준)을 공정 시작/종료일에 반영해야 함

**② 자원 리스크 반영**

- 자재 납품 지연, 외주 인력 이탈 등은 일정 지연 요인
- 공정계획에 자원 확보 체크포인트와 리스크 점검일 삽입 필요

**③ 감리·발주처 보고서 연동**

- 공정 변경 사유를 BCP 전략과 연결하면 보고서 작성 시 정합성 확보

**④ 일정 재조정 속도 향상**

- 중단 발생 시 대체 전략이 일정표에 포함되어 있으면 즉시 조정 가능

### 2) 전략의 실행력을 높이는 통합적 접근 구조

공정계획과 BCP를 통합하면 다음과 같은 구조로 정보가 구성된다:

표 10-12 통합 정보 구성 예

| 공정명 | 중단 발생 조건 | 복구 전략 코드 | 대체 공정 여부 | 감리 보고 항목 |
|---|---|---|---|---|
| 콘크리트 타설 | 자재 미도착, 기상 악화 | C-01 | 있음<br>(타설 순서 전환) | 계획 변경 사유<br>+ 승인 요청 |
| 타워크레인 설치 | 장비 파손 | E-02 | 없음 (병목 공정) | 긴급 장비 교체 요청 |

이 표의 데이터는 각 공정계획서와 BCP 실행계획서 간에 자동 링크되거나, 수기 연계 시 명확한 참조 코드 체계를 통해 관리되어야 한다.

BCP는 전략이고, 공정계획은 실행이다. 전략이 실행되기 위해서는 일정표 안으로 들어가야 하며, 공정계획이 위기상황을 전제로 설계될 수 있어야 진정한 의미의 회복탄력성을 확보할 수 있다. 다음 절에서는 구체적으로 공정계획 문서 내에서 BCP 내용을 어떻게 삽입

하고 관리할 수 있는지를 다룬다.

## 2.2 공정계획 문서 내 BCP 반영 방식

BCP를 실행 가능한 전략으로 만들기 위해서는, 기존의 공정계획 문서(PMS, 간트차트, WBS 등)에 BCP 전략 내용을 '코드화된 항목'으로 통합 삽입하는 것이 핵심이다. 이를 통해 현장에서는 공정 흐름을 따라가면서 동시에 복구 전략을 확인하고 실행할 수 있다. 특히 일정상 병목공정, 외주 의존도가 높은 공정, 자재 수급 변수가 큰 공정 등에 BCP 항목을 집중 삽입하면, 현실적 대응력은 획기적으로 향상된다.

### 1) 공정계획 상 주요 삽입 항목

BCP는 다음 항목 형태로 공정계획 문서에 삽입될 수 있다:

표 10-13 공정계획과 BCP

| 항목명 | 설명 | 입력 방식 예시 |
|---|---|---|
| 중단 발생 조건 | 해당 공정이 중단될 수 있는 원인 | 폭우 시 타설 불가, 콘크리트 납품 지연 등 |
| 복구 전략 코드 | 사전에 정의된 복구 전략 식별자 | C-01 (타설순서전환), E-04 (예비장비 가동) 등 |
| 대체 자원 항목 | 대체 가능한 인력/자재/장비명 | 작업자 2명 추가, 예비발전기 투입 등 |
| RTO 기준 | 복구시간 목표 (일정반영 기준) | 6시간 이내, 1일 이내 복구 등 |
| 감리보고 내용 | 위기 시 보고 및 승인 항목 | 공정변경 사유 및 대체계획 포함 보고 |

이러한 항목은 기존 WBS 또는 간트차트에 추가 컬럼으로 삽입하거나, 별도의 'BCP 연계 공정 관리표'로 구성할 수 있다.

공정단위로 BCP를 반영한 공정계획서의 일부 예시는 다음과 같다.

**[공정계획서 일부 예시 - BCP 항목 통합 버전]**

- 공정명 : 콘크리트 타설 2차
- 시작일 : 7/18 종료일: 7/20
- 중단 발생 조건 : 콘크리트 미도착, 폭우
- 복구 전략 코드 : C-02 (야간 타설로 전환)
- 대체 자원 : 인력 2명 추가, 지게차 확보
- RTO : 12시간 이내 재개
- 감리 보고사항 : 자재 변경 승인 요청

이러한 공정별 정보는 일정관리 프로그램(PMS) 상에서도 필터링 및 알림 기능으로 활용 가능하며, 위험 공정 위주로 'BCP 태그'를 삽입할 수도 있다.

### 2) 선후관계 기반 복구 우선순위 설정

공정계획 상 선후행 관계(Run-on Logic)를 분석하면, 위기 발생 시 어느 공정을 우선 복구해야 할지 자동화할 수 있다. 예를 들어 다음과 같다:

표 10-14 복수우선 순위 예

| 공정명 | 선행 공정 | 복구 우선순위 | 이유 |
|---|---|---|---|
| 구조물 타설 | 철근 배근 | 1순위 | 후속 공정 전체 지연 발생 |
| 창호 시공 | 외벽 미장 | 2순위 | 외장 공정 차질 예방 |

→ 이처럼 일정 상의 경로 분석과 BCP 전략을 결합하면, 복구 시 현장 우선순위 판단이 객관화된다.

정기 점검 및 문서화 방식의 주의점은 다음과 같다.

- 공정계획에 삽입된 BCP 항목은 정기적으로 업데이트되어야 하며, 공정 회의 시 BCP 연계 항목을 함께 검토한다.
- 별도의 문서로는 'BCP 연계 공정계획 요약본'을 A3 한 장으로 제작하여 회 의용 또는 게시용으로 활용할 수 있다.

BCP는 전략이고, 공정계획은 시간이다. 이 두 요소를 같은 문서 안에 통합시킬 때 비로소 전략이 현실에서 실행된다. 중단 조건, 복구 코드, 자원 확보, RTO 기준 등이 일정관리 문서에 포함되어야 위기 대응이 스케줄 관리와 함께 움직인다. 다음 절에서는 이러한 구조를 안전·품질계획과도 통합하는 방법을 살펴본다.

## 2.3 타계획(안전·품질계획 등)과의 연계 전략

BCP가 효과적으로 작동하기 위해서는 단독으로 운영되는 것이 아니라, 기존의 안전관리계획, 품질관리계획, 환경관리계획 등과 상호 연계되어야 한다. 특히 건설업에서는 한 가지 위험이 단순히 일정 지연을 초래하는 것이 아니라, 품질 저하, 안전사고, 대외 민원으로 확대될 수 있기 때문에 BCP와 타계획 간의 통합적 사고가 요구된다. 본 절에서는 타계획과의 연계 전략을 통해, BCP를 계획 간 협업 도구로 발전시키는 방안을 제안한다.

### 1) 타계획과 BCP

타 계획과 BCP가 분리될 경우의 문제점을 정리하면 다음의 표와 같다.

표 10-15 타계획과 BCP

| 구분 | 문제점 |
|---|---|
| 안전관리계획과 분리 | 위기 상황에서 안전 매뉴얼과 복구 매뉴얼이 상충하거나 누락됨 |
| 품질관리계획과 분리 | 자재 대체 시 품질관리 기준 미연동 → 감리단 승인 지연 발생 |
| 환경관리계획과 분리 | 비상시 장비 변경에 따른 소음/먼지/폐기물 통제 미흡 |

→ 따라서 BCP의 실행계획은 반드시 타계획과 동시 검토 및 수정이 필요함

연계 가능한 주요 계획 항목들을 살펴보면, 우선 BCP 문서에서 다음 항목들을 안전·품질·환경계획과 연계할 수 있다:

표 10-16 타계획과 BCP연계

| 연계 계획 | 연계 항목 | 설명 |
|---|---|---|
| 안전관리계획 | 위기 시 작업중지 절차, 대피 동선 | BCP의 재난 대응 흐름과 일치시켜야 함 |
| 품질관리계획 | 대체 자재 사용 시 시험기준, 감리 승인 절차 | BCP 내 자재 변경 전략과 연결 |
| 환경관리계획 | 긴급 장비 투입 시 소음·진동 허용 기준 | 장비 교체 전략과 함께 검토 필요 |

이 연계는 문서상에서 '참조 항목', '공통 부록', 또는 '통합 시나리오 매뉴얼' 형태로 구현될 수 있다.

### 2) 통합 계획 매트릭스 도입

타계획과 BCP를 통합 관리하기 위해서는 다음과 같은 매트릭스를 활용할 수 있다:

표 10-17 통합 계획 매트릭스 예시

| 공정 | 중단 위험 | BCP 복구 전략 | 관련 안전대책 | 품질 연계 항목 | 보고처 |
|---|---|---|---|---|---|
| 타설 공정 | 콘크리트 미도착 | 대체 자재 투입 (C-02) | 작업중지 절차 시행 | 압축강도 시험 기준 연계 | 감리단 |
| 외장 시공 | 자재 파손 | 작업순서 전환 (C-05) | 고소작업 안전망 재설정 | 마감재 시공 기준 재적용 | 발주처 |

→ 이 매트릭스를 회의자료, 실행계획서, 훈련계획서에도 반영하면 계획 간 연 동이 현실화됨

공정 책임자 중심 통합관리체계 운영은, 각 공정의 실행 책임자는 해당 공정에 적용되는 BCP 전략, 안전기준, 품질기준, 환경기준을 통합적으로 관리해야 한다. 이를 위해 다음과 같은 프로세스를 운영할 수 있다:

- 통합 계획서 구성 (BCP + 안전 + 품질 + 환경 항목 포함)
- 공정별 대응 시나리오 내 타계획 연동 지점 명시
- 계획 간 변경 발생 시 책임자 교차 결재 체계 도입

→ 계획 간 분리된 보고체계를 하나의 통합 회의체에서 다루도록 조직 개편도 고려할 수 있다.

BCP는 단지 일정 복구 계획이 아니라, 안전, 품질, 환경, 인허가 대응 등 모든 계획 요소들을 조율하는 상위 전략이다. 따라서 각 부서가 별도로 계획을 세우는 것이 아니라, BCP 실행 흐름 안에서 각 계획이 조율되고 재조정될 수 있는 구조가 필요하다. 타계획과의 연계를 통해 BCP는 더욱 현실적이고, 실현 가능하며, 조직 전체가 일관되게 작동하는 체계를 구축할 수 있다.

## 2.4 실행계획서 및 발주처 보고용 문서화 기준

BCP가 수립되고, 공정계획과 타계획이 연계되었다면 이제 그 내용을 실행계획서 및 발주처 보고서 형태로 정리하는 단계가 필요하다. 실행계획서는 현장 책임자가 실제 위기 상황에 대응하기 위한 문서 기반 행동 매뉴얼이며, 발주처 보고 문서는 계약의 이행 신뢰성과 대응 능력을 설명하는 공식 전략 근거가 된다. 따라서 해당 문서는 형식뿐 아니라 내용의 명료성, 연결성, 증빙성이 담보되어야 하며, 실무자 중심의 구성과 외부기관 대상의 설명력을 동시에 갖춰야 한다.

### 1) 실행계획서의 구성요소

실행계획서는 다음과 같은 항목을 포함하여 구성되어야 한다

표 10-18 실행계획서 구성항목

| 항목명 | 설명 |
|---|---|
| BCP 적용 대상 공정 목록 | 크리티컬 패스 중심 또는 중단 위험이 높은 공정 선정 |
| 공정별 복구 전략 요약 | 중단 발생 시 대체 전략, 대체 자재/장비/인력 정보 포함 |
| 감리단 보고 흐름도 | 승인요청 시점, 보고 경로, 승인 완료 기준 명시 |
| 담당자 및 연락망 | 공정별, 자원별 대응 책임자 및 협력사 담당자 포함 |
| 문서 참조 링크 | 복구전략서, 자원 목록, 점검표 등 연결 문서 표시 |

이 실행계획서는 A3 또는 A4 기준 2~3페이지 요약본으로 정리해 회의 시 활용되며, 휴대나 출력이 쉬운 형식으로 관리되어야 한다.

발주처 보고용 문서 구성 기준을 살펴보면, 우선 발주처에 제출할 문서는 실행계획서에서 신뢰성과 타당성을 입증할 수 있도록 구성되어야 하며, 다음과 같은 항목을 포함하는 것이 바람직하다:

표 10-19 발주처 보고용 문서구성

| 구성 요소 | 주요 내용 |
|---|---|
| 전략 요약 | BCP 수립 목적, 공정별 위기 대응 전략 개요 |
| 시나리오 기반 대응 계획 | 중단 상황 발생 시 대응 흐름도, 보고 시점, 대체 계획 포함 |
| 복구 소요 시간(RTO) | 각 공정 복구 목표 시간 및 현실적 근거 제시 |
| 자원 확보 계획 | 인력·자재·장비의 확보처, 계약 현황, 예비자원 여부 |
| 이전 사례 | 과거 유사 상황에서 적용된 대응 사례 및 결과 요약 |

→ 보고서는 PPT 형식 요약본과 함께, 본문 PDF 또는 Word 문서 형태로 병 행 제출되며, 감리단이나 외부 평가용으로 활용 가능하다.

### 2) 중단 시나리오 기반 일정조정안 구성 예시

중단 상황이 발생했을 때 대응력을 보여줄 수 있는 문서로는 '시나리오 기반 일정조정안'이 효과적이다. 다음은 구성 예시이다:

표 10-20 시나리오 기반 일정조정안 예

| 시나리오 | 영향 공정 | 기존 일정 | 복구 전략 | 조정 일정 | 비고 |
|---|---|---|---|---|---|
| 콘크리트 타설 중단 (폭우) | 구조물 타설 | 7.15~ 7.18 | 타설 순서 변경 + 야간 작업 | 7.15~7.19 | 감리 승인 필요 |
| 창호 납품 지연 | 외장 마감 | 8.3~8.7 | 대체 업체 납품 전환 | 8.4~8.8 | 설계팀 검토 포함 |

→ 이 일정조정안은 PMS(Gantt Chart)와 연동하거나, 간이 간트표 형태로 별 도 보고용으로 작성할 수 있다.

### 3) 문서화 시 유의사항

**① 자료 출처 명시 :**

전략 및 일정은 BIA, 위험분석, 자원계획서와 연결되어야 함

**② 판단 기준의 근거화 :**

왜 이 전략을 선택했고, 어떤 점에서 실현 가능한지를 명시

**③ 보고 시점 설정 :**

위기 발생 즉시, 또는 예상 단계에서 어느 시점에 보고할지 를 명확히 함

**④ 시각자료 활용 :**

흐름도, 표, 도식 등을 통해 문서의 전달력 강화

전략은 실행계획서를 통해 현장 대응력으로 이어지고, 실행계획서는 발주처 보고서를 통해 신뢰의 언어로 바뀐다. BCP 문서는 외부에서 신뢰받고, 내부에서 실행되는 이중의 역할을 하기 때문에, 형식적 보고에 머무르지 않고 '실제로 사용할 수 있는 문서'로 구성되어야 한다. 이를 위해 실행계획서와 보고 문서는 BCP 전 과정의 핵심 요약이자, 최종 성과물로 기능해야 한다.

# 3 복구절차 매뉴얼과 연계 문서

## 3.1 복구절차 매뉴얼의 개념과 필요성

BCP가 위기 대응 전략을 설계하는 과정이라면, 복구절차 매뉴얼은 그 전략을 현장에서 실제로 구현하는 실행 지침서이다. 특히 건설업처럼 공정이 복잡하고, 외주 인력과 자원이 복합적으로 얽힌 산업에서는 위기 상황 시 '누가', '무엇을', '언제', '어떻게' 행동해야 하는지를 문서로 명확하게 제시하지 않으면 대응 자체가 공백 상태에 빠질 수 있다. 복구절차 매뉴얼은 이러한 공백을 메우는 실무 중심의 핵심 도구다.

### 1) 복구절차 매뉴얼의 정의

복구절차 매뉴얼(Recovery Procedure Manual)이란, 특정 위기 상황이 발생했을 때 해당 공정 또는 기능을 복원하기 위한 구체적 단계별 실행 절차를 문서화한 매뉴얼이다. 이는 기존의 공정계획서 또는 전략 보고서와 달리, 다음과 같은 특성을 갖는다:

표 10-21 복구메뉴얼 특성

| 구분 | BCP 전략서 | 복구절차 매뉴얼 |
|---|---|---|
| 목적 | 전략 수립과 방향성 제시 | 실행 절차와 실무 대응 제공 |
| 사용자 | 관리자, 계획 수립자 | 현장 소장, 팀장, 작업자 |
| 표현 방식 | 정책 중심 서술형 | 행동 중심 체크리스트 또는 도식형 |
| 업데이트 주기 | 연 1회 이상 | 공정별로 수시 업데이트 가능 |

이와 같은 복구 매뉴얼은 실행계획서보다 더 현장 밀착형이며, 즉각 실행 가능한 수준의 구체성이 요구된다.

### 2) 건설업에서의 복구 매뉴얼 필요성과 가치

건설 현장에서는 위기 발생 시 대응이 1시간 이내에 이뤄져야 피해를 최소화할 수 있다. 그러나 전략 문서만 존재하고, 실무자들이 구체적 절차를 이해하지 못하면 다음과 같은 문제가 발생한다:

- 자원 확보 순서나 연락처를 몰라 대응이 지연됨
- 감리단 보고 절차나 승인 방식이 표준화되어 있지 않아 일정이 정지됨
- 외주 인력, 협력사 담당자가 본인의 역할을 인지하지 못함

이를 방지하기 위해 다음과 같은 실무 중심 복구 매뉴얼이 필요하다:

표 10-22 실무중심 복구메뉴얼 예

| 유형 | 대응 매뉴얼 예시 |
| --- | --- |
| 콘크리트 타설 중단 | "우선 보양 실시 → 자재팀에 타설 연기 요청 → 감리단 변경 보고" 순서 정리 |
| 장비 고장 | "예비 장비 요청서 작성 → 장비업체 호출 → 작업 재배치" 흐름도 제공 |
| 외주 인력 결원 | "대체 인력 리스트 확인 → 인력 연락 및 현장 투입 → 공정 조정 보고" 절차 포함 |

복구절차 매뉴얼의 전략적 가치를 살펴보면, 복구절차 매뉴얼은 단순한 작업 지시서가 아니라, BCP 전략의 실행 가능성을 검증하고 실현하는 중간 연결고리다. 다음과 같은 전략적 가치가 있다:

- 훈련과의 연결성 : 매뉴얼 기반 훈련이 가능하며, 훈련 결과를 문서에 피드백 할 수 있음
- 감리단/발주처 대응 : 위기 시 매뉴얼 존재는 책임소재를 명확히 하고, 대응 논리를 강화함
- 협력사 연계성 강화 : 외주사에 역할 분장을 제공함으로써 연속성 대응 체계 를 구축

전략은 복구절차 매뉴얼을 통해 실행되고, 실행은 곧 조직의 회복탄력성을 결정짓는다. 따라서 복구절차 매뉴얼은 단순한 현장 문서가 아니라, BCP를 완성하는 핵심 구성 요소다. 다음 절에서는 이러한 매뉴얼을 어떻게 구성하고, 어떤 형식으로 제작해야 하는지를 구체적으로 제시한다.

## 3.2 복구절차 매뉴얼의 표준 구성요소와 형식

복구절차 매뉴얼이 실무에서 제대로 작동하기 위해서는 일관된 구조와 형식을 갖춘 표준 양식이 필요하다. 다양한 공정과 리스크 상황에서 작성되는 매뉴얼이 각기 다른 형식으로 존재하면, 현장에서는 혼란이 생기고 적용이 어려워진다. 따라서 본 절에서는 모든 복구 매뉴얼에 공통적으로 포함되어야 할 구성요소와 그 서식 형식을 제시함으로써, 실무 적용성과 반복 활용 가능성을 높이고자 한다.

### 1) 표준 구성요소 : 6대 핵심 항목

복구 매뉴얼은 다음 6가지 핵심 항목을 중심으로 구성되어야 한다:

표 10-23 복구메뉴얼 핵심항목

| 항목 | 설명 |
| --- | --- |
| ① 공정명 또는 기능명 | 해당 매뉴얼이 적용되는 공정 또는 기능 구분 (예: 타설, 양중, 입고검수 등) |
| ② 중단 발생 조건 | 위기 발생 원인 또는 중단 유발 상황 명시 (예: 자재 미도착, 장비 고장 등) |
| ③ 초기 대응조치 | 위험 발생 직후 가장 먼저 수행해야 할 행동<br>(예: 현장 정지, 장비 셧다운, 감리 통보 등) |
| ④ 복구 단계별 조치 | 복구 흐름에 따라 실행해야 할 세부 단계 명시 (예: 자원 요청 → 승인 → 배치 등) |
| ⑤ 책임자 및 역할 분장 | 각 단계별 담당자 및 협조 부서 명시 (예: 자재팀, 장비팀, 소장 등) |
| ⑥ 참조 문서 및 양식 | 해당 조치와 연계되는 문서 코드 또는 양식명 기재<br>(예: 자원 요청서 A-3, 감리보고서 F-2 등) |

이 항목은 A4 한 장 또는 A3 가로형 포맷에 맞춰 1공정 1매뉴얼로 작성하는 것이 가장 효과적이다.

**[복구절차 매뉴얼]** - **예시** (공정: 콘크리트 타설)

1. 공정명 : 콘크리트 타설 3차
2. 중단 발생 조건 : 기상 특보(강우량 30mm 이상), 자재 지연(콘크리트 미 도착 30분 초과)
3. 초기 대응조치 :
   - 타설 중지 및 양생 계획 전환
   - 감리단 상황보고 및 타설 연기 요청
4. 복구 단계별 조치 :
   ① 예비자재 확보 요청 (자재팀)
   ② 타설 일정 재조정 승인 (공무팀)
   ③ 대체 작업자 호출 (협력사 A)
   ④ 공정 재시작 전 안전 점검 (안전팀)
5. 책임자 :
   - 총괄 : 현장소장 / 실행: 공무팀장 / 지원: 자재팀, 협력사 A
6. 참조 문서 :

- 자재요청서(A-3), 타설 일정표(C-1), 감리보고서(F-2)

이러한 템플릿은 모든 공정 유형에 동일하게 적용되며, 작성자는 양식만 따라가도 최소한의 복구 정보는 담을 수 있다.

### 3) 문서 형식 유형별 구분 및 시각화 구성요소

복구절차 매뉴얼은 사용 목적과 대상에 따라 다음과 같은 형식으로 구분되어야 한다:

표 10-24 복구메뉴얼 형식

| 형식 | 활용 대상 | 특징 |
|---|---|---|
| A4 세부판 | 문서 보관 및 훈련용 | 세부 절차 중심, 문장 중심 설명 포함 |
| A3 요약판 | 회의실/사무실 비치용 | 도식 + 절차 요약 + 연락망 포함 구성 |
| 게시형 포스터 | 현장 게시판 | 핵심 조치 중심 요약, 체크리스트 형태, 한눈에 보기 쉬운 구성 |
| 모바일 공유형 | 클라우드 기반 문서 | 검색 가능, 링크 기반 참조 문서 연결 지원 |

→ 동일 매뉴얼이 여러 형식으로 배포되어야 현장 이해도와 사용성이 극대화 된다.

시각화 방안으로, 복구 매뉴얼은 다음과 같은 시각자료를 포함할 경우 즉각적인 인지도를 높일 수 있다:

- 복구 플로우차트 : 단계별 절차를 화살표 흐름으로 연결
- 체크리스트 : 실행 완료 여부를 점검하는 항목별 확인란
- 아이콘 기반 경고 표시 : 장비 고장, 인력 결원, 감리 보고 필요 등 상황을 시 각적으로 구분

복구절차 매뉴얼은 내용보다 형식이 실행력을 좌우한다. 아무리 훌륭한 전략도, 현장에서 읽히지 않고 적용되지 않으면 무용지물이다. 따라서 표준화된 구성요소와 다양한 사용 목적에 맞춘 형식으로 복구 매뉴얼을 체계화함으로써, 위기 대응의 기동성을 확보할 수 있다. 다음 절에서는 이 매뉴얼과 연동되는 실행 문서와 시스템에 대해 다룬다.

## 3.3 복구 매뉴얼과 연계되는 주요 실행 문서

복구절차 매뉴얼은 위기 상황에서의 핵심 실행 지침서이지만, 이 매뉴얼만으로 복구가 완료되는 것은 아니다. 실제 복구 과정에서는 다양한 부서 간 협조, 승인 절차, 자원 확보, 외부 보고 등이 병행되어야 하며, 이를 뒷받침하는 각종 실행 문서가 함께 작동해야 한다.

따라서 복구 매뉴얼은 단순한 '설명서'가 아닌, 여러 실행 문서들과 연계된 실행 네트워크의 중심 노드로 이해되어야 한다.

### 1) 복구절차 매뉴얼과 연계되는 문서의 범주

복구 매뉴얼이 작동할 때 함께 활용되어야 할 주요 실행 문서는 다음과 같이 분류된다:

표 10-25 실행문서 분류

| 문서 범주 | 문서 예시 | 용도 |
|---|---|---|
| 자원 요청 관련 | 자재 요청서, 인력 호출표, 장비 사용 신청서 | 복구를 위한 핵심 자원 확보 절차 실행 |
| 보고·승인 관련 | 감리 보고서, 발주처 공정변경 요청서 | 일정 변경, 자재 대체 등의 정당성 확보 |
| 기록·증빙 관련 | 복구 이행 일지, 대응 상황보고서, 사진 기록표 | 후속 평가 및 외부 감사 대응용 |
| 훈련·교육 관련 | 복구 매뉴얼 훈련 체크리스트, 이행평가표 | 복구 매뉴얼 실전 숙련도 제고 |

→ 이러한 문서들은 복구 매뉴얼의 각 단계에서 '필요문서' 항목으로 참조되어야 한다.

아래는 복구절차 매뉴얼과 실행 문서 간 연계 구조를 단계별로 도식화한 예시이다:

**[복구 매뉴얼 단계별 실행 문서 연계 예시: 자재 납품 지연 시 대응]**

① 중단 발생 인지

→ 자재 미도착 → 현장일지 기록 (일지 양식 L-1)

② 초기 대응 조치

→ 자재 요청서 작성 및 승인 (양식 A-3)

→ 대체 자재 목록 검토 (참조문서: 대체자재표 M-2)

③ 감리·발주처 보고

→ 공정변경 요청서 작성 (양식 G-1)

→ 일정 재조정표 첨부 (문서코드 S-5)

④ 대응 실행 및 복구 완료

→ 복구 결과 보고서 작성 (양식 R-3)

→ 복구 사진 및 로그 첨부

→ 복구 매뉴얼에는 위 흐름을 그림 또는 표로 시각화하여 포함시켜야 실효성 이 높아진다.

#### 2) 문서 참조 방식과 코드 관리

문서의 연계성을 높이기 위해, 다음과 같은 코드화 기준을 활용하는 것이 효과적이다:

표 10-26

| 서 유형 | 코드 예시 | 비고 |
|---|---|---|
| 요청서류 | A-1~A-9 | 자재, 장비, 인력 요청에 사용 |
| 승인문서 | G-1~G-5 | 감리/발주처 보고 및 일정변경 요청 |
| 일지류 | L-1~L-4 | 대응상황, 감리통보, 복구이행 상황 기록용 |
| 참조표 | M-1~M-5 | 자원 목록, 대체자재표, 공정 흐름도 등 |

→ 매뉴얼 상에는 “참조 문서: G-1, M-2”와 같이 표시하여 참조를 유도한다.

복구 매뉴얼과 관련 문서들을 하나의 플랫폼에서 통합 관리할 수 있다면 실행 속도와 공유 효율성이 크게 향상된다. 이를 위해 다음과 같은 연계 전략이 필요하다:

- 문서 폴더 구조 통합 : ‘공정별 → 복구매뉴얼 → 관련 문서’ 식 구조로 구성
- QR코드 부착형 문서화 : 각 매뉴얼에 QR코드 삽입 → 모바일로 관련 문서 바 로 접근
- 검색 메타데이터 삽입 : 각 문서에 코드, 작성일, 관련 공정, 문서종류 태그 부여

복구절차 매뉴얼은 단독 실행 문서가 아닌, 다양한 요청서, 승인서, 증빙자료와 함께 작동하는 실행 문서 네트워크의 중심축이다. 각 매뉴얼마다 연계되어야 할 문서들이 명확히 지정되고, 현장에서는 그 문서에 바로 접근할 수 있는 체계가 갖춰져야 한다. 이러한 연계 구조가 갖춰질 때 복구 매뉴얼은 비로소 ‘전략 + 실행 + 책임’이 연결된 완결형 도구로 기능할 수 있다.

### 3.4 복구절차 매뉴얼의 유지관리와 개선 절차

복구절차 매뉴얼은 일회성 작성으로 끝나는 문서가 아니다. 현장의 변화, 공정 변경, 협력사 교체, 훈련 피드백 등 다양한 변동 요소에 따라 매뉴얼은 지속적으로 개선되어야 하며, 이를 위한 정기 점검 체계와 수정 절차가 반드시 수립되어야 한다. 복구 매뉴얼이 ‘살아 있는 문서’가 되기 위해 필요한 것은 바로 체계적인 유지관리 프로세스다.

### 1) 정기 점검 및 갱신 주기 설정

복구 매뉴얼은 최소 연 1회 이상 정기 점검을 통해 다음 기준에 따라 갱신 여부를 판단해야 한다:

표 10-27 매뉴얼 점검 개요

| 점검 항목 | 세부 내용 | 갱신 필요 기준 |
|---|---|---|
| 공정 내용의 변화 | 공정 순서 변경, 병합 또는 신규 공정 발생 | 해당 공정 매뉴얼 신규 작성 또는 수정 |
| 자원 관련 정보 | 자재, 장비, 인력 확보 방식 변경 | 자원 목록 및 대응 절차 업데이트 |
| 담당자 교체 | 현장소장, 팀장, 협력사 담당 변경 | 연락망 및 책임자 항목 갱신 |
| 관련 문서 개정 | 연계 문서 코드 변경, 승인서식 개정 | 참조 문서 항목 정비 |

→ 갱신 시 반드시 버전 번호, 수정 일자, 수정 내역 요약이 매뉴얼 하단에 표기되어야 함

복구절차 매뉴얼은 훈련을 통해 현실성과 실효성을 검증받는 문서이므로, 훈련 이후 다음 항목에 대한 피드백이 자동 반영되어야 한다:

표 10-28 매뉴얼 피드백 항목

| 훈련 항목 | 피드백 반영 항목 | 매뉴얼 수정 방향 |
|---|---|---|
| 실행 시간 지연 | 담당자 인지 부족, 절차 복잡 | 절차 간소화 또는 역할명 구체화 |
| 문서 접근 실패 | QR코드 미비, 현장 미게시 | 모바일 접근 경로 추가 또는 재배치 |
| 대체 전략 미작동 | 자원 미확보, 대체자재 승인 실패 | 자원 확보 항목 명확화 및 감리보고 경로 추가 |

→ 훈련 후 5일 이내 매뉴얼 개선안 초안을 작성하여 BCP 총괄 검토 후 반영

### 2) 수정 절차. 승인 체계 및 버전관리

복구 매뉴얼 수정은 반드시 단계별 승인 절차를 거쳐야 하며, 다음과 같은 체계로 관리된다:

- 작성자 : 변경 사유 발생 시 수정안 작성 및 기록
- 공정 책임자 검토 : 변경 내용의 타당성 검토 및 서면 확인
- BCP 총괄 검토 : 문서 전체 정합성 검토 및 버전 승인

- 공유 및 저장 : 클라우드 또는 중앙 문서 시스템에 갱신 등록

→ 수정된 문서는 과거 버전과 비교 가능한 형태로 관리되어야 하며, 최신 버전만 현장에 게시되어야 함

복구절차 매뉴얼은 다른 실행 문서들과 연결되므로, 다음과 같은 문서코드 및 버전관리 기준을 적용한다:

표 10-29

| 코드 예시 | 의미 | 비고 |
|---|---|---|
| R-03-TSL-2024-V2 | 복구절차 3번 / 타설공정 / 2024년 / 버전2 | 공정별 고유번호 + 연도 + 버전 포함 |

→ 수정 이력표는 문서 마지막 페이지에 '버전 이력란'으로 삽입

현장에서 자율적으로 문서 개선을 유도하기 위해 다음과 같은 '현장 피드백 시스템'을 운영할 수 있다:

- 현장 QR코드 피드백 입력 폼 운영 : 문서별 의견 접수
- 월간 피드백 검토 회의 운영 : 1회/월 각 팀 담당자 회의 → 수정 후보 도출
- 정기 설문조사 실시 : 반기 1회 이상 주요 공정 매뉴얼 만족도 조사

→ 유효 피드백은 문서 갱신시 반영하고, 훈련 보고서에도 통합 정리함

복구절차 매뉴얼은 작성이 아닌 '운영'을 통해 완성된다. 정기 점검, 훈련 피드백, 책임자 승인 체계를 통해 끊임없이 개선되는 문서만이 실제 위기 대응력을 담보할 수 있다. 문서의 생명력은 관리에서 시작되며, 현장 중심의 피드백 루프와 버전 관리 체계는 그 생명을 유지하는 핵심 요소다.

## 참고문헌


1. Ghandour, A. (2014). Identifying dimensions of business continuity plan from common expressions among business continuity professionals. International Journal of Business Administration.
2. Anne, K. M. (2012). Agile business continuity planning using business process modeling notation.
3. Nakazawa, K., Ohtomo, S., & Kimura, R. (2024). Study on the implementation status of business continuity plan (BCP) trainings and exercises in companies. 24WCEE.
4. Dey, M. (2011). Business continuity planning (BCP) methodology—Essential for every business. IEEE GCC Conference and Exhibition
5. Okuno, I. (2023). Introduction of business continuity plan for small and medium-sized local construction companies. IOP Conf. Series: Earth and Environmental Science.
6. Sambo, M. F. (2014). An investigation into business continuity plan (BCP) failure during a disaster event.
7. Bajgorić, N., Turulja, L., & Alagić, A. (2022). Business continuity management and disaster recovery planning: Compliance in practice. In Always-On Business(pp. 57–74). Springer.
8. Okolita, K. (2009). Business continuity and disaster recovery planning. In Official (ISC)² Guide to the CISSP CBK. Taylor & Francis.
9. Supriadi, L. S. R., & Pheng, L. S. (2018). Business continuity management in construction. Springer.
10. Alfalasi, A. A. (2016). Developing a framework for improving business continuity management success (BCM) in UAE construction industry. ProQuest.
11. Akinbola, D. (2018). Creating a business continuity plan for WhiteRock Finland KY. Theseus.fi.
12. Fikri, A. M., Fachrureza, F., & Octaraisya, N. (2021). Implementation of business continuity planning at PT. XYZ. JBTI: Jurnal Bisnis Teori dan Implementasi, 12(2).
13. Sawalha, I. H. (2021). Views on business continuity and disaster recovery. International Journal of Emergency Services, 10(2), 147–161.
14. Petrenko, S. (2022). Developing an enterprise continuity program. CRC Press.
15. Heng, G. M. (2004). Managing your business continuity planning project. McGraw-Hill.

16. Hiles, A. (2014). Business continuity management: Global best practices. Rothstein Publishing.

17. Scanlan, S. (2006). Continuity planning and management: Addressing the risks of the small business unit. ProQuest.

18. Fani, S. V., & Subriadi, A. P. (2019). Business continuity plan: Examining a multi-usable framework. Procedia Computer Science, 161, 117–124.

19. Will, M., & Brauweiler, J. (2020). Business continuity planning. In Sustainable Cities and Communities. Springer.

20. Supriadi, L. S. R., Sui Pheng, L., & Supriadi, L. S. R. (2018). Business continuity management (BCM). In Business Continuity Management in Construction(pp. 43–66). Springer.

제11장

# 훈련, 테스트 및 유지관리

BCP는 문서화된 계획이 아니라, 실전에서 작동해야 하는 실행 시스템이다. 따라서 아무리 정교하게 수립된 BCP 전략이라도 주기적인 훈련과 테스트를 통해 검증되지 않으면 실효성을 담보할 수 없다. 특히 건설업처럼 외주 인력과 장비에 대한 의존도가 높고, 공정별 시간 여유가 제한된 산업에서는 대응 역량이 곧 사업 연속성을 결정짓는다. 본 장에서는 Tabletop 훈련과 실제 훈련 유형, 훈련 후 피드백과 개선 절차, 문서의 정기적 업데이트 및 내부 유지관리 체계를 중심으로 BCP 실행력을 지속적으로 강화하는 방법을 제시한다. 이는 단순한 훈련 매뉴얼이 아니라, 조직 전체가 위기에 대응하는 근육을 기르는 과정이며, BCP가 조직 문화로 뿌리내리는 핵심 경로이기도 하다.

## 1 BCP훈련의 개념과 방법

### 1.1 훈련의 개념과 설계 방법

건설업에서 수립된 BCP는 재해나 위기 발생 시 업무 중단을 최소화하고, 핵심 기능을 조속히 복구하기 위한 일련의 계획을 말한다. 그러나 이 계획이 실제 상황에서 제대로 작동할 수 있으려면, 문서로 정리된 전략을 실제로 실행해보는 '훈련'이 반드시 병행되어야 한다. 훈련은 단순한 시뮬레이션을 넘어서, BCP를 조직 전체에 체화시키고, 각 구성원의 역할과 절차를 명확히 숙지시키는 중요한 활동이다.

특히 건설업과 같이 공정 간 연계가 복잡하고, 외주 및 협력사 의존도가 높은 산업에서는 대응 속도와 조직 간 협조가 생존을 좌우한다. 따라서 훈련은 단순한 설명회나 보고회가 아니라, 현장 실무자가 위기 상황에서 '정확히 무엇을 언제, 어떻게 해야 하는지'를 반복적으로 숙달하는 행동 기반 교육 시스템이다.

### 1) 훈련의 목적 : 실행 가능성과 대응 역량의 검증

BCP 훈련은 다음과 같은 목적을 달성하기 위해 설계된다:

- 수립된 BCP 전략과 매뉴얼이 현실에서 작동 가능한지 검증
- 조직 내 각 구성원(소장, 팀장, 협력사 등)의 역할과 책임을 명확히 인식
- 자원 요청, 승인, 보고 등의 절차가 시간 내에 수행 가능한지 점검
- 외주사 및 협력업체 간 연계된 복구 전략의 실행성 점검
- 문제 발생 시 커뮤니케이션 및 의사결정 흐름의 정확성 확인

훈련을 통해 조직은 단순히 'BCP가 있다'는 수준을 넘어, 'BCP에 따라 행동할 수 있다'는 수준으로 나아갈 수 있다. 이 차이는 실제 위기 상황에서 조직의 손실 규모, 복구 속도, 대외 신뢰도에 결정적 영향을 미친다.

### 2) 훈련 설계의 핵심 단계

BCP 훈련을 효과적으로 설계하기 위해서는 다음과 같은 단계를 구조화하여 접근해야 한다:

#### ① 훈련 목표 수립

훈련의 최우선 설계 요소는 목표 설정이다. 예를 들어 "자재 납품 지연 시 대체 자재 요청 및 승인 절차를 복구 매뉴얼에 따라 수행할 수 있는가"와 같은 명확한 목표가 있어야 한다. 목표가 불분명하면 훈련은 단순한 모의 상황 재현으로 끝날 수 있다.

#### ② 훈련 범위와 대상 설정

훈련은 전체 조직이 동시에 참여하는 전면형일 수도 있고, 특정 부서 또는 공정에만 집중한 기능별일 수도 있다. 따라서 공정 흐름, 자원 확보 범위, 외부 기관의 참여 여부에 따라 훈련 대상 범위와 인원을 결정해야 한다.

#### ③ 시나리오 구성

BCP 훈련의 성패를 좌우하는 가장 핵심 요소는 '시나리오'이다. 시나리오는 단순한 이벤트가 아니라, 실제 발생 가능한 위기 상황을 기준으로, 대응 단계를 시간 순서에 따라 구조화한 도식이다. 시나리오는 다음과 같은 구조로 설계된다:

- 트리거(Trigger) : 위기 발생 원인 (예: 콘크리트 납품 지연, 태풍 피해 등)
- 상황 전개 : 위기 발생 이후 조치가 필요한 단계별 이벤트
- 참여자 대응 : 각 구성원이 어떤 행동을 언제 수행해야 하는지
- 결과 및 복구 목표 : 복구 시간(RTO), 품질 목표, 발주처 승인 여부 등

시나리오는 가능하다면 과거 현장에서 발생했던 사례를 바탕으로 구성하는 것이 훈련

효과를 높인다.

#### ④ 역할 분장과 문서 설계

훈련에서 중요한 것은 단지 '무엇을 한다'가 아니라 '누가 무엇을 언제 어떻게 수행하는가'이다. 이를 위해 각 참여자의 역할을 명확히 설정한 '역할 분장표'가 필요하다.

- 예시 :
  - 자재팀 : 대체 자재 목록 확인, 자원 요청서 작성 및 발송
  - 공무팀 : 감리단 승인 절차 수행, 공정 조정보고서 작성
  - 현장소장 : 상황 판단, 총괄 지휘 및 최종 보고 책임

이와 함께 복구 매뉴얼, 요청서, 승인서, 회의록 등 훈련 중 실제로 활용될 문서 양식도 사전 구성되어야 하며, 훈련 중 직접 기입하거나 QR코드를 통해 실시간으로 확인 가능한 구조여야 한다.

#### ⑤ 평가와 피드백 구조 설계

훈련은 끝나는 순간부터 다음 훈련을 위한 준비가 시작된다. 이를 위해 다음과 같은 평가 항목을 미리 설계해야 한다:

- 실행 시간 및 지연 사유 분석
- 문서 작성 정확도 및 제출 시간
- 대응 판단의 타당성과 보고 흐름의 정확성
- 참여자의 역할 이해도 및 적극성
- 커뮤니케이션 오류 여부 및 협력사 대응 평가

평가는 훈련 종료 직후 작성되는 평가표, 설문, 회의록, 인터뷰 등을 통해 수집되며, 종합 피드백 보고서로 정리되어야 한다.

### 3) 설계 시 유의사항 및 실무 팁

#### ① 시나리오는 단순할수록 좋다 :

훈련의 목적은 복잡한 사건 재현이 아니라, 복구 전략이 '작동 가능한지' 확인하는 데 있다.

#### ② 문서 기반 훈련을 병행하라 :

복구 매뉴얼이나 자원 요청서가 실제로 어떻게 쓰이는지를 훈련에서 직접 다루지 않으면 문서가 현장에서 작동하지 않는다.

#### ③ 현장 여건을 고려하라 :

훈련 시기가 공정의 병목 시기와 겹치면 실행이 어렵다. 가급적 비성수기 또는 특정 공

정 완료 이후로 계획한다.

**④ 발주처/감리단 대응을 염두에 두라 :**

주요 훈련은 보고용 결과보고서를 발주처나 감리단에 제출하거나, 참관을 요청할 수 있다. 이 경우 훈련의 완성도와 문서화 수준이 외부 평가의 기준이 되므로 체계적 준비가 필요하다.

BCP 훈련은 단지 반복되는 연례 이벤트가 아니다. 그것은 위기 상황에서 조직이 침착하고 정확하게 반응할 수 있도록 만드는 시스템의 반복 훈련이며, 조직의 신경망을 테스트하는 실험장이다. 건설업은 수많은 외부 변수에 노출되어 있으며, 각각의 변수는 공정 중단, 품질 저하, 계약 손실로 이어질 수 있다. 그러므로 훈련 설계는 곧 생존 역량을 설계하는 과정이며, 이를 위한 기획은 전략만큼 정교해야 한다.

## 1.2 훈련 유형

BCP 훈련은 모든 조직이 동일한 방식으로 진행해야 하는 고정된 활동이 아니다. 조직의 규모, 준비 수준, 자원 가용성, 협력사 참여 가능성 등에 따라 다양한 방식으로 설계되고 실행되어야 한다. 특히 건설업과 같이 공정이 중심이 되는 산업에서는 각 훈련 유형의 특성과 한계를 정확히 이해하고, 목적에 맞는 유형을 선택·조합하는 것이 실행력을 좌우한다.

본 절에서는 건설업에서 실무적으로 적용 가능한 대표적인 BCP 훈련 유형들을 개념, 목적, 적용 조건, 장단점 중심으로 서술하고, 훈련 유형 간 비교를 통해 조직 맞춤형 훈련 체계를 구성할 수 있는 기반을 제공하고자 한다.

### 1) 주요 훈련 유형별 설명

**① Tabletop 훈련**

- 정의 : 위기 시나리오를 바탕으로 각 참여자가 역할별로 대응을 토의하는 회의형 훈련
- 자원 동원 : 없음 (문서와 인력만 참여)
- 주요 목적 : 절차 검토, 역할 인식도 점검, 전략 실행 논리성 검증
- 적합 상황 : 신규 현장, 문서 수립 직후, 감리단 사전 검토 전
- 장점 : 저비용, 빠른 시행, 전략 검토에 적합
- 한계 : 행동 실행력 점검은 어려움

**② 실제 훈련(Drill)**

- 정의 : 자재·인력·장비 일부 또는 전부를 동원하여 복구 절차를 실행해보는 현장형 훈련

- 주요 목적 : 문서 작동성, 자원 호출, 보고·승인 절차의 실행 가능성 검증
- 적합 상황 : 복구매뉴얼 점검, 감리 보고 전, 공정 전환기
- 장점 : 실행력 강화, 절차 오차 수정 가능
- 한계 : 준비 소요가 크고, 협력사 일정 조율 필요

### ③ 기능별 훈련

- 정의 : 자재팀, 장비팀, 공무팀 등 특정 부서 단위로 훈련을 진행해 개별 기능을 강화하는 훈련
- 주요 목적 : 역할별 정확도 향상, 사전 훈련, 복합형 훈련 준비 단계
- 적합 상황 : 재직자 반복 교육, 신규 인력 숙련도 향상
- 장점 : 집중도 높음, 평가 용이
- 한계 : 전체 공정과 연계성은 부족함

### ④ 복합형 연계 훈련

- 정의 : Tabletop + Drill + 기능별 요소를 조합한 대규모 시나리오 기반 연계 훈련
- 주요 목적 : 외주사 포함 전체 연계 구조 점검, 실전 대응 검증
- 적합 상황 : 대형 프로젝트, 준공 전 사전 점검, 지자체·감리 참여 훈련
- 장점 : 통합성 최고, 조직 전반 역량 향상
- 한계 : 설계·조율·비용 부담 큼

### ⑤ 비공지형(Blind) 훈련

- 정의 : 사전 통보 없이 위기 상황을 부여하고 즉시 대응하도록 하는 훈련
- 주요 목적 : 반사적 대응 능력, 판단력, 정보 공유 속도 점검
- 적합 상황 : 중간 점검, 감리단 참관 시 신뢰 확보
- 장점 : 리얼리티, 긴장감 높음, 진짜 문제 발견 가능
- 한계 : 혼선 발생 위험, 스트레스 유발 가능

### ⑥ 시뮬레이션 기반 훈련

- 정의 : VR 또는 디지털 기반 가상 위기상황 시뮬레이터를 활용한 비대면·교육 중심 훈련
- 주요 목적 : 반복 학습, 교육 훈련, 복잡 시나리오 재현
- 적합 상황 : 신규 직원, 협력사 사전 교육, 정량 평가 병행
- 장점 : 반복 가능, 비용 효율 높음, 시간 제약 적음
- 한계 : 실제 공정과 다소 거리감 있음, 감리 보고용으로는 한계

표 11-1 훈련의 유형과 개념

| 훈련 유형 | 개념 | 특징 및 목적 |
|---|---|---|
| Tabletop 훈련 | 시나리오를 중심으로 각자의 대응을 토의 방식으로 검토 | 저비용·고효율, 초기 실행성 점검, 문서 검토 적합 |
| 실제 훈련 (Drill) | 일부 자원과 장비를 동원해 위기 발생과 복구 절차를 실행 | 복구절차 숙련도 향상, 자원 요청 - 배치 - 보고 실습 포함 |
| 기능별 훈련 | 특정 부서 또는 기능(예: 자재, 감리보고) 단위로 훈련 수행 | 역할별 대응력 향상, 연계훈련 대비 준비단계로 적합 |
| 복합형 연계 훈련 | 여러 공정과 외부 협력사를 동시에 참여시켜 실행 훈련 | 실전 대응 체계 통합 검증, 병목공정 식별 가능 |
| 비공지형(Blinded) 훈련 | 사전 통보 없이 즉흥적 위기 상황을 주고 대응하게 함 | 실전성 극대화, 판단력·보고 정확성 검증 |
| 시뮬레이션 시스템 훈련 | 가상현실 또는 디지털 시뮬레이터를 활용한 반복적 학습 | 반복 교육, 복잡 시나리오 재현, 교육용 병행 가능 |

## 2) 훈련 유형 간 비교표

| 구분 | Tabletop | 실제 훈련 | 기능별 훈련 | 복합 연계 훈련 | 비공지형 훈련 | 시뮬레이션 기반 |
|---|---|---|---|---|---|---|
| 실행 환경 | 회의실, 사무실 | 현장 (공정 내) | 부서별 지정장소 | 복수 공정·현장 연계 | 현장 또는 본사 | 디지털 기반 공간 |
| 자원 동원 | 없음 | 있음 | 제한적 | 있음 (협력 포함) | 있음 (기습 포함) | 없음 |
| 주요 목적 | 문서 검토, 역할 인식 | 복구 절차 실행 | 역할별 숙련도 강화 | 총체적 대응 검증 | 대응 민첩성 검증 | 반복 학습, 비용 절감 |
| 장점 | 비용 적음, 즉시 가능 | 실행 숙련도 확보 | 정밀 피드백 가능 | 총력훈련, 외주 연계 검증 | 대응 반사력 강화 | 지속 교육, 교육관리 용이 |
| 한계 | 실행력 미검증 | 자원·시간 소모 | 전체 통합성 약함 | 준비시간·자원 소모 큼 | 스트레스 및 오류 유발 | 현장성 부족 가능 |

건설업에서 BCP 훈련은 단일 유형으로 해결될 수 없다. 프로젝트의 규모, 참여자의 구성, 훈련 목적에 따라 유형을 적절히 선택하거나 복합 운영해야 한다. 일반적으로는 아래와 같은 연간 운영 모델이 효과적이다:

- 1분기 : Tabletop (전략 검토)
- 2분기 : 기능별 훈련 (자재팀, 공무팀 등)
- 3분기 : Drill 또는 복합형 훈련 (중요 공정 중간)
- 4분기 : 비공지형 점검 + 시뮬레이션 교육 (성숙도 평가)

이를 통해 조직은 훈련을 단지 이벤트가 아닌 운영 루틴의 일부이자 지속 개선의 도구로 활용할 수 있으며, 점차적으로 BCP를 '살아있는 시스템'으로 자리잡게 된다.

## 1.3 훈련 계획 수립 및 실행 절차

BCP 훈련이 실효성 있게 운영되기 위해서는 단순한 훈련 실행이 아니라, 연간 계획 수립 → 시나리오 구성 → 역할 배정 → 실행 후 평가까지 전 단계가 사전에 정비되어야 한다. 특히 건설업의 특성상 공정 일정, 외주 참여, 자원 가용성 등을 고려해야 하므로 훈련은 임의로 진행할 수 없다. 본 절에서는 BCP 훈련의 전체 계획 수립 흐름과 실행 단계별 절차를 체계적으로 제시한다.

### 1) 연간 훈련 계획 수립 절차

BCP 훈련은 조직이 위기 대응 역량을 점진적으로 성숙시켜 나가기 위한 연속적인 활동이다. 건설업의 특성상 공정 흐름과 협력사의 일정, 자원의 동원 가능성 등 다양한 요소를 고려해야 하므로, 단편적 훈련이 아닌 연간 단위의 계획 수립이 필수다.

첫 단계는 훈련 대상 공정의 선정이다. 핵심 공정, 중단 시 파급력이 큰 공정, 또는 과거 사고가 있었던 공정을 우선 대상으로 삼는다. 다음으로는 훈련 유형의 결정이 필요하다. 전략 점검에는 Tabletop, 실행력 검증에는 실제 훈련, 외주 연계 점검에는 복합형 연계훈련 등 목적에 따라 유형을 구분한다.

훈련 유형이 결정되면, 연간 일정표를 구성한다. 시공 일정과 병행할 수 있도록 공정별로 적절한 시기를 배치하고, 참여 인원의 근무 조건도 고려해야 한다. 이후에는 훈련 소요 자원과 예산을 산정한다. 자재, 장비, 인력, 회의 공간, 교육 자료 등이 포함된다.

마지막으로는 협력사·감리단 등 외부 참여자와 일정 조율을 해야 한다. 주요 협력사에는 연간 훈련 일정 사전 통보, 발주처에는 보고 계획 포함 여부를 검토해 연계성을 확보한다.

**① 훈련 대상 공정 선정**

- 크리티컬 패스 또는 위험도가 높은 공정 우선
- 과거 사고 이력 보유 공정

**② 훈련 유형 결정**

- Tabletop, 실제 훈련, 기능별, 복합형 등 상황에 따라 선정

**③ 연간 일정표 작성**

- 시기별 공정 흐름과 자원 가능성을 고려하여 배치

**④ 훈련 예산·자원 계획**

- 자재/인력/소요시간/장비 등 필요자원 목록화

**⑤ 외부 참여자 조율**

- 협력사, 감리단, 발주처 등의 사전 일정 공유 및 참여 유도

### 2) 훈련 설계 구성요소

효율적인 훈련 실행을 위해서는 훈련을 하나의 프로그램으로 간주하고, 세부 구성 요소를 체계적으로 설계해야 한다. 가장 먼저 훈련 목적을 명확히 설정한다. 목적은 '역할별 대응능력 향상', '복구 시간 단축 검증', '감리보고 흐름 확인' 등으로 설정할 수 있다.

훈련 목적이 설정되면 이에 맞는 시나리오를 구성한다. 실재 사례 기반, 과거 사고 사례 변형, 또는 전격형 블라인드 위기 상황 구성 등 다양하게 설계할 수 있다.

그 다음은 참여자 역할 분장표를 준비해야 한다. 공무팀, 자재팀, 현장소장, 협력사 담당자 등 각자의 대응 행위와 순서를 문서화하여 혼선을 방지한다.

훈련 시에는 해당 시나리오에 필요한 관련 문서를 사전에 준비한다. 복구 매뉴얼, 자원 요청서, 승인 양식, 이행기록지 등이 이에 해당하며, 사본 또는 QR코드 등 접근 가능한 방식으로 제공해야 한다.

마지막으로는 훈련 평가 기준과 피드백 수집 항목을 설정한다. 실행 시간, 대응 정확도, 의사결정 흐름, 자원 요청 정확성 등을 항목화하여 체크리스트나 설문지를 통해 수치화할 수 있도록 설계한다.

표 11-2 훈련 구성요소

| 항목 | 설명 |
|---|---|
| 훈련 목적 | 시나리오 검증 / 복구 절차 점검 / 자원 호출 테스트 등 |
| 시나리오 | 실제 사례 기반 또는 가상의 위기 상황 구성 |
| 역할 분장표 | 참여자별 대응 행위 정의 (소장, 자재팀, 공무팀 등) |
| 문서 목록 | 복구 매뉴얼, 요청서, 승인 양식 등 포함 |
| 평가 기준 | 실행 시간, 의사결정 정확성, 문서 적합성 등 |
| 피드백 항목 | 개선점 수집용 항목 명시 (담당자 의견 포함) |

→ 사전 계획서는 A4 2~3장 분량으로 훈련 목적, 범위, 일정, 구성 요소를 포함해 정리한다.

### 3) 훈련 실행 절차 흐름도 (Step-by-Step)

BCP 훈련은 단순한 진행이 아닌, 명확한 단계별 절차에 따라 시행되어야 한다. 일반적인 실행 흐름은 다음과 같다:

1단계는 훈련계획 승인이다. 훈련 초안은 BCP 전담조직이 작성하고, 현장소장 및 본사 BCP 총괄부서의 검토를 거쳐 최종 일정 및 내용이 확정된다.

2단계는 사전교육이다. 훈련 전 참여자에게 훈련 목적, 대응 역할, 참고할 매뉴얼 및 문서를 간단히 설명하며, 참여도를 높이고 사전 이해를 돕는다.

3단계에서는 시나리오 발표 및 훈련 개시가 이루어진다. 실제 위기 상황이 발생한 것처럼 상황이 주어지고, 참여자는 매뉴얼이나 자신의 판단에 따라 실시간으로 대응을 시작한다.

4단계에서는 복구 절차 실행이 본격화된다. 자원 요청, 보고 절차, 승인요청 등의 일련의 복구 흐름이 실제처럼 진행되며, 모든 수행 내용은 시간 기록과 함께 체크된다.

5단계는 종료 및 피드백 회의다. 훈련 종료 후 바로 참여자들이 모여 문제점, 개선점, 문서 미비사항 등에 대해 토의하며, 그 내용을 문서로 수렴한다.

마지막 6단계는 훈련 결과보고서 작성이다. 기록된 수행 내용, 평가 결과, 참여자 의견, 문서 수정 필요사항 등을 포함해 보고서를 작성하고, BCP 문서 개선과 다음 훈련 설계에 반영한다.

[STEP 1] 훈련계획 승인

→ 본사 BCP 담당 및 현장 소장 검토 후 최종 확정

[STEP 2] 훈련 사전교육

→ 참여자 대상 훈련 배경 설명, 매뉴얼 간략 안내

[STEP 3] 시나리오 발표 및 실행 시작

→ 현장 타이머 기준으로 단계별 반응 진행

[STEP 4] 복구 절차 실행

→ 자원 요청 → 승인 → 감리보고 흐름까지 수행

[STEP 5] 종료 및 피드백 회의

→ 실행 결과 기록, 문제점 도출, 개선안 수렴

[STEP 6] 훈련 결과보고서 작성

→ 문서화 후 총괄 검토, 다음 훈련 계획에 반영

BCP 훈련의 상당수는 외주 인력과 공급업체의 참여 없이는 완결될 수 없다. 다음과 같은 방식으로 외부 연계를 체계화해야 한다:

a. 훈련 참여 사전 MOU 체결

- 정기 훈련 시 사전 동의 조항 포함

b. 참여사별 역할 정의

- 장비 대여사, 협력사 작업반장 등 역할명시

c. 외부 보고 연계

- 발주처 또는 감리단에 훈련계획서 또는 결과보고서 제공 가능성 고려

주요 협력사는 BCP 계획 수립 초기부터 훈련 대상에 포함하는 것이 바람직

### 4) 훈련 실행 시 문서 활용 전략

훈련 중에는 다음과 같은 문서를 실제로 사용해야 한다:

표 11-3 훈련 문서 내용

| 문서명 | 용도 |
|---|---|
| 복구절차 매뉴얼 | 대응 흐름 가이드라인 |
| 자원 요청서 | 자재/인력/장비 호출 시 사용 |
| 승인 양식 | 공정변경, 자재 대체, 감리보고용 |
| 훈련 이행일지 | 실행 시점, 담당자, 문제사항 기록 |
| 훈련 평가표 | 사후 피드백 수렴용 |

→ 이 문서들은 훈련 종료 후 모두 스캔하여 중앙 BCP 시스템 또는 공유 폴더에 저장한다.

효율적인 BCP 훈련은 '실전과 같은 실행' 이전에 '치밀한 준비'에서 출발한다. 계획 수립이 명확해야 실행이 오류 없이 진행되며, 반복 가능한 훈련 체계로 발전할 수 있다. 특히 건설업은 단일 조직이 아닌 외주·협력사·감리단 등 다양한 주체가 함께 작동하는 산업이므로, 훈련 계획은 조직 간 협조까지 고려한 조율력 있는 문서 기반 실행 계획으로 수립되어야 한다.

# 2 훈련의 평가

## 2.1 훈련 평가 기준 및 피드백 수집 방식

BCP 훈련이 단지 실행으로만 끝난다면, 그것은 반쪽짜리 훈련이다. 훈련을 통해 조직은 복구 절차를 실행해보고 자원과 문서를 활용해보는 경험을 얻지만, 더 중요한 것은 훈련 이후의 평가와 피드백 수집 과정을 통해 전략의 적합성, 실행 절차의 현실성, 참여자의 이해도, 대응력의 실제 수준 등을 파악하고 개선의 방향을 찾는 일이다. 건설업처럼 공정이 복잡하고 이해관계자가 많은 산업에서는 단순히 훈련을 '진행했다'는 사실보다, '무엇이 잘 작동했고 무엇이 실패했는가'를 아는 것이 더 중요하다.

### 1) 훈련 평가의 목적과 평가 기준

훈련 평가의 핵심 목적은 다음과 같다:

- 훈련이 실제 위기 대응력 강화에 기여했는지 확인
- 각 부서와 개인이 자신의 역할을 정확히 이해하고 수행했는지 점검
- 복구 매뉴얼, 요청서, 승인 절차 등 문서 활용이 적절했는지 확인
- 자원 요청 및 배치 과정이 현실적으로 가능한지를 검토
- 훈련 시 발견된 오류나 비효율 요소를 개선 과제로 도출

이러한 목적에 따라 평가 기준과 피드백 수집 방식이 사전에 설계되어야 한다.

훈련의 평가 기준은 훈련의 유형과 범위에 따라 달라질 수 있지만, 일반적으로 다음과 같은 항목이 포함된다:

표 11-4

| 항목 | 설명 |
|---|---|
| 실행 시간 | 각 복구 단계가 목표 시간 내에 수행되었는가? |
| 역할 수행 정확성 | 참여자가 자신의 역할을 명확히 이해하고 적절히 행동했는가? |
| 문서 활용도 | 복구절차서, 자원요청서, 감리보고서 등이 적절히 활용되었는가? |
| 자원 요청 흐름 | 자재·인력·장비 요청이 체계적으로 이루어졌는가? |
| 의사결정 흐름 | 보고, 승인, 지시가 적절한 순서로 이루어졌는가? |
| 커뮤니케이션 | 부서 간 정보 공유, 외부 협력사와의 의사소통은 원활했는가? |
| 비상 대응 태도 | 긴급 상황에 대한 태도, 반응 속도, 집중력은 어땠는가? |

이러한 항목은 5점 척도 또는 100점 환산 점수로 평가할 수 있으며, 각 평가자는 총괄 점수 외에도 '보완 필요 항목'을 서술형으로 제시하도록 한다.

### 2) 피드백 수집 방식 및 활용전략

평가와 함께 중요한 것은 현장 피드백이다. 이는 수치로 나타나지 않는 훈련 현장의 분위기, 혼선, 대응 부담감 등 '느낌 기반의 정보'를 수집할 수 있는 유용한 도구이다. 피드백 수집은 다음과 같은 방식으로 이루어진다:

- 서술형 설문지 : 훈련 직후 배포, 익명 또는 실명 선택 가능
- 회고 미팅 : 훈련 종료 직후 팀별로 15~30분 회의, 개선점 공유
- 면담/인터뷰 : 핵심 담당자(소장, 팀장 등) 대상 심층 인터뷰 진행
- 관찰자 보고서 : 제3자 또는 본사 담당자가 훈련 중 관찰 내용을 기록
- 문서 내 메모 수집 : 체크리스트, 매뉴얼 여백에 기입된 실시간 의견 수거

#### @ 훈련 평가 도구 예시

- 훈련 종합 평가표 (각 항목별 체크 및 총점)
- 실행 단계별 시간기록지
- 자가 평가표 (역할별 대응 자체 점검)
- 외부 감리단 관찰평가 양식
- 피드백 수렴용 자유서술 설문지

→ 이 도구들은 훈련 종료 후 1일 이내에 수집되어야 하며, 가능하면 디지털 양식(Google Forms 등)을 병행 활용한다.

#### @ 평가의 피드백 관리 및 활용전략

- 수집된 평가 및 피드백은 BCP 전담팀이 취합하여 유형별로 분류한다 (문서 미비 / 자원 호출 실패 / 보고 지연 등)
- 반복 발생된 문제는 우선순위 개선 과제로 설정한다
- 개선 과제는 다음 훈련에 반드시 반영되며, 해당 항목을 중심으로 재훈련이 설계된다
- 성적이 낮거나 대응 실패가 발생한 항목은 문서 수정 또는 프로세스 보완으로 이어진다

훈련은 끝나는 순간 다음 훈련을 위한 준비가 시작되는 과정이다. 평가와 피드백은 단순히 점수를 매기기 위한 절차가 아니라, 조직의 약점을 드러내고 개선의 방향을 제시하는 BCP 실행의 출발점이다. 정교한 평가 기준과 진솔한 피드백이 병행될 때, 훈련은 반복학습과 성숙도를 이끄는 진정한 실행 시스템으로 자리잡을 수 있다.

## 2.2 훈련 결과 기반 개선안 도출

BCP 훈련은 단지 실행하고 평가하는 것으로 끝나지 않는다. 훈련 이후 도출된 문제점과 개선 과제를 체계적으로 분석하고, 이를 다음 문서 수정, 프로세스 개선, 재훈련 설계에 반영할 때 비로소 훈련은 조직의 위기 대응 역량을 실질적으로 강화하는 도구가 된다. 특히 건설업처럼 현장 상황이 자주 바뀌고 외부 협력사와의 연계가 중요한 산업에서는 훈련 후 개선 프로세스가 빠르고 실효성 있게 운영되어야 한다.

### 1) 개선안 도출의 목적 및 절차

- 훈련에서 발생한 오류 또는 문제의 원인을 구조적으로 분석
- 반복 발생 가능성이 있는 취약 요소를 문서화
- 실제 상황에서 유사한 문제가 발생하지 않도록 예방 체계 구축
- 다음 훈련과 문서 업데이트의 핵심 방향 설정

→ 훈련을 통해 드러난 문제는 전략, 절차, 역할, 자원, 문서 등 다양한 층위에서 개선안을 유도할 수 있다.

개선안 도출의 절차 단계은 다음과 같은 5단계로 구성된다.

#### ① 데이터 취합 및 구조화

- 훈련 종료 후 48시간 이내 평가표, 피드백 설문, 회의록, 자가보고서, 감리 의견 등 모든 피드백 자료 수집
- 수집된 자료를 항목별로 분류 : 실행 실패 / 문서 오류 / 의사결정 지연 / 자원 부족 / 협력사 미이행 등

#### ② 원인 분석

- 각 문제 발생 항목에 대해 원인을 내부 회의 또는 인터뷰를 통해 확인
- 유형별로 다음과 같이 원인을 구조화 :
  - 절차 문제 : 매뉴얼 미비, 흐름 설계 부적절
  - 문서 문제 : 문서 누락, 양식 불일치, 사용 불편
  - 인력 문제 : 역할 인식 부족, 교육 부족
  - 자원 문제 : 자재 확보 실패, 승인 지연

#### ③ 개선 대안 수립

- 각 문제별로 가능한 해결책을 복수 제안 (예: 양식 개정 / 역할 재분장 / 대체 자원 확보 경로 추가 등)
- 대안은 다음과 같은 원칙으로 설정 :

- 실행 가능성(현장 조건 고려)
- 지속 가능성(일회성 아닌 반복 적용 가능 여부)
- 비용 및 자원 부담 적정성

**④ 우선순위 지정**

- 모든 개선안에 대해 '중요도'와 '시급도' 기준으로 우선순위를 정한다
- 예시 :
  - A등급 : 즉시 수정 및 다음 훈련에 반영 필요 (공정 중단 리스크 직결)
  - B등급 : 문서 개정 필요, 다음 정기 점검 때 반영
  - C등급 : 참고사항 또는 향후 적용 검토 수준

**⑤ 책임자 지정 및 일정화**

- 각 개선안별 책임자를 명시하고 실행 기한 설정
- 실행 상태를 추적할 수 있도록 훈련 결과보고서 또는 개선추적표에 포함

## 2) 개선결과의 반영 영역 및 성과 평가

개선안은 다음과 같은 영역으로 반영되어야 한다:

표 11-5 개선결과 반영

| 영역 | 반영 예시 |
|---|---|
| 복구 매뉴얼 | 실행 흐름 재정비, 체크리스트 항목 추가, 용어 수정 등 |
| 자원 목록 | 예비 자재 추가, 대체 장비 확보 계약 등록 등 |
| 역할 분장표 | 담당자 명확화, 협력사 참여항목 확대 등 |
| 문서 양식 | 자원요청서 항목 추가, 승인라인 수정 등 |
| 훈련 계획서 | 다음 훈련 시 보완 대상 명시, 재훈련 조건 기재 등 |

- 개선안이 실행된 이후에는 다음 훈련이나 점검 시 다음 항목을 기준으로 성과를 평가한다:
- 반영된 개선안이 현장 실행에 도움이 되었는가?
- 같은 문제가 반복되지 않았는가?
- 훈련 참여자의 만족도나 실행 정확도가 향상되었는가?

→ 이 과정은 개선의 '피드백 루프'를 완성하며, BCP가 지속적으로 진화하는 구조를 가능하게 한다.

훈련은 일회성 대응 연습이 아니라, 조직이 반복적으로 대응 체계를 점검하고 정비하는 순환 구조의 일부다. 훈련 결과에서 문제점을 정확히 짚어내고, 이를 전략·절차·문서·역할로 환류시킬 수 있을 때, 조직은 단순히 'BCP를 가진 상태'에서 'BCP를 실행할 수 있는 상태'로 진화한다. 개선안 도출은 훈련의 핵심이자, 실전 대응력의 증거다.

## 2.3 반복 훈련 및 재훈련 전략

훈련은 단순히 한 번의 실행으로 끝나서는 안 된다. BCP는 조직 내 여러 역할자, 협력사, 공정 흐름 간의 복잡한 상호작용을 포함하기 때문에, 실제 위기 대응 능력을 체득하기 위해서는 반복적 훈련과 대상별 재훈련 체계가 필수적이다. 반복 훈련은 익숙함을 넘어서 행동 자동화와 실행 안정성을 확보하는 수단이며, 재훈련은 취약 공정이나 역할자에 대한 집중 보완 훈련으로 기능한다.

### 1) 반복 훈련의 목적과 효과 및 설계방식

반복훈련의 목적과 효과를 요약하면 다음과 같다.

- 조직 전반의 BCP 숙련도를 점진적으로 향상
- 역할별 대응 정확도와 문서 활용 능력 내재화
- 자원 요청, 승인, 보고 등의 행동 흐름을 실전처럼 반복 숙달
- 훈련 오류 발생 시 피드백을 반영한 개선 사항을 검증
- 발주처, 감리단 등 외부기관 대응 시 신뢰 확보 효과

→ 반복 훈련은 BCP를 '지식'에서 '능력'으로 전환시키는 가장 효과적인 도구 이다.

반복 훈련의 설계방식은 3가지로 정리할 수 있다.

**① 주기적 훈련 스케줄 수립**

- 연간 훈련계획에 따라 분기별, 공정별 반복 훈련 포함
- 주요 공정 전·후 또는 협력사 교체 시 반복 훈련 실시
- 시나리오 반복 훈련 + 역할 기반 훈련 교차 운영

**② 반복 훈련 대상 설정 기준**

- BCP 평가 시 취약점이 발견된 항목 또는 공정
- 역할 미이행, 자원 요청 실패, 보고 누락 등 이슈 발생 주체
- 신규 현장 또는 대형 프로젝트 착공 전 주요 담당자 전체

**③ 훈련 심화 방식**

- 첫 회차 : 전략 검토 중심(Tabletop)
- 두 번째 : 실행 훈련 중심(Drill 또는 복합형)
- 세 번째 : 비공지형 또는 외부 연계 훈련으로 실전성 극대화

### 2) 재훈련 전략의 구성과 관리체계

재훈련은 특정 공정, 특정 역할 또는 특정 절차에서 반복적으로 문제가 발생한 경우, 해당 대상에게 집중적으로 추가 훈련을 실시하는 구조다.

표 11-6 재훈련 구성

| 구분 | 내용 |
|---|---|
| 대상 선정 | 평가점수 하위 20%, 자주 실수한 담당자, 외주업체 중 B등급 이하 |
| 시기 | 다음 정기 훈련 전 / 공정 착수 전 / 감리단 요청 시 |
| 방식 | 기존 시나리오 반복 or 문제 공정에 특화된 단일 시나리오 설계 |
| 보완 자료 | 개인 피드백 요약, 역할 행동 도식화, 영상 리뷰 자료 등 활용 |

→ 재훈련은 처벌적 성격이 아닌, 보완과 숙련을 위한 '코칭성 훈련'으로 설계 되어야 한다.

조직의 훈련 성숙도를 관리하기 위해서는 아래와 같은 기준을 설정하고 점진적으로 목표 수준을 높이는 방식이 효과적이다:

표 11-7 훈련성숙도 기준

| 단계 | 수준 | 기준 |
|---|---|---|
| Level 1 | 단일 훈련 수행 | 정기 Tabletop 훈련 실시 |
| Level 2 | 반복 훈련 | 연간 2회 이상 실행 훈련 포함 |
| Level 3 | 재훈련 포함 운영 | 평가 기반 재훈련 및 보완 체계 확보 |
| Level 4 | 외부 연계 훈련 | 협력사, 감리단, 발주처 참여 포함 |
| Level 5 | 지속 개선 루프 확립 | 훈련-평가-개선-재훈련까지 순환 운영 |

훈련은 한 번에 완성되지 않는다. 실행력은 반복과 재훈련을 통해 강화되며, 이를 통해 조직은 문서에만 머물렀던 BCP를 현장에서 작동 가능한 대응 체계로 전환할 수 있다. 특히

반복 훈련과 재훈련이 정기화되면, 구성원은 자신의 역할에 대해 익숙함을 넘어 '숙달'에 이르게 되며, 실제 위기 상황에서도 신속하고 안정적인 대응이 가능해진다. 따라서 반복 훈련과 재훈련은 조직의 위기 대응력 성숙도를 결정짓는 핵심 전략이다.

# 3 훈련의 기록

## 3.1 문서 최신화 기준과 주기

BCP 문서는 일회성 문서가 아니다. 수립 당시에는 정교하게 구성된 복구 전략과 실행 절차도 시간이 지남에 따라 환경 변화, 인사이동, 외주사 변경, 자원 계약 조건의 변동 등으로 인해 실효성을 잃게 된다. 특히 건설업과 같이 프로젝트 기반으로 업무가 진행되고 현장이 수시로 바뀌는 산업에서는, BCP 문서의 유효성과 실행 가능성을 유지하려면 정기적이고 체계적인 문서 업데이트가 필수적이다.

### 1) 문서 최신화의 필요성과 갱신기준

BCP는 위기 발생 시 조직의 핵심 기능을 보호하고 빠르게 복구하기 위한 수단이다. 그러나 해당 문서에 기록된 복구 전략, 역할 분장, 연락처, 자원 확보 경로가 현장의 실제 상황과 일치하지 않으면, 위기 대응 체계는 그대로 무력화된다. 예를 들어, 복구 매뉴얼에 자재 요청 책임자로 기재된 인력이 이미 퇴사했거나, 승인 프로세스가 현재의 조직 구조와 맞지 않게 구성되어 있다면, 문서는 오히려 대응을 방해하는 요소가 된다.

이러한 비효율을 방지하기 위해, BCP 문서는 정기적인 검토 및 수정 절차를 내재화해야 한다. 특히 감리단 또는 발주처가 요구하는 외부 감사에 대비해 문서의 최신성과 정합성을 유지하는 것은 조직의 대외 신뢰성과 직결된다.

문서를 언제 업데이트해야 하는지 판단하기 위한 기준은 다음과 같다:

**① 정기 갱신 기준**

- BCP 문서는 원칙적으로 연 1회 이상 정기적으로 갱신되어야 한다.
- 점검 기준일은 일반적으로 전년도 훈련 또는 감사일 기준으로 설정한 다.

**② 조직·인력·공정 변경 시**

- 역할자 변경, 부서 개편, 신규 협력사 등록 또는 공정 구조 변경 시
- 조직도, 연락망, 역할 분장표, 책임자 서명부 등 관련 문서 즉시 반영

**③ 외부 환경 변화 반영**

- 정부 지침, 법령 개정, 산업 안전 기준 변화 등으로 복구 전략이 변경 될 경우
- 감리단 또는 발주처의 문서 제출 요청 사항이 생길 경우

**④ 훈련 및 점검 결과 기반 수정**

- 훈련 또는 점검을 통해 발견된 오류, 누락, 개선사항이 발생했을 경우
- 피드백 수렴 후 2주 이내에 문서 개정을 추진하는 것이 바람직

**⑤ 재난 및 실제 위기 대응 후**

- 실제로 위기 상황을 겪은 후에는 그 결과를 분석해 전략과 문서에 반 영
- 예: 대체 자재 확보에 실패했다면 자원 목록 및 공급처 정보 수정

### 2) 갱신 대상 문서 범위 및 운영전략

갱신 대상은 단순한 매뉴얼뿐 아니라 BCP 전 영역에 걸친 실행 문서 전반이다:

**① 복구절차 매뉴얼 :**

- 위기 유형별 대응 흐름, 조치 순서, 참조 문서 등

**② 역할 분장표 및 연락처 목록 :**

- 각 책임자 및 협조자, 협력사 담당자, 연락망 정보

**③ 자원 목록표 및 계약 자료 :**

- 대체 자재, 장비 확보 경로, 계약 업체 정보

**④ 승인 흐름도 및 보고 체계 :**

- 보고-결재-지시 구조 도식화 자료, 감리단 보고서 서식

**⑤ 훈련 결과보고서, 점검이행표 :**

- 이전 훈련의 평가자료와 이력 연동

→ 문서의 각 항목에는 버전 번호, 최종 작성일자, 작성자/검토자 서명을 포함 해야 하며, 문서 내 '변경 이력표' 또는 '개정 로그'를 별도로 삽입해 추적 가능하도록 관리해야 한다.

실제 건설 현장에서 효율적으로 문서 갱신을 관리하기 위한 전략은 다음과 같다:

**① 현장 주도 + 본사 통합관리 이원체계 :**

- 현장소장이 문서 1차 검토 및 변경사항 수집 → 본사 BCP 전담팀이 통합 관리

**② PMS 또는 ERP 시스템 연동 :**

- 문서 변경 이력, 책임자 정보, 훈련 이력 등을 디지털 시스템과 연동하여 실시간 알림 설정

**③ QR코드 또는 클라우드 폴더 공유 방식 운영 :**

- 종이 문서 외에도 최신 버전은 실시간 공유 가능한 형태로 유지 (예: Google Drive, 사내 인트라넷)

**④ 갱신 기록의 감사 대응 준비 :**

- 변경 이력, 점검일자, 승인 서명부는 추후 감리단 또는 공공기관 감사 시 신뢰자료로 활용 가능

BCP 문서가 실행력 있는 전략으로 기능하려면 반드시 '살아있는 문서'여야 한다. 이를 위해 정기적인 갱신 체계와 명확한 기준, 실무 중심의 운영 방식이 마련되어야 하며, 특히 건설업처럼 환경 변화가 빈번한 산업일수록 문서 관리의 중요성은 더욱 커진다. BCP 문서가 위기 시 조직을 보호하는 지침서로 기능하기 위해서는 항상 최신 상태에서 즉시 활용 가능한 문서 관리 체계가 전제되어야 한다. 이는 단순한 문서 작업을 넘어 조직의 신뢰, 실행력, 생존력과 직결된다.

## 3.2 내부 점검 및 감사 체계

건설업의 BCP는 수립된 문서만으로는 충분하지 않다. 실제 현장 상황과 복구 전략, 자원 보유, 역할 배정이 얼마나 일치하는지 확인하고 정기적으로 개선하려면 내부 점검 체계가 반드시 병행되어야 한다. 특히 다양한 공정과 외주 인력, 장비 협력사 등 다층적인 시스템이 존재하는 건설 현장에서는 '계획과 실행 사이의 간극'을 점검하고 조정하는 절차가 핵심이다. 이를 통해 문서화된 BCP가 현실적이고 실행 가능한 체계로 유지될 수 있다.

### 1) 내부 점검의 항목구성과 목적

내부 점검은 다음과 같은 핵심 항목을 기준으로 이루어진다:

표 11-8 내부점검 구성 항목

| 점검 항목 | 점검 내용 |
|---|---|
| 문서 구성 여부 | 필수 BCP 문서가 모두 구비되었는가? (복구절차서, 연락망, 자원표 등) |
| 최신성 | 각 문서가 최근 1년 이내 갱신되었는가? |
| 조직 구조 반영 | 역할 분장표가 실제 인력 배치와 일치하는가? |
| 자원 확보 가능성 | 등록된 자재/장비가 실제 계약 및 확보 가능한 상태인가? |
| 훈련 결과 반영 여부 | 최근 훈련 결과 및 개선사항이 문서에 반영되었는가? |
| 감사 이력 관리 | 감사 대응용 문서 이력 및 변경 로그가 구비되었는가? |

이 항목들은 'BCP 문서 점검표' 형식으로 구성하여 항목별 체크 및 메모, 개선 필요 여부를 기록할 수 있도록 운영한다. 내부 점검의 목적을 정리하면 다음과 같다.

- BCP 문서의 유효성, 최신성, 완결성 검토
- 역할 분장과 실제 인력 간의 정합성 확보
- 자원 목록과 계약, 확보 가능성의 일치 여부 확인
- 복구 전략과 현장 공정 계획 간의 연결성 검토
- 훈련 결과 및 피드백 반영 여부 추적
- 외부 감사 및 발주처 보고 시 활용 가능한 문서 상태 확보

→ 내부 점검은 사전 진단이자 예방 조치이며, BCP 운영의 신뢰도를 높이는 핵심 관리 수단이다.

### 2) 점검 주기 및 처리절차

- 정기 점검은 연 1회 이상 반드시 실시해야 하며, 현장의 시공 일정에 따라 상·하반기로 나누어 관리할 수 있다.
- 점검 주체는 현장 BCP 실무자 또는 소장이 1차 검토하고, 본사 BCP 전담 부서가 정식 점검 보고서를 수합·보관하는 이중 관리 체계를 권장한다.
- 점검 결과는 훈련 계획 수립, 문서 갱신 계획, 외부 감사 대응 자료로 활용된 다.

→ 점검 대상 프로젝트가 많은 경우, PMS나 ERP 시스템과 연동하여 자동 점검 알림과 디지털 보고 기능을 활성화할 수 있다.

점검 결과 처리절차는 다음과 같이 5단계이다.

① 점검표 작성 : 항목별 체크 및 개선 필요 사항 기록

② 조치 계획 수립 : 개선 항목별 책임자 지정 및 보완 기한 설정

③ 점검 결과 보고서 작성 : 본사에 보고할 수 있는 정식 보고서 형식으로 정리

④ 기록 보관 : 감사 대비용으로 최근 3년간 이력 문서 보관

⑤ BCP 문서 반영 : 점검을 통해 도출된 수정 사항은 즉시 문서에 반영하고 버전 갱신

### 3) 점검 결과 활용

- 발주처 보고용 훈련 결과보고서 및 감사 대응 서류로 활용
- 감리단 방문 시 현장 대응력의 신뢰 확보 자료로 제시 가능
- 신규 현장 개설 전 사전 진단 자료로도 활용 가능
- 경영진 보고 시 현장 운영 상태와 연계한 위험 대응 성숙도 평가 도구로 사용

BCP 운영의 실행력은 계획보다 유지관리에 달려 있다. 내부 점검은 단지 문서의 상태를 확인하는 수준을 넘어서, 조직의 회복탄력성 수준을 체계적으로 진단하고 향후 개선 방향을 제시하는 경영 도구다. 정기적이고 구조화된 점검 체계는 건설 현장의 다양한 변수 속에서도 BCP의 실효성을 확보하는 가장 현실적인 방법이다.

## 3.3 정기 검토회의 운영 전략

BCP 문서의 정기적인 갱신과 점검이 이루어졌다면, 그 결과는 단지 보고서로 보관되기보다는 조직 내에서 공유되고 실행력을 확보할 수 있도록 구조화되어야 한다. 이를 위해 반드시 필요한 절차가 정기 검토회의다. 검토회의는 단순히 형식적 보고가 아니라, 훈련·점검·갱신 결과를 통합적으로 논의하고 다음 조치까지 연결하는 실질적인 운영 회의체로 기능해야 한다.

### 1) 검토회의의 목적과 기능

- 훈련, 점검, 감사 결과의 이행상황을 부서 간 공유
- 개선 조치 사항의 실행 여부 점검 및 신규 과제 선정
- 문서 갱신 내역의 검토 및 반영 타당성 확인
- 향후 훈련 계획 및 외주사 통지 일정 조율
- 발주처 또는 감리단 대응 이슈 사전 조정

→ 검토회의는 BCP 운영 체계의 '조정 기구'이며, 조직 내 위기 대응 프로세스를 통합하고 조율하는 핵심 수단이다.

검토 회의의 운영 주기 및 구성을 살펴보면 다음과 같다.

① 운영 주기 : 연 1회 이상 실시하며, 점검과 문서 갱신 이후 1개월 이내 회의 소집이 원칙

- 참석 대상 : 본사 BCP 담당자, 현장소장, 각 팀별 책임자(자재팀, 공무팀, 안전팀 등), 주요 협력사 담당자
- 주관 부서 : 본사 안전관리 또는 BCP 전담부서

점검회의의 주요 안건 구성은 훈련요약보고, 내부점검 결과, 개선과제 이행여부, 문서 개정 내역, 차기계획 논의 등이다.

표 11-9 결과보고 내용

| 항목 | 세부 내용 |
|---|---|
| 훈련 요약 보고 | 최근 실시된 훈련의 목적, 결과, 개선점 요약 공유 |
| 내부 점검 결과 | 점검 체크리스트 결과, 미흡 항목 현황 보고 |
| 개선과제 이행 여부 | 이전 회의에서 설정된 과제의 이행 현황 보고 |
| 문서 개정 내역 | 변경된 매뉴얼, 자원 목록, 역할 분장표 등 개정 사안 확인 |
| 차기 계획 논의 | 향후 훈련 일정, 외주사 훈련 참여 공지 시점 결정 |
| 기타 공유 사항 | 법령 변경, 발주처 지침 변화 등 외부 변화사항 반영 |

### 2) 결과 기록 및 후속 조치

① 회의 결과는 A4 2~3쪽 분량의 검토회의 회의록으로 작성되며, 다음 항목을 포함한다:

- 참석자 명단
- 안건별 논의 내용
- 결정 사항 및 조치 항목
- 책임자 지정 및 이행 기한 명시

② 회의록은 본사 BCP 총괄부서에 보관되고, 이후 각 책임자는 다음 회의 전 까지 이행 결과 보고서를 제출해야 한다.

③ 필요 시 주요 항목은 PMS 또는 ERP 시스템 내 '조치사항 추적 기능'을 통 해 관리한다.

④ 실효성있는 회의진행의 요령은 다음과 같다.

- 안건은 사전 서면제출 방식으로 취합 → 회의의 집중도 향상
- 표준 회의 포맷 사용 → 문서 통일성과 정합성 확보
- 3-W 관리 원칙 적용 : What(무엇을), Who(누가), When(언제까지) → 실행 관리 강화
- 협력사 참여 회의 시 훈련 참여 일정도 병행 통보 → 시너지 확보

문서와 점검, 훈련 결과는 정기 검토회의라는 플랫폼 위에서 서로 연결되고 실행력을 얻게 된다. 회의는 단지 의견을 나누는 자리가 아니라, 실행을 관리하고 책임을 명확히 하며, 조직의 위기 대응 체계를 살아 움직이게 만드는 '운영 엔진'이다. 특히 건설업처럼 복잡한 이해관계자가 함께 움직이는 산업에서는, 정기 검토회의가 BCP 운영의 축이자 현장과 본사를 연결하는 가교 역할을 한다.

## 참고문헌


- Nakazawa, K., Ohtomo, S., & Kimura, R. (2024). Study on the implementation status of business continuity plan (BCP) trainings and exercises in companies.
- Dakic, V., Premuzic, K. M., & Petrunic, R. (2024). Business continuity planning (BCP) and disaster recovery planning (DRP). Annals of DAAAM & Proceedings.
- Paton, D. (2009). Business continuity during and after disaster: Building resilience through continuity planning and management. ASBM Journal of Management.
- Okuno, I. (2023). Introduction of business continuity plan for small and medium-sized local construction companies and restoration activities in Japan. IOP Conference Series: Earth and Environmental Science, 1195(1), 012047.
- Alfalasi, A. A. (2016). Developing a framework for improving business continuity management success (BCM) in UAE construction industry.
- Ohiwere, E., & Polycarp, A. O. (2025). Construction micro, small and medium enterprises competencies for business continuity planning in Abuja, Nigeria. International Journal of Built Environment and Engineering Studies.
- Peterson, C. A. (2009). Business continuity management & guidelines. In Proceedings of the Information Security Curriculum Development Conference.
- Will, M., & Brauweiler, J. (2020). Business continuity planning. In Sustainable Cities and Communities. Springer.
- Kato, M., & Charoenrat, T. (2018). Business continuity management of small and medium-sized enterprises: Evidence from Thailand. International Journal of Disaster Risk Reduction,
- Foster, S. P., & Dye, K. (2005). Building continuity into strategy. Journal of Corporate Real Estate, 7(2),
- Sawalha, I. H. (2020). Business continuity management: Use and approach's effectiveness. Continuity & Resilience Review, 2(2),
- Supriadi, L. S. R., & Pheng, L. S. (2018). Business continuity management (BCM). In Business Continuity Management in Construction. Springer.
- Steen, R., Haug, O. J., & Patriarca, R. (2024). Business continuity and resilience management: A conceptual framework. Journal of Contingencies and Crisis Management.
- Hiles, A. (2014). Business continuity management: Global best practices. Rothstein Publishing.
- Phillips, B. D., & Landahl, M. (2020). Business continuity planning: Increasing workplace

resilience to disasters. Elsevier.

- Blyth, M. (2009). Business continuity management: Building an effective incident management plan. Gildan Media.

- Supriadi, L. S. R., & Pheng, L. S. (2018). Business continuity management in construction. Springer.

- Hiles, A. (2004). Business continuity: Best practices: World-class business continuity management. Rothstein Publishing.

제12장

# 실행력 확보를 위한 종합 도구

BCP는 수립하는 데 그쳐서는 안 된다. 진정한 BCP는 위기 발생 시 조직 구성원 누구나 즉시 꺼내 보고 행동할 수 있는 '실행 도구'로 기능해야 한다. 특히 건설업과 같이 외주와 공정이 복잡하게 얽혀 있는 산업에서는, 복구 매뉴얼이나 자원 요청서 한 장이 위기 대응의 성패를 좌우할 수 있다. 이 장에서는 BCP의 실행력을 높이기 위해 반드시 필요한 체크리스트, 진단표, 축소형 실행 매뉴얼, 디지털 도구, 조직 운영 전략 등을 종합적으로 제시한다. 본 장의 자료들은 훈련 직후, 감사 직전, 위기 발생 시 즉시 활용할 수 있는 실무형 콘텐츠로 구성되어 있으며, 조직의 'BCP 운영력'을 일상 속에서 구현하는 데 핵심 역할을 할 것이다.

## 1 BCP 체크리스트

### 1.1 BCP 실행 체크리스트의 목적과 필요성

BCP의 수립은 시작일 뿐이다. 실제 위기 상황이 발생했을 때 BCP 문서가 '존재하는가'보다 더 중요한 것은 그것이 '현장에서 작동하는가'이다. 건설업과 같이 수많은 외주업체와 공정이 얽혀 있는 산업에서는 BCP 문서가 분절되거나 현장 실무자에게 전달되지 않는 경우가 많다. 따라서, 현장에서 매뉴얼의 실효성을 주기적으로 점검하고, 대응력을 자가 진단할 수 있는 구조가 반드시 필요하다.

이때 핵심 도구가 되는 것이 바로 실행 체크리스트와 자체 진단표다. 체크리스트는 BCP 구성요소가 현장에 비치되어 있는지를 확인하고, 문서들이 최신 상태이며 실행 가능성을 유지하고 있는지를 사전에 점검하는 수단이다. 자체 진단표는 매뉴얼의 유무뿐 아니라, 실제로 그것이 작동 가능한 상태인지 여부까지 확인할 수 있는 자율 점검 문서이다.

특히 중소 건설사나 협력사 중심 현장에서는 외부 감리나 발주처 보고 요청이 오기 전에 사전 점검을 실시함으로써 이행력 누락을 사전에 차단할 수 있으며, 반복 점검을 통해 취약 영역을 도출하고 개선 방향을 설계할 수 있다.

### 1) 실행 체크리스트의 핵심 구성 항목

실행 체크리스트는 일반적으로 '보유 여부', '최근 갱신일', '실행 가능 상태 여부'를 기준으로 작성된다. 아래는 건설 현장에서 사용 가능한 핵심 BCP 실행 체크리스트 항목 예시이다:

표 12-1 실행체크리스트 구성항목

| 대분류 | 점검 항목 | 점검 기준 | 상태 (✔ / ✖) | 비고 / 조치사항 |
|---|---|---|---|---|
| 문서 구비 | 복구 매뉴얼 비치 | 최신 버전(1년 이내) 및 공정별 분류 구비 여부 | □ ✔ / □ ✖ | 매뉴얼 버전: ___ |
| | 역할 분장표 정비 여부 | 담당자 실명 및 연락처 포함, 변경 시 즉시 반영 | □ ✔ / □ ✖ | 갱신일: ___ |
| | 자원 목록표 작성 여부 | 자재, 장비, 인력별 확보처 및 계약 상태 포함 | □ ✔ / □ ✖ | 계약 만료 예정일: ___ |
| | 비상 대응 보고서 양식 보유 | 발주처 보고용 보고서 템플릿 구비 여부 | □ ✔ / □ ✖ | 파일명 또는 QR 링크: |
| 자원 확보 | 대체 자재 리스트 존재 여부 | 품목별 대체품 및 협력사 보유 여부 명기 | □ ✔ / □ ✖ | 계약 협력사: ___ |
| | 장비 긴급 대체 계획 수립 | 핵심 장비에 대한 예비 확보 또는 임차계획 보유 | □ ✔ / □ ✖ | 임대처 또는 내부 예비 수량: |
| | 인력 결원 시 대체 인력 풀 확보 | 협력사 인력 가용성 확인 및 연락 체계 준비 | □ ✔ / □ ✖ | 연락 담당자: ___ |
| 훈련·점검 이력 | 최근 6개월 내 훈련 여부 | 훈련 날짜, 훈련 유형, 참석자 명단 기록 | □ ✔ / □ ✖ | 훈련일: ___ |
| | 훈련 결과 반영 여부 | 훈련 후 문서 갱신 여부 및 개선안 조치 확인 | □ ✔ / □ ✖ | 갱신 문서명: ___ |
| | 내부 점검 이력 관리 | 최근 3개월 내 체크리스트 작성 여부 | □ ✔ / □ ✖ | 점검일자: ___ |

| 대분류 | 점검 항목 | 점검 기준 | 상태 (✔ / ✕) | 비고 / 조치사항 |
|---|---|---|---|---|
| 대외 대응 준비 | 발주처 보고용 자료 정리 상태 | 최근 문서 출력본 또는 PDF 저장 정비 여부 | □ ✔ / □ ✕ | 보고서 폴더 위치: ________ |
| | 감리단 대응 문서 및 이력 관리 | 보고 이력, 승인서류, 변경 로그 기록 여부 | □ ✔ / □ ✕ | 최신 제출일: ________ |

→ 해당 체크리스트는 월 1회 또는 공정 단위 전환 시 사용을 권장하며, 점검 담당자 서명을 필수로 기재한다.

### 2) 체크리스트의 활용 효과

실행 체크리스트는 단순한 점검 도구 이상의 역할을 한다. 건설업 현장에서의 BCP 운영은 복잡한 공정과 다양한 외주 인력, 자재와 장비의 이동성, 현장 책임자의 교체 가능성 등 여러 변수에 의해 실행력이 약화되기 쉽다. 따라서 정기적이고 체계적인 실행 점검 도구로서의 체크리스트는 단순한 문서 확인을 넘어 위기 대응 시스템의 전반적인 체질을 강화하는 데 결정적 역할을 한다.

#### ① 사전 점검을 통한 대응 누락 예방

가장 기본적인 효과는 이행 누락의 사전 차단이다. 복구 매뉴얼이 구비되어 있더라도 실제 최신 버전이 비치되어 있지 않거나, 담당자의 이름과 연락처가 변경되었음에도 반영되지 않은 경우, 위기 상황에서는 바로 업무 공백으로 이어진다. 체크리스트는 이런 문제를 사전에 파악해 갱신과 조치를 유도하므로, 훈련이나 감사 직전에 일괄 정비하는 것보다 평상시의 대비 역량을 향상시키는 데 효과적이다.

#### ② 실행 가능한 문서 중심의 체계 정립

실무 현장에서는 종종 'BCP 문서가 존재하는가'를 확인하는 데 집중하지만, 보다 중요한 것은 그 문서가 '현장에서 바로 작동할 수 있는가'다. 체크리스트는 보유 여부뿐 아니라 문서가 최신 상태인지, 책임자가 지정되어 있는지, 실제 자원 확보 가능성이 있는지를 확인하기 때문에, 단지 형식적인 문서 보유 상태가 아니라 실행 기반 문서관리 체계를 유도하는 역할을 한다.

이는 "문서가 책상 서랍에만 있는 상태"에서 "현장 게시판이나 모바일에서도 바로 접근할 수 있는 상태"로의 전환을 의미하며, 실무자의 BCP 활용률을 획기적으로 높인다.

### ③ 현장 책임 분산 방지 및 역할 명확화

BCP가 실행되지 않는 대표적인 원인 중 하나는 '책임자 불명확'이다. 체크리스트는 문서별 책임자와 점검 항목별 주관 부서를 지정하여, "누가 어떤 항목을 확인해야 하는가"를 명확히 한다. 이를 통해 업무 전가나 누락을 예방할 수 있으며, 역할 분장표에서 정리된 책임 구조를 실제 문서 이행 상황과 연결하는 효과가 있다.

또한, 반복적으로 체크리스트를 사용하게 되면 현장 구성원들이 자신의 역할을 자연스럽게 인식하게 되어, 훈련 외의 일상적인 상황에서도 책임감을 유지할 수 있게 된다.

### ④ 위기 대응 태세의 일상화

실행 체크리스트는 비상 상황을 가정한 문서이지만, 평상시에도 주기적으로 점검하게 되면 위기 대응 태세가 조직의 일상 문화로 정착되는 효과가 있다. 월 1회, 또는 공정 전환기마다 체크리스트를 작성하면 구성원은 매번 위기 대응 체계를 복기하게 되고, 복구 매뉴얼과 역할표를 반복적으로 확인함으로써 '훈련 없이도 대비하는' 조직 문화를 형성할 수 있다.

이런 문화적 전환은 위기 발생 시 실제 대응 속도와 판단력에 직접적인 영향을 미치며, 감리단이나 발주처의 평가에서도 높은 점수를 받을 수 있는 요소가 된다.

### ⑤ 외부 감사 및 발주처 보고 시 신뢰 기반 자료 제공

체크리스트는 그 자체로도 감사 대응용 문서로 사용될 수 있다. 특히 BCP를 의무화하거나 요구하는 발주처의 경우, 최근 3개월 또는 6개월간의 체크리스트 기록과 개선 이력은 BCP 운영의 신뢰도를 보여주는 핵심 지표다. 항목별 점검 기록, 비고란의 개선 내용, 서명 및 일자 기록 등은 외부 기관이 평가 시 '실제로 BCP가 현장에서 살아 움직이고 있는지'를 판단하는 객관적 기준이 된다.

또한, 감리단이 현장을 방문하거나 공공기관 감사가 진행될 경우, 이 체크리스트를 바탕으로 전체 대응 체계를 설명하고 증빙함으로써 추가 질의나 경고 없이 원활한 대응이 가능해진다.

### ⑥ 데이터 기반 BCP 운영 수준 분석

반복적인 체크리스트 사용은 축적된 데이터를 바탕으로 조직의 BCP 운영 성숙도를 분석하는 자료로도 활용된다. 예를 들어, 동일 항목이 매번 '✖'으로 체크되는 경우에는 그 항목을 재훈련 또는 문서 개선의 핵심 대상으로 지정할 수 있고, 특정 항목은 외주사의 비협조나 공급망 문제로 인한 것일 수 있으므로 문제의 원인을 체계적으로 도출할 수 있다.

이렇게 수집된 데이터는 차기 훈련 설계나 경영진 보고 시 '실행률 변화', '취약 항목 추이', '부서별 이행 수준' 등의 형태로 시각화해 보고할 수 있으며, 궁극적으로는 BCP 실행체계의 지속 개선 루프를 구축하는 데 기여한다.

BCP 실행 체크리스트는 단순한 문서 확인을 넘어 조직의 위기 대응력을 강화하고, 문화와 체계를 함께 바꾸는 핵심 수단이다. 이 도구를 꾸준히 활용하면 조직은 스스로를 진단하고 개선하며, 위기를 예측 가능한 수준에서 관리할 수 있는 기반을 갖추게 된다. 특히 건설업과 같이 변수와 외부 연계가 많은 현장에서는 이 체크리스트 한 장이 곧 생존력과 신뢰도의 척도가 된다.

건설업 BCP의 핵심은 '실행 가능성'이다. 이를 점검하고 체계적으로 유지하는 가장 실질적인 도구가 바로 체크리스트다. 체크리스트는 현장의 실행 상태를 빠르게 진단하고, 누락과 오류를 사전에 방지하는 방어막이자, 조직이 자율적으로 대응체계를 점검할 수 있도록 도와주는 촉진제다. 특히 중소 건설사나 외주 중심 프로젝트에서는 간단하면서도 반복 가능하고, 데이터로 남을 수 있는 체크 체계가 곧 실행력의 핵심이 된다.

다음 절에서는 이러한 체크리스트를 주기적으로 운용하고, 보고·반영하는 구조인 '현장용 자체 진단표 운영 방법'에 대해 설명한다.

## 1.2 핵심 실행 체크리스트 구성 항목

BCP 체크리스트는 현장 대응력의 상태를 손쉽게 파악할 수 있는 도구지만, 그 실효성은 '어떤 항목을 포함했는가'에 따라 결정된다. 단순한 문서 유무 확인을 넘어, 복구 매뉴얼의 최신성, 역할자 반영 여부, 자원 활용 가능성, 대외 대응 체계 준비 등 실제 위기 대응 상황을 가정한 실행 항목 중심의 구성이 중요하다. 본 절에서는 건설업 현장에 적용할 수 있는 핵심 체크리스트 항목을 ① 문서 보유 및 갱신 여부, ② 자원 확보 및 활용 가능성, ③ 훈련 및 점검 이력, ④ 외부 보고 및 감사 대응 항목으로 구분하여 그 구성 원칙과 항목별 의미를 설명한다.

**① 핵심 항목 1** : 문서 보유 및 갱신 여부

항목은 가장 기본이면서도 가장 많은 오류가 발생하는 영역이다. 복구절차 매뉴얼이 오래된 버전으로 유지되거나, 역할 분장표가 실무 인력 교체 이후 갱신되지 않아 무용지물이 되는 사례가 많다.

- **복구 매뉴얼 구비 여부** : 전체 공정별 위기유형 대응 전략이 포함되어 있는 가?
- **역할 분장표 최신화 여부** : 실명과 부서, 연락처가 현재와 일치하는가?
- **자원 목록표 존재 여부** : 계약 여부, 확보 경로가 명시되어 있는가?

- 문서 개정 이력 표시 : 최종 갱신일, 작성자, 버전 넘버가 기재되어 있는가?

→ 문서 항목은 단지 '존재 여부'가 아니라 '실행 가능성'을 기준으로 점검해야 다.

**② 핵심 항목 2** : 자원 확보 및 활용 가능성

자원 항목은 위기 발생 시 즉시 활용 가능한 자재, 장비, 인력 확보 여부를 중심으로 확인한다. 명단은 있지만 계약이 만료되었거나, 실제 공급이 불가능한 경우가 많기 때문에 '확보 가능성'을 기준으로 판단해야 한다.

- 대체 자재 리스트 보유 여부 : 핵심 자재의 대체품 목록이 명시되어 있는가?
- 예비 장비 확보 계획 여부 : 크레인, 양중기 등 주요 장비의 임차계획이 있는가?
- 대체 인력 확보 체계 : 결원 발생 시 투입 가능한 외주 인력 명단이 있는가?
- 자원 요청 절차 매뉴얼화 여부 : 호출 → 승인 → 배치 흐름이 정리되어 있는가?

→ 이 항목은 감리단이나 발주처의 가장 빈번한 질의 대상이기도 하다.

**③ 핵심 항목 3** : 훈련 및 점검 이력

BCP의 실행력은 문서 보유보다 '반복 숙련도'에 달려 있다. 따라서 최근 훈련이 시행되었는지, 그 결과가 반영되었는지, 내부 점검이 정기적으로 이루어졌는지를 확인해야 한다.

- 최근 훈련 여부 : 6개월 내 훈련을 실시하고, 결과보고서를 보유하고 있는가?
- 훈련 결과 반영 여부 : 개선사항이 문서에 반영되었는가?
- 자체 점검 이력 존재 여부 : 정기적으로 체크리스트를 사용했는가?
- 피드백 기록 여부 : 훈련 참가자, 감리단 의견이 문서화되어 있는가?

→ 훈련이력은 외부 평가 시 'BCP 운영 성숙도'의 대표 지표로 사용된다.

**④ 핵심 항목 4** : 외부 보고 및 감사 대응 준비

발주처 또는 감리단이 BCP 운영 여부를 확인할 때 가장 중요하게 여기는 것은 '정리된 자료의 존재'다. 체크리스트는 이들 문서가 현재 상태로 정리되어 있는지를 확인하는 도구로 사용된다.

- 보고용 문서 정비 상태 : 보고서 양식, 출력본 또는 PDF 파일이 구비되어 있는가?
- 제출 이력 관리 여부 : 최근 보고 기록 또는 승인일자가 명시되어 있는가?
- 감사 대응용 문서 보관 여부 : 3년치 변경 이력, 점검표, 회의록 등이 정리되어 있는가?

→ 이 항목은 비상 상황이 아니라 평상시 관리 항목으로 인식되어야 한다.

핵심 실행 체크리스트는 단지 '몇 개의 문서를 확인하는 도구'가 아니라, 조직의 BCP가 정상적으로 작동하고 있는지 확인하는 정기 진단 도구다. 각 항목은 단순한 유무 확인이 아니라, 실행 가능성, 대응 적정성, 반영 실효성을 중심으로 점검되어야 하며, 반복적으로

사용될수록 그 가치는 커진다. 다음 절에서는 이러한 항목을 현장에서 반복 적용할 수 있는 자체 진단 체계 운영 방법에 대해 설명한다.

## 1.3 현장용 자체 진단표 운영 방법

BCP 실행 체크리스트가 현장의 준비 상태를 일회성으로 점검하는 도구라면, 자체 진단표는 지속적이고 반복적인 실행력 관리 체계의 핵심 장치이다. 특히 건설업과 같이 공정이 단계별로 전환되고 인력 구성도 유동적인 환경에서는, BCP 문서의 현장 적합성을 유지하기 위해 주기적인 진단이 필요하다. 자체 진단표는 현장소장 또는 담당 실무자가 정기적으로 작성함으로써 문서, 자원, 역할, 대응 체계 전반을 스스로 점검하고 조정할 수 있도록 돕는 간이형 자율관리 도구다.

### 1) 진단표의 구성 및 항목 설정

자체 진단표는 실행 체크리스트와 유사한 항목을 기반으로 하되, '실제 작동 가능성'과 '개선 요구사항' 중심으로 항목을 설정한다. 예를 들어 단순히 "복구 매뉴얼이 있는가?"를 묻는 대신, "복구 매뉴얼을 최근에 검토해보았는가?", "해당 매뉴얼의 흐름대로 자원을 호출할 수 있는가?"처럼 실질적인 실행 가능성 중심의 점검을 유도한다.

표 12-2 진단표 구성항목

| 진단 항목 | 최근 확인 여부 | 실행 가능 여부 | 개선이 필요한 부분 |
|---|---|---|---|
| 복구절차 매뉴얼 | □ 예 / □ 아니오 | □ 예 / □ 아니오 | 예: 감리 보고 흐름 미정의 |
| 역할 분장표 | □ 예 / □ 아니오 | □ 예 / □ 아니오 | 예: 담당자 교체 미반영 |
| 자원 목록 | □ 예 / □ 아니오 | □ 예 / □ 아니오 | 예: 장비 업체 계약 만료 |
| 최근 훈련 결과 반영 | □ 예 / □ 아니오 | □ 예 / □ 아니오 | 예: 개선 미반영 문서 존재 |
| 대외 보고자료 상태 | □ 예 / □ 아니오 | □ 예 / □ 아니오 | 예: PDF 미정리, 출력불가 |

→ 각 항목에는 '진단일자', '작성자', '문서 버전' 등의 메타데이터를 기입하도록 구성하며, 반복 작성 시 히스토리 관리가 가능하다.

### 2) 진단 주기 및 보고 체계

- 주기 : 공정 전환기(예: 타설 → 양생), 월 1회, 협력사 교체 시, 훈련 직전/직후 등
- 작성자 : 현장소장 또는 BCP 담당자(실무자 자율 지정 가능)
- 보고 방식 : A4 1~2쪽 내외, 수기 또는 디지털(Excel/Google Form 등)
- 제출처 : 본사 BCP 총괄부서, 또는 프로젝트 관리팀
- 보관 기간 : 최근 6회차 진단표는 파일 보관 또는 클라우드 기반 보관 필수

자체 진단표를 반복 작성하게 되면 자연스럽게 문서 개선 → 실행 개선 → 재점검 → 숙련도 향상이라는 루프가 형성된다. 특히 다음과 같은 활용 전략 이 실효성을 높인다:

- 이전 진단표에서 '✖' 표시가 반복된 항목은 다음 훈련 시 집중 보완 대상으로 지정
- 개선이 미흡한 항목은 담당자 지정 후 일정 내 조치 → 후속 진단표에서 이행 확인
- 반복 진단 결과를 기반으로 취약 항목 '상위 3개'를 별도로 표시하여 집중관리
- 진단표 내용 일부를 협력사와 공유하여 외부 연계 강화를 유도

현장용 자체 진단표는 복잡한 분석이나 외부 컨설팅 없이도 조직이 스스로의 실행 수준을 정기적으로 점검하고 조정할 수 있는 실용적인 시스템이다. 이 도구가 자율적으로 운용되기 시작하면, BCP는 더 이상 형식적인 문서가 아니라 일상적인 관리 루틴으로 자리 잡게 되며, 결과적으로 실제 위기 상황에서도 당황하지 않고 체계적으로 대응할 수 있는 실행 기반이 마련된다.

# 2 중소 건설사를 위한 실행 매뉴얼

## 2.1 중소 건설사의 BCP 운영 환경과 현실적 한계

중소 건설사는 국내 전체 건설업체 중 대부분을 차지하는 다수형 조직이다. 소규모지만 다양한 프로젝트를 동시다발적으로 수행하며, 지역 기반으로 발주처, 협력사, 인력을 유기적으로 연결해 운영하는 구조가 일반적이다. 그러나 이러한 구조적 특성은 BCP 수립 및 운영에 있어 실질적인 어려움으로 작용한다. 인력, 예산, 문서화 능력, 훈련 여건 등이 대형사 대비 크게 제한되기 때문이다. BCP를 구축해야 한다는 외부 요구는 높아지고 있지만, 이를 감당할 수 있는 조직 인프라가 부족한 것이 현실이다. 이에 따라 중소 건설사는 '표준 BCP 체계'가 아니라, 현장 실정에 맞춘 축소형 BCP, 즉 실행 가능성을 우선으로 한 간이 매뉴얼 중심의 구조를 갖추는 것이 우선 과제로 부각된다.

### 1) 중소 건설사의 일반적 운영 환경과 주요한계

다음은 BCP 관점에서 중소 건설사가 처한 일반적인 조건이다:

표 12-3 중소 건설사 일반 현황

| 항목 | 중소 건설사 운영 특성 |
|---|---|
| 인력 구성 | 사무실 5인 이하, 현장직 간접고용 비율 높음 |
| 현장 수 | 소형 현장 다수, 다수 프로젝트 병행 운영 |
| 외주 비중 | 공정 대부분이 외주사 또는 협력사 의존 구조 |
| 문서화 체계 | 전산 문서보다는 인쇄물, 구두 전달 방식 다수 |
| 교육·훈련 | 정기 훈련보다는 관행 중심, 비계획적 운영 |
| 위기 대응 방식 | 담당자 중심의 경험 의존, 표준 매뉴얼 부재 |

이러한 조건에서는 ISO 22301 수준의 BCP 체계를 적용하기 어렵고, 형식에 맞춘 보고용 체계는 오히려 실행력을 떨어뜨릴 수 있다.

중소건설사의 경우BCP 수립에 대한 의지가 있더라도 다음과 같은 요소들이 반복적으로 실행을 방해한다:

**① 전담 인력 부재 :**

한 사람이 여러 업무를 병행, BCP 관련 문서 작성 자체가 부담

**② 문서 유지 불안정성 :**

인력 교체, 외주 계약 변경에 따른 문서 갱신 누락 빈번

**③ 훈련·점검 여건 미비 :**

시간, 예산, 장소 등의 부족으로 훈련은 보고용으로만 운영되기 쉬움

**④ 문서 보관 및 접근성 문제 :**

중앙 서버나 클라우드 환경 미사용으로 문서에 실 시간 접근이 어려움

**⑤ 외주사 연계 어려움 :**

협력사 간 문서 공유, 역할 지정, 의사결정 협의 등이 느슨하게 유지됨

→ 이러한 한계들은 복구 시간 지연, 대외 대응 실패, 현장 책임 회피 등으로 이어질 수 있으며, 결국 조직 전체의 평판과 수주 능력에 악영향을 줄 수 있다.

### 2) 축소형 BCP 매뉴얼의 필요성과 전략적 설계 원칙

중소 건설사가 현실적으로 감당 가능한 BCP를 구축하려면 '정형화된 완성형 체계' 보다는 핵심 기능 중심의 실행 가능한 체계를 우선적으로 갖추는 것이 현실적이다. 이를 위해 축소형 매뉴얼은 다음과 같은 4대 전략 원칙을 기반으로 설계되어야 한다

**① 핵심 기능 중심 구조 설계**

BCP는 전체 업무를 모두 복원하려는 것이 아니라, 중단되었을 때 기업의 생존에 영향을 미칠 수 있는 핵심 기능을 우선 보호하고 회복하는 전략이다. 중소 건설사는 인력과 예산이 한정되어 있기 때문에, 전사적 복구계획보다는 공정별 핵심 기능(예: 콘크리트 타설, 장비 반입, 자재 납품 등)을 중심으로 복구 전략을 설정해야 한다. 즉, "전체가 아니라 가장 치명적인 한 부분을 복구할 수 있는 체계"를 먼저 설계하는 것이 합리적이다.

**② 최소 문서 세트 구성**

중소 건설사는 복잡한 문서 체계를 운영하기 어렵다. 따라서 가장 필요한 핵심 문서만 추려내어 실행성과 관리성을 확보하는 것이 바람직하다. 권장되는 문서 구성은 다음과 같다:

- 간이 복구 매뉴얼 :
  - 위기유형별 간단한 대응 흐름, 책임자 지시사항 중심

- 역할 분장표 :
  - 이름, 연락처, 대응 책임만 간결하게 정리
- 자원 대체 목록표 :
  - 비상시 사용 가능한 자재·장비 목록과 공급처
- 훈련 결과 기록지 :
  - 훈련 여부, 개선사항, 서명 기록 등 문서 이력 관리용
- 비상 연락망 :
  - 발주처, 감리단, 협력사 주요 담당자 전화번호 및 보고 체계

→ 각 문서는 A4 1~2장 이내, 전자파일과 출력본 병행, QR코드 접속 가능 형태 권장

**③ 실행 우선순위 확보**

자원이 부족한 상황에서는 모든 위기에 대응하는 전략은 실행되지 않는다. 따라서 BCP 구성 시 발생 가능성과 영향도를 기준으로 우선순위를 설정하고, 먼저 대응할 위기유형부터 복구 전략을 수립하는 방식이 바람직하다. 예를 들면,

- 빈도 우선형 :
  - 자재 지연, 협력사 결근 등 흔히 발생하는 상황부터 대응
- 영향도 우선형 :
  - 크레인 고장, 콘크리트 타설 중단 등 복구가 어렵고 피해가 큰 위기부터 대응
- 계절별 대비형 :
  - 장마철, 혹한기, 혹서기 등 공사일정에 영향을 줄 수 있는 시 기별 준비

→ 위기 대응 시나리오도 단순하게 설계해야 하며, 공정 흐름도에 대응 아이콘을 부착하는 방식도 효과적이다.

**④ 점검과 훈련의 간소화**

중소 규모 현장에서는 훈련을 대규모로 시행하기 어렵기 때문에, 간이 훈련이나 문서기반 복습 훈련으로 대체할 수 있다. 예:

- 역할자 복기식 훈련 :
  - 각 책임자가 자신의 역할을 소리내어 복기하고 체크리스트를 활용해 답하는 방식
- 서면 확인식 훈련 :
  - 문서 출력 후 책임자가 서명 확인, 요점 회의 15분 내 종료
- QR 문서 확인 방식 :
  - 스마트폰으로 문서 접속 후 5분간 내용 확인 후 간단한 질의 응답

점검은 '내부 자체 진단표'를 활용해 월 1회 또는 공정 전환 시에만 시행해도 충분하며,

훈련이나 점검이 있을 때마다 최소한의 기록만 남기고 체계화하는 것이 중요하다. 이력 관리 파일이나 Google Form과 같은 디지털 문서 저장 시스템을 활용하면 효과적이다.

중소 건설사가 BCP를 운영하기 위해서는 '대형사 모델을 따라 하기'보다는 '우리 조직에 맞는 작고 단순한 구조를 정착시키기'가 핵심이다. 복잡한 전략보다 핵심 기능 중심의 실행 체계를 설계하고, 최소 문서만 관리하며, 반복 가능한 자체 점검 및 훈련을 간소화하면 실행 가능성과 신뢰도를 모두 확보할 수 있다. 다음 절에서는 중소 건설사에 필요한 최소 핵심 문서 세트 구성 방안과 실제 양식을 구체적으로 제시한다.

## 2.2 중소 건설업체를 위한 핵심 최소 구성 문서 세트 제안

중소 건설사는 인력과 자원이 제한되어 있기 때문에, 수십 개의 문서를 유지하고 관리하는 것은 현실적으로 어렵다. 하지만 BCP의 기본 원칙은 '문서의 양이 아닌, 위기 시 바로 작동하는가'에 있다. 따라서 최소 구성의 핵심 문서를 실제 현장 상황에 맞게 축약·설계하여 운영하는 방식이 필요하다. 본 절에서는 실무자가 즉시 사용할 수 있도록, 중소 건설사를 위한 5종 핵심 문서의 목적, 구성, 템플릿을 포함한 실용적 운영 방안을 제시한다.

### 1) 중소 건설사 BCP 핵심 5대 문서

#### ① 간이 복구 매뉴얼 (A4 2쪽)

- 목적 : 위기 상황에서 신속히 행동할 수 있도록 단순화된 지침 제공
- 구성 항목 :
  - 위기유형별 조치 목록 (예: 자재 미납, 타워크레인 고장, 장비 반입 지연)
  - 단계별 실행 흐름 (예: 보고 → 자원 확인 → 복구 조치 → 감리단 통보)
  - 각 조치별 담당자 및 연락처
  - 비상시 대체방안 요약
- 템플릿 예시 :

| 위기 상황 | 즉시 조치 | 책임자 | 대체방안 | 보고 대상 |
|---|---|---|---|---|
| 콘크리트 납품 지연 | 대체업체 연락 → 현장 대기 조치 | 자재팀장 홍길동 (010--) | B업체 예비 계약 활용 | 감리단 김OO, 발주처 박OO |
| 타워크레인 정지 | 장비 점검 요청 → 안전구역 설정 | 장비팀장 최OO | 예비 크레인 임차 | 안전담당 및 공무팀 |

→ 실제 매뉴얼은 표 또는 도식 형태로 제작하고, QR코드로 모바일 열람 가능 하도록 구성

**② 간략 역할 분장표** (A4 1쪽)

- 목적 : 각 위기 상황 시 '누가' 무엇을 책임지는지를 명확히 구분
- 구성 항목 :
  - 공정별·자원별 책임자 지정
  - 부재 시 대체 책임자 명시
  - 연락처, 소속 부서 포함
- 템플릿 3예시 :

| 항목 | 1차 책임자 | 부서 | 연락처 | 예비 담당자 |
|---|---|---|---|---|
| 콘크리트 공급 | 홍길동 과장 | 자재팀 | 010-- | 김민수 대리 |
| 전기 단전 대응 | 이수진 팀장 | 공무팀 | 010-- | 박정호 기사 |

→ 문서는 게시판 부착 + 인쇄본 비치, 문서 하단에 갱신일자 기재 필수

**③ 자원 대체 목록표** (A4 1~2쪽)

- 목적 : 자재·장비 공급 차질 시 신속한 대체 공급 경로 확보
- 구성 항목 :
  - 자재명 / 장비명
  - 기존 공급업체 + 계약 상태
  - 대체품 또는 대체 업체명
  - 연락처 / 납기 예상일 / 계약 여부
- 템플릿 예시 :

| 자재명 | 기존 공급업체 | 대체품 또는 대체업체 | 납기 | 비고 |
|---|---|---|---|---|
| 레미콘 25-210 | ○○레미콘 | OO레미콘(2공장) | 1일 | 예비 계약 유지 |
| PE전선관 100Ø | △△전기 | ▼▼자재센터 | 2일 | 가격 상이, 사용승인 필요 |
| 양중장비 (6층 이상) | ⓧⓧ중기 | ✕✕크레인 | 긴급투입 12시간 내 | 계약 없음, 협의 필요 |

→ 정기 점검 및 협력사 계약 갱신 시 자동 연동되도록 관리 권장

### ④ 훈련 결과 기록지 (A4 1쪽)

- 목적 : 훈련 사실 및 개선사항 이력을 문서화하여 보고 및 감사 대응에 활용
- 구성 항목 :
  - 훈련일, 장소, 유형(Tabletop, 실제 훈련 등)
  - 참석자 명단 또는 서명
  - 훈련 중 발견된 문제점
  - 후속 개선조치 및 문서 반영 여부
- 템플릿 예시 :

| 항목 | 내용 |
|---|---|
| 훈련일 | 2025.03.15 |
| 장소 | 본사 회의실 |
| 유형 | Tabletop (납품 지연 상황 대응) |
| 참석자 | 홍길동, 김수진, 최재훈 외 4명 |
| 발견사항 | 감리 보고 흐름 누락, 연락망 최신화 필요 |
| 개선조치 | 복구 매뉴얼 3항 갱신 / 연락망 재배포 (2025.03.18 시행) |

→ 파일 또는 인쇄본 보관 + 서명부 첨부 (A4로 문서철 보관)

### ⑤ 비상 연락망 리스트 (A4 1쪽)

- 목적 : 비상 발생 시 즉시 연락 가능한 모든 외부 이해관계자 연락처 확보
- 구성 항목 :
  - 발주처, 감리단, 협력사, 장비업체, 보험사, 지자체 담당 부서 등
  - 담당자명, 소속, 전화번호, 이메일(선택)
  - 역할 구분 (보고 대상, 자원 요청 대상, 협의 대상 등)
- 템플릿 예시 :

| 구분 | 기관명 | 담당자 | 연락처 | 역할 |
|---|---|---|---|---|
| 발주처 | 주식회사 ABC건설 | 이민철 차장 | 010-- | 보고 대상 |
| 감리단 | (주)KCM 감리 | 송은주 이사 | 010-- | 공정 승인 요청 |
| 타설 장비 업체 | 대성레미콘 | 조형진 소장 | 010-- | 자재 재공급 협의 |

→ 매월 확인 / 갱신 여부 체크 후 점검 기록지에 포함 권장

### 2) 운영 방식 요약

| 운영 항목 | 실천 방식 |
|---|---|
| 문서 관리 | A4 기준 문서철 + 모바일 QR 저장 병행 |
| 갱신 주기 | 반기 1회 이상 + 협력사 계약 변경 시 수시 반영 |
| 작성 책임 | 현장소장 또는 실무팀 지정 1인 (BCP 담당자) |
| 활용 시점 | 훈련 전후, 감사 준비 시, 현장 인수인계 시 |

중소 건설사에 필요한 BCP 문서는 많지 않다. 다만 위기 발생 시 '딱 5장'만 있어도 적시에 보고하고, 복구하고, 협력사와 대응할 수 있다면 그 문서는 조직의 생존을 지켜내는 실질적 자산이 된다. 이 절에서 제시한 5종 문서는 실행력을 최우선으로 고려해 구성된 세트로, 각 회사는 이를 기반으로 자신의 현장 특성에 맞게 조정해 사용하는 것이 바람직하다. 다음 절에서는 이 문서를 기반으로 한 간이 훈련 및 점검체계 운영 방안을 제안한다.

## 2.3 간이 훈련 및 점검체계 운영 방안

중소 건설사에서 BCP를 실행하기 위해 가장 필요한 것은 '복잡한 시스템'이 아니라 '쉽게 반복할 수 있는 훈련과 점검체계'다. 실제 현장에서 전담 부서나 정기 교육이 없는 상황에서도, 간이 훈련과 최소 점검 체계를 통해 BCP의 실행 가능성을 유지하고 증명할 수 있는 구조를 만드는 것이 핵심이다. 본 절에서는 중소 건설사에 적합한 간소화된 훈련 방식과 자체 점검 운영 방안을 제안한다.

### 1) 중소 건설사 맞춤형 훈련 유형 구성

#### ① 역할자 복기식 훈련

- 구조 : 주요 책임자들이 자신의 역할에 대한 대응 시나리오를 음성 또는 서면으로 복기
- 방식 : 역할 분장표와 간이 복구 매뉴얼을 참고하여, 대응 시나리오를 구두로 발표하거나 체크리스트를 통해 질문-응답식으로 점검
- 장점 : 준비 시간 최소화, 훈련 효과 내재화

#### ② 문서 확인식 훈련

- 구조 : 주요 문서(5종)를 전개하고 확인 후 서명으로 훈련 이행을 증빙
- 방식 : 간이 복구 매뉴얼과 연락망 등을 읽고, 각 책임자가 "내가 담당할 내용"을 짚고 서명

- 장점 : 간소화된 실행, 감사 대응 시 이행증거 확보 가능

**③ 모바일 기반 훈련**

- 구조 : QR코드로 복구 매뉴얼을 열람하고 간단한 OX 퀴즈 또는 확인질문 응답
- 방식 : Google Form 또는 설문 앱을 이용해 5문항 내외의 질의 진행
- 장점 : 공간 제약 없이 반복 가능, 훈련기록 자동 저장 가능

**④ 훈련 주기 및 기록 관리**

| 항목 | 권장 주기 | 비고 |
| --- | --- | --- |
| 역할 복기 훈련 | 분기 1회 이상 | 책임자 교체 시 필수 시행 |
| 문서 확인 훈련 | 공정 착공 전, 인수인계 시 | 최대 15분 내외 진행 가능 |
| 모바일 훈련 | 필요 시 수시 운영 | 파일 로그로 기록 자동화 |

훈련 결과는 반드시 기록지로 남겨야 하며, A4 1쪽 내외의 훈련 결과 요약지에 훈련일자, 참석자, 실시 방식, 확인 항목, 개선 사항 등을 간단히 기재하고 서명 또는 보고서 형태로 보관한다.

### 2) 간이 점검체계 운영 전략

**① 핵심 점검 항목 구성**

- 문서 유무 및 최신화 여부
- 자원 대체 계약 상태
- 연락망 최신성 확인1
- 훈련 실시 여부 및 이력 관리

**② 점검 방식**

- 체크리스트 양식 사용 (YES/NO/비고)
- 월 1회 점검 또는 공정 변경 시 자율 점검 시행
- 점검자는 현장소장, 실무팀장, 또는 공무담당 중 지정

**③ 점검 이력 활용**

- 반복점검을 통해 발견된 문제는 다음 훈련 항목에 반영
- 감리단, 발주처 요청 시 체크리스트 및 진단표로 대응 가능
- 내부 감사 시 최근 6개월 이내 점검표 제출 가능하도록 보관

**④ 협력사 참여 전략**

- 최소 연 1회 협력사와의 공동 대응 훈련 시행
- 훈련 시 협력사 역할 명확히 기재, 대응 흐름도 공유
- 공정별 주요 협력사 책임자에게 연락망 및 복구 흐름 전파
- 회의 중 훈련 요소 일부 삽입 (예: "이번 주 비상시 대처 계획 공유")

중소 건설사의 BCP 훈련과 점검은 '지속 가능성'이 가장 중요하다. 적은 시간과 인력으로 반복할 수 있는 구조를 만들고, 그 이행 내역을 간단한 양식으로 문서화하는 것만으로도 외부 보고와 실제 대응에 효과적으로 대비할 수 있다. 이 절에서 제시한 훈련 방식과 점검 체계는 현장의 실행력을 유지하고 증명하는 데 실질적인 토대가 될 수 있다. 다음 절에서는 경영자와 현장소장을 위한 실무형 실행 포인트 요약을 제시한다.

## 2.4 경영자와 현장소장을 위한 실행 포인트

중소 건설사에서 BCP를 실질적으로 이끌어가는 주체는 경영자와 현장소장이다. 이들은 종종 여러 업무를 병행하며 위기 대응 체계까지 챙겨야 하는 실무 책임자이자 최종 승인자이다. 따라서 BCP 운영에 있어 가장 필요한 것은 짧은 시간 내에 핵심만 빠르게 확인할 수 있는 실행 포인트 요약이다. 이 절에서는 경영자와 소장을 위한 핵심 확인 항목을 간결하게 정리하여 일상적 실행력을 유지할 수 있도록 제안한다.

### 1) "5분 실행 점검표" 핵심 항목

이 표는 바쁜 일상 속에서도 경영자와 현장소장이 BCP의 실행 상태를 간단히 점검할 수 있도록 구성된 최소 기준이다. 복잡한 절차 없이 표 하나로 BCP 운영의 핵심 요소들을 빠르게 확인할 수 있으며, 별도의 교육 없이도 누구나 사용할 수 있다. 실제로 이 5가지 항목만 정기적으로 확인해도 전체 BCP 문서 및 체계의 70% 이상을 점검하는 효과가 있으며, 감리단·발주처 대응 시에도 핵심 설명 자료로 활용할 수 있다. 이 점검표는 주간 회의, 공정 전환 시, 감사 직전 등 다양한 상황에서 반복 사용 가능하며, 체크 결과는 사진, 서명, 간단한 보고서 등 다양한 방식으로 기록해 둘 수 있다.

표 12-4 5분 실행 점검표 핵심 항목

| 항목 | 핵심 확인 포인트 | 확인자 |
|---|---|---|
| 복구 매뉴얼 | 최신 상태이며 비상 시 누구나 열람 가능한가? | 현장소장 |
| 역할 분장표 | 주요 책임자 연락처와 역할이 명확히 정리되어 있는가? | 공무팀장 |
| 자원 목록 | 대체 자재·장비 확보처 및 연락처가 최신화되어 있는가? | 자재팀장 |
| 훈련 실시 여부 | 최근 6개월 이내 훈련이 시행되었고 기록이 있는가? | 경영자/소장 |
| 점검 이력 | 월 1회 이상 체크리스트를 작성하고 개선사항을 추적하고 있는가? | 현장 BCP 담당자 |

→ 이 5가지 항목만 주기적으로 확인해도 BCP의 70%는 관리되고 있다고 볼 수 있다.

### 2) 실무 운영 팁 : 업무 중 자연스럽게 BCP를 실행하는 법

중소 건설사의 실무 현장에서는 '계획된 훈련'이나 '격식 있는 점검'보다도, 일상 속에서 자연스럽게 BCP가 관리되고 실행되는 구조가 훨씬 실효성이 높다. 이 절에서 제안하는 운영 팁은 BCP를 별도 업무가 아닌, 현장 관리의 일부로 통합해 운영할 수 있도록 설계된 간편 전략들이다.

예를 들어, 매주 진행되는 주간 공정 회의에서 5분만 시간을 할애하여 한 가지 BCP 항목을 점검하거나 확인하는 방식을 적용하면, 별도의 교육이나 훈련 없이도 정기적 관리 효과를 누릴 수 있다. 또한 문서 QR코드를 사무실이나 창고, 휴게실 등에 부착하면, 문서 접근성이 크게 향상되어 위기 상황에서 신속한 열람이 가능하고 교육 효과도 동반 된다.

성과 연계도 매우 효과적이다. 예컨대 훈련에 적극 참여하거나 문서를 잘 관리한 실무자에게는 포상이나 성과 가점을 부여함으로써 BCP 운영에 대한 자발적 참여를 유도할 수 있다. 협력사를 대상으로는 계약서에 BCP 협조 항목을 포함시키고, 정기 회의 중 1~2분간 간단한 대응 흐름을 소개하거나 역할 확인을 병행하면 공동 대응 체계를 자연스럽게 강화할 수 있다.

또한, 훈련이나 점검 결과를 사진으로 남기거나 전자서명을 통해 저장하는 방식도 추천된다. 이는 종이 문서 관리에 대한 부담을 줄여주고, 발주처나 감리단의 요청 시 신속하고 정확하게 대응할 수 있는 증빙 자료가 된다. 이러한 운영 방식은 BCP가 '형식적인 것'이 아니라 '일상에 녹아든 실행체계'가 되도록 도와 준다.

- 주간 회의 5분 활용 :
  - 매주 회의 시 BCP 항목 한 가지씩 점검(예: 자재 리스트 확인)

- 문서 QR코드 부착 :
  - 복구 매뉴얼, 연락망 등은 벽면에 QR로 부착해 즉시 열람 가능하게 함
- 성과 연계 :
  - 훈련 참여자에 대한 포상 또는 관리 성과 점수에 반영
- 협력사 교육 병행 :
  - 계약서에 'BCP 간단 대응 협조' 항목 포함, 정기 회의 시 훈련 요소 포함
- 사진 또는 전자서명 활용 :
  - 훈련·점검 결과를 수기 대신 사진 촬영 또는 전자 기기 서명으로 기록

경영자와 현장소장은 복잡한 전략보다 빠르게 확인할 수 있는 요약자료와 반복 가능한 점검 구조를 갖추는 것이 중요하다. 이 절에서 제안한 '5분 점검표'와 보고 포맷만 잘 유지해도 외부 평가에 대응하고, 내부 실행력을 확보할 수 있다. 반복과 간소화, 핵심만 유지하는 전략이 중소 건설사의 실행형 BCP를 현실화시키는 핵심이다.

표 12-5 중소 건설사 BCP 간소화

| 요청사항 | 제시 문서 | 준비 시간 |
|---|---|---|
| 최근 훈련 이행 여부 | 훈련 결과 기록지 + 사진 | 10분 이내 |
| 자원 확보 증빙 | 자원 대체 목록표 | 즉시 응답 가능 |
| 보고 체계 확인 | 역할 분장표 + 비상 연락망 | 5분 내 설명 가능 |
| BCP 전체 체계 개요 | A4 1장 요약본 또는 회의 자료 | 미리 준비 권장 |

→ 이 항목은 BCP 감사, 현장 불시점검, 신규 발주 심사 등 실무상 필요한 상 황에 맞춰 정리되었다.

## 3 디지털 기반 BCP 수립 도구

BCP의 실효성은 정보의 접근성과 최신성에 크게 좌우된다. 특히 중소 건설사에서는 종이 문서 관리에 한계가 있으며, 인력 교체나 공정 변경 시 문서의 위치나 내용 자체가 잊히는 경우도 많다. 이런 문제를 해결하기 위해 최근에는 BCP 문서를 디지털 방식으로 관리하고, 훈련이나 점검 이력도 클라우드나 모바일 기반으로 전환하는 추세가 확산되고 있다. 본 절에서는 중소 건설사가 손쉽게 도입할 수 있는 디지털 기반 BCP 수립·운영 도구를 소개하고, 각 도구의 기능과 활용 전략을 제시한다.

### 3.1 건설업에서 활용 가능한 주요 디지털 도구

#### 1) Google Drive / Google Docs / Google Forms

- 특징 : 문서 저장, 버전 관리, 훈련 설문지 작성 및 응답 자동 저장 가능
- 활용 방안 :
  - 복구 매뉴얼, 자원 목록, 연락망 문서를 폴더별 정리하여 실시간 공유
  - 훈련 기록을 Google Form으로 수집하고 자동 스프레드시트화
  - 점검 체크리스트를 모바일로 작성 가능

#### 2) Notion

- 특징 : 문서 관리 + 업무 프로세스 추적 기능을 동시에 제공하는 협업 플랫폼
- 활용 방안 :
  - 복구 흐름도, 보고 절차, 점검 항목을 템플릿화해 반복 사용 가능
  - 훈련 이력 및 개선 사항을 한 페이지에 모아 버전별 관리 가능

#### 3) 카카오워크 / 네이버웍스 등 협업 메신저 + 클라우드

- 특징 : 협력사와의 커뮤니케이션 + 문서 연동이 가능한 실시간 대응 도구
- 활용 방안 :
  - 비상 연락망 공유, 훈련 일정 공지, 문서 링크 전송 등

• 훈련 결과 확인 후 스크린샷 또는 사진 공유로 기록 대체 가능

**4) 모바일 ERP 또는 PMS 연동 툴 (건설사 자체 시스템)**

- 특징 : 자재관리, 인력관리 시스템에 BCP 문서 연동 가능
- 활용 방안 :
  - 자원 목록과 계약상태를 ERP에서 직접 확인
  - 현장 점검 시 태블릿으로 문서 열람 및 체크

## 3.2 도입 전략 및 실무 적용 팁

| 항목 | 적용 방법 |
|---|---|
| 문서 디지털화 | A4 문서를 PDF로 변환 후 Google Drive에 폴더별 정리 (ex. 복구 매뉴얼, 연락망, 점검표) |
| QR 코드 연동 | 각 문서를 QR로 변환하여 사무실, 현장 게시판, 회의실 등에 부착 |
| 훈련 자동화 | 훈련 후 Google Form을 통해 참석자 확인 및 결과 수집 (시간 절약 + 자동 저장) |
| 개선 이력 추적 | Notion이나 Excel 스프레드시트를 통해 개선사항과 이행 상태 추적 |
| 감사 대응 | 디지털 문서를 하나의 폴더로 묶어 '감사 대응 패키지'로 관리 (문서 + 사진 + 기록지 포함) |

디지털 기반 BCP 운영은 중소 건설사에서도 어렵지 않게 시작할 수 있으며, 실행력과 보고 능력을 동시에 높일 수 있는 실용 전략이다. 단순한 문서 보관이 아니라 반복 가능하고 증빙 가능한 구조, 그리고 즉시 확인 가능한 접근성을 통해 위기 상황에서도 실제로 작동하는 BCP 체계를 정착시킬 수 있다. 다음 절에서는 실행력 강화를 위한 조직 운영 전략을 제안한다.

## 4 실행력 강화를 위한 조직 운영 전략

건설업에서 BCP가 실제로 작동하기 위해서는 단지 문서를 갖추는 것을 넘어서, 이를 반복 실행하고 관리할 수 있는 '조직 운영 전략'이 함께 마련되어야 한다. 특히 중소 건설사처럼 인력이 제한된 구조에서는 '운영 체계 간소화'와 '책임 분산'이 무엇보다 중요하다. 이 절에서는 중소 건설사 현장에서도 무리 없이 실행할 수 있는 4가지 실천 전략—보고 체계, 실행 KPI, 리더십 구조, 협력사 참여 구조—를 중심으로 BCP 실행력을 강화할 수 있는 운영 방안을 제안한다.

### 4.1 정기 보고 및 피드백 구조 내재화

BCP 실행의 지속성은 정기적인 보고와 피드백에서 시작된다. 복잡한 시스템 없이도, 현장에서 간단한 보고 체계를 정례화하고, 실행 이후 짧은 피드백 시간을 갖는 것만으로도 조직은 실행 경험을 축적하고 개선을 반복할 수 있는 역량을 갖추게 된다. 특히 중소 건설사처럼 인력과 자원이 제한된 환경에서는, 문서의 완성보다 '이행 여부를 확인하고 다시 반영하는 작은 회전'이 실제 위기 대응력을 결정짓는다.

#### 1) 정기 보고의 실질적 목표

정기 보고는 단지 '행정적인 기록'이 아니라 다음과 같은 목적을 달성한다:

- 훈련 또는 점검이 실제로 수행되었는지 확인
- 그 과정에서 발생한 문제와 개선 사항을 식별
- 개선 조치의 책임자와 완료 기한을 설정해 후속 조치 유도
- 반복 이력을 문서화하여 감사·감리·발주처 요구에 대응할 수 있는 자료 확보

정기 보고는 문서화된 BCP와 실무 실행 사이의 '연결 고리' 역할을 하며, 반복될수록 실행력과 숙련도를 높이는 순환 고리를 만든다.

간결한 정기 보고를 위해서는 다음과 같은 표준 양식을 활용하는 것이 효과적이다.

표 12-6 정기보고 내용

| 항목 | 내용 기재 예시 |
|---|---|
| 보고 일시 | 2025.05.01 |
| 보고 내용 | BCP 점검 / 훈련 / 문서 갱신 중 선택 |
| 실행 항목 | 연락망 확인, 자재 대체 목록 갱신, 역할 복기 훈련 등 |
| 발견 사항 | 연락처 일부 미기입, 복구 흐름도 누락 등 |
| 조치 계획 | 연락처 갱신(5/3까지), 복구 매뉴얼 도식 보완(5/5 완료 예정) |
| 책임자 | 김건호 대리 (공무팀) |

보고서는 현장소장 또는 지정된 BCP 담당자가 간단히 작성하여 월별 문서철에 보관하거나 Google Form 등으로 디지털 제출해도 무방하다.

### 2) 피드백 회의 운영 전략

**① 회의 형식**

- 훈련 또는 점검 후 3일 이내, 15분 내외 간이 회의 실시
- 참석자 : 현장소장, 공무팀장, 자재팀장 등 부서별 실무책임자
- 회의 안건 : 발견사항 공유 → 개선사항 결정 → 역할 분장 및 기한 설정

**② 회의록 구성**

- 제목 : BCP 훈련 피드백 회의록 (일자)
- 안건 : 발견 문제 / 조치 방안 / 담당자 / 완료 예정일
- 기록자 : 회의 주관자 또는 서무

→ 회의록은 매뉴얼 업데이트 또는 다음 점검 시 검토 자료로 활용됨

**③ 보고-피드백-문서 반영의 순환 구조 만들기**

중소 건설사가 실천해야 할 핵심은 '단순하지만 반복 가능한 구조'이다. 다음은 그 흐름 예시다:

(1) 훈련 실행 또는 점검 수행

- 예 : 문서 확인식, 역할 복기, 연락망 점검 등

(2) 정기 보고서 작성

- 훈련 결과 요약, 문제 발견, 개선 계획 명시

(3) 피드백 회의에서 개선방안 확인 및 할당

- 각 항목별 책임자 지정 및 조치 일정 설정

(4) 문서 갱신 및 재배포

- 복구 매뉴얼, 자원 목록, 연락망 등 최신화

(5) 다음 회의 또는 점검에서 반영 여부 확인

이러한 순환 구조가 자리잡으면, 점검과 훈련이 단절되지 않고 지속적인 개선으로 이어진다.

보고와 피드백은 단지 행정절차가 아니라 실행과 개선의 가교다. 중소 건설사에서는 문서의 양보다 보고와 피드백의 흐름이 유지되는 것이 중요하다. A4 한 장, 회의 15분이면 충분하다. 그 반복이 실행력을 축적하고, 숙련도를 끌어올린다. BCP는 결국 실행이자 습관이고, 그 시작은 정기 보고에서 출발한다.

## 4.2 훈련 KPI 설정 및 실행 평가 방식

BCP는 수립 자체보다 '지속적인 운영'이 중요하며, 운영을 관리하기 위해서는 일정한 평가 기준이 필요하다. 중소 건설사의 경우 복잡한 지표나 정량적 평가보다는 간단하고 반복 가능한 실행 항목을 KPI(핵심성과지표)화하여 운영 성숙도를 관리하는 것이 적절하다. 이 절에서는 BCP 훈련 및 점검 항목을 기반으로 한 실행 KPI 설정법과 이를 활용한 평가 방안을 제시한다.

### 1) 중소 건설사 맞춤형 BCP 실행 KPI 구성

다음은 현장에서 현실적으로 관리할 수 있는 실행 중심 KPI 항목 예시이다. 항목 수는 4~5개 내외로 제한하고, 분기 또는 반기 단위로 체크하면 충분하다.

표 12-7 실행중심 KPI 항목

| KPI 항목 | 기준 | 확인 방법 | 관리 주체 |
|---|---|---|---|
| 연간 훈련 횟수 | 연 2회 이상 | 훈련 결과 기록지 보유 여부 | 안전팀 / 소장 |
| 점검 실시 횟수 | 연 6회 이상 | 체크리스트 또는 자체 진단표 제출 여부 | 공무팀 / 실무자 |
| 문서 갱신 여부 | 반기 1회 이상 | 복구 매뉴얼, 연락망, 자원 목록의 갱신일 확인 | 공무팀 |
| 협력사 역할 공유 | 반기 1회 이상 | 역할표 제공, 회의록 보관 | 현장소장 / 자재팀 |
| 보고 및 피드백 회의 | 분기 1회 이상 | 회의록 또는 간이 회의 내용 정리본 | 소장 / 서무 |

→ 이 표는 체크박스 또는 Google Form으로 전환 가능하며, 관리자는 연말 또는 공정 종료 시 자동 요약 가능하다.

KPI 실행 관리의 실제 운영 방식을 살펴보면 다음과 같다.

**① 실무자 시트 관리 방식**

- 실무자는 KPI 항목별로 '달성 여부'를 간단히 기록하고 월간 공정보고서에 첨부
- 달성률(예: 5개 중 4개 항목 수행 시 80%) 산정

**② 현장소장 또는 경영자 점검 방식**

- 분기별 또는 반기별 KPI 달성 현황을 종합 검토
- 부족 항목은 다음 분기에 우선 조치 계획 수립
- 필요 시 훈련 추가 실시, 문서 보완 등 조정

**③ 점검표와 연계한 감사 대응**

- KPI 이행 내역은 외부 감리단, 발주처 감사 시 즉시 보고 가능
- A4 1장 KPI 달성률 요약표 + 훈련/점검 결과 기록 첨부
- 예 : “2025년 상반기 KPI 달성률 100% (훈련 2회, 점검 6회, 연락망 2회 갱신 등)”

→ KPI 기반의 문서형 요약은 비정기적 감사를 대비한 핵심 대응 수단이 된 다.

### 2) KPI 기반 실행 문화 조성 방안

단순한 평가로 끝나지 않도록, KPI를 기반으로 다음과 같은 실행 중심 문화 형성이 가능하다:

- 이행 실적 포상 :
  - KPI 달성률 100% 현장에 인센티브 또는 우수현장 인증 부여
- 훈련 우수자 표창 :
  - 적극 참여한 실무자에게 간단한 포상 또는 공지 게시
  - 성과 기반 인사 반영 : KPI 항목을 간접적으로 연봉 평가, 성과 점수에 반영
- 성과 공유 회의 운영 :
  - 분기 회의 시 KPI 달성 내용 간단 공유 및 벤치마킹 유도

→ 단순한 '보고용 항목'이 아닌, BCP를 일상 관리로 끌어올리는 촉진 도구로 활용 가능하다.

중소 건설사에서 KPI는 단지 평가 수단이 아니라, BCP의 실행력을 유지하고 점검하기 위한 이정표다. 복잡한 지표가 아니라도, 몇 개의 핵심 실행 항목만 정기적으로 확인하고 기록하는 것만으로도 BCP의 내재화 수준은 비약적으로 높아질 수 있다. KPI는 보고보다 실행에 가까운 도구이며, 그 반복이 곧 실행력을 증명하는 체계가 된다.

## 4.3 실행 리더십 조직화 및 권한 분산

BCP는 누구나 해야 할 일이지만, 아무도 '책임지지 않으면' 실행되지 않는다. 특히 중소 건설사처럼 인력이 제한되고 다기능 수행이 일상화된 조직에서는 실행의 중심축(리더십)을 명확히 하고, 실무 수행 권한을 적절히 분산하는 구조가 핵심이다. 이 절에서는 BCP 실행을 지속 가능하게 만드는 리더십 조직화 방식과 실무 권한 위임 체계를 구체적으로 설명한다.

### 1) 실행 리더십 조직 구성

중소 건설사의 경우 'BCP 전담 조직' 대신 단계별 리더 책임 구조를 설정하는 것이 효율적이다. 한 명이 전체를 책임지는 것이 아니라, 각 기능별로 담당 리더를 지정하는 방식이다.

표 12-8 BCP .담당자

| BCP 기능 구분 | 담당 리더 | 보조자 또는 협조 부서 |
|---|---|---|
| 총괄 운영 | 현장소장 | 공무팀, 자재팀 |
| 복구 매뉴얼 관리 | 공무팀장 | 안전팀 |
| 역할 분장표·연락망 관리 | 서무 또는 행정담당 | 실무자 전원 |
| 자원 대체 목록 관리 | 자재팀장 | 협력업체 담당 |
| 훈련 계획 및 이행 | 안전팀장 | 공무·서무 협력 |
| 보고 및 문서 보관 | 서무 | 본사 보고 담당 |

→ 이 표는 벽면에 게시하거나 매월 공정보고서에 첨부하는 것도 좋다.

실행 책임을 분산시키면 다음과 같은 효과가 발생한다:

- 각 부서 담당자가 자신이 맡은 문서를 직접 관리하게 되어 '운영 실재감' 상 승
- 책임자가 바뀌더라도 기능별 이관이 용이해 '운영 지속성' 확보
- 감리단 또는 발주처의 질의에 대해 실무자가 직접 응답 가능 → 신뢰도 제고

또한, 책임 분산은 실무자가 역할표나 매뉴얼에 등장하는 '이름만 있는 사람'이 아니라 '내용을 아는 사람'이 되는 결정적 계기가 된다.

### 3) 권한 위임 체계 구축

#### ① 기본 개념

- 모든 책임자는 비상시 또는 부재 시 '대체 책임자'를 1인 지정해야 한다
- 위임은 단순 구두 지시가 아니라, 문서화된 형태로 사전 작성해두어야 한다

#### ② 문서 양식 예시

| 항목 | 주요 책임자 | 위임자 | 위임 조건 | 문서 보관 장소 |
|---|---|---|---|---|
| 복구 매뉴얼 운영 | 김현수 팀장 | 이선호 대리 | 출장 2일 이상 시 | 공무팀 서류철 |
| 자원 목록 관리 | 박미영 과장 | 장태훈 주임 | 당일 연락불가 시 | 자재팀 문서함 |

→ A4 1장 '권한 이양표'로 구성하며, 인사이동이나 공정 종료 시 재작성

- 조직 내 리더십 구조를 유지하고 활성화하려면 다음과 같은 문화적 요소가 병행되어야 한다:
  - 현장소장 책임 강조 : BCP 전체의 실행 여부에 대한 총괄 책임 명확히 명시
  - 팀별 역할 브리핑 주기화: 월 1회 5분 내외로 각 담당자가 자신의 책임영역을 간단히 복기
  - 실무자가 문서를 설명하는 기회 확대: 감리단 방문 시 실무자가 대응 → 책임감 강화
  - 업무 분장표와 BCP 역할표 연동: 업무와 연계된 역할 분담으로 실무 효율성 증대

→ 조직문화 내에 'BCP는 특정인의 업무가 아니라 팀 전체의 실행영역'이라는 인식을 확산하는 것이 핵심이다.

실행력 있는 BCP는 구조화된 리더십 없이는 존재할 수 없다. BCP 실행의 중심을 명확히 하고, 실무 책임을 분산하며, 위임 체계를 문서화하는 것—이 3가지 원칙이 갖추어지면 조직은 위기 상황에서도 흔들리지 않는 운영체계를 갖출 수 있다. 현장소장은 축을 잡고, 각 팀장은 실무를 이끌며, 모든 직원이 실행선상에 서 있을 때 BCP는 단지 '계획'이 아닌 '작동하는 시스템'이 된다.

## 4.4 협력사·하도급사 실행 공유 및 참여 프로토콜

건설업의 특성상 대부분의 현장은 여러 개의 외주·하도급사에 의해 운영된다. 그러나 많은 경우 BCP는 원청 혹은 본사 중심으로만 수립되고, 협력사에게는 공유되지 않거나, 공유되더라도 실행 계획에 포함되지 않는 문제가 발생한다. 위기 상황에서는 이 단절이 그대로 복구 실패, 공정 지연, 사고 확산으로 이어진다. 따라서 협력사를 BCP 실행체계에 사전부터 포함시키고, 간단한 프로토콜을 통해 참여를 유도하는 구조가 반드시 필요하다.

- 협력사 연계가 어려운 주요 원인을 살펴보면 다음과 같다.
  - 계약 시 BCP 참여 의무가 명시되지 않음
  - 발주자-원청 간 의사결정 흐름만 존재하고 외주사는 수동적 수령자 역할만 수행
  - 역할이 전달되어도 내용이 지나치게 복잡하거나, 문서 양식이 익숙하지 않아 이해하지 못함
  - 훈련 또는 대응 시에 협력사 간 지휘체계가 없거나 중복됨

→ 이런 상황을 예방하기 위해 '간결한 실행 협의 체계'가 필요하다.

### 1) 협력사 참여 기반 실행 체계 구성 요소

#### ① 비상 대응 요약지 공유

- 계약 체결 시 또는 공사 착수 회의에서 'BCP 대응 요약지'(A4 1쪽)를 배포
- 핵심 내용 :
  - 주요 위기 유형 3~5가지 (예: 납품 지연, 장비 고장, 타설 중단 등)
  - 협력사 역할 및 보고 체계
  - 담당자 연락처 / 대체 자원 요청 방식
  - 훈련 참여 여부 및 빈도 안내

#### ② 역할 분장표 공유 및 서명

- 공정별 핵심 협력사에 역할 분장표 발송 (문서 또는 QR 링크)
- 해당사 책임자가 본인의 역할 확인 후 간이 확인서에 서명

#### ③ 공동 훈련 또는 브리핑 진행

- 연 1회 이상 협력사 대상 '공동 브리핑 또는 훈련' 시행
- 실행 시나리오 설명 + 퀴즈식 대응 확인 또는 서면 대응 시뮬레이션
- 참여자는 회의록에 기명 참석 또는 사진 기록 보관

#### ④ 협력사 대응 체계 피드백

- 위기 발생 후 대응 과정에서 협력사의 문제점 및 개선 요구 수렴
- 개선사항은 다음 회차 훈련 또는 보고서에 반영

### 2) 실무 적용 제안 효과

| 단계 | 실행 항목 | 문서 또는 도구 |
|---|---|---|
| 계약 착수 | BCP 요약지 공유 | 'A4 대응 요약서' 배포 |
| 착공 전 | 협력사 역할표 공유 및 확인 | 간이 확인서 + 서명 또는 이메일 회신 |
| 공정 운영 중 | 공동 브리핑 / 훈련 실시 | 회의록 또는 사진 증빙 |
| 위기 발생 시 | 협력사 별 대응 흐름 실행 | 연락망 및 자원 요청서 |
| 공정 종료 후 | 대응 결과 및 피드백 회수 | 대응 정리 보고서 / 구두 회의록 |

→ 위 항목들은 복잡하지 않아 현장소장 단독으로도 운영 가능하며, 협력사는 '관리 대상'이 아니라 '함께 대응할 파트너'로 전환된다.

- 협력사 대응력 향상이 가져오는 효과는 다음과 같이 나타난다.
  - 사고 발생 시 외부 대응 지연 없이 협력사 차원의 1차 대응 가능
  - 발주처나 감리단이 외주사까지 대응 체계를 갖춘 점에 대해 신뢰도 상승
  - 계약 안정성 강화 : 외주사가 책임 인식 시 품질·안전관리 성숙도도 동반 향상
  - 훈련 참여 이력이 외주사 실적 관리에도 도움이 되며, 향후 공동입찰 등 협업 확장 가능

중소 건설사의 BCP는 외주사와 하도급사가 함께 하지 않으면 완성되지 않는다. 계약 이전부터 역할을 명확히 하고, 요약 문서를 전달하고, 한 번의 간단한 훈련이라도 함께 수행하면 그것만으로도 위기 대응 체계의 완성도는 획기적으로 높아진다. 협력사는 단지 하청이 아니라 '같은 상황에서 함께 대응해야 할 실행 파트너'이다. 이 인식을 바탕으로 프로토콜을 운영하면, BCP는 조직과 외주를 잇는 강력한 대응 네트워크로 기능하게 된다.

## 참고문헌


- Alhawari, S., & AlShihi, H. (2022). Risk prioritization in BCP frameworks for construction SMEs. Journal of Building Engineering, 54, 104696.
- Fani, S. V., & Subriadi, A. P. (2019). Business continuity plan: Examining a multi-usable framework. Procedia Computer Science, 161, 1209–1216.
- Mukhtar, A. M., Mohd Nordin, R., & Hashim, N. (2022). Developing a resilient crisis management plan (CMP) for the Malaysian construction sector. International Journal of Construction Management.
- Supriadi, L. S. R., & Pheng, L. S. (2018). Business continuity management in construction: Perspectives and case studies. Springer.
- Phillips, B. D., & Landahl, M. (2020). Business continuity planning: Increasing workplace resilience to disasters. CRC Press.
- Will, M., & Brauweiler, J. (2020). Business continuity planning. In Resilience and Risk (pp. 69–82). Springer.
- Khalifa, M. (2021). A study of a business continuity role during a pandemic in the construction sector. International Journal of Disaster Risk Reduction, 56, 102122.
- Tracey, S., O'Sullivan, T. L., Lane, D. E., & Guy, E. (2017). Promoting resilience using an asset-based approach to business continuity planning. Disaster Prevention and Management, 26(4), 408–422.
- Heng, G. M. (2004). Managing your business continuity planning project. Rothstein Associates.
- Ghosh, S., & Hall, T. (2021). Supply chain risks in the construction industry during pandemics. Engineering, Construction and Architectural Management, 28(5), 1311–1327.
- Kuo, Y. C., & Lu, S. C. (2023). Dynamic disaster simulation modeling for construction site resilience. Automation in Construction, 146, 104707.
- Alfalasi, A. A. (2016). Developing a framework for improving business continuity management success in UAE construction industry. International Journal of Project Management, 34(5), 722–730.
- Ongkowijoyo, C. S., & Park, M. (2023). Integrating digital twin technology into BCP design for construction. Automation in Construction, 150, 104820.
- El-Anwar, O., & Marzouk, M. (2020). Scenario-based planning under extreme weather events in construction. Journal of Construction Engineering and Management, 146(4), 04020019.

- Assibi, A. T. (2024). The role of enterprise risk management and business continuity in Ghana's construction industry. African Journal of Management Studies, 8(3), 199–215.
- Ghandour, A. (2014). Identifying dimensions of business continuity plan from common expressions among professionals. International Journal of Business Administration, 5(6).
- Okuno, I. (2023). Introduction of business continuity plan for local construction companies in Japan. Journal of Infrastructure Management, 12(1), 21–33.
- Bajgorić, N., Turulja, L., & Alagić, A. (2022). Business continuity management and disaster recovery planning: Compliance in practice. In Always-On Business. Springer.

제13장

# BCP 실행력 진단과 개선 가이드

BCP는 수립보다 실행이 중요하다. 그러나 많은 현장에서 BCP는 문서로만 존재하고, 실제 위기 상황에서 작동하지 못하는 경우가 많다. 본 장은 지금까지 배운 내용을 바탕으로, 독자가 스스로 자사의 BCP 상태를 점검하고 실행력을 진단할 수 있도록 구성되었다. 단순히 '있는지'가 아니라 '작동하는가'를 기준으로 삼고, 진단 결과에 따라 어떤 점을 보완하고, 어떤 실행 전략을 추가해야 하는지를 안내한다. 이는 단순한 요약이나 정리가 아닌, 진짜 실행을 향한 마지막 도약의 장이다. 지금 이 장을 시작하는 독자는 이미 절반 이상을 실행하고 있다. 이제는 그 실행을 체계로 완성할 차례다.

## 1 BCP 실행 자가진단 체크리스트

### 1.1 진단의 목적과 활용 방법

BCP는 계획보다 실행이 중요하다는 점은 이미 여러 장을 통해 강조되었다. 하지만 현실에서는 "우리가 얼마나 잘 실행하고 있는가?"를 평가하거나 점검하는 체계가 제대로 갖추어져 있지 않다. 이럴 때 가장 현실적이고 유용한 방법이 바로 자가진단(self-assessment)이다. 자가진단은 현장소장이나 실무자가 직접 자사의 BCP 운영 상태를 점검하고, 그 결과를 바탕으로 실행 수준을 파악하며, 개선 방향을 설계하는 출발점이 된다.

#### 1) 진단의 목적과 활용

자가진단은 단순히 "잘하고 있다/못하고 있다"를 나누는 것이 아니라, 다음의 3가지 목적을 갖고 있다:

**① 실행 상태 확인:**

- 우리 조직의 BCP가 어느 정도 작동 가능한 상태인지 객관적으로 확인

**② 우선 개선 방향 설정:**

- 어떤 부분이 부족한지를 구체적으로 파악해 개선 우선 순위 설정

**③ 실행 수준 분류를 통한 맞춤 전략 수립:**

- 이후 절에서 제시할 개선 전략과 연계

이 과정을 통해 BCP 운영은 단순한 문서 보관에서 벗어나, 실행성과 반복 가능성 중심의 구조로 전환될 수 있다.

이 자가진단표는 다음과 같은 역할자들이 활용할 수 있다:

- 현장소장 :
  - 전체 현장 운영 책임자로서 BCP의 작동 여부를 종합적으로 판단
- 공무팀장 :
  - 문서관리, 연락망, 보고 체계를 직접 점검할 수 있는 위치
- 자재팀장 :
  - 자원 확보와 대체 체계 구축 상태 확인
- 안전팀장:
  - 훈련 수행 및 점검 절차의 이행 여부 점검
- 경영자 또는 본사 총괄팀 :
  - 각 현장의 BCP 운영 수준을 간략히 비교·평가할 수 있는 도구로 활용

또한, 자가진단 결과는 다음과 같은 상황에서 활용도가 높다:

- 외부 감리단 또는 발주처의 BCP 관련 요청 대응 시
- 분기 또는 반기별 실행 점검 회의 자료로 활용
- 훈련, 점검, 문서 갱신 등 연간 계획 수립을 위한 기반 자료로 활용

자가진단표는 다음과 같은 흐름으로 활용할 수 있다:

- 진단 시점 결정 :
  - 분기 1회 또는 공정 전환기, 훈련 직후 등
- 문서 또는 온라인 양식으로 점검 진행 :
  - 종이 문서로 출력하거나 Google Form 등으로 모바일 작성
- 총점 합산 및 실행 수준 분류

- 실행 수준별 해석 및 개선 가이드라인과 연계

예를 들어, 자사 현장에서 진단표를 작성해 총 14점을 기록했다면, 이는 "기초운영형"에 해당되며, 이에 적합한 개선 전략은 13.3절에서 바로 찾아 적용할 수 있다.

### 2) 자가진단 방식의 특징

이 자가진단은 복잡하지 않으면서도 실행 상태를 구조적으로 파악할 수 있는 도구이다. 다음과 같은 장점을 갖는다:

- 5~10분 내외로 점검 가능
- 주관적인 평가가 아니라 항목별 실무 이행 여부 중심의 점검
- 실행 수준을 '점수화'하여 객관적인 내부 보고 가능
- 총점뿐 아니라 항목별 약점 파악에도 유용

또한, 중소 건설사 특성에 맞춰 문서 보유보다 실행 여부 중심으로 평가하며, 항목별 개선 여부를 쉽게 추적할 수 있도록 설계되어 있다.

BCP는 반드시 '대단한 체계'여야만 의미가 있는 것이 아니다. 오히려 중요한 것은 작고 단순한 구조라도 지속적으로 실행되고 있는가이다. 자가진단표는 바로 그 지점을 확인하는 첫 단추다. 조직의 현재 위치를 확인하고, 어디부터 보완해야 할지를 알려주는 나침반이기도 하다.

이제 다음 절에서는 실제 자가진단 체크리스트의 구성 항목과 평가 기준을 상세히 설명하고, 이를 통해 BCP의 실행 수준을 수치화하는 방법을 제시한다.

## 1.2 실행 체크 항목 구성과 점검표 제안

BCP의 실행력은 '문서가 있는가?'를 넘어서 '실제로 작동하는가?'를 기준으로 평가되어야 한다. 본 절에서는 중소 건설사를 포함한 현장이 자사의 BCP 상태를 간단하고 직관적으로 확인할 수 있도록, 5대 영역, 총 25개 항목으로 구성된 자가진단 체크리스트를 제안한다. 각 항목은 '있음/부분 있음/없음' 또는 '잘됨/보통/미흡' 수준으로 평가할 수 있게 구성되며, 점수화하여 총점을 기준으로 실행 수준을 분류할 수 있도록 설계되어 있다.

### 1) 자가진단 평가 방식 개요

- 항목 수 :
  - 총 25개 (5개 영역 × 5문항)

- 점수 체계 :
  - 각 항목별로 0~2점 부여
  - 2점 : 완비·정상 운영 / 1점: 일부 보완 필요 / 0점: 미비 또는 없음
- 총점 :
  - 0~50점 만점
- 실행 수준 분류 :
  - 0~20점 : 실행 초기형
  - 21~35점 : 기초 운영형
  - 36~50점 : 실행 정착형

- 영역 1 : 핵심 문서 정비 상태

| 항목 번호 | 점검 항목 | 점검 기준 | 점수 |
|---|---|---|---|
| 1-1 | 복구 매뉴얼이 구비되어 있고 최신화되었는가 | 최근 6개월 내 갱신 여부 | □ 0 □ 1 □ 2 |
| 1-2 | 역할 분장표에 이름·책임·연락처가 기재되어 있는가 | 부재자 시 대체자 포함 여부 | □ 0 □ 1 □ 2 |
| 1-3 | 자원 대체 목록(자재·장비 등)이 문서화되어 있는가 | 공급처/계약정보 포함 여부 | □ 0 □ 1 □ 2 |
| 1-4 | 비상연락망이 현장에 비치되고 접근 가능한가 | QR 코드 등 활용 여부 | □ 0 □ 1 □ 2 |
| 1-5 | 훈련 기록지 및 점검 이력이 파일로 보관되는가 | 서명/사진/회의록 등 증빙 포함 여부 | □ 0 □ 1 □ 2 |

- 영역 2 : 역할·연락망 체계 운영

| 항목 번호 | 점검 항목 | 점검 기준 | 점수 |
|---|---|---|---|
| 2-1 | 주요 BCP 역할자들이 자신의 책임을 인지하고 있는가 | 역할 복기 훈련 여부 포함 | □ 0 □ 1 □ 2 |
| 2-2 | 현장소장 및 공무팀장이 전체 흐름을 설명할 수 있는가 | 인터뷰 또는 설명 가능 여부 | □ 0 □ 1 □ 2 |
| 2-3 | 연락망이 현장 직원과 협력사에게도 공유되어 있는가 | 외주사 확인서, 전달 기록 등 포함 | □ 0 □ 1 □ 2 |

| 항목 번호 | 점검 항목 | 점검 기준 | 점수 |
|---|---|---|---|
| 2-4 | 비상시 지휘·보고 체계가 문서화되어 있는가 | 복구 흐름도 또는 순서 명시 여부 | □0□1□2 |
| 2-5 | 실무자 교체 시 역할표가 즉시 갱신되는 체계를 갖추었는가 | 대체자 지정 문서 존재 여부 | □0□1□2 |

- 영역 3 : 자원 대체 및 복구 체계

| 항목 번호 | 점검 항목 | 점검 기준 | 점수 |
|---|---|---|---|
| 3-1 | 주요 자재의 대체 공급 업체를 사전에 확보했는가 | 계약서, 연락처 포함 여부 | □0□1□2 |
| 3-2 | 비상 장비(예: 타워크레인, 양중기 등)의 임차 가능 여부를 점검했는가 | 리드타임, 단가 등 포함 여부 | □0□1□2 |
| 3-3 | 인력 결원 시 투입 가능한 대체 인력 정보가 있는가 | 외주사 관리 체계 여부 | □0□1□2 |
| 3-4 | 자원 요청·승인·배치 흐름이 문서화되어 있는가 | 프로세스 도식 또는 체크리스트 존재 여부 | □0□1□2 |
| 3-5 | 감리단·발주처 보고 문서가 준비되어 있는가 | 보고 양식, 연락체계 문서화 여부 | □0□1□2 |

- 영역 4 : 훈련 및 점검 실행 수준

| 항목 번호 | 점검 항목 | 점검 기준 | 점수 |
|---|---|---|---|
| 4-1 | 최근 6개월 내 훈련을 최소 1회 이상 실시했는가 | 사진, 서명, 회의록 등 포함 여부 | □0□1□2 |
| 4-2 | 훈련 결과에 대한 피드백 회의가 실시되었는가 | 개선사항 문서 반영 여부 포함 | □0□1□2 |
| 4-3 | 자체 점검표를 활용하여 월 1회 점검을 실시했는가 | 기록지 존재 여부 | □0□1□2 |
| 4-4 | 훈련 시나리오 또는 복구 상황 가정이 있었는가 | 구체적 시나리오, 역할 연습 여부 | □0□1□2 |
| 4-5 | 점검·훈련 결과가 문서로 관리되고 있는가 | 폴더 보관 또는 클라우드 시스템 여부 | □0□1□2 |

- 영역 5 : 협력사 연계 및 대응 구조

| 항목<br>번호 | 점검 항목 | 점검 기준 | 점수 |
|---|---|---|---|
| 5-1 | 협력사에 비상 대응 요약자료를 제공했는가 | 확인서, 이메일 발송 등 포함 | □0□1□2 |
| 5-2 | 협력사의 BCP 역할이 역할표에 명시되어 있는가 | 최소 책임자 명기 여부 | □0□1□2 |
| 5-3 | 협력사 대상 간단 훈련 또는 브리핑을 진행했는가 | 사진, 회의록 등 증빙 여부 | □0□1□2 |
| 5-4 | 위기 발생 시 협력사와의 의사소통 체계가 준비되어 있는가 | 보고 흐름도 또는 사전 회의 실시 여부 | □0□1□2 |
| 5-5 | 협력사로부터 피드백을 수렴하고 반영한 사례가 있는가 | 보고서, 회의록 등 반영 증거 | □0□1□2 |

### 2) 총점 계산 및 활용 예시

- 각 항목 점수를 합산하여 총점(0~50점) 산정
- 이후 13.1.3절에서 제시할 실행 수준별 해석 기준에 따라 현재 상태를 평가 하고,
- 개선 가이드를 활용하여 우선 조치 항목과 실행 전략 수립
- 예시 1 :
  - 총점 : 18점 → 실행 초기형
  - 해석 : 문서는 있으나 훈련 및 협력사 대응 체계 미비
  - 추천 개선 : 점검표 도입, QR 복구 매뉴얼 배포, 훈련 기록 시스템 구축
- 예시 2 :
  - 총점 : 39점 → 실행 정착형
  - 해석 : 전반적으로 운영되며, 반복성·기록 관리 우수
  - 추천 개선 : 고도화 전략 검토(정기 감사, 외부 보고 체계 강화 등)

이 자가진단표는 중소 건설사가 '우리의 BCP는 실행되고 있는가'를 가장 실용적인 방식으로 점검할 수 있도록 설계되었다. 25개 항목은 복잡하지 않지만, 실행의 전 과정을 포괄하며, 항목별 개선이 가능하도록 분해되어 있다. 진단표는 단순 체크리스트가 아니라, 실행력을 객관적으로 점검하고 반복 실행을 유도하는 '현장의 실행 트리거'로 기능할 수 있다. 다음 절에서는 이 총점을 바탕으로 실행 수준을 어떻게 해석할 것인지 제시한다.

## 1.3 실행 수준 분류와 해석 가이드

앞 절에서 제시된 25개 자가진단 항목을 점검하고 총점을 계산하면, 해당 건설사의 BCP 실행 수준을 수치화할 수 있다. 이 절에서는 그 총점에 따라 조직의 실행 수준을 3단계로 분류하고, 각 단계별 특징과 의미를 해석하며, 구체적인 우선 개선 방향을 제안한다. 이는 단지 '등급을 매기기 위한' 분류가 아니라, 각 조직의 출발점과 목표점을 구체화하고 전략적으로 접근하기 위한 진단 도구이다.

| 총점 구간 | 실행 수준 | 해석 키워드 |
|---|---|---|
| 0~20점 | 실행 초기형 | 문서는 있으나 작동은 미흡함 |
| 21~35점 | 기초 운영형 | 실행 기반은 있으나 반복성과 체계 부족 |
| 36~50점 | 실행 정착형 | 실행 루틴이 정착되어 작동 가능 상태 |

각 구간은 점수뿐 아니라 항목별 분포, 조직의 운영방식, 문서의 활용도에 따라 유동적으로 해석될 수 있다.

### 1) 실행 수준별 해석 및 진단 포인트

#### ① 실행 초기형 (0~20점)

- 진단 특징 :
  - 복구 매뉴얼 등 문서는 일부 존재하나 최신화가 안 되어 있음
  - 훈련 기록, 점검표, 연락망 등 실무 문서가 체계화되지 않음
  - 협력사 연계나 피드백 회의는 거의 없는 상태
  - '형식은 있으나 기능이 작동하지 않는 상태'
- 해석 포인트 :
  - 조직 내부에서도 BCP의 존재 인식이 낮고, 훈련·점검은 비정기적이거나 수행 이력 없음
  - 보고용 문서 중심으로 구성되어 실무 적용에 한계가 있음
- 우선 개선 방향
  - 복구 매뉴얼/연락망 최신화 (QR 배포 포함)
  - 월 1회 자체 점검표 사용 시작
  - Tabletop 훈련 실시 및 기록 양식 도입

**② 기초 운영형** (21~35점)

- 진단 특징 :
  - 훈련, 점검, 문서화는 일부 이루어지고 있음
  - 자원 목록, 역할표 등은 존재하나 각 항목 간 연결성은 약함
  - 일부 실무자는 자신의 역할 인지하고 있으나 반복 실행 구조 미정착
- 해석 포인트 :
  - BCP가 단절 없이 운영 중이나, 반복 구조와 보고 체계는 미비
  - '훈련은 하나 점검이 없다', '문서는 있으나 훈련이 없다' 같은 불균형 구조가 많음
- 우선 개선 방향 :
  - KPI 기반 운영 루틴 구축 (훈련 연 2회, 점검 월 1회 등)
  - 피드백 회의 및 문서 갱신 루틴 설정
  - 협력사와 간단한 역할 공유 및 브리핑 실행

**③ 실행 정착형** (36~50점)

- 진단 특징 :
  - 역할표, 매뉴얼, 점검표, 자원 목록 등 문서 정비 상태 양호
  - 훈련-보고-피드백-개선-재훈련 구조가 반복되고 있음
  - 협력사까지 역할 공유와 참여 흐름이 갖추어짐
- 해석 포인트 :
  - 단순한 대응에서 벗어나 일상 업무로 BCP가 정착되어 있음
  - 조직의 '행동 자동화 수준'이 높아 실전 대응도 가능
- 추가 발전 전략 :
  - 감리단 또는 외부보고용 운영평가 템플릿 정비
  - 훈련 시나리오 다양화 및 시뮬레이션형 훈련 확대
  - 연간 로드맵 또는 월간 실행 캘린더 기반 고도화 추진

### 2) 실행 수준 해석 활용 사례

| 현장 유형 | 진단 점수 | 활용 전략 |
|---|---|---|
| 소형 공사 현장 (5인 이하) | 16점 | 복구 매뉴얼·연락망부터 재정비 + 훈련 1회 계획 |
| 중형 공동주택 현장 (20인 내외) | 28점 | KPI 도입 + 협력사 참여 훈련 1회 시행 |
| 대형 프로젝트 (다수 외주 참여) | 44점 | 감사 대응 문서 정비 + 연간 계획표 수립 |

이 실행 수준 분류는 잘하고 못함을 나누기 위한 것이 아니라, 지금 우리가 어디에 있는지를 알기 위한 나침반이다. 실행 초기형이라도 작은 실행부터 반복하면 충분히 정착형으로 나아갈 수 있으며, 정착형이라면 다음은 조직문화로 자리잡는 구조화를 고민할 수 있다. 점수는 단지 이정표이고, 실천은 지금부터다. 다음에서는 각 실행 수준별로 필요한 구체적인 개선 전략과 운영 도구를 제안한다.

## 2 실행 수준별 개선 전략

### 2.1 실행 초기형(0~20점) 개선 전략

BCP 자가진단 결과 0~20점 구간에 해당하는 조직은 대부분 복구 매뉴얼, 연락망 등의 문서 일부를 보유하고 있으나, 실행 가능성 측면에서는 미흡한 상태다. 훈련이나 점검은 거의 이행되지 않았거나, 이행해도 문서화되어 있지 않아 반복 구조가 없다. 또한 구성원 다수가 BCP의 존재를 인식하지 못하거나, 비상 대응 흐름을 기억하지 못하는 상황도 흔하다.

이 절에서는 실행 초기형 조직이 비용 부담 없이, 현재 인력과 자원으로 가능한 최소한의 실천 항목을 중심으로 실행력을 높일 수 있는 개선 전략을 제시한다.

#### 1) 전략의 핵심 방향: 문서 정비 → 역할 인식 → 훈련 시작

실행 초기형 조직은 전략적으로 다음 세 가지 단계를 거쳐야 한다:

- 복구 문서와 연락망 등 핵심 자료를 우선 정비한다
- 역할자와 책임자를 명확히 지정하여 비상시 대응 축을 만든다
- 작은 훈련과 점검부터 시작하여 실행 습관을 만든다

이 단계에서는 '모든 것을 갖추는 것'이 아니라, 반드시 필요한 것만 정확하게 정비하고 행동으로 옮기는 구조를 만드는 것이 핵심이다.

#### 2) 개선 전략 항목별 실행 방안

**① 복구 매뉴얼 최신화 및 QR 배포**

- 공정별 대표 위기 3~5가지 선정 (예: 자재 지연, 크레인 고장, 협력사 결근 등)
- 복구 매뉴얼을 A4 1~2쪽으로 작성 (표 또는 흐름도 형태)
- QR코드로 변환하여 사무실, 현장 게시판, 창고 등에 부착
- 파일명에 작성일/갱신일 표기 → PDF로도 보관
- 효과 : 위기 발생 시 누구나 '바로 확인 가능'한 대응 지침 확보

**② 역할 분장표 지정 및 게시**

- 공무팀, 자재팀, 현장소장 중심으로 책임자 5인 내외 지정
- A4 1쪽 표 형태(이름-역할-연락처)로 정리
- 부재 시 대체자도 지정, 비고란에 협력사 역할자도 최소 1인 명시
- 게시판 또는 Google Form으로 저장, 복사 배포 가능
- 효과 : 보고 및 지시 체계 명확화 → 현장 내 BCP 책임 흐름 구성

### ③ 문서 확인식 훈련 1회 실시

- 훈련 유형 : Tabletop 또는 문서 확인식
- 대상 : 현장소장, 팀장, 실무책임자 3~5인 내외
- 실행 방식 :
  - 복구 매뉴얼, 역할표, 자원 목록 각자 열람 (QR 또는 인쇄본)
  - 자신의 역할과 조치 행동 구두로 복기
  - 서명 또는 사진 촬영 후 기록지에 첨부
- 효과 : 훈련 체험 → 실행 가능성 인식 → 외부 감사 대응 가능 이력 확보

### ④ 자체 점검표 도입 및 월 1회 점검 시작

- 점검 항목 : 연락망 최신화, 문서 비치 상태, 역할표 점검 등 5~6개
- YES/NO 체크 방식, A4 1쪽 표 형식 권장
- 점검 담당자 1인 지정 (공무팀 or 안전팀)
- 월 1회 점검 후 보고서로 보관 또는 사진 저장

@ 효과 : 정기 확인 루틴 형성 → 훈련 외 상황에서도 대응 감각 유지

### ⑤ 협력사 대응 요약지 전달

- 간이 문서(A4 1쪽) 형태로 협력사에 전달
  - 주요 위기 사례 2개
  - 담당자 이름, 연락처
  - "문제가 생기면 이 순서로 보고해 주세요" 문구 포함
- 계약 후 착공 전 또는 월간 회의 시 배포
- 효과 : 외주사와의 정보 단절 예방 → 기본 대응 협력 관계 구축

### ⑥ 실행 순서 제안 : 4주 내 구축 목표

| 주차 | 실행 항목 | 산출물 |
|---|---|---|
| 1주차 | 복구 매뉴얼 작성, 역할표 구성 | 매뉴얼 1부, 역할표 1부 |
| 2주차 | QR코드 생성 및 부착, 문서 복사 배포 | 게시물, 모바일 링크 |
| 3주차 | 문서 확인식 훈련 1회 시행 | 훈련 사진, 서명지 |
| 4주차 | 점검표 양식 도입 및 1차 점검 실행 | 점검 기록지 1부 |

### 3) 우선 도입 자료 예시 (부록 연계)

- 복구 매뉴얼 기본 서식 (A4 2쪽 양식)
- 역할 분장표 템플릿 (표 형태)
- 자체 점검표 예시 (YES/NO 체크 10문항)
- 훈련 결과 보고서 양식 (참석자, 일시, 항목, 서명 포함)
- 협력사 대응 요약지 (표 + 연락처 포함 A4 1쪽)

→ 모든 양식은 디지털 파일(PDF, Word) 또는 인쇄형으로 운영 가능

BCP 실행 초기형 조직은 복잡한 시스템을 바로 만들 필요가 없다. 다만, 꼭 필요한 3~5개의 문서를 정확히 만들고, 1회의 훈련을 실행하고, 매월 1번 점검을 하며 사진 한 장이라도 기록으로 남기는 것. 그것이 바로 실행을 시작하는 방법이다. 이 절의 전략은 '완벽한 시스템'이 아닌 '실행 가능한 현실'을 기준으로 설계되었으며, 지금 이 전략을 따른다면 수개월 내에 기초 운영형 조직으로의 전환은 충분히 가능하다.

## 2.2 기초 운영형(21~35점) 개선 전략

기초 운영형에 해당하는 조직은 이미 복구 매뉴얼, 역할 분장표, 자원 목록 등의 문서를 일부 갖추고 있고, 훈련이나 점검을 1~2회 이상 실행한 이력이 존재한다. 그러나 이러한 실행은 체계적으로 관리되지 않거나, 불규칙한 빈도로 수행되어 BCP가 '비상시 대비 체계'로서 기능하기에는 부족하다. 이 절에서는 이런 조직이 실행 루틴을 정착시키고, 실무 체계를 구성하며, 협력사까지 대응 범위를 확장할 수 있도록 돕는 전략을 제시한다.

### 1) 전략의 핵심 방향 : 반복 가능한 실행 구조 정착

기초 운영형 조직이 실행 정착형으로 도약하기 위해서는 다음 세 가지 원칙을 따라야 한다:

- 훈련과 점검을 정기적, 반복적으로 실행하는 구조 정착
- 훈련 결과, 점검 이력을 문서화하여 기록 기반 체계 확보

협력사와의 정보 공유, 역할 명확화, 간단한 공동 참여 구조 설계

이 단계는 실행의 '형식'을 넘어서, 실행의 '습관'을 만드는 과정이다.

### 2) 개선 전략 항목별 실행 방안

#### ① KPI 기반 훈련·점검 루틴 수립

- 훈련 : 연 2회 이상 (상반기 1회, 하반기 1회)

- 점검 : 월 1회 이상 (5분 점검표 기준)
- KPI 예시 :
    - 훈련 횟수 : 연 2회 이상
    - 점검 이력 : 연 6회 이상
    - 문서 갱신 : 반기 1회 이상
- 실행 도구 :
    - KPI 체크표 양식 활용 (부록 연계)
    - 공정보고서, 훈련기록지, 점검표에 KPI 항목 포함

**② 피드백 회의 및 문서 반영 체계화**

- 훈련 및 점검 후 3일 이내 간단 피드백 회의 실시 (10~15분)
- 회의 항목 :
    - 문제 발견 → 원인 분석 → 개선 방향 논의 → 담당자 지정 → 일정 설정
- 개선사항은 복구 매뉴얼, 역할표, 자원 목록 등에 반영
- 운영 방식 :
    - A4 1장 회의록 양식 활용
    - 서무 또는 담당자가 파일 보관 (문서철, 구글 드라이브 등)

**③ 협력사 역할 공유 및 브리핑 도입**

- 역할 분장표에 주요 협력사 대표 이름과 비상 연락처 포함
- 계약 시 또는 월간 회의 시 BCP 요약지 전달
- 연 1회 이상 10~15분 브리핑 실시
    - 내용 : 위기 유형 소개 / 역할 설명 / 보고 순서 안내
- 기록 도구 :
    - 참석자 서명, 사진 또는 간이 회의록 형태로 이력 남김
    - 외부 감리단 또는 발주처 감사 시 제출 가능 자료화

**④ 훈련 유형 다양화 및 결과보고 간소화**

- 훈련 유형 예시 :
    - Tabletop 훈련 (시나리오 기반 브레인스토밍)
    - 문서 확인 훈련 (복구 매뉴얼 열람 및 역할 확인)
    - 역할 복기 훈련 (책임자가 본인 역할을 구두 복기)
- 훈련 결과보고 양식 구성 :
    - 일시, 장소, 참석자, 훈련 종류, 주요 항목, 사진 1장 첨부, 개선 포인트, 작성자 서명

- 제안 형식 :
  - A4 1쪽 구성, 반복 사용 가능 양식 부록 제공

**⑤ 실행 일정 예시** : 연간 기준

| 시기 | 실행 항목 | 비고 |
|---|---|---|
| 1~2월 | 역할표 및 연락망 갱신 / 협력사 역할 공유 | 계약 신규 시기와 연계 |
| 3월 | 훈련 1회 (Tabletop) / KPI 점검표 정비 | 1분기 훈련 시작 |
| 5월 | 점검 2회 / 피드백 회의 / 문서 반영 | 점검 → 실행 루틴화 |
| 7월 | 협력사 브리핑 및 2회 점검 | 연계 실행 확인 |
| 9월 | 훈련 2회차 / KPI 리뷰 및 회의 | 하반기 훈련 종료 시점 |
| 11~12월 | 연간 평가 / 자료 정리 및 감사 대응 문서 준비 | 보고 대비 |

### 3) 우선 실행 자료 목록 (문서·양식)

- KPI 체크리스트 양식 (표 형식)
- 피드백 회의록 템플릿 (담당자/완료일 포함)
- 협력사용 역할 안내 요약지 (A4 1쪽)
- 훈련 결과보고서 양식 (서명 및 사진 포함)
- 점검표 기록지 및 문서 갱신 로그 파일

기초 운영형 조직은 이미 실행을 시작했다는 점에서 실행 초기형과는 다르다. 그러나 진짜 실행력은 단발성이 아니라 반복성과 체계화에서 완성된다. 이 절에서 제안한 전략은 '작은 루틴'을 만들고 유지하는 데 목적이 있다. 훈련 1회, 점검 1회, 협력사 브리핑 1회—이것들이 반복되고 기록되면 조직은 자동적으로 실행 정착형으로 이동하게 된다. 지금 해야 할 것은 '많이 하는 것'이 아니라 '꾸준히 하는 것'이다.

## 2.3 실행 정착형(36~50점) 고도화 전략

자체 점검 결과 36점 이상, 즉 '실행 정착형'에 해당하는 조직은 이미 복구 매뉴얼, 역할표, 연락망, 자원 목록, 훈련 기록 등 기본 BCP 문서를 구비하고 있으며, 훈련과 점검도 반복적으로 시행되고 있는 상태이다. 또한 협력사와의 기본적인 역할 공유와 대응 흐름도 어느 정도 정착되어 있다. 이 단계에 도달한 조직의 다음 과제는 '유지'가 아니라 고도화이다. 즉, 실행 체계를 시스템화하고, 외부 기관이나 감사 대응 체계로 발전시키며, 구성원 전체에 실행 문화를 내재화하는 방향으로 전환해야 한다.

### 1) 고도화 전략의 3대 방향과 실행방안

- 운영 계획과 실행을 연간 캘린더로 정리하고 문서화한다
- 보고와 훈련을 디지털로 기록·축적하여 실시간 공유 가능한 체계로 전환한 다
- 감리단·발주처 대응을 위한 문서 패키지를 정비하고, 교육과 문화 내재화 전략을 병행한다

#### ① 연간 실행계획 캘린더 수립

- 공정 일정과 병행하여 연간 기준으로 훈련, 점검, 문서 갱신 일정을 수립
- 연간 로드맵 항목 예 :
  - 훈련 : 3월, 9월 (Tabletop / 복구 시뮬레이션)
  - 점검 : 매월 셋째 주 수요일
  - 문서 갱신 : 상·하반기 각 1회
  - 협력사 브리핑 : 상반기 말, 공정 변경 시
- 형식 :
  - 벽걸이용 캘린더 + 전자 캘린더 (Google Calendar) 병행 운영
  - 일정별 책임자와 체크 항목 포함

#### ② 디지털 기반 실행 시스템 구축

- 훈련 결과 및 점검 기록을 Google Form 또는 Notion 등 디지털 문서로 수집
- 훈련 후 사진, 서명, 시나리오 PDF 등을 하나의 링크로 정리
- 점검표를 실시간 업데이트 가능하도록 설계하여 본사 보고 자동화
- 운영 팁 :
  - Google Drive를 통해 '문서 템플릿 공유 폴더' 구축
  - 훈련이 끝나면 실무자가 사진을 올리고, 보고서 양식 작성 후 체크

→ 실행의 "투명성"과 "속도" 향상

#### ③ 감사 대응용 BCP 문서 패키지 정비

- 문서 세트 구성 예 :
  - 복구 매뉴얼 최신본 + 역할표 + 연락망 + 자원 목록 (최신 갱신일 표시)
  - 훈련기록 2회분, 점검표 3회분, 피드백 회의록 2건 이상
  - 협력사 역할 확인서 또는 회의록
  - KPI 달성표 (요약판)

- 파일 구성 예 :
  - A4 보고용 인쇄세트 + PDF 저장 버전 1세트 (USB, 구글.드라이브 이중보관)
  - 감사 대응용 문서 목차 포함 (부록 참고)

**④ 구성원 대상 정기 교육 및 실행 문화 확산**

- 연 1회 이상 BCP 간이 교육 실시 (현장소장 또는 팀장 주관)
- 교육 내용 예 :
  - 복구 매뉴얼의 핵심 절차 소개
  - 위기 시 보고 순서와 책임자 확인
  - 과거 사례 리뷰 및 역할 복기 퀴즈
- 형식 :
  - 30분 내외, 현장회의 후 병행 가능
  - 교육 시 훈련과 결합하여 '행동→교육→서명→사진' 4단계 루틴 구축

→ 교육은 단지 전달이 아니라 '실행 역량 내재화'의 수단이 된다.

### 2) 고도화 실행 도구 및 발전 방향

| 도구 | 내용 | 활용 목적 |
|---|---|---|
| 연간 실행 캘린더 | 훈련·점검·갱신 계획 수립 | 사전 준비 가능, 연간 운영관리 용이 |
| 디지털 기록 시스템 (Drive, Form) | 문서 공유, 결과 저장 | 실시간 보고 및 이력 관리 |
| 보고서 패키지 양식 | 감사 대응용 문서 묶음 | 외부 대응, 신뢰 확보 |
| 교육 슬라이드 + 복기 시트 | 내부 교육용 콘텐츠 | 구성원 실행 인식 강화 |

이 회사의 발전 방향을 예시하면 실행 정착형에서 조직 내재형으로 한다.

| 실행 주제 | 정착형 조직 | 내재형 조직(목표) |
|---|---|---|
| 훈련 | 연 2회 실행 | 시나리오형 복합 훈련 연 2회 + 월간 복기 훈련 |
| 점검 | 월 1회 점검표 운영 | 자동화 시스템 연계 점검 + 알림 기반 운영 |
| 협력사 참여 | 역할 공유 및 연 1회 브리핑 | 계약 연동 교육 + 공동 인증제도 운영 |
| 보고 체계 | 보고서 + 사진 + 서명 | 통합 보고 시스템 (표준화된 평가 포함) |

실행 정착형 조직이 다음 단계로 나아가기 위해 필요한 것은 단지 더 많은 양의 훈련이 아니라, 운영의 체계화와 문화화이다. 이 절에서 제시한 고도화 전략은 기존에 잘해온 실행력을 유지하면서, 그것을 반복 가능한 시스템과 외부 대응력으로 전환하고, 조직 전반에 걸친 위기 대응 역량으로 확장하는 방법이다. 이제 BCP는 '특정 책임자만 아는 것'이 아니라 '모든 구성원이 함께 실행하는 문화'로 전환되어야 한다.

## 3 실행력 강화를 위한 1년 로드맵 제안

앞서 제시한 실행 수준별 개선 전략을 실행에 옮기기 위해서는 '무엇을 언제 할 것인가'를 명확히 하는 실행 일정표가 필요하다. 이 절에서는 중소 건설사가 BCP 실행력을 강화하기 위한 현실적이고 반복 가능한 1년간 운영 로드맵을 제안한다. 연간 로드맵은 훈련, 점검, 문서 갱신, 협력사 대응, 보고체계를 모두 아우르며, 월별 실천 가능 항목을 기준으로 구성되어 있다.

### 1) 연간 BCP 실행 로드맵 구성 원칙

- 현장 운영 일정과 병행할 수 있도록 단순하게 설계
- 중복 활동 방지 : 훈련-교육-문서 갱신을 하나의 루틴으로 묶음
- 부담을 줄이고 실행률을 높이는 월 1~2건 수준의 반복 구조로 설계
- 책임자 지정이 가능하고 성과 추적이 가능한 방식으로 문서화
- 월별 실행계획 예시 (표 형식)

| 월 | 실행 항목 | 주관 팀 | 비고 |
|---|---|---|---|
| 1월 | 연간 BCP 일정 수립 / 문서 현행화 계획 | 공무팀 / 소장 | 연간 계획 게시, 업무분장 확인 |
| 2월 | 역할표 및 연락망 갱신 / 협력사 역할 공유 | 행정 / 자재팀 | 계약 연동 추천 |
| 3월 | 1차 훈련 실시 (Tabletop) / 점검 시작 | 안전팀 | 시나리오형 권장 |
| 4월 | 점검 / 훈련 피드백 회의 / 매뉴얼 보완 | 공무팀 / 서무 | 문서 반영까지 포함 |
| 5월 | 자원 목록 갱신 / 협력사 브리핑 | 자재팀 / 소장 | 외부 회의 연계 |
| 6월 | 점검 / 내부 간이 감사 | 공무팀 | 내부 운영 점검용 체크 |
| 7월 | 중간 점검 회의 / 훈련 기록 정리 | 소장 / 안전팀 | KPI 기반 점검 추천 |
| 8월 | 2차 훈련 준비 / 문서 재정비 | 안전팀 / 서무 | 복합 훈련 준비 시작 |
| 9월 | 2차 훈련 실시 / 협력사 참여 훈련 | 전체 | 브리핑 포함 통합 운영 권장 |
| 10월 | 점검 / 피드백 회의 / 문서 갱신 | 공무팀 | 서명, 회의록 정리 |
| 11월 | 훈련·점검 결과 요약 보고서 작성 | 서무 / 소장 | 외부 감사 대비용 |
| 12월 | 연간 성과 평가 / 차년도 계획 수립 | 전체 | KPI 총괄, 자료 정리 완료 |

### 2) 주제별 정기 운영 요약

**① 정기 훈련**

- 연 2회 Tabletop 또는 복합 훈련 (3월, 9월)
- 훈련 시나리오 → 실행 → 피드백 회의 → 문서 반영 → 사진·서명 기록

**② 정기 점검**

- 월 1회 자체 점검표 확인 (문서 보유, 역할 변경 여부, 연락망 등)
- 공정 변경 또는 주요 일정 전 필수 시행 권장

**③ 정기적 문서 갱신**

- 상반기(24월), 하반기(810월) 갱신 주기 설정
- 복구 매뉴얼, 역할표, 자원 목록 등 일괄 검토 및 업데이트

**④ 정기적 협력사 연계**

- 계약 직후 또는 1분기 내 역할 공유
- 연 1회 브리핑 또는 역할 복기 훈련 참여
- 역할표 확인 및 회의록 정리

**⑤ 결과 보고 루틴**

- 훈련 및 점검 기록은 월별 보고서에 누적
- 연말에 'KPI 달성 요약표', '훈련 기록 모음', '개선사항 보고서' 정리

**⑥ 로드맵 활용 포인트**

- 벽걸이 포스터 형태로 사무실 또는 회의실 게시
- Google 캘린더 등 디지털 캘린더 연동하여 알림 설정
- 책임자별 색상 구분하여 역할 명확화 (훈련: 안전팀, 점검: 공무팀 등)
- 실행 여부는 '월간 BCP 회의'에서 점검 및 체크

BCP는 '계획'을 수립하는 것이 아니라 '계획을 실행하는 구조'를 만드는 것이다. 본 절에서 제안한 1년간 실행 로드맵은 단순히 할 일을 정리한 일정표가 아니라, 실행력을 정착시키는 구조이며, BCP를 조직 운영의 일상으로 만드는 실천 전략이다. 반복은 비용 없이 실행력을 키우는 가장 확실한 방법이다. 이 로드맵을 1년간 운영해 본 조직은 반드시 실행 정착형을 넘어 '자율 운영형'으로 발전하게 될 것이다.

## 참고문헌

- Supriadi, L. S. R., & Low, S. P. (2018). Business continuity management in construction. Springer.
- Tucker, E. (2014). Business continuity from preparedness to recovery: A standards-based approach. Butterworth-Heinemann.
- ISO. (2012). ISO 22301:2012 – Societal security – Business continuity management systems – Requirements. International Organization for Standardization.
- ISO. (2013). ISO 22313:2013 – Societal security – Business continuity management systems – Guidance. International Organization for Standardization.
- British Standards Institution. (2006). BS 25999-1:2006 – Business continuity management – Code of practice. BSI Standards.
- Gallagher, T. (2003). Business continuity planning: A step-by-step guide with planning forms. McGraw-Hill.
- Hiles, A. (2011). The definitive handbook of business continuity management (3rd ed.). Wiley.
- Herbane, B. (2013). Exploring crisis management in UK small- and medium-sized enterprises. Journal of Contingencies and Crisis Management, 21(2), 82–95.
- Gibb, F., Buchanan, S., & Shah, S. (2012). Business continuity management: A crisis management approach. Journal of Business Continuity & Emergency Planning, 6(3), 246–258.
- 日本建設業連合会. (2012). 建設BCPガイドラインー大規模自然災害に備えた 建設会社の行動指針 ( 第3版 ).
- 유진 터커. (2019). 사업연속성: 대비부터 복구까지 - 표준기본 접근법 (Eugene Tucker 원저). [한국어 번역본].
- 국민안전처. (2016). 기업재난관리표준 [고시 제2016-82호]. 법제처
- 행정안전부. (2014). 재해경감을 위한 기업의 자율활동 지원에 관한 법률 해설서. 서울: 행정안전부 정책기획관실.

제14장

# 실행 지원 자료 및 부록

## 1 BCP 실행 문서 양식 모음

### 1.1 개요 : 실행은 '형식'이 아니라 '형태'로 남아야 한다

BCP가 실행되려면, 계획과 점검, 훈련, 보고가 '문서'로 남아야 한다. 문서는 단순한 증빙자료가 아니라, 실행의 흔적이자 다음 행동을 이끌어내는 안내서이다. 본 절에서는 『건설업 BCP 수립 가이드』 전편에서 제안된 핵심 실행 문서들을 정리하고, 실무자가 현장에서 곧바로 사용할 수 있도록 간결하고 적용 가능한 양식들을 총망라한다. 모든 양식은 A4 1~2쪽 분량으로 구성되며, PDF, 워드, 엑셀 등 다양한 형태로 변환 가능하도록 설계되었다

### 1.2 기본 실행 문서 양식 정리

#### 1) 복구 매뉴얼 템플릿 (A4 2쪽)

- 구성 : 위기 유형 / 즉시 조치사항 / 책임자 / 대체 방안 / 보고 대상
- 도식 또는 표 형태로 구성
- QR코드와 연동 가능 (Google Drive, PDF 등)

#### 2) 역할 분장표 양식

- 구성 : 이름 / 소속 / 비상 연락처 / 담당 공정 / 대체자
- 부서별 또는 기능별 정리 (공무팀, 자재팀, 협력사 등)
- 비상시 지휘체계 가시화용 구조 포함

### 3) 자원 대체 목록표

- 구성 : 자재/장비명 / 기존 공급처 / 대체업체 / 계약 여부 / 비고
- 자재팀 중심으로 정기 갱신 필요

### 4) 비상연락망 리스트

- 구성 : 담당자명 / 소속 / 연락처 / 역할 / 연락 우선순위
- 발주처, 감리단, 협력사, 장비업체, 보험사 등 포함
- 인쇄본 + 사진 파일 병행 운영 추천

다음은 훈련·점검 관련 문서 양식이다.

### 5) 훈련 결과 기록지

- 구성 : 훈련 일시 / 유형 / 참석자 서명 / 주요 시나리오 / 발견사항 / 개선 조치 / 사진 첨부
- Tabletop / 문서 확인 / 복합 훈련 등 공통 양식 적용 가능

### 6) 피드백 회의록

- 구성 : 회의 일자 / 참석자 / 안건 / 문제점 / 개선사항 / 담당자 및 완료 기 한 / 작성자 서명
- A4 1쪽 내외, 반복 사용 가능

### 7) 자체 점검표 (월 1회 권장)

- 구성 : 연락망 최신화 / 매뉴얼 비치 여부 / 자원 목록 유효성 / 최근 훈련 이력 등 8~10개 항목
- 체크방식 : □ 예 / □ 아니오 / □ 부분
- 서명 또는 QR 사진 기록 포함

다음은 협력사 관련 실행 문서 양식이다.

### 8) 협력사 역할 확인서

- 구성 : 업체명 / 담당자명 / 비상 연락처 / 담당 공정 / 위기 발생 시 역할 / 서명란
- 공정 시작 전 또는 월간 회의 시 사용 가능

### 9) 협력사 비상대응 요약지

- 구성 : 핵심 위기 2~3건 대응 흐름 / 보고 순서 / 역할 요약 / 연락처 포함
- A4 1쪽, 이해도 중심 문서로 구성

다음은 운영 성과 및 보고용 문서 양식이다

### 10) KPI 달성 체크리스트

- 구성 : 훈련 횟수 / 점검 횟수 / 문서 갱신 여부 / 협력사 공유 횟수 등 5~6 항목
- 항목별 달성여부 기입 + 연말 총괄용 사용

### 11) 정기 보고서 양식 (월간 또는 분기별)

- 구성 : 훈련·점검 요약 / 문제점 / 개선 진행사항 / 문서 반영 여부
- A4 1~2쪽, 실무자·소장 보고용 사용

### 12) 문서 갱신 로그

- 구성 : 문서명 / 갱신일 / 작성자 / 변경 내용 요약
- 버전관리 및 외부 감리 대응용 양식

## 1.3. 활용 방법 안내

- 모든 양식은 '기록'보다 '실행' 중심으로 간단하게 구성
- 항목별 문서 템플릿은 Word, Excel, PDF, Google Form 등 다양한 양식으로 제공 가능
- 출력 후 파일 보관 + 구글 드라이브 내 클라우드 관리 추천
- 정기적인 갱신 주기(월간, 분기, 반기 등) 명시하여 반복 활용 가능

BCP 문서는 관리 서류가 아니라 '위기 대응의 행동 가이드'다. 이 절에서 제시한 실행 양식들은 조직이 훈련, 점검, 대응을 체계화하고, 반복을 통해 숙련도를 높이며, 외부 기관의 감사 및 발주처 요구에 즉시 대응할 수 있는 토대를 마련해 준다. 한 장의 문서라도 남기고 정리하면, 조직은 다시 그 행동을 반복할 수 있게 되고, 그것이 곧 '실행력 있는 BCP'의 시작이 된다.

# 복구 매뉴얼 템플릿

## 1. 문서 개요

현장명 : 서울 OO구 공동주택 신축공사

작성일자 : 2025.03.01

최종 갱신일 : 2025.09.01

작성자 : 공무팀장 홍길동

승인 : 현장소장 김민수QR

코드 링크 : [복구매뉴얼 QR코드 삽입]

## 2. 주요 위기 유형별 복구 절차

| 위기유형 | 즉시 대응 조치 | 대체 방안 | 책임자 | 보고 대상 |
|---|---|---|---|---|
| 콘크리트 납품 지연 | 레미콘 업체 연락 → 작업 지연 통보 | B업체로 전환 (예비 계약 유지) | 자재팀장 / 010-xxxx-xxxx | 감리단, 공무팀 |
| 타워크레인 정지 | 장비 점검 요청 → 작업구역 통제 | 임차 타워크레인 1대 대기 확보 | 장비팀장 / 010-xxxx-xxxx | 현장소장, 안전팀 |
| 자재 반입 불가 | 반입 요청 재확인 → 재고 확인 → 반출 공정 조정 | 대체 자재 목록 참조 | 자재팀 / 010-xxxx-xxxx | 본사 자재담당, 감리단 |
| 단전 사고 발생 | 예비 발전기 가동 / 장비 전원 차단 | 외부 전력공급 요청 | 안전팀 / 010-xxxx-xxxx | 발주처, 감리단 |
| 협력사 근로자 결근 | 작업 공정 연기 또는 대체 인력 투입 | 외주사 인력 지원 요청 | 공무팀 / 010-xxxx-xxxx | 협력사 대표, 소장 |

## 3. 복구 실행 흐름도 (공통)

[위기 발생] → [즉시 조치] → [내부 보고 (책임자→소장→본사)] → [대체 자원 확인 / 훈련된 대응 실행] → [협력사/감리단 통보 → 기록지 작성] → [피드백 회의 실시 및 문서 갱신]

## 4. 비상 연락망 요약

| 구분 | 이름 | 소속 | 연락처 | 역할 |
|---|---|---|---|---|
| 현장소장 | 김민수 | OO건설 | 010-xxxx-xxxx | 총괄 |
| 자재팀장 | 박지현 | OO건설 | 010-xxxx-xxxx | 자재 확보 |
| 감리단 | 최영훈 | OO감리 | 010-xxxx-xxxx | 공정 승인 |
| 협력사 대표 | 이성민 | △△중기 | 010-xxxx-xxxx | 타워크레인 운영 |
| 안전팀장 | 이은주 | OO건설 | 010-xxxx-xxxx | 현장 안전총괄 |

## 5. 비고 및 문서 이력

### 문서 이력

- 2025.03.01 초안 작성 (Tabletop 훈련 반영)
- 2025.06.01 협력사 의견 반영 업데이트
- 2025.09.01 정기 점검 후 연락망 수정

## 역할 분장표 템플릿

※ 본 역할 분장표는 BCP 실행 시 각 책임자의 역할을 명확히 하기 위한 실무용 문서입니다. 각 항목은 실무자 교체 시 즉시 갱신되어야 하며, 비상연락망과 연계되어야 합니다.

| 구분 | 이름 | 소속부서 | 주요 책임 공정/업무 | 비상 연락처 | 대체자(부재 시) |
|---|---|---|---|---|---|
| 현장소장 | 김민수 | 현장총괄 | BCP 총괄 운영 | 010-xxxx-xxxx | 이준석(차장) |
| 공무팀장 | 박지현 | 공무팀 | 복구 매뉴얼 관리 / 보고체계 운영 | 010-xxxx-xxxx | 최연우(대리) |
| 자재팀장 | 이성훈 | 자재팀 | 자재 대체 목록 관리 / 공급업체 대응 | 010-xxxx-xxxx | 장민호(주임) |
| 안전팀장 | 정은주 | 안전팀 | 현장 안전 / 훈련 주관 / 피드백 회의 | 010-xxxx-xxxx | 유승현(기사) |
| 서무담당 | 한지민 | 행정팀 | 연락망 관리 / 훈련 기록 정리 | 010-xxxx-xxxx | 강민지(사원) |

## 자원 대체 목록표 템플릿

※ 본 자원 대체 목록표는 비상 상황에서 자재 및 장비의 대체 수급 가능성을 사전에 확보하고 대응 속도를 높이기 위한 문서입니다. 정기적으로 갱신되며, 계약 정보와 공급처 연락처를 항상 최신으로 유지해야 합니다.

| 자재/장비명 | 기존 공급업체 | 대체 업체/제품 | 계약 상태 | 납기 가능일 | 비고 |
|---|---|---|---|---|---|
| 레미콘 25-210 | ○○레미콘 | △△레미콘 2공장 | 예비 계약 유지 | 1일 이내 | 장마철 대비 확보 필요 |
| PE 전선관 100Ø | 삼성전선 | 한일전선 | 계약 협의 중 | 2~3일 | 대체 시 품질 인증 확인 필수 |
| 6톤 타워크레인 | 경기중기 | 대신중기 | 없음 (임대 필요) | 12시간 이내 | 복구 매뉴얼 등록 대상 |
| 합판 거푸집 | 세방합판 | 예림목재 | 계약 완료 | 당일 납품 가능 | 가격 차이 있음 |
| 현장용 발전기 | 현대전력기기 | 전기마트 | 없음 | 1일 이상 | 예비 전력 확보 필요 |

## 협력사 역할 확인서 템플릿

※ 본 문서는 BCP 실행에 있어 주요 협력사(하도급 포함)의 비상 대응 역할과 책임을 명확히 하기 위한 확인용 양식입니다. 공정 착수 전 또는 월간 회의 시 활용되며, 책임자 서명을 통해 실행 공감대를 형성합니다.

| 항목 | 내용 |
|---|---|
| 협력사명 | |
| 현장명 | |
| 공정명/업무 범위 | |
| 비상시 주요 역할 | 예: 자재 재공급 요청, 장비 긴급 투입, 인력 대체 지원 등 |
| 책임자 성명 | |
| 소속/직책 | |
| 연락처 | |
| 이행 동의 여부 | □ 예 □ 아니오 |
| 서명 (날인 포함) | |
| 작성일자 | |

## 협력사 비상대응 요약지 템플릿

※ 본 문서는 협력사(하도급업체 포함)에게 비상상황 발생 시 필요한 대응 흐름을 간략하게 전달하기 위한 A4 1쪽 요약 자료입니다.착공 전, 월간 공정 회의, 훈련 사전 배포 등 다양한 상황에서 활용할 수 있습니다.

### 1. 대상 공정 및 주요 위기유형

- 공정명 : 예) 타워크레인 운영 / 콘크리트 타설 / 전기설비
- 주요 위기 유형 : 자재 미도착, 장비 고장, 인력 결근, 안전사고 등

### 2. 비상시 기본 대응 절차

1단계 : 현장 책임자에게 즉시 구두 또는 문자 보고

2단계 : 추가 자재/장비 요청 시 본사 또는 자재팀에 연락

3단계 : 피해 최소화를 위한 현장 안전조치 시행

4단계: 관련 내용 문서 또는 사진으로 정리하여 공유

### 3. 보고 및 협조 연락체계

- 현장소장 : 김민수 (010-xxxx-xxxx)
- 자재팀장 : 이성훈 (010-xxxx-xxxx)
- 공무팀장 : 박지현 (010-xxxx-xxxx)
- 안전팀장 : 정은주 (010-xxxx-xxxx)

### 4. 비상대응 참여 요청 사항

- 공정 시작 전 역할 확인서 제출
- 월 1회 이상 연락망 점검 (변경 시 즉시 통보)
- 연 1회 이상 훈련 또는 간이 브리핑 참석 요청
- 현장 문제 발생 시 공동 대응 원칙 준수

## KPI 달성 체크리스트 템플릿

※ 본 문서는 연간 또는 분기별 BCP 실행 성과를 간단히 점검하고 관리하기 위한 KPI 체크리스트 양식입니다.훈련, 점검, 문서관리, 협력사 공유, 피드백 체계 등 주요 항목을 정리하여 연말 평가 및 감사 대응에 활용할 수 있습니다.

| KPI 항목 | 기준 | 달성 여부 (✔/✖) | 비고 |
|---|---|---|---|
| 정기 훈련 실시 | 연 2회 이상 (상·하반기 각 1회) | | |
| 자체 점검 실시 | 월 1회 이상 (연 6회 이상) | | |
| 문서 갱신 현황 | 반기 1회 이상 | | |
| 협력사 역할 공유 | 연 1회 이상 확인서 또는 요약지 전달 | | |
| 피드백 회의 운영 | 훈련 또는 점검 후 3일 이내 회의 | | |
| 기록 자료 정리 | 훈련결과/점검표/회의록 저장 여부 | | |
| KPI 체크 보고 | 연 1회 총괄 보고 (12월) | | |

## 정기 BCP 보고서 양식 (월간/분기용)

※ 본 보고서는 월간 또는 분기 단위로 BCP 실행 현황을 종합 정리하기 위한 정기 보고 양식입니다. 훈련 및 점검 내역, 문서 갱신 상황, 문제점 및 개선 조치사항 등을 포함해 경영자 및 발주처 보고, 내부 관리용으로 활용합니다.

| 항목 | 내용 |
| --- | --- |
| 보고 기간 | 예: 2025년 2분기 / 2025년 7월 |
| 보고 일자 | |
| 작성자 (부서/성명) | |
| 1. 훈련 실시 여부 및 개요 | 일시 / 유형 / 주요 시나리오 / 참석자 / 주요 결과 |
| 2. 점검 내역 요약 | 일시 / 점검 항목 / 결과 / 담당자 |
| 3. 문서 갱신 현황 | 갱신 문서명 / 갱신일 / 변경내용 요약 |
| 4. 협력사 대응 공유 사항 | 공유 문서 / 회의 또는 브리핑 여부 / 확인 여부 |
| 5. 문제점 및 개선조치 | 발견 사항 / 원인 / 조치계획 / 완료 예정일 |
| 6. 종합 의견 및 특이사항 | 특이 공정 위험요소 / 추가 필요사항 등 |
| 7. 첨부 문서 | 훈련 사진 / 점검표 / 회의록 / 개선요청 등 |

## 중소 건설업체용 BCP 실행 상세 체크리스트

※ 본 문서는 기존 10분 체크리스트를 바탕으로, 각 항목을 세분화하여 실제 실행 여부와 실행 수준을 더 구체적으로 점검할 수 있도록 설계되었습니다. 총 10개 항목을 기준으로 하되, 각 항목별로 실행 세부 항목 2~3개씩을 확인합니다.

| 번호 | 항목 | 세부 점검 내용 | 점검 결과 (✔/✖) | 비고 |
|---|---|---|---|---|
| 1 | 복구 매뉴얼 존재 여부 | 복구 매뉴얼이 A4 기준 2쪽 이내로 정리되어 있는가? | ☐ 예 / ☐ 아니오 | |
| | | QR코드 등으로 현장 내 접근이 가능한가? | ☐ 예 / ☐ 아니오 | |
| | | 최근 6개월 이내에 갱신되었는가? | ☐ 예 / ☐ 아니오 | |
| 2 | 역할 분장표 운영 | BCP 책임자와 대체자가 지정되어 있는가? | ☐ 예 / ☐ 아니오 | |
| | | 역할표가 문서 또는 게시판에 비치되어 있는가? | ☐ 예 / ☐ 아니오 | |
| | | 부서별 또는 기능별로 분장되어 있는가? | ☐ 예 / ☐ 아니오 | |
| 3 | 비상 연락망 정비 | 발주처, 감리단, 협력사 포함 연락망이 있는가? | ☐ 예 / ☐ 아니오 | |
| | | 비상 연락처가 QR 또는 폰에 저장되어 있는가? | ☐ 예 / ☐ 아니오 | |
| | | 1년 이내 갱신 이력이 있는가? | ☐ 예 / ☐ 아니오 | |
| 4 | 자재·장비 대체 수단 확보 | 주요 자재·장비에 대한 대체 목록이 있는가? | ☐ 예 / ☐ 아니오 | |
| | | 대체 업체 연락처 및 계약 상태가 명시되어 있는가? | ☐ 예 / ☐ 아니오 | |
| | | 비상 시 납기 가능 일정을 파악하고 있는가? | ☐ 예 / ☐ 아니오 | |
| 5 | 훈련 실시 여부 | 최근 6개월 내 Tabletop 또는 문서 확인 훈련을 수행했는가? | ☐ 예 / ☐ 아니오 | |
| | | 훈련 시나리오 또는 문제 상황 가정이 포함되었는가? | ☐ 예 / ☐ 아니오 | |
| | | 훈련 결과가 문서화되었는가? | ☐ 예 / ☐ 아니오 | |

| 번호 | 항목 | 세부 점검 내용 | 점검 결과 (✔/✖) | 비고 |
|---|---|---|---|---|
| 6 | 피드백 및 개선활동 | 훈련 또는 점검 후 피드백 회의를 진행한 적이 있는가? | □ 예 / □ 아니오 | |
| | | 문제점에 대한 개선계획이 문서에 반영되었는가? | □ 예 / □ 아니오 | |
| | | 책임자 및 완료 일정이 지정되었는가? | □ 예 / □ 아니오 | |
| 7 | 협력사 대응 구조 공유 | 협력사에 역할 확인서 또는 대응 요약지를 전달했는가? | □ 예 / □ 아니오 | |
| | | 월간 회의 또는 착공 시 관련 내용을 설명했는가? | □ 예 / □ 아니오 | |
| | | 협력사가 위기 발생 시 대응 흐름을 알고 있는가? | □ 예 / □ 아니오 | |
| 8 | 점검 체계 운영 | 월 1회 이상 BCP 점검표를 활용하고 있는가? | □ 예 / □ 아니오 | |
| | | 점검자가 지정되어 있고, 서명 기록이 있는가? | □ 예 / □ 아니오 | |
| | | 기록이 폴더 또는 클라우드에 보관되고 있는가? | □ 예 / □ 아니오 | |
| 9 | 문서 공유 체계 | 매뉴얼, 연락망, 자원표 등이 QR코드 또는 클라우드로 공유되고 있는가? | □ 예 / □ 아니오 | |
| | | 현장 외 다른 담당자도 열람 가능한가? | □ 예 / □ 아니오 | |
| | | 갱신일과 작성자가 표기되어 있는가? | □ 예 / □ 아니오 | |
| 10 | KPI 관리 및 종합 보고 | 연간 KPI(훈련, 점검 등) 달성표가 작성되어 있는가? | □ 예 / □ 아니오 | |
| | | 훈련 사진, 회의록, 점검표가 정리된 폴더가 있는가? | □ 예 / □ 아니오 | |
| | | 경영자 또는 발주처 보고 시 활용 가능한 요약본이 있는가? | □ 예 / □ 아니오 | |

## 업무영향분석(BIA) 템플릿

※ 본 템플릿은 건설업체에서 핵심 업무 및 공정별로 위기 발생 시 영향을 분석하고, 복구 우선순위를 결정하기 위한 BIA(Business Impact Analysis) 기록 양식입니다.

| 업무/공정명 | 업무 중요도 (높음/중간/낮음) | 중단 시 주요 영향 | 최대 수용 중단시간 (MAO) | 복구 목표시간 (RTO) | 관련 자원 (인력/장비/자재) |
|---|---|---|---|---|---|
| 콘크리트 타설 | 높음 | 공정 전체 지연 및 품질 저하 | 1일 | 6시간 | 레미콘, 타설인력, 폼워크 |
| 전기배선 설치 | 중간 | 안전설비 지연, 준공검사 차질 | 2일 | 12시간 | 전선, 배관, 전기팀 |
| 양중장비 운용 | 높음 | 자재 적재 불가 → 전체 공정 중단 | 1일 | 8시간 | 타워크레인, 운전원 |
| 자재창고 운영 | 낮음 | 현장 자재관리 불안정 | 3일 | 24시간 | 자재정리 인력, 보관공간 |
| 현장 출입통제 | 중간 | 외부인 출입 → 안전사고 위험 증가 | 2일 | 4시간 | 출입관리 시스템, 안전관리자 |

## 건설업체용 리스크 분석 템플릿

※ 본 템플릿은 건설업체에서 공정 또는 업무 수행 시 발생 가능한 리스크를 식별하고, 발생 가능성과 영향도를 기반으로 우선순위를 평가하기 위한 리스크 분석 기록 양식입니다.

| 리스크 항목 | 리스크 설명 | 리스크 유형 (자연재해/인재/기술/조직 등) | 발생 가능성 (낮음/중간/높음) | 영향도 (낮음/중간/높음) | 리스크 수준 (자동 계산용) | 비고/관리 3방안 |
|---|---|---|---|---|---|---|
| 타워크레인 고장 | 고장으로 인한 자재 양중 중단 | 기술 | 중간 | 높음 | 중간~높음 | 예비 장비 확보 및 점검 주기화 |
| 우천으로 인한 타설 지연 | 장마철 콘크리트 타설 불가 | 자연재해 | 높음 | 중간 | 중간 | 일기예보 기반 일정 조정 |
| 협력사 결근 | 작업자 무단 결근으로 인한 공정 지연 | 조직 | 중간 | 중간 | 중간 | 대체 인력 사전 확보 |
| 전기 설비 오작동 | 임시 전력설비 이상으로 인한 단전 | 기술 | 낮음 | 높음 | 중간 | 발전기 예비 운영체계 구축 |
| 현장 내 안전사고 | 작업 중 낙하물, 추락 등 인재 발생 가능성 | 인재 | 중간 | 높음 | 높음 | 일일 안전점검 및 보호구 착용 의무화 |

# 2 훈련 시나리오 및 운영 포맷

## 2.1 훈련 시나리오 예시

### 1) Tabletop 훈련 시나리오 예시

- 운영 개요 :
  - Tabletop 훈련은 회의실이나 휴게실에서 시나리오를 제시하고, 각 실무자가 '만약 이 상황이 실제로 발생한다면 나는 무엇을 할 것인가'를 말로 답하면서 역할을 복기하는 방식이다. 작성된 복구 매뉴얼이나 역할 분장표를 가지고 훈련을 병행하면 더욱 효과적이다.

- 시나리오 1 : 콘크리트 타설 중단 (장마철)
  - 상황 : 콘크리트 타설 예정일 아침, 집중호우 예보가 발령됨. 납품업체로부터 당일 공급이 불가능하다는 통보를 받음.
  - 질문 1 : 자재팀장은 누구에게 보고하고, 어떤 문서를 열람해야 하는가?
  - 질문 2 : 대체 자재 공급처가 없다면, 공정은 어떻게 조정해야 하는가?
  - 질문 3 : 감리단과 발주처에게 어떤 방식으로 조치 내용을 보고해야 하는가?

- 시나리오 2 : 타워크레인 긴급 정지
  - 상황 : 오전 중 타워크레인 센서 이상 발생, 장비가 멈춤. 즉시 타워크레인 운영이 중단됨.
  - 질문 1 : 누구에게 즉시 연락해야 하며, 대체 장비가 있는가?
  - 질문 2 : 작업 중이던 자재들은 어디에 어떻게 보관할 것인가?
  - 질문 3 : 기록은 어디에 남기며, 훈련 시점과 비교해볼 수 있는 근거 문서는 무엇인가?

### 2) 문서 확인식 훈련 운영 예시

- 운영 개요 :
  - 문서 확인식 훈련은 Tabletop과 함께 진행하거나 독립적으로 운영할 수 있다. 실무자에게 복구 매뉴얼, 역할표, 연락망, 자원 목록표를 나눠주고 다음과 같은 문답형 점검을 수행한다.

- 예시 문답 구성

| 문서 유형 | 확인 항목 | 점검 질문 예시 |
|---|---|---|
| 복구 매뉴얼 | 최신 상태 여부 | 현재 갖고 있는 복구 매뉴얼은 6개월 이내 갱신된 것인가? |
| 역할 분장표 | 역할 인식도 | 위기 발생 시, 귀하는 어떤 역할과 책임을 갖는가? 대체자는 누구인가? |
| 연락망 | 가용성 | 비상시 발주처 또는 감리단 연락처를 바로 확인할 수 있는가? |
| 자원 목록표 | 대체 가능성 | 자재 납품 지연 시, 대체 공급처와 납기 가능일을 알고 있는가? |

실제 문서를 기반으로 말로 확인하고, 확인 후에는 훈련 참석자 서명, 점검 확인표 작성, 사진 촬영 기록 보관 등을 함께 수행하면 감사나 발주처 대응 시 좋은 근거가 된다.

### 3) 운영 팁 및 실무 적용 방법

- 시나리오 개수는 1~2개면 충분하며, 각 시나리오는 15~20분 내에 소화 가능
- 점심시간 전후 또는 월간 공정 회의 시간 일부를 활용하여 운영
- 참석자 5명 이내 소규모로도 충분히 효과 있음
- 훈련 종료 후에는 반드시 훈련 결과 기록지를 작성하고, 피드백 회의록(간단 한 메모 수준) 보관

### 4) 시나리오 기반 문서 정리 예시 (현장 기록용)

| 항목 | 내용 |
|---|---|
| 훈련 일시 | 2025년 10월 5일 14:00~14:40 |
| 훈련 장소 | 현장 사무실 회의실 |
| 훈련 유형 | Tabletop + 문서 확인식 복합 |
| 시나리오 | 타워크레인 고장 발생 시 대응 흐름 |
| 주요 대응 내용 | 연락망 확인 → 장비팀 보고 → 협력사 대체장비 확인 → 공무팀 감리 보고 |
| 개선 사항 | 타워크레인 대체 계약 없음 → 자원 목록표 보완 필요 |
| 사진/기록 | 참석자 서명지, 문서 사진 2매, 피드백 메모 1부 |

## 2.3 훈련 기록 및 피드백 문서 정리 포맷

훈련이 효과를 가지려면 반드시 기록으로 남고, 피드백을 통해 개선으로 이어져야 한다. 훈련 자체보다 중요한 것은 "훈련 후에 무엇이 남았는가"이다. 이를 위해 필요한 것이 훈련 결과 문서화 및 간단한 회의 정리, 문서 반영 체계이다.

### 1) 훈련 결과 기록지 작성

훈련이 끝난 직후에는 **훈련 결과 기록지(훈련보고서)**를 작성해야 한다. 이는 외부 감사, 발주처 보고, 내부 점검 시 핵심 증빙자료가 된다. 기록지는 일반적으로 다음 항목을 포함한다:

| 항목 | 설명 |
|---|---|
| 훈련 일시 / 장소 | 언제, 어디서 훈련을 실시했는가 |
| 훈련 유형 | Tabletop / 문서확인 / 복합 / 협력사 참여 등 |
| 시나리오 요약 | 어떤 위기상황을 가정했는가 |
| 참석자 명단 | 직책, 이름, 서명 또는 사진 포함 |
| 실제 대응 내용 | 어떤 문서를 열람했고, 어떤 조치를 확인했는가 |
| 문제점 및 개선사항 | 훈련 중 발견된 미비점과 조치 방향 |
| 사진 또는 스캔 첨부 | 현장 모습, 서명부, 자료 사진 등 |

Tip : 워드 기반으로 표 양식으로 작성하거나, Google Form과 연동해 입력받아 자동 보고서로 저장해도 좋다.

### 2) 피드백 회의 및 개선 회의록 정리

훈련 종료 후 1~3일 이내에 간단한 피드백 회의를 통해 훈련 중 발견된 문제와 개선방안을 문서로 정리한다.

- 참석자 : 소장, 공무팀, 자재팀, 훈련 주관자
- 주요 항목 :
    - 훈련 중 어려웠던 점
    - 매뉴얼과 실제 대응 불일치 항목

• 자원 확보 상태, 연락망 오류 여부

• 문서 수정 필요 사항

이 회의는 30분 이내 간단히 진행하고, A4 1장 이내로 회의 메모 형태로 남겨도 충분하다. 핵심은 '훈련이 끝난 후 무엇을 고쳤는가'에 있다.

### 3) 개선 내용의 문서 반영

훈련 피드백에서 도출된 내용은 반드시 문서에 반영되어야 한다. 그렇지 않으면 훈련은 반복적으로 같은 오류를 검증할 뿐이다.

- 역할 분장표 수정 : 이름·부서·대체자 변경
- 자원 목록 보완 : 예비 공급처 추가, 납기 가능일 수정
- 복구 매뉴얼 보완 : 대응 흐름 추가, 문장 정비
- 연락망 최신화 : 퇴사자 삭제, 담당자 수정

→ 수정 후 문서 하단의 버전 기록표에 반영일 및 수정자 기입

### 4) 정기 보고서 또는 KPI 기록 연동

훈련 기록은 다음 항목으로 연계되어야 한다:

- 정기 BCP 보고서(월간/분기)
  → 훈련 실시 여부, 주요 시사점, 개선사항 포함
- KPI 체크리스트
  → 연간 2회 훈련, 1회 피드백 보고 여부 항목 체크
- 사진·스캔 폴더 정리
  → 훈련 폴더에 관련 문서, 사진, 회의록 등 보관
  → PDF, JPG 등 형식 통일

### 5) 정리 양식 예시 (훈련 기록 요약본)

| 항목 | 내용 |
|---|---|
| 훈련명 | 2025년 하반기 Tabletop 훈련 |
| 시나리오 | 콘크리트 타설 지연 대응 시나리오 |
| 유형 | Tabletop + 문서 확인 병행 |
| 참석자 | 소장 외 5명 (서명 포함) |
| 문제점 | 자재 대체 목록 누락, 연락망 부정확 |
| 개선조치 | 자원 목록 추가 / 연락망 수정 10.03 완료 |
| 보고여부 | 10.05 본사 BCP팀에 보고 완료 |
| 비고 | 사진 3컷 / 회의록 1부 / QR링크 저장 완료 |

훈련은 끝났을 때가 아니라 기록이 저장되고 문서가 바뀌었을 때 비로소 의미를 가진다. 복잡한 양식보다 현장 담당자가 직접 작성 가능한 단순한 포맷을 반복 활용하는 것이 실효성 높은 운영 전략이다.

## 훈련 결과 기록지 양식

※ 본 양식은 BCP 훈련 후 결과를 기록하고 피드백 및 개선 사항을 문서화하기 위한 실무용 양식입니다. 훈련의 유형, 시나리오, 대응 내용, 참석자, 개선 항목 등을 요약 정리하여 보고 및 이력 관리에 활용합니다.

| 항목 | 내용 |
|---|---|
| 훈련 일시 | |
| 훈련 장소 | |
| 훈련 유형 | □ Tabletop □ 문서확인 □ 복합훈련 □ 협력사 참여 |
| 훈련 시나리오 요약 | |
| 훈련 목표 | |
| 주요 대응 흐름 및 실행 내용 | |
| 문서 열람 여부 | 예: 복구매뉴얼, 연락망, 자원목록 등 |
| 참석자 명단 | (이름, 부서, 서명 또는 사진 첨부 가능) |
| 훈련 중 발견된 문제점 | |
| 개선 조치 사항 및 실행 일정 | |
| 기록 작성자 | |
| 작성일자 | |
| 첨부자료 목록 | 훈련 사진, 서명부, 회의록 등 |

## 3 자가 진단 및 평가 도구

BCP는 수립보다 실행이 중요하며, 실행 여부를 지속적으로 확인하고 개선하는 체계가 반드시 병행되어야 한다. 특히 중소 건설사에서는 외부 감사나 복잡한 인증 시스템을 갖추기 어렵기 때문에, 조직 내부에서 스스로 실행 상태를 점검할 수 있는 간편하고 반복 가능한 평가 도구가 필요하다.

본 절에서는 건설 현장 실무자들이 자사의 BCP 실행 상태를 점검할 수 있도록 구성된 자가진단 체크리스트, 실행 수준 분류 체계, 기록 관리용 자체 점검표 등을 정리하고, 그 활용 방법과 보고 연계 전략까지 소개한다. 이를 통해 사용자는 단순한 체크 수준을 넘어, 훈련 기획, 문서 개선, 협력사 대응까지 실행 전략 전반을 체계화할 수 있게 된다.

BCP는 "완성하는 문서"가 아니라 "돌아보는 시스템"이라는 관점에서, 이 절의 도구들이 실질적인 운영력 강화로 이어지길 기대한다.

### 3.1 자가진단 체크리스트의 구성과 활용 목적

BCP는 문서를 얼마나 잘 만들었는가보다, 실제 현장에서 얼마나 **'실행할 수 있는가'**가 중요하다. 그러나 중소 건설사는 복잡한 평가 시스템이나 외부 인증이 부담이 될 수 있다. 이에 따라 실무자 스스로 빠르게 점검하고 실행 수준을 확인할 수 있도록 자가진단 체크리스트를 활용하는 것이 현실적인 대안이 된다.

자가진단 체크리스트는 10개 핵심 항목을 기준으로 작성되며, 10분 이내로 점검할 수 있도록 설계되었다. 문서 보유 여부나 훈련 횟수를 형식적으로 확인하는 것이 아니라, 실제로 '현장에서 이 문서를 꺼내 보고 대응할 수 있는가'라는 실행 관점에서 평가하는 것이 핵심이다.

### 1) 체크리스트의 구성 항목

중소 건설사에서 최소한 확보해야 할 BCP 실행 기반은 다음과 같은 10개 요소로 요약된다:

| 번호 | 항목 | 주요 질문 |
|---|---|---|
| 1 | 복구 매뉴얼 | 위기 상황에서 사용할 수 있는 복구 매뉴얼이 있는가? |
| 2 | 역할 분장표 | 각 공정별 책임자 및 대체자가 지정되어 있는가? |
| 3 | 비상 연락망 | 감리단, 발주처, 협력사 포함 연락망이 최신화되어 있는가? |
| 4 | 자원 대체 목록 | 주요 자재·장비의 대체 공급처와 계약 상태가 정리되어 있는가? |
| 5 | 훈련 이력 | 최근 6개월 이내 1회 이상 BCP 관련 훈련을 했는가? |
| 6 | 피드백 회의 | 훈련 또는 점검 후 개선조치를 논의하고 문서에 반영했는가? |
| 7 | 협력사 공유 | 협력사에게 비상 시 역할 또는 연락 흐름을 안내한 적이 있는가? |
| 8 | 자체 점검 | 최소 월 1회 이상 BCP 점검표를 작성하고 있는가? |
| 9 | 클라우드/QR 공유 | 복구 문서가 현장에서 바로 열람 가능한 상태로 저장되어 있는가? |
| 10 | KPI 보고 | 훈련/점검 결과가 요약되어 연간 보고서로 정리되고 있는가? |

각 항목은 "예 / 아니오 / 일부" 형식으로 응답할 수 있으며, 일부라도 이행된 경우 해당 항목을 '부분'으로 체크해 가중치 판단이 가능하다.

### 2) 자가진단표의 주요 활용 목적

자가진단표는 단순한 셀프 체크를 넘어 다음과 같은 목적으로 활용할 수 있다:

#### ① 현장 실행 수준 점검

실제 현장에서 복구 매뉴얼이 제대로 인쇄되어 있는지, 역할자들이 자신의 책임을 인지하고 있는지, 협력사가 참여 가능한지 등을 객관적으로 확인할 수 있다.

이 과정에서 "우리는 문서는 있지만 훈련은 안 했구나" 또는 "연락망은 있는데 대체 계약이 없네" 같은 실행 공백을 스스로 발견할 수 있다.

**② 훈련 또는 감사 준비 전 사전 점검**

실제 훈련을 시행하기 전, 훈련 시나리오를 구성하거나 참석자를 지정하기 위해 자가진단을 먼저 시행하면, 훈련 설계가 보다 현실에 맞게 조정될 수 있다.

또한 외부 발주처 감사, 감리단 방문을 앞두고 BCP 실행 현황을 스스로 정리하는 기준으로도 활용 가능하다.

**③ 실행 기록 보고서 작성 기반**

자체적으로 KPI 체크표나 정기 보고서를 작성할 때, 자가진단 결과를 요약하여 운영 수준을 간단히 수치화하고 증빙 자료로 첨부할 수 있다.

예 : "BCP 자가진단 결과, 8개 항목 '예' 체크 → 실행 정착형 수준" 등

### 3) 실무 활용 방식

자가진단표는 다음과 같은 방식으로 간편하게 운영할 수 있다:

- PDF 또는 출력형 점검표 : 소장 또는 공무팀장이 직접 체크 후 스캔 저장
- Google Form 또는 Excel 설문 : 다현장 운영 시 디지털 기록 가능
- 월간 공정회의 전 10분 체크 항목으로 활용 가능
- 훈련 실시 전 점검 필수 항목으로 활용 가능

또한 자가진단 결과는 KPI 달성 현황이나 감리 대응 보고서에 일부 항목으로 전환 삽입하여, 외부 커뮤니케이션 시 신뢰도 높은 자체 평가 자료로 활용할 수 있다.

### 4) 작성 주체와 관리 주기

- 작성자 : 현장소장, 공무팀, 안전팀장 중 1인 (또는 공동 확인)
- 점검 주기 :
  - 훈련 전 또는 직후
  - 감사 대비 또는 월말 공정 마감 시
  - 반기 1회 정기 진단 추천

정기적인 자가진단은 '매번 반복하는 점검 루틴'으로 자리잡게 되며, 이는 중소 건설사가 외부 시스템이나 인증 없이도 자체 실행력을 유지하는 핵심 수단이 된다.

자가진단 체크리스트는 복잡한 인증 제도나 고비용 훈련 없이도, 실무자가 스스로 자신의 실행 상태를 진단하고 점검할 수 있는 유일한 도구이다. 매뉴얼이 실제 현장에서 작동하는지, 점검과 훈련이 현실에 반영되고 있는지를 확인하는 이 간단한 문서 한 장이 BCP의 성공 여부를 결정짓는 실질적 기준이 될 수 있다.

## 3.2 실행 수준 분류와 진단 결과 해석

자가진단 체크리스트를 통해 BCP 실행 상태를 점검했다면, 다음 단계는 그 결과를 바탕으로 현재 조직의 실행 수준을 분류하고 해석하는 작업이다. 이 절에서는 자가진단의 점수를 기준으로 **3단계 실행 수준 체계(초기형 / 기초 운영형 / 실행 정착형)**를 제안하며, 각 수준별 특징과 보완 전략을 실무 중심으로 제시한다.

### 1) 평가 점수 기준표

자가진단 체크리스트(10문항 기준)는 각 문항에 대해 다음과 같이 점수를 부여한다:

- 예 (충분히 실행 중) → 5점
- 부분 (일부 실행 중) → 3점
- 아니오 (미실행) → 0점

총점 기준으로 아래와 같이 실행 수준을 분류한다:

| 점수 구간 | 실행 수준 | 해석 키워드 |
|---|---|---|
| 0~20점 | 실행 초기형 | "문서는 있으나 움직이지 않는다" |
| 21~35점 | 기초 운영형 | "기반은 있지만 반복성과 기록이 약하다" |
| 36~50점 | 실행 정착형 | "운영은 되고 있으나 고도화는 필요하다" |

### 2) 실행 초기형 (0~20점)

**① 핵심 특징 :**

- 복구 매뉴얼, 연락망 등 일부 문서가 존재할 수는 있으나, 현장에서 실행되지 않음
- 훈련이나 점검 경험이 없거나, 매우 제한적
- 역할자 지정이 불명확하고, 협력사 공유도 이루어지지 않음

**② 위험 요인 :**

- 위기 발생 시 실질적인 대응이 불가능할 수 있음
- 발주처 감사, 감리단 질의 시 운영 근거 부족
- 훈련 미이행 시 사고 발생 시 법적 책임 위험

**③ 보완 전략 :**

- 우선순위: 복구 매뉴얼 정비 → 역할 분장표 작성 → 첫 훈련 시행
- 자가진단표와 연계하여 3개월 내 5개 항목 이상 '예'로 전환 목표

- KPI 체크표 기반의 실행 계획 수립 권장 (연 2회 훈련, 월 1회 점검)

### 3) 기초 운영형 (21~35점)

**① 핵심 특징 :**

- 문서와 역할표는 작성되어 있고, 훈련 또는 점검 이력이 일부 존재
- 실행 기반은 있으나 반복성과 기록 체계가 미흡
- 협력사와의 대응 프로세스는 간헐적으로 공유됨

**② 위험 요인 :**

- 훈련 후 피드백 미흡 → 개선점 반영 누락
- 역할 교체 시 문서 미갱신 → 혼선 유발 가능
- 발주처 보고 시 일관된 실행 자료 제출 어려움

**③ 보완 전략 :**

- 훈련 → 점검 → 피드백 → 문서 갱신 → 재훈련의 루프 구조 정립
- 사진, 회의록, 보고서 등 기록 중심 관리 전략 강화
- 협력사 대상 간이 브리핑 또는 체크리스트 방식의 참여 유도
- 매월 자체 점검 루틴 설정 (담당자 지정, 15분 이내 운영)

### 4) 실행 정착형 (36~50점)

**① 핵심 특징 :**

- 복구 문서, 연락망, 자원 목록, 역할표 등 실행 기반이 정비되어 있음
- 훈련과 점검이 연간 계획에 따라 운영되며, 문서화 비율이 높음
- 협력사 대응 흐름도 확보되어 있으며, 훈련에도 일부 참여

**② 강점 요소 :**

- 발주처 질의, 감사 대응 시 자료 제출 용이
- 반복 실행에 따른 역할자 인식 개선
- 현장 문화로서 BCP 인식이 자리잡는 단계

**③ 고도화 전략 :**

- 훈련 유형 다양화 (Tabletop + 복합 + 협력사 참여 모델 병행)
- KPI 달성도 분석, 이행률 추적 → 조직 내 BCP 평가 도입 가능
- 연간 실행계획표 작성, 디지털 기반 기록 시스템 도입 고려

- 협력사 교육 자료화, 외주사 인증 연계 등 확장 가능성 검토

### 5) 실행 수준별 비교 요약표

| 항목 | 초기형 | 기초 운영형 | 실행 정착형 |
|---|---|---|---|
| 복구 문서 | 미정비 또는 오래된 문서 | 최신화 일부 완료 | 최신 문서 보유 및 QR 연동 |
| 역할 분장 | 미지정 또는 비공개 | 책임자 지정 완료 | 대체자 포함 분장표 운영 |
| 훈련 | 없음 또는 과거 1회 | 연 1회 이상 시행 | 연 2회 이상 + 피드백 회의 |
| 점검 | 비정기 / 기록 없음 | 점검표 사용 일부 | 정기 점검 + KPI 연동 |
| 협력사 공유 | 미실시 | 간이 전달 | 역할확인서 / 요약지 운영 |
| 보고 / 대응 | 없음 | 수기 보고 일부 | 표준화 보고서 및 기록 정리 |

### 6) 실행 수준의 전략적 활용

실행 수준을 정확히 파악하면, 다음과 같은 전략적 활용이 가능하다:

- 제13장 로드맵 적용 : 각 수준별로 해당 절의 개선 전략 직접 연계 가능
- 보고서 작성 근거 : 경영진, 본사, 발주처 보고 시 객관적 기준 제시
- 훈련 및 예산 계획 수립 : 보완이 필요한 항목에 집중한 실행 계획 설계
- 문서 갱신 기준 : 진단 결과를 바탕으로 우선 갱신 대상 문서 결정

진단 결과는 단순히 점수를 매기는 데서 끝나지 않는다. 중요한 것은 점수 해석을 통해 지금 무엇을 해야 하는지 판단하고, 실행 전략에 반영하는 것이다. 특히 중소 건설사는 실행 초기형에서 기초 운영형으로, 기초 운영형에서 정착형으로 도약하는 데 걸리는 시간은 생각보다 짧다. 핵심은 “반복”과 “記錄(기록)”이다.

# 4 연간 실행 계획 템플릿

BCP는 한 번 수립한 문서로 끝나지 않는다. 실행되지 않는 계획은 위기 앞에서 무용지물이 되며, 반복적으로 운영되고 점검되는 체계를 통해서만 그 실효성이 입증된다. 특히 인력과 자원이 제한된 중소 건설사는 '지속 가능성 있는 실행 계획'이 절대적으로 중요하다. 이 장에서는 BCP 실행 항목들을 월별·분기별로 계획하고, 반복적으로 수행할 수 있도록 정리한 연간 실행계획 템플릿을 제안한다. 훈련, 점검, 문서 갱신, 협력사 공유, 피드백 회의 등 실무 중심 항목들을 기준으로, 언제 무엇을 어떻게 실행하고, 이를 어떻게 기록하고 보고할지를 구조화한다. 이를 통해 독자는 자신에게 맞는 실행 캘린더를 구성하고, 운영력과 지속성을 확보하는 실행력 루틴을 만들 수 있다.

## 4.1 연간 실행 항목 구성과 설정 기준

건설업에서 BCP는 계획서 한 권이 아니라 지속적으로 움직이는 실행 체계여야 한다. 이를 위해 연간 단위로 반복 수행해야 할 실행 항목들을 체계화하고, 공정 흐름이나 사업 주기에 맞춰 월별·분기별 실행 계획을 수립하는 것이 필요하다.

이 절에서는 중소 건설사가 실행력을 확보하기 위한 핵심 실행 항목 5가지를 중심으로 구성하고, 각 항목에 대해 권장 주기와 최소 기준을 제시한다.

### 1) 연간 BCP 실행 항목 분류

중소 건설사가 실질적으로 관리해야 할 실행 항목은 다음과 같다:

| 항목 | 정의 | 예시 |
|---|---|---|
| 훈련 | 시나리오 기반 위기 대응<br>훈련 (Tabletop, 문서확인 등) | 콘크리트 타설 중단, 장비 고장 대응 훈련 |
| 점검 | 문서 존재 및 최신화 여부 점검, 역할 분장 실태 확인 | 복구매뉴얼 확인, 연락망 갱신 여부 체크 |
| 문서 갱신 | 매뉴얼, 역할표, 자원표, 연락망 등 변경사항 반영 | 대체 자원 추가, 협력사 담당자 변경 등 |
| 협력사 공유 | 비상대응 요약지 전달,<br>역할 확인서 회수, 간단 브리핑 | 착공 시 비상 대응 흐름 요약지 배포 |
| 피드백 회의 | 훈련 또는 점검 후 개선 논의 및 실행 반영 회의 | 훈련 후 1주일 내 피드백 메모 작성 |

이 5개 항목이 BCP 실행의 '기본 루틴'을 형성하며, 각 항목의 주기와 이행 내역이 실행력을 판단하는 기준이 된다.

### 2) 항목별 권장 주기와 최소 기준

| 항목 | 권장 실행 주기 | 최소 실행 기준 (KPI 기준) |
|---|---|---|
| 훈련 | 분기 1회 이상 (연 2~4회) | 연 2회 이상 (상·하반기 각 1회) |
| 점검 | 월 1회 | 분기 1회 이상 |
| 문서 갱신 | 수시 (인사, 협력사 변경 시 즉시) | 반기 1회 이상 |
| 협력사 공유 | 착공 전 1회, 필요 시 추가 | 연 1회 이상 |
| 피드백 회의 | 훈련/점검 후 3일 이내 | 연 2회 이상 회의 기록 확보 |

Tip : 실무자는 이 기준을 기반으로 연간 계획표를 작성하고, 실제 이행 여부를 KPI 체크리스트와 연결하여 기록·보고하는 것이 바람직하다.

### 3) 실행 항목의 우선순위 설정 기준

모든 항목을 매월 다 시행하기는 어렵기 때문에, 다음 기준에 따라 집중 관리 항목을 선정하면 실행 부담을 줄일 수 있다:

- 위험이 높은 공정이 예정된 시기 → 훈련 항목 우선 배치

- 문서 변경이 발생한 경우 → 점검 및 갱신 항목 강화
- 협력사 공정 시작 전 → 협력사 공유 항목 우선 시행
- 공정 마무리 단계 → 피드백 회의 중심으로 전환

#### 4) 실행항목과 KPI 보고 연계 전략

각 항목은 연간 실행 실적 보고서(KPI표)에 다음과 같이 연동할 수 있다:

| 항목 | KPI 기록 항목 | 증빙자료 예시 |
|---|---|---|
| 훈련 | 연 2회 이상 실행 | 훈련결과 기록지, 사진, 시나리오 요약 |
| 점검 | 월 1회 이상 체크 | 자체 점검표, 서명 기록 |
| 문서 갱신 | 갱신 이력 표시 | 문서 버전관리표, 수정일자 표기 |
| 협력사 공유 | 역할 확인서 또는 요약지 제공 | 협력사 서명, 전달 이메일 캡처 |
| 피드백 | 회의 실시 여부 및 개선 반영 | 회의록, 문서 수정본, 조치계획서 등 |

#### 5) 실행항목 구성 시 고려할 요소

실행 계획 수립 시 다음 사항을 함께 고려해야 실행의 지속성과 현실 적용력을 높일 수 있다:

- 공정 연계성 : 실행 시기를 공정 흐름에 맞게 배치 (예: 콘크리트 타설 전 훈 련, 공정 전환 시 점검)
- 인력 가용성 : 월말보다 중순, 점심시간 직후 또는 회의 전후 시간을 활용
- 협력사 일정 : 외주사와 주요 공정 시작 전 정보 공유 시점 일치
- 공문 및 회의록 관리 체계 : 실행 후 결과 문서를 PDF 또는 클라우드에 정리 하여 누적 관리

연간 실행계획은 단순히 표를 채우는 것이 아니라, 실제로 반복 가능한 실행 구조를 만들기 위한 기준이다.

중소 건설사는 복잡한 시스템보다 5가지 항목을 기준으로 한 달에 1~2개만 정확히 수행해도 실행력을 갖춘 조직으로 평가받을 수 있다.

가장 중요한 것은 다음 3가지이다:

- 반복 가능성 : 매달 비슷한 형태로 지속 가능해야 함
- 기록 가능성 : 사진, 회의록, 체크표 형태로 증빙 가능해야 함

## 4.2 실행 계획표 작성 예시와 활용 방법

BCP의 실행력은 "계획이 있는가"보다 "그 계획을 실행한 기록이 있는가"에 의해 평가된다. 많은 중소 건설현장은 복구 매뉴얼을 수립하고도 이를 언제 실행할지 결정하지 못하거나, 훈련이나 점검을 즉흥적으로 수행해 반복성이 떨어지는 경우가 많다. 이를 방지하기 위해서는 실행 항목을 연간 단위로 계획화하고, 실행 시기를 조직적으로 배치하는 월별 실행계획표를 운영하는 것이 중요하다.

### 1) 실행 계획표의 기본 구조

BCP 실행 계획표는 일반적으로 아래 5가지 항목을 월별로 배치하여 구성한다:

- BCP 훈련 (Tabletop, 문서 확인, 복합 훈련)
- 자체 점검 (문서·연락망·역할표 등 확인)
- 문서 갱신 (인사, 협력사, 자원 변경 시)
- 협력사 공유 (비상대응 요약지, 역할 확인서)
- 피드백 회의 및 개선 조치 (훈련 또는 점검 후 3일 이내 회의)

각 항목은 해당 월에 실제 실행 여부를 체크할 수 있도록 간단한 '계획'과 '실행결과'란을 함께 표시하며, 서명 또는 스캔 후 클라우드 보관 형태로 관리한다.

### 2) 실행 계획표 작성 예시

| 월 | 훈련 계획 | 점검 항목 | 문서 갱신 | 협력사 공유 | 피드백 회의 |
|---|---|---|---|---|---|
| 1월 | 없음 | 연간 실행표 공유 | 없음 | 없음 | 없음 |
| 2월 | Tabletop 훈련 (콘크리트 납품 지연) | 연락망 최신화 | 역할표 갱신 | 없음 | 간단 회의 (2.28) |
| 3월 | 없음 | 자체 점검표 작성 | 자원 목록 수정 | 납품사 역할 공유 | 없음 |
| 4월 | 문서 확인식 훈련 | 점검 + 서명 | 없음 | 없음 | 회의 미실시 |
| 5월 | 없음 | 정기 점검 | 연락망 변경 | 협력사 요약지 발송 | 문서 수정 반영 회의 |
| ... | ... | ... | ... | ... | ... |

※ 실행 계획표는 매월 작성되며, A4 문서 또는 Google Sheet 형태로 유지 가능

※ 각 항목의 '계획', '실행 여부', '문서 기록 여부', '비고' 란을 함께 포함

### 3) 실행 계획표 작성 시 고려할 실무 요건

#### ① 공정 연계

각 항목은 다음과 같은 공정 흐름과 연계해 배치할 수 있다:

- 타설 직전 시점 → 자재 납품 지연 훈련, 자원 대체 목록 점검
- 전기설비, 마감 전 단계 → 협력사 역할 공유 강화
- 공정 시작 전 → 역할표 확인 및 브리핑
- 공정 전환기 → 피드백 회의 및 문서 보완

#### ② 훈련·점검 분산 배치

훈련과 점검을 동일 월에 몰지 않고 교차 배치해 조직 부담을 줄인다.

예 : 짝수달 훈련, 홀수달 점검 또는 특정 분기에 집중 운영

#### ③ 디지털 기록화

계획표는 다음과 같은 형식으로 기록화할 수 있다:

- PDF 및 Word : 출력 → 수기 작성 → 스캔 보관
- Google Sheet 또는 Excel : 공동 편집, 기록 이력 자동 저장
- QR 코드 연결 : 클라우드 문서 폴더와 연동하여 실행자료 열람

### 4) 현장 적용 시 체크리스트

| 체크 항목 | 실행 여부 | 비고 |
|---|---|---|
| 연간 계획표 초안 작성 완료 | □ 예 / □ 아니오 | 담당자: ___ |
| 본사 또는 팀 내 공유 완료 | □ 예 / □ 아니오 | 회의일자: ___ |
| 매월 1회 점검·훈련 배치 구성 | □ 예 / □ 아니오 | 계획표 버전: ___ |
| KPI 연계 항목 반영 여부 | □ 예 / □ 아니오 | 항목 수: ___ |
| 계획 미이행 시 대체 일정 확보 | □ 예 / □ 아니오 | 재이행 기준일: ___ |

### 5) 실행 계획표의 실질적 효과

- 반복성과 구조화를 통해 실행력을 내재화할 수 있다.

- 담당자 교체 시에도 이행력 공백을 최소화할 수 있다.
- 보고 체계에 연계 가능하여 감리단 또는 발주처 대응시 높은 신뢰를 얻을 수 있다.
- 문서·훈련·점검을 한눈에 통합 관리할 수 있어 행정업무가 줄어든다.

실행 계획표는 조직의 BCP 활동을 단발성 이벤트가 아닌 지속 가능한 운영 체계로 발전시키는 핵심 도구이다. 계획은 복잡할 필요가 없다. 핵심 항목을 월별로 나누고, 실제 실행 여부를 체크하고, 간단한 사진이나 서명으로 기록을 남기는 것만으로도 BCP는 '살아 있는 체계'가 된다. 현장에 맞게 조정한 실행 계획표 하나가, 결국 기업의 대응 능력 전체를 바꾼다.

## 4.3 실행 계획의 유지관리와 점검 전략

연간 실행 계획표는 수립 그 자체보다 유지와 점검이 더욱 중요하다. 실행 항목이 문서 안에만 존재하고 실행되지 않거나, 일정만 설정하고 피드백이 이루어지지 않는다면 계획은 '양식'에 불과하다.

따라서 실행계획은 반복성, 점검 가능성, 기록성을 갖춘 상태로 운영되어야 하며, 본 절에서는 이를 위한 실무 전략을 제시한다.

### 1) 유지관리의 기본 전제 : 주기성 + 가시화

실행계획이 지속적으로 작동하기 위한 가장 기본 조건은 다음 두 가지다:

- 정기 주기 설정 : 월별 또는 분기별 체크 루틴이 설정되어야 한다.
  - 예 : "매월 첫째 주 목요일 오전, 점검표 확인 및 계획 검토"
- 가시적 운영 : 현장 게시판 또는 디지털 캘린더에 계획을 명확히 표시
  - 예 : 공무팀 내부 구글 캘린더 공유 / A3 캘린더 프린트 후 게시

이러한 루틴은 담당자 교체 시에도 흐름을 유지할 수 있는 실행 기반이 된다.

### 2) 정기 점검 체계 운영 전략

계획의 이행 여부를 점검하기 위해 다음과 같은 체계가 권장된다:

#### ① 월간 실행 점검 회의

- 참석자 : 소장, 공무팀장, 안전팀장
- 내용 :
  - 전월 실행 항목 수행 여부 확인

• 실행 실패 또는 미이행 항목 확인

• 다음 달 주요 공정 연계 실행 항목 설정

- 문서화 : A4 1장 회의록 또는 체크표 서명

**② 실행 미이행 시 조치 전략**

계획은 수립되었으나 실행되지 못한 경우, 다음과 같은 프로토콜이 적용된다:

| 미이행 항목 | 재이행 기한 기준 | 비고 |
|---|---|---|
| 훈련 미실시 | 1개월 이내 대체 실시 | 타 시나리오로 대체 가능 |
| 점검 미실시 | 다음 월 내 2회 점검 | 두 배로 보완 가능 |
| 협력사 공유 누락 | 공정 착공 3일 전까지 보완 | 요약지 배포 + 구두 확인 |
| 피드백 미작성 | 7일 이내 회의 및 기록 작성 | 메모 형태도 인정 가능 |

이러한 기준은 KPI 평가 또는 감사 대응 시 정량적 기준으로도 활용될 수 있다.

### 3) 실행 계획 유지 점검 도구 예시

다음과 같은 도구들을 활용하면 실행계획 유지관리의 반복성과 체계성을 높일 수 있다:

| 도구 | 목적 | 활용 주기 | 기록 방식 |
|---|---|---|---|
| 월간 실행 점검표 | 훈련/점검/문서 현황 체크 | 매월 1회 | 서명 또는 스캔 PDF |
| 실행 루틴 캘린더 | 반복 작업 시각화 | 월간 또는 분기 | Google Sheet 또는 게시물 |
| KPI 달성률표 | 실행 이행률 수치화 | 분기/연간 | 5점 척도 점수화 |
| 재이행 기록표 | 미이행 항목 보완 추적 | 필요 시 | 비고란에 사유 기록 |

### 4) 실행 계획과 보고 체계의 연결

유지된 실행 계획은 다음 보고 문서와 연결되어야 한다:

- 정기 BCP 보고서 : 매월 또는 분기 단위 보고 시 활용
- 연간 KPI 평가표 : 실행 항목 이행률 및 재이행률 반영
- 훈련 결과 보고서 : 계획표 기준 훈련 이행 여부 검토
- 감리단 대응 문서 : 실행 계획과 실제 수행 비교표로 대응

실행계획 유지체계는 단지 "잘했는지"를 평가하는 것이 아니라, "지속적으로 개선 중인지"를 증명하는 근거가 된다.

### 5) 실무 운영 팁

- 일정 반복 설정 : Google 캘린더 또는 사내 메신저 알림 기능을 활용하여 정 기 실행 알림 설정
- 사진 촬영 병행 : 실행 항목 완료 후, 체크리스트 위에 날짜를 써서 사진을 찍 어 보관
- 클라우드 연동 : 실행계획표, 기록지, 사진 등을 한 폴더에 연동하여 관리 (예: Google Drive, OneDrive 등)
- 담당자 표시 : 각 항목 옆에 담당자 이름을 명시해 책임 분산 방지

연간 실행계획은 세우는 것이 아니라 지키는 것이 중요하다.

중소 건설사도 복잡한 훈련 시스템이나 고비용 플랫폼 없이도, 간단한 계획표와 점검표, 회의 메모만으로 실행 체계를 유지할 수 있다.

핵심은 "한 달에 하나라도 정확하게 반복하는 것", 그리고 "그 기록을 남기는 것"이다. 이것이 바로 중소 규모 조직이 BCP를 지속 가능한 체계로 만드는 가장 확실한 방법이다.

## 5 참고자료 및 외부 연계 정보

BCP는 조직 내부의 계획과 실행이 핵심이지만, 그 기반은 국내외 기준과 사례, 그리고 외부 지원 자원에서 출발한다. 특히 중소 건설사는 독자적으로 모든 체계를 만들기 어렵기 때문에, 신뢰할 수 있는 자료를 기반으로 체계를 수립하고 외부와 연계하는 전략이 필요하다. 본 절에서는 건설업 BCP 수립과 실행에 실질적으로 도움이 될 수 있는 법령, 표준, 사례, 도구, 기관 정보를 분류별로 요약하여 제시한다.

### 5.1 국내 법령 및 정책 자료

**1) 중대재해처벌법 시행령**

- 고용노동부 고시
- 사업주 및 경영책임자의 안전관리 책임 규정
- BCP 내 '책임자 지정', '피해 최소화 체계' 수립 시 법령 기준 참고

**2) 재해경감활동 가이드 (행정안전부)**

- 공공기관 및 민간기업의 재해경감계획 수립 지침
- BCP 작성의 국가 기준 역할
- 행정안전부 안전한TV 참고

**3) 건설현장 안전관리 매뉴얼 (국토교통부)**

- 공정별 위험요소 및 대응 방안
- 안전계획과 BCP 문서 간 연계 기준 제공

**4) 중소기업 재난대응 매뉴얼 (중기부/중진공)**

- 자원 대체, 훈련 계획, 점검 체계에 대한 간단 지침 포함

**5) 재해경감을 위한 기업의 자율활동 지원에 관한 법률**

- 기업재난관리 표준

## 5.2 국제표준 및 글로벌 BCP 가이드

### 1) ISO 22301 (Business Continuity Management System)

- BCP 국제표준, 복구 시간 목표(RTO), 핵심기능 식별, 대응전략 기준 제시
- KSA, 한국표준협회 해설서 번역본 활용 가능

### 2) ISO 31000 (Risk Management)

- 리스크 식별 → 분석 → 대응의 전체 흐름 제공

### 3) NFPA 1600 (Emergency and Continuity Management)

- 미국 국립방화협회 기준
- 훈련, 기록, 재정관리 포함한 포괄적 연속성 기준

### 4) UNDRR Sendai Framework

- 국제 재난위험경감 프레임워크
- 공공사업 및 건설분야에서의 적용 가능성 높음

## 5.3 정부·협회·공공기관 연계 정보

| 기관 | 주요 기능 | 연계 활용 예시 |
|---|---|---|
| 중소기업진흥공단(KOSME) | 재난복구 컨설팅,<br>정부지원금 안내 | 재해복구 사업 지원 요청 |
| 한국산업안전보건공단(KOSHA) | 안전관리 교육,<br>BCP 교육자료 제공 | 훈련 기획, 교육 자료 제작 시 활용 |
| 대한건설협회 /<br>대한건설단체총연합회 | 건설업 대상 BCP 정보 교류 | 사례공유 및 공문 연계<br>권고 자료 확보 |
| 한국시설안전공단(KISTEC) | 시설물 유지관리,<br>복구계획 수립 기준 제공 | 건설현장 특화 복구 전략 참고 |
| 행정안전부<br>국가재난관리시스템(NDMS) | 재난 유형,<br>정부대응체계 연계 정보 | 시나리오 설계 시 참고 가능 |

# 부록 1. 핵심 BCP 실행문서 양식모음

※ 이 부록은 건설업체가 BCP를 수립하고 실행할 때 필요한 핵심 문서 양식을 모아 제공하는 실무용 자료입니다. 각 문서는 현장에서 직접 활용하거나, 기업 내부 양식에 맞게 수정하여 사용할 수 있습니다.

**1) 복구 매뉴얼 템플릿 (요약형)**

- 항목 : 위기유형 / 즉시조치 / 대체방안 / 책임자 / 연락처 / 비고

**2) 역할 분장표 양식**

- 항목 : 구분 / 이름 / 부서 / 역할 / 비상연락처 / 대체자

**3) 자원 대체 목록표**

- 항목 : 자재·장비명 / 기존업체 / 대체공급처 / 계약상태 / 납기 / 비고

**4) 훈련 결과 기록지**

- 항목 : 훈련일시 / 시나리오 / 참석자 / 대응 흐름 / 문제점 / 개선계획 / 서명

**5) KPI 체크리스트**

- 항목 : 항목명 / 기준 / 달성여부 / 비고

**6) 협력사 역할 확인서**

- 항목 : 협력사명 / 공정 / 담당자 / 역할 / 연락처 / 동의서명

**7) 정기 BCP 보고서 양식**

- 항목 : 기간 / 작성자 / 훈련 내용 / 점검결과 / 개선사항 / 첨부자료

## 부록 2. 자가진단 및 실행 점검표 모음

※ 본 부록은 중소 건설사가 BCP 실행력을 자체적으로 점검하고 유지할 수 있도록 구성된 실무형 체크리스트입니다. 자가진단표, 월간 점검표, 연간 실행계획표, 실행이력표 등으로 구성되어 있으며, 반복 가능한 실행 루틴 형성에 도움이 됩니다.

### 1) 10분 자가진단표

- 구성 : 복구 매뉴얼, 역할 분장, 연락망, 훈련 이력, 협력사 공유 등 10개 항목으로 구성
- 응답 방식 : 예 / 아니오 / 부분 (3단계)
- 활용 : 공정 회의 시작 전, 훈련 전, 월간 운영 점검 등

### 2) 월간 자체 점검표

- 구성 : 문서 상태 점검, 훈련 실행 여부, 연락망 최신화, 체크리스트 확인
- 운영 : 매월 1회 점검, 공무팀 또는 안전팀장 주관
- 서명 또는 사진 기록 병행

### 3) 연간 실행계획표 (캘린더형)

- 구성 : 훈련, 점검, 문서 갱신, 협력사 공유, 피드백 회의의 월별 계획
- 형태 : A3 출력용 캘린더 또는 Google Sheet 기반 일정표
- 보고 연계 : KPI 체크리스트 기반 관리

### 4) 실행이력 종합 관리표

- 구성 : 실행 항목별 실시일자, 담당자, 결과, 개선 사항 기록
- 활용 : 정기 보고서, KPI 보고, 감리단 대응, 내부 감사에 근거자료로 사용
- 문서화 : Word, Excel, 클라우드 연동 추천

# 부록 3. 훈련 시나리오 및 회의 자료 예시

※ 본 부록은 건설업 BCP 훈련을 실제로 기획하고 실행하기 위한 시나리오 예시 및 회의 자료 양식을 제공합니다. 훈련의 목적, 흐름, 질문 구성, 피드백 회의 기록 예시 등을 포함하여 실무 적용을 돕습니다.

### 1) Tabletop 훈련 시나리오 예시

- 주제 : 콘크리트 타설 중단 상황 발생 시 대응 흐름
- 상황 설명 : 장마철 집중호우로 인해 당일 타설 불가, 납품업체 연락 불가 상황 가정
- 주요 질문 :

  ① 누구에게 먼저 보고하는가?

  ② 대체 자재 확보 가능성은?

  ③ 공정 지연 시 감리단 보고 절차는?
- 문서 연계 : 복구 매뉴얼, 자재 대체 목록표, 연락망

### 2) 복합훈련 실행 흐름도 예시

- 시나리오 : 타워크레인 고장 → 작업중단 → 대체장비 투입 → 공정 회복
- 실행 흐름 : [고장 발생] → [현장소장 확인] → [장비팀 연락] → [감리단 보고] → [대체 장비 가용성 확인] → [공정 변경]
- 참여 부서 : 장비팀, 공무팀, 안전팀, 감리단

### 3) 협력사 훈련 브리핑자료 예시

- 전달방식 : 착공 전 5분 브리핑 또는 요약지 배포
- 내용 :
  - 협력사 역할 요약
  - 보고 흐름 (현장소장 → 본사 → 발주처)
  - 비상연락처 및 연락 시기
  - 위기 발생 시 대체조치 원칙

### 4) 피드백 회의록 양식 예시

- 항목 : 회의 일시, 참석자, 훈련명, 문제점, 개선사항, 조치 책임자 및 기한
- 활용 : 훈련 종료 후 3일 이내 정리, 다음 훈련 및 문서 갱신에 반영

# 부록 4. 연계 법령 및 표준 요약 자료

※ 본 부록은 건설업 BCP 수립 및 실행과 관련된 주요 국내 법령, 국제 표준, 안전 가이드라인 등을 요약 정리한 자료입니다. 계획 수립 시 법적 기준을 반영하거나, 훈련 및 문서 설계의 근거 자료로 활용할 수 있습니다.

### 1) 중대재해처벌법 시행령 요약

- 주요 내용 : 경영자의 안전보건 확보 의무, 중대산업재해 정의, 안전관리 체계 구축 요구
- 연계 항목 : 책임자 지정, 비상조치 체계 명시, 협력업체 관리
- 참고 자료 : 고용노동부 홈페이지 및 시행령 전문

### 2) ISO 22301 (BCM 국제표준)

- 주요 요소 : 핵심 기능 식별, RTO/MAO 설정, 연속성 전략 수립, 반복적 훈련
- 적용 포인트 : 업무 영향 분석(BIA), 문서화, 실행계획 관리
- 참고 : 한국표준협회 해설서, ISO 공식 문서

### 3) ISO 31000 (위험관리 원칙)

- 주요 내용 : 위험의 정의, 위험 식별-평가-완화 절차
- 건설 적용 예 : 공정 리스크 분류, 자연재해 및 기술리스크 평가
- 참고 : KSA 위험관리 가이드북

### 4) 재해경감활동 가이드 (행정안전부)

- 주요 목적 : 민간기업의 재난대응력 강화를 위한 BCP 가이드라인 제공
- 주요 내용 : 재해 시 업무 우선순위 설정, 복구 프로세스 수립, 훈련과 평가 체계 마련
- 활용 : 연속성 전략 수립 시 국내 기준 참고

### 5) 건설현장 안전관리 가이드라인 (국토교통부)

- 주요 내용 : 공정별 위험요인 관리, 협력사 안전관리, 사고 예방 시나리오
- 활용 : BCP 문서 내 안전관리 항목 삽입, 협력사 역할 부여 기준 설정

# 부록 5. BCP 실행력 진단 요약표

※ 본 부록은 조직의 BCP 실행 수준을 진단하고 실행 전략을 설계하는 데 도움이 되는 요약표와 셀프 평가 도구입니다. 실행 수준 분류, 수준별 특징과 과제, 실행 점수 기준표, 성숙도 매트릭스를 포함합니다.

**1) BCP 실행 수준 3단계 분류표**

- 초기형 (0~20점) : 문서는 있으나 실행 부재, 훈련/점검 미이행
- 기초 운영형 (21~35점) : 문서와 일부 실행 이력 존재, 반복성 부족
- 실행 정착형 (36~50점) : 문서-훈련-기록-보고 체계화

**2) 실행 수준별 주요 과제 요약**

- 초기형 : 매뉴얼 정비, 역할 분장, 첫 훈련 수행
- 기초 운영형 : KPI 설정, 점검 루틴화, 협력사 공유 체계화
- 정착형 : 디지털 기록화, 평가 체계 내재화, 외부 감사 대응 준비

**3) 실행 점수 기준표** (자가진단 기반)

- 예 = 5점 / 부분 = 3점 / 아니오 = 0점
- 총점 50점 기준 실행 수준 자동 분류 가능
- 각 항목 점수 기록표: 문서 보유 / 역할표 / 연락망 / 훈련 / 점검 / 개선 등

**4) BCP 실행 성숙도 셀프 진단 매트릭스**

- 가로축 : 실행항목 (훈련 / 점검 / 기록 / 공유 / 보고)
- 세로축 : 성숙도 단계 (미시작 / 초기 / 반복 / 정착 / 고도화)
- 셀프 색칠표 활용 : 각 항목의 현재 단계 시각화

## 참고문헌


-행정안전부. (2020). 재해경감을 위한 기업의 자율활동 가이드라인.

-고용노동부. (2021). 중대재해처벌법 시행령. 법제처 국가법령정보센터.

- ISO. (2019). ISO 22301: Security and resilience – Business continuity management systems – Requirements. International Organization for Standardization.

- ISO. (2018). ISO 31000: Risk management – Guidelines. International Organization for Standardization.

- ISO. (2015). ISO 22316: Organizational resilience – Principles and attributes. International Organization for Standardization.

- National Fire Protection Association. (2019). NFPA 1600: Standard on Continuity, Emergency, and Crisis Management. NFPA.

- United Nations Office for Disaster Risk Reduction (UNDRR). (2015). Sendai Framework for Disaster Risk Reduction 2015–2030. Geneva: UNDRR.

**은민균** 지음

**초판 1쇄** 2025년 10월 28일

**발행인** 강대진
**편 집** 김사라, 김보연, 유지인, 최세림

**발행처** 북펀딩
**등 록** 강남 제 2019-000337호
**주 소** 서울시 강남구 역삼로8길 21, 2F
**번 호** 02-540-4440
**팩 스** 02-554-4440
**메 일** copyten@naver.com


**ISBN** 979-11-7454-012-6 (03540)